世界の起源

人類を決定づけた地球の歴史

ORIGINS

HOW THE EARTH MADE US

ルイス・ダートネル 著
Lewis Dartnell

東郷えりか 訳

河出書房新社

世界の起源　人類を決定づけた地球の歴史——目　次

世界の起源　人類を決定づけた地球の歴史

序章

世界はなぜいまのような状態にあるのか？
僕はこれを物思いに耽《ふけ》って哲学的な意味で――われわれはなぜ皆ここにいるのかと――言っているわけではなく、深い科学的な意味で問うている。世界の主要な地物《ちぶつ》、つまり大陸と海洋からなる物理的な景観や、山脈や砂漠が存在する陰にはどんな理由があるのか？　僕らの惑星の地形や活動は、そしてその先にある宇宙の環境は、ヒトという種《しゅ》の出現と発展や、人間の社会と文明の歴史にどう影響をおよぼしてきたのだろうか？　地球そのものはどのような形で、人間の物語を方向づける主役となってきたのか？　特徴的な顔立ちで、気分が変わりやすく、ときには手に負えないほどの癇癪《かんしゃく》を起こしがちなこの主役は。

僕は地球がどのように人間をつくったのかを探究してみようと思う。もちろん、僕らは皆、地球上にあるすべての生命と同様、文字どおり地球からつくられている。人の体内にある水はかつてナイル川を流れていたものであり、それがインドにモンスーンの雨となって降り、太平洋で渦《うず》を巻いていたものなのだ。細胞内の有機分子に含まれる炭素は、僕らが食べる植物によって大気中から取りだされたものだ。汗や涙のなかの塩分や、骨のなかのカルシウム、血液中の鉄分はみな地殻の岩石から侵食されてきた。髪や筋肉のたんぱく分子に含まれる硫黄《いおう》は、火山から吐きだされたものだ。[1] 地球はまた、人間が抽出して精錬し、道具や工業製品に組み立ててきた原材料も与えてきた。石器時代前期の粗雑な作りの握り斧《おの》から、今日のコンピューターやスマートフォンにいたるまでの製品だ。

東アフリカでとりわけ賢く、意思伝達のうまい知恵者の類人猿(1)の一種としてヒトの進化を促したのは、地球の活発な地質学的エネルギーであったし、変動する地球の気候によってヒトは世界各地に移住できるようになり、地球上で最も広範に生息域を広げた動物となった。惑星としての地球が経てきた諸々の大規模なプロセスや事象は、異なった景観や気候地域を生みだし、文明はそこから歴史を通じて興隆し発展してきた。人類の物語に惑星地球がおよぼしたこれらの影響は、一見したところ些細《ささい》なものから、非常に深いものまで多岐にわたる。地球の気候において寒冷化と乾燥化が持続したことがなぜ、大半の人が朝食にトーストやシリアルを食べる理由であるのかを本書は探る。地中海がどのように大陸衝突によって多様な文化が煮えたぎる大鍋《おおなべ》になったかも、ユーラシア内部の対照的な気候帯がいかに根本的に相反する生活様式を発展させ、それが何千年にもわたって大陸一帯でさまざまな民族の歴史を形づくったかも見てゆこう。

僕らは自然環境に人類がおよぼす影響力について大いに憂慮するようになった。長い歳月のあいだに人口は爆発的に増え、これまで以上に多くの物資を消費し、エネルギー源を活用することに関してもますます熟達した。ホモ・サピエンスはいまや地球上の主要な環境影響力として、自然に取って代わったのだ。都市や道路を建設し、川にダムをつくり、産業活動や採掘事業を推進してきたことは、いつまでも残る深刻な影響を与え、地形を様変わりさせ、地球の気候を変え、多くの種を絶滅に追いやった。地質年代の新しい世《エポック》は、地球上の自然のプロセスよりも人類の影響が優勢となったこの事態を認識して名づけるべきだと科学者たちは提案した。人新世、すなわち「人類の新しい時代」である。[2]だが種としては、ヒトはまだ地球と切り離しがたく結びついている。地球の歴史は、人類の活動が自然界に明確な痕跡を残したように、僕らの体にも刻まれている。人類の物語を本当に理解するには、地球そのものの経歴を調べなければならない。その景観にある地物や、地下の構造、大気の循環、気候地域、プレートテクトニクス、大昔の気候変動の時代などである。本書では、環境が僕らに何をしてきたのかを探ることにする。

前著『この世界が消えたあとの科学文明のつくりかた』[3]で、僕はある思考実験の解決を試みた。なんらかの仮説上の大破局のあとに、どうすればできる限り早く一から文明を再建できるか、というものだ。日常生活では当たり前の存在となっているものすべてを失ったという想定を利用して、いかに陰で文明に支えられているかを探ってみたのだ。同書は要するに、近代の世界を築かせた主要な科学上の発見と技術革新とはなんであったのかを調査するものだった。今回、僕が試みたいのは、視野を広げて、僕らを今日のような存在に仕立てた人類の創意工夫だけでなく、さらにその先まで説明の糸筋をたどることだ。近代の世界の根源は時代をはるかにさかのぼるものであり、地球がその顔立ちを変えるところまで深く深くたどれば、因果関係の道筋は往々にして地球の誕生時にまで僕らを連れ戻すことになる。

子供とおしゃべりをしたことがある人なら、僕がここで言わんとすることがわかるだろう。知りたがりの六歳児から何かの仕組みを尋ねられ、なぜそうなのかと質問されたとき、咄嗟《とっさ》にでてくる答えでは決して相手を満足させられない。そこからさらなる疑問が広がるのだ。当初の単純な質問は必然的に、

「なんで？」「でもどうして？」「なぜそうなるの？」という質問攻めにつながるのだ。子供は満たされることのない好奇心をもって、自分がいる世界の根底にある本質を捉えようとする。僕は同じ方法で人類の歴史を探究し、さらにさらに根源的な理由まで掘り進み、無関係と思われる世界の様相が、実際にはいかに深いところでつながっているかを調査したい。

歴史は混沌かつ雑然とし、行き当たりばったりだ。降水量の不足した年が数年あれば飢饉《ききん》や社会不安が引き起こされる。火山が噴火すれば近隣の町は壊滅する。一人の将軍が汗だくの喧騒《けんそう》のなかで、あるいは流血の戦場で間違った判断を下せば、帝国は崩壊する。だが、歴史の特定の偶発事件を超えて、時間的にも空間的にも充分に広い尺度で世界を眺めれば、一定の傾向と信頼できる定数を見極めることができ、こうした事件の背後にあった究極的な原因が解き明かされるのだ。もちろん、地球の構造がすべてをあらかじめ定めているわけではないが、それでも包括的な深いテーマは見分けることができる。

本書の調査は、唖然《あぜん》とするほど遠い過去にまでおよぶ。人類の歴史はそのすべてが基本的には変化のない地図の上で展開してきた。地球の映画の一コマに収まるものだ。だが、世界はつねにこのように見えていたわけではない。大陸と海洋は地質学上の遅々とした時間の尺度で変化してきたとはいえ、地球の過去の顔立ちは人類の物語にも大きな影響を与えてきた。本書では、過去数十億年に繰り広げられた地球の変わりゆく本質と、この地球上の生命の発達を見てゆく。過去五〇〇万年のあいだに類人猿の祖先からヒトが進化したことや、過去一〇万年で人類が潜在能力を高め、世界各地に拡散していったこと、この一万年間に文明が次々に誕生したこと、過去一〇〇〇年間に起きた商業化、産業化、グローバル化の新しい傾向、そして最後には過去一世紀間にこの驚くべき起源の物語を人類がいかに理解するようになったかを検証する。

その過程で、本書は歴史の最果てまで、そしてそのさらに過去まで旅をする。歴史家は文字に書かれた人類の記録を解読し解釈して、最古の文明の物語を語る。考古学者は古代の人工物と廃墟の埃《ほこり》を払い落としながら、さらに古い先史時代と狩猟採集民の暮らしについて僕らに語る。古生物学者は断片をつないで、種《しゅ》としての人類の進化を描きだしてきた。そして、時代をさらにさかのぼった先を覗くためには、科学の別の分野から判明してきた新たな事実にも目を向けることにしよう。たとえば、地球の構造そのものを織り成す岩石層に残された記録を拾い読みするのだ。あるいは人間の個々の細胞内にあるDNAの書庫に蓄えられた古い遺伝暗号《ジェネティックコード》の書き込みを読んでみる。さらに、望遠鏡を覗いてこの世界を築きあげた宇宙の影響力を調べよう。歴史と科学を語る糸は、本書を通して絡まり合い、物語を織り成す経糸と緯糸となるだろう。

オーストラリア先住民《アボリジニ》のドリームタイムから、ズールー族の創成神話にいたるまで、どの文化もそれぞれの起源の物語をつくりだしてきた。だが、近代の科学は僕らの周囲にある世界がどのように生まれ、そのなかで人類がいかにこのような地位を占めたかについて、どんどん完成度の高まる魅力的な説明を構築してきた。想像だけに頼る代わりに、僕らはいまではこうした調査の道具を使って、創成の物語を解明することができるのだ。となれば、これこそが究極の起源の物語となる。人類すべての話であり、僕らが住む地球の物語でもあるのだから。

本書では地球がなぜ過去数千万年にわたって、長期におよぶ寒冷化と乾燥化の傾向を経験したのかを、またそれによって人類が耕作するようになった植物種や、家畜化するようになった草食動物がいかに生みだされたのかを探究する。最終氷期によって人類がいかに地球の隅々にまで分散できるようになったか、人類はなぜ現在の間氷期《かんぴょうき》にのみ定住し、農業を発達させられたのかも調査する。また、地殻から多様な金属を採掘して利用することを人類がどう学び、それが歴史を通じてどのように道具づくりや技術に一連の革命を起こすにいたったのかも見てゆこう。さらに、地球がいかに化石エネルギー源を与えてくれ、それが産業革命以来この世界の動力となってきたかも検討する。大航海時代については、地球の大気と海洋の根本的な循環システムという文脈で論じることにしよう。そして、船乗りたちがいかに少しずつ風のパターンと海流を理解してゆき、大洋横断の交易路や海洋帝国を築いたかを探る。地球の歴史が今日の戦略地政学上の懸念をどのように生みだし、現代の政治に影響をおよぼしつづけるのかも探究する。すなわち、アメリカ南東部の政治地図が七五〇〇万年前に存在した太古の海からの堆積物によっていまも影響を受けつづけ、イギリスの投票パターンが三億二〇〇〇万年前の石炭紀にまでさかのぼる地質堆積物の位置をいかに反映するかといった問題である。過去を知ることによって、僕らは現在を理解し、将来と向き合う覚悟ができるのだ。

この究極的な起源の物語は、なかでも最も根本的な問いから始めることにしよう。惑星としての地球のどんなプロセスが人類の進化を促したのか？

第1章　人類の成り立ち

僕らはみな類人猿だ。

ヒト族《ホミニン》と呼ばれる進化樹の一部門は、幅広い動物群からなる霊長類の一部をなしている(1)。生存する最も近縁の種はチンパンジーだ。遺伝子から推測されるのは、ヒトとチンパンジーの分岐は一三〇〇万年前という古い時代から始まり、おそらく七〇〇万年前まで長期にわたって延々と交雑がつづいていたということだ。[1] だが最終的に双方の進化の歴史は袂《たもと》を分かち、一方では今日のチンパンジーとボノボが出現し、もう一方はホミニンのいくつかの異なる種《しゅ》に分岐した〔ヒト族にチンパンジー亜族を含める分類方法であればヒト亜族がホミニンに相当〕。僕ら自身の種であるホモ・サピエンスはその小枝の一本に過ぎない。人類の発展をこうした目で見ると、ヒトは類人猿から進化したのではなく、僕らはまだ哺乳類であるのと同様に、まだ類人猿なのである。

ホミニンの進化における主要な推移はすべて東アフリカで生じた。世界のこの地域は、地球の赤道付近の雨林帯にあり、コンゴ川、アマゾン川、東インド諸島〔フィリピン、インドネシアなど東南アジアの島々〕

と同じ緯度にある。したがって本来ならば、東アフリカにも鬱蒼《うっそう》と森が茂っているはずなのだが、代わりにこの一帯はおおむね乾燥したサバンナの草地となっている。僕らの霊長類の祖先が木の上で暮らし、果物や葉を食べて生きていた時代に、世界のなかのこの地域に、人類の誕生の地に、劇的なことが起こり、その生息環境を緑豊かな森から乾燥したサバンナに変貌させ、それが今度は人類の進化の軌道を、木にぶらさがる霊長類から、金色の草地で狩りをする二足歩行のホミニンへと向かわせた。

この特定の地域を変貌させて、適応力のある賢い動物が進化できるような環境を生みだした地球規模の原因はなんだろうか？　また、僕らはアフリカで進化したホミニンの一種に過ぎないのに、同じように知恵があって道具を使う、ともに枝分かれして進化した多くの種のなかで、ホモ・サピエンスだけが勢力範囲を広げ、唯一生き残って地球を相続した究極的な理由はなんだろうか？

地球寒冷化

僕らの地球は絶え間なく活動しつづける場所であり、つねにその顔立ちを変えている。太古の昔まで早送りで戻れば、大陸が無数の異なった位置関係で移動し、しばしば衝突しては一つに融合し、それがいずれ再び引き裂かれてしまい、広大な海洋が広がったかと思うと、縮小して消滅する様子を見ることになるだろう。巨大な火山帯が現われて爆発し、大地は地震で揺れ、地面にしわが寄って山脈がそびえたかと思えば、再び削られて塵《ちり》となる。この猛烈な活動すべての原動力となるエンジンがプレートテクトニクスであり、それが人類の進化の背後にある究極の原因なのである。

地球の外皮である地殻は、その下に熱い粘性のマントルを封じ込める脆《もろ》い卵の殻《から》のようなものだ。地殻の殻にはひびが入っており、いくつもの別々のプレートに分割されて地球の表面で動いている。大陸は密度の低い分厚い岩からなるが、海洋地殻は薄いが重いため、大陸地殻ほど高く隆起することがない。ほとんどのプレートは大陸と海洋の双方の地殻で構成されており、これらの「筏《いかだ》」は融解した熱いマントルの上で浮き沈みしながら、互いにつねに場所を取り合い、その気まぐれな流れに乗っている。

プレートの収束型境界として知られるものに沿った、二枚のプレートが互いにぶつかり合う場所では、どちらかは譲らなければならない。二枚のプレートの一方の先端は、もう一方の下方に押しやられて、岩を溶かすマントルの熱のなかに引きずり込まれて、頻繁に地震を引き起こし、火山帯を活発化させる。大陸地殻の岩石は密度が低く、浮きやすいので、プレート衝突ではほぼかならず海洋地殻の部分がもう一方の下に沈む。この沈み込みのプロセスは、あいだにある海洋が呑み込まれ、大陸地殻の二つの塊が融合して、大きくしわの寄った山脈がその衝突線を表わすまでつづく。

発散型境界もしくは構造型〔コンストラクティブ〕境界は、二つのプレートが互いに遠ざかっている場所だ。奥底から上昇してくる熱いマントルはこの亀裂から、ちょうど腕に深い傷を負ったとき血が噴きだすように上昇してきて固まり、新たな岩石の地殻を形成する。大陸の真ん中にも新たなリフト〔亀裂を意味する言葉で、地殻に伸張作用が働いてできたもの〕が広がって、大地を二つに引き裂くことはあるが、新たにできたこの地殻は密度が高く低層にあるため、そこに水が溜まるようになる。発散型境界は新しい海洋地殻を形成する。大西洋中央海嶺《かいれい》はそのような海底に広がったリフトの顕著な例だ。[2]

プレートテクトニクスは本書を通してたびたび触れることになる地球全般にわたるテーマだが、ここでは地質学上の近代の歴史において気候変動がいかにヒトそのものを誕生させる状況をつくりだしたかということに焦点を絞ろう。

過去五〇〇〇万年ほどの時代は、地球の気候の寒冷化を特徴としてきた。このプロセスは新生代の寒冷化と呼ばれ、氷期が繰り返し訪れる目下の紀《ピリオド》のなかの二六〇万年前にその最盛期を迎えた〔地質学的には現在も新生代の第四紀の氷河期にあり、完新世に入ってからその間氷期にあると考えられている〕。それについては次章で詳しく見てゆくことにしよう。長期にわたるこの地球寒冷化の傾向は、主としてインドがユーラシアに大陸衝突して、ヒマラヤ山脈を造山させたことによって動かされてきた。高くそびえるこの岩の尾根がその後に侵食されることで、大気中から多くの二酸化炭素がかき集められ〔岩石の主成分である珪酸塩が雨水に溶けた二酸化炭素と反応して化学的風化作用が生じる〕、それまで地球を断熱していた温室効果〔第2章参照〕を減らす結果となり、気温の低下につながった。そして、おおむね寒冷化した状況は海洋からの蒸発を少なくし、降雨の少ない、乾燥した世界を生みだすことになった。

この地殻変動プロセスは、インド洋を隔てた五〇〇〇キロほど離れた場所で起こったが、人類が進化を遂げていた劇場〔東アフリカ〕内でも地域によってはじかに影響をこうむっていた。ヒマラヤ山脈とチベット高原はインドと東南アジアに強大なモンスーン・システムを生みだした。インド洋上で大量の水分が大気に吸収されるこの効果は、東アフリカからも湿った空気を吸いだし、この地の降水量を減少させることになった。東アフリカの乾燥化には別の地球規模の地殻変動が関与したと考えられている。三〇〇万年から四〇〇万年前ごろ、オーストラリアとニューギニアが北へ移動し、その過程でインドネシア海路として知られる海峡が閉ざされた。この封鎖は南太平洋の温かい水が西へ流れてくるのを妨げ、代わりに北太平洋の冷たい水がインド洋中央部を流れるようになった。水温の下がったインド洋では蒸発量が減り、そのこともまた東アフリカの降水量の減少を意味するようになった。[3] だが、何よりも注目すべき点は、アフリカそのもので別の巨大な地殻の隆起が生じており、それが人類の成り立ちに重要な役割をはたしたことだ。

進化の温床

　およそ三〇〇〇万年前、アフリカ北東部の地中で、熱いマントル・プルーム〔立ち昇る形状から羽根飾りの意〕が上昇してきた。陸塊《りくかい》は巨大なニキビさながらに一キロほどの高さにまで上方に膨れあがった。[4]ドーム状に膨れたこの一帯の上で地殻の皮膚は引き延ばされて薄くなり、しまいにはその中央部が一連のリフトとなって裂け始めた。東アフリカ地溝帯《リフト》はおおむね南北の線に沿った亀裂となって、その東側の枝は現在のエチオピア、ケニア、タンザニア、マラウィを貫き、西側の枝はコンゴ民主共和国を通り抜けてタンザニアとの国境沿いへとつづく。

　地球を切り裂くこのプロセスは、北部に向かうにつれて激しくなり、割れ目は地殻を突き抜けて長い傷口からマグマを滲《し》みださせ、玄武岩の新たな地殻を形成した。その後、この深いリフトに水が入り込んで紅海となった。もう一つのリフトはアデン湾になった。リフトを広げた海底〔現在のソマリア付近〕は「アフリカの角《つの》」から大きな塊を引き離して新たなプレート、すなわちアラビアプレートを形成した。東アフリカ地溝帯、紅海、アデン湾がY字形に集まる場所は三叉路として知られ、この交差地点の真っ只中にアファール州と呼ばれる三角形の低地が、エチオピア北東部からジブチ、エリトリアにまで広がっている。[5]この重要な地域については、後述する。

　東アフリカ地溝帯はエチオピアからモザンビークまで数千キロにわたってつづく。下から膨れあがるマントル・プルームが上昇しつづけているため、地溝帯はまだ引き裂かれている。この「引っ張りによる地殻変動」プロセスは断層に沿って岩盤全体に亀裂を走らせ、分断し、側面は断崖となって押しあげられ、あいだに挟まれた一角が沈んで谷底となった。五五〇〇万年から三七〇〇万年前に、このプロセスが現在の地溝帯の地形をつくりだした。海抜八〇〇メートルにある幅広く深い谷で、両側に山の尾根が連なる光景だ。[6]

　地溝帯のこの地殻の隆起と高い尾根という膨張がもたらした主要な影響の一つは、東アフリカの広い地域で雨が降らなくなったことだった。インド洋から吹いてくる湿った空気は、高い標高まで押しあげられ、そこで冷やされて凝縮し、海岸近くで雨となって降る。これによって内陸部ではいっそう乾燥した状況が生みだされる。雨陰《うい ん》として知られる現象だ。[7] 同時に、アフリカ中部の雨林からの湿った空気もまた、地溝帯の高地によって東への移動が妨げられる。[8]

　こうした諸々の地殻変動プロセスの結果――ヒマラヤ山脈の造山、インドネシア海路の封鎖、そしてなかでも東アフリカ地溝帯の高い尾根の隆起――が、東アフリカを乾燥させたのだ。地溝帯の出現は、この地域の生態系を様変わりさせる過程で、気候を変えただけでなく、地形も変えた。東アフリカは一面を熱帯林に覆い尽くされた平坦な土地から、高原と深い谷のある険しい山岳地帯に変貌を遂げ、植生は雲霧林からサバンナまで、そして砂漠の低木帯までまたがるようになった。[9]

　巨大なリフトは三〇〇〇万年前ごろに形成され始めたが、隆起と乾燥化は過去三〇〇万ないし四〇〇万年間に起こった。[10] 人類の進化が見られたこの同じ時期に、東アフリカの景色は『ターザン』のセットから、『ライオン・キング』のセットへと移行したのだ。[11] 東アフリカが長期にわたって乾燥化し、森の生息環境を減らして細切れにし、サバンナに取って代わらせたことが、樹上生活をする霊長類からホミニンを分岐させた。乾燥した草地の拡大はまた、大型の草食哺乳類、つまり人間が狩りをするようになるレイヨウ〔アンテロープ〕やシマウマなどの有蹄類《ゆうているい》の繁殖を支えることにもなった。

　だが、それだけが唯一の要因ではない。大地溝帯は地殻変動によってきわめて複雑な環境になり、さまざまに異なった土地が隣り合わせの移行帯となった。森と草原、尾根、急峻《きゅうしゅん》な断崖、丘陵、高原と平原、谷、そして大地溝帯の谷底にできた深い淡水湖などだ。[12] ここはモザイク環境として説明されてきた場所で、ホミニンに多様な食糧供給源と生活資源と機会を与えることになった。[13]

大地溝帯の広がりとマグマの上昇に伴って、火山帯が地域全体に軽石と火山灰を激しく吐きだした。東アフリカ地溝帯にはその一帯に沿って火山が点在しており、その多くは過去わずか数百万年前に造山されたものだ。これらの火山の大半は、大地溝帯そのものの内側にあるが、なかでも大きく古い火山の一部は、ケニア山、エルゴン山、アフリカ最高峰であるキリマンジャロ山をはじめとして、その端に位置する。

火山の噴火は頻繁に起こって溶岩流を吐きだし、それが地形を分断する岩だらけの尾根となって凝固した。動きが敏捷なホミニンであれば、これらの尾根は横切ることができただろう。そして、彼らが狩りをした動物にとっては大地溝帯内の急斜面とともに、事実上、自然の障害物および障壁となったかもしれない。初期の狩人たちは獲物の動きを予測し、掌握することに長《た》けており、獲物の退路を狭めて罠《わな》へと導いて仕留めることができた。この同じ地形が無防備な初期の人類にとって、この一帯をうろつく捕食動物からいくらかは守ってくれ、安全を保障してくれたかもしれない。[14] この起伏の多い変化に富んだ土地はホミニンが繁栄するための理想的な環境を与えてくれたようなのだ。初期の人類は、僕らと同様、どちらかと言えば弱々しく、チーターほどのスピードもなければライオンの強さもなく、協力し合って、地殻変動と火山活動によってできた複雑な地勢を利用して狩りに役立てていた。

人類が進化を遂げるあいだに、これらのダイナミックで多様な景観からなる地形を生みだし、それを維持しつづけたのは活発な地殻変動と火山活動なのだ。実際、大地溝帯はこれほど地殻変動の活発な地域であるため、景観は黎明期の人類が居住していた時代から大きく変化している。大地溝帯は広がりつづけ、かつてホミニンが住み着いていた地域は、いまでは地溝帯の側面に隆起している。今日、ホミニンの化石や考古学的な証拠が見つかるのはこうした地点であり、当初あった場所からはまったくかけ離れている。そしてこの巨大なリフトが、つまり今日の世界において引っ張りによる地殻変動が最も長期にわたって相当な規模でつづいてきた地域こそが、人類の進化にとって欠かせないものであったと考えられている。

樹上から道具へ

疑いの余地のないホミニンとしてこれまでに良好な化石が発見された最古の種は、アルディピテクス・ラミドゥスで、彼らはエチオピアのアワッシュ川流域沿いにある森で四四〇万年前ごろに暮らしていた。この種は現代のチンパンジーとほぼ同じ体格で、脳の大きさも同等であり、歯からは雑食であったことがうかがえる。化石化した骨格からは、まだ樹上で暮らしていたことがわかり、初歩的な二足歩行、つまり二本足で直立して歩く能力を発達させたばかりだった。四〇〇万年ほど前に、アウストラロピテクス——「南の猿」——が、すらりとした華奢《きゃしゃ》な体型など、現生人類と共通するいくつかの形質をもつようになり（ただし頭骨はまだ原始的な形状だった）、二足歩行も得意とするようになった。たとえば、アウストラロピテクス・アファレンシス〔アファール猿人〕が現存する化石からよく知られている。そのうちの一体はアワッシュ川流域に三二〇万年前に生きていた女性の驚くほど完璧な骨格で、ルーシーの名で知られるようになった[2]。

ルーシーは身長がわずか一一〇センチほどだが、現生人類のものと非常によく似た背骨、骨盤、脚の骨をしていた。したがって、ルーシーなどのアファール猿人たち[3]の脳はまだ、チンパンジーと同程度で小さかったが、彼らの骨格は明らかに長距離を二足歩行する生活様式であったことを示している。実際に、タンザニアのラエトリにある火山灰が堆積した地層には、約三七〇万年前の三個体分の足跡が残されている。これらはおそらくアファール猿人によってつけられたもので、浜辺を散歩するときに砂の上に残るような足跡に驚くほど似ている。

　ヒトの進化においては、脳がいちじるしく大きくなるずっと前から二足歩行の発達は明らかに見られたのだ。これらのアウストラロピテクスの化石は、さらに古いアルディピテクス属のものも含め、かつて考えられていたようにサバンナの開けた草地の環境で歩くために適応して進化したわけではないことも示す。むしろ二足歩行は、まだ樹林地帯で木々に囲まれながら暮らしていたホミニンとともに最初に始まった[15]。だが、森林が減少してどんどん細切れになってゆくにつれて、二足歩行は確かにますます役立つ適応となった。人類の初期のホミニンの祖先はところどころに残る林のあいだを移動して、草原へ足を踏み入れられるようになった。二足歩行することで、彼らは丈の高い草越しに眺めることもできたし、照りつける太陽のもとにさらす体の面積を最小限にして、サバンナの熱気のなかで涼しい状態を保つのにも役立てていた。さらに、道具を握って使用するのに非常に役立つ、その他の指と向かい合わせで使える親指もまた、森で暮らしていた霊長類の祖先から進化上で受け継いだものだった。木の枝をつかむために進化の過程でつくりだされた手は、人が棍棒《こんぼう》や斧《おの》の柄、ペン、さらにはジェット機の操縦桿《かん》を握るようになるよりも先立っていた。

　二〇〇万年ほど前になると、アウストラロピテクス属のホミニンの種はみな絶滅し、僕ら自身の属であるヒト属〔ホモ属〕がそこから登場した。ホモ・ハビリス（「器用な人」）は、それ以前の猿人に似た華奢な体型をしており、脳もごくわずかに大きいだけであった。[16] 体と脳のサイズが大幅に増大し、生活様式が大きく変わることになったのは、二〇〇万年ほど前にホモ・エレクトスが出現してからだった。頭骨より下の体については、ホモ・エレクトスは現生人類と解剖学的に非常に似ており、長距離を走るための適応や、物を投げることができたと思われる肩の構造をしていた。彼らは成長が遅く長い子供時代を送り、高度な社会的行動をするなど、ほかにもヒトと共通する特徴があったと考えられている。

ホモ・エレクトスはおそらく、狩猟採集生活を送り、火を扱うことのできた最初のヒト属のホミニンでもあっただろう。火はただ暖を取るためだけではなく、食べ物を調理するためでもあったと考えられる。[17] 彼らは筏を使って広い水域さえ越えていたかもしれない。[18] 一八〇万年前になると、ホモ・エレクトスはアフリカ全土に広がっており、やがてはおそらく数度にわたる移住の波をなして、この大陸を離れてユーラシア一帯に拡散することになった。[19] この種は二〇〇万年近く生息していた。一方、解剖学的に現生人類である種が登場してからは、まだその一〇分の一ほどの歳月しか経ていない。そして現在のところ、僕ら人類は二〇〇万年どころか、この先一万年間を生き延びられれば幸いなのである。

ホモ・エレクトスは八〇万年ほど前にホモ・ハイデルベルゲンシス（ハイデルベルク人）を出現させ、二五万年前にそこからヨーロッパではホモ・ネアンデルターレンシス（ネアンデルタール人）が、アジアではデニソワ人が進化した［これらの旧人類がヒトとは別種かどうかは専門家の見解が分かれている］。解剖学的に最初の現生人類であるホモ・サピエンスは東アフリカで三〇万年から二〇万年前に出現した。

人類の進化の過程で、ホミニンはどんどん二足歩行を発達させ、効率よく長距離を走れるようになり、[20] 骨格にはこの直立姿勢と移動様式を支えるためのS字状の背骨、椀《わん》状の骨盤、長めの脚などの変化が現われた。体毛は、頭皮に生えるものを除いて少なくなった。頭の形状もやはり変わり、突きでていた口先は小さくなって、顎先が目立つようになり、脳頭蓋《のうとうがい》はより椀状になった。[21] 実際、それ以前のアウストラロピテクス属と、僕らのヒト属の系譜との主要な違いは脳容量がこのように増大したことにあった。アウストラロピテクスの脳の大きさは、二〇〇万年にわたって進化したあいだも約四五〇立方センチと、驚くほど一貫しており、これは現代のチンパンジーの脳とおおむね同一のサイズだ。だが、ホモ・ハビリスにはそれより一・三倍以上大きい、約六〇〇立方センチの脳があったし、ホモ・ハビリスからホモ・エレクトス、ハイデルベルク人へと進化するにつれて、脳容量はさらに二倍になった。六〇万年前には、ハイデルベルク人の脳は、現生人類のものとほぼ同容量になっており、これはアウストラロピテクスの脳よりも三倍は大きかった。[22]

脳容量の増加に加えて、ホミニンを決定づけたもう一つの特徴は、その知能を道具づくりに応用したことだった。広範囲で見つかる最古の石器——オルドワン石器《テクノロジー》として知られる——は二六〇万年ほど前までさかのぼり、ホモ・ハビリスやホモ・エレクトスだけでなく、後期のアウストラロピテクスも使っていたものだった。川から拾った丸い石を、別の平たい台石に載せた骨や木の実に打ちつけて割っていたのだ。剝片《はくへん》を打ち欠いて鋭い断面をつくり、形を整えたこの石は、獲物から肉を切り取り、削り落とす作業や、木材加工に使われていた。(4)

石器時代の技術における革命は、ホモ・エレクトスがオルドワンの石器を受け継いで、一七〇万年前にアシュール石器群《インダストリー》として洗練させたときに訪れた。アシュール石器は小さな剝片をどんどん打ち欠くことで入念に形づくられ、オルドワン石器より左右対称で薄く、洋ナシ形の握り斧となっている。この石器は人類史の大部分において主要な技術でありつづけた。その後に起きた変革からムスティエ石器群が生まれ、ネアンデルタール人も、解剖学的に現生人類である人びとも、更新世《こうしんせい》の氷河期を通じて使用していた。ムスティエ石器では、周囲を叩いて削り丹念に石核の形を整えてから、最後に大きな剝片を巧みに打ち欠く。作業の目的は、形を整えた石核ではなく、切り離された剝片を手に入れることだった。先端の尖った薄い破片はナイフとしておあつらえ向きであり、槍先や鏃《やじり》として使えただろう。[23]

これらの石器が、槍用の木製の柄とともにホミニンを恐ろしく有能な狩猟者に仕立てたのだ。しかも、ほかの捕食動物のようにみずからの体に大きな歯や鉤爪《かぎづめ》を発達させる必要はなかった。人類は棒や石を、獲物を狩るための、あるいは身を守るための人工的な歯や鉤爪として利用し、その間ずっと獲物からも捕食者からも適度な距離を保ち、傷を負うリスクを最小限に留めることができたのだ。

身体の形状と生活様式におけるこれらの発展は、相乗効果をもたらした。さらに効率よく走り、複雑な認知能力をもつようになったことが、道具と火の利用と相まって狩猟の成功率を高め、大きくなった脳を支える肉の消費量の多い食生活を可能にしたのだ。それによって、人類は複雑な社会的交流と協力、文化的な学習と問題解決、そして何よりも重要なことに言語を発達させられるようになった。[24]

気候の振り子

人類の進化におけるこれらの主要な変遷の多くは、大地溝帯で最も古い北部の末端にあるアファール州——先に触れたように、地殻上の三叉路のまさにその地点に位置する三角形の低地——の内部に残されている。最初のホミニンの化石、すなわちアルディピテクス・ラミドゥスの化石は、アワッシュ川流域で見つかった。エチオピア高原から北東のジブチの方角へ流れ、アファール三角地帯の真っ只中を流れてゆく川だ。この同じ川の流域に、三二〇万年前のルーシーの全身骨格が残されていた。実際には、アウストラロピテクス・アファレンシス〔アファール猿人〕というこの種全体の呼称がこの地域からつけられている。知られるなかで最古のオルドワン石器も、やはりアファール三角地帯のなかにあるエチオピアのゴナで見つかっている。だが、ホミニンの進化の温床は、東アフリカ地溝帯の全域にまたがっていたのだ。

気候の乾燥化と、火山帯や断層崖などの多様な地形がモザイク状になったリフト・システムは、人類に進化の環境条件を与えるうえで明らかに重要なものだった。とはいえ、地殻運動によってつくられたこの複雑な景観は、移動しながら暮らすホミニンに好機を与えたかもしれないが、そもそもそれだけの驚くべき多芸さと知能がどのように生まれたのかを充分に説明してはいない。その答えは、大地溝帯の引っ張りによる地殻変動という特殊な事情と、気候の揺らぎとのかかわりによるものと考えられている。

前述したように、世界は過去五〇〇〇万年ほどおおむね乾燥し寒冷化してきており、地殻が隆起して大地溝帯が形成されたことは、それによって東アフリカでとりわけ乾燥化が進み、かつての森が失われたことを意味した。だが、こうした地球の寒冷化と乾燥化の傾向のなかでも、気候は非常に不安定になり、激しく変動を繰り返した。次章で詳細に見てゆくように、二六〇万年前ごろ地球はいまの氷河期の世《エポック》に入った。この間には、ミランコヴィッチ・サイクルとして知られる地球の公転軌道と自転軸の傾きが規則的に変動することで、氷期と間氷期《かんぴょうき》が交互に繰り返されてきた。東アフリカは前進する氷床《ひょうしょう》そのものに遭遇するには南北両極からあまりにも離れ過ぎていたが、だからと言ってこうした宇宙の周期によって大きな影響を受けなかったわけではない。とくに、太陽を回る地球の軌道が周期的に細長い楕円形――離心率周期と呼ばれる――に伸びることによって、東アフリカの気候がひどく変わりやすくなる時代がもたらされた。極端な変動が見られたこれらの局面それぞれに、地軸による拍動も早まり、気候は非常に乾燥した状況と湿潤な状況のあいだを行きつ戻りつしたが、これについては後述する。[25]

それでも、こうした宇宙の周期性とそれによって生じる気候の変動は、何万年も何十万年もつづいてきた。人類の進化を理解したいと思えば、謎となるのは東アフリカに最大の影響をおよぼしたプロセス――この地域内における地殻の隆起や伸張《リフティング》からくる全般的な乾燥化の影響や、地軸の歳差《さいさ》運動〔第2章参照〕などがもたらす気候のリズム――が、動物の生涯と比べてきわめて遅々とした時間の尺度で動いている点だ。それでも、知能や、そのおかげで可能になった多芸な行動は、多目的道具のスイス・アーミーナイフの利用にも似た適応となって、生涯のあいだにも環境がいちじるしく変化するような時代に、個々の人類がさまざまな難題に対処するのを助けることになる。もっと長い時間の尺度で環境が変わる場合には、何世代ものあいだに一つの種の体や生理機能を適応させる進化によって（つねに乾燥した状況にラクダが適応したように）対応することができる。一方、知能というのは、自然選択が体を適応させるよりも早く移り変わる環境の問題にたいする進化上の解決策なのだ。したがって、ホミニンをさらに柔軟で賢い行動に駆り立てる強い進化上の圧力があったということは、ごく短期間に僕らの祖先に影響をおよぼしたものが何かしらあったに違いない。

　東アフリカの状況の何が特別で、僕ら自身のような、きわめて知能のあるホミニンへ進化を促したのだろうか？　近年、この問題について浮上してきた答えは、やはりこの地域の特殊な地質構造の環境に目を向けたものだ。先に述べたように、東アフリカは地中から上昇してくるマントル・プルームによって膨れあがったため、地殻が引っ張られて、しまいに亀裂が入り断層ができた。大地溝帯の地理はそのため、相当量の地殻が沈み込んだ平らな谷底と、その両側にそびえる尾根を特徴とする。とりわけ三〇〇万年前ごろから谷底には数多くの孤立した広い盆地が形成され、気候条件が充分に湿潤なときは、そこが湖となった。[26]これらの深い湖は重要だ。ホミニンにとって、毎年の乾季のあいだも渓流などに比べ

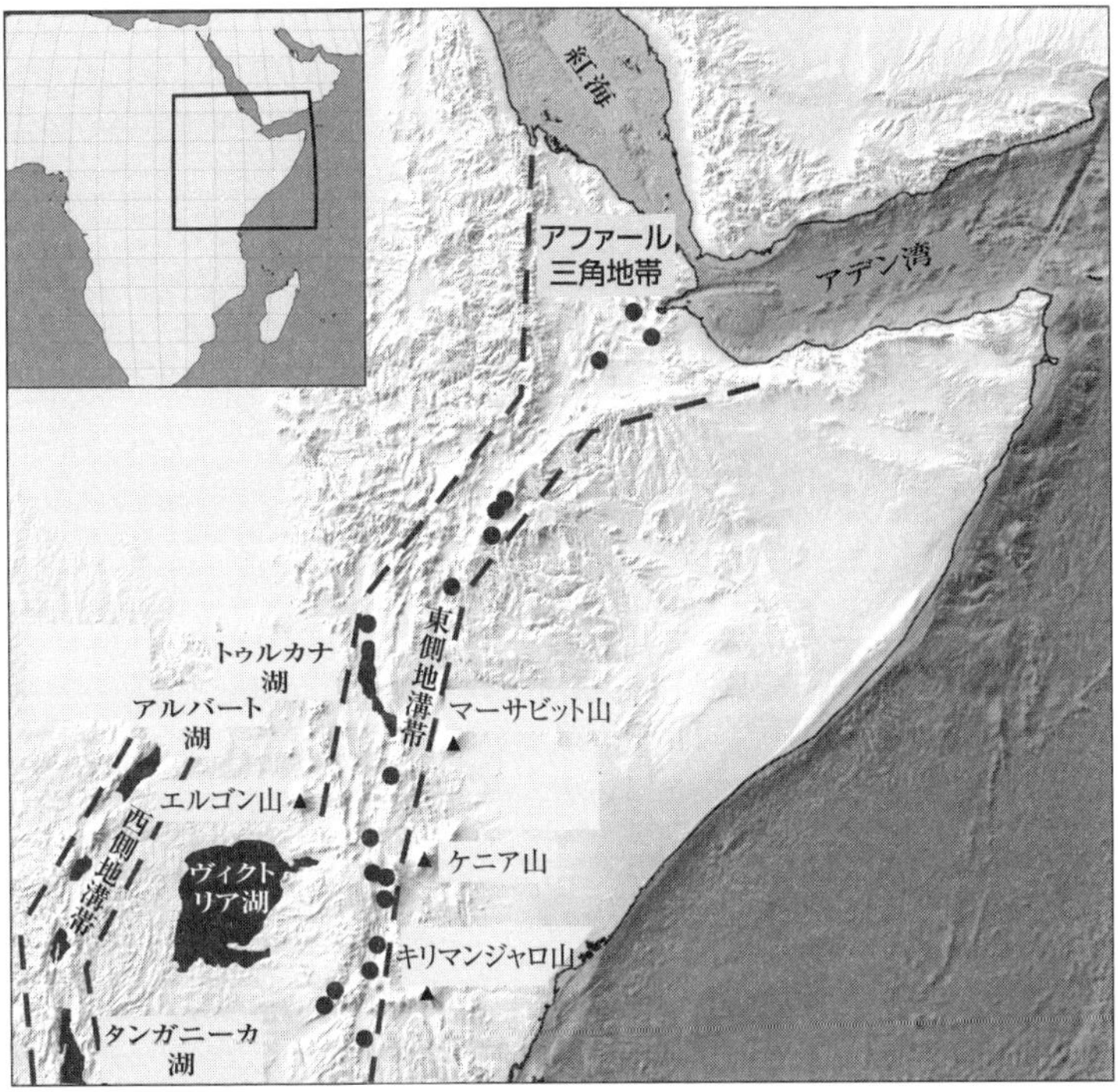

東アフリカ地溝帯系と主要な湖とアンプ湖盆

て安定した水の供給源となったからだ。[27] とはいえ、湖の多くは一時的なものだった。湖は気候が変わるにつれて、時代とともに現われては消えていった。

　リフトのある地形は、高地と谷底で明確に異なる気候条件を生みだす。雨はリフトの高い断崖と火山の山頂付近に降り、それがはるかに暑く蒸発率の高い谷底に点在する湖に流れ込む。これはつまり、大地溝帯の湖の多くは降水量と蒸発量のバランスに非常に左右されることを意味する。気候がわずかに変わっただけでも、その水位はそれに呼応してかなり大幅に、しかも急速に変化するのだ。世界各地の湖や、アフリカのその他の地域の湖と比べても、変動幅ははるかに大きい。[28] 地域の気候のわずかな変化が、生きるのに欠かせないこれらの水域の水位を非常に大きく上下させるため、「アンプ湖」と呼ばれている。微弱な信号を増幅させるハイファイのアンプのような役目をはたすのだ。そして、地溝帯をつくりだす長期にまたがる地殻変動の傾向と、地球の気候の変動、人類の進化に直接、劇的な影響をおよぼした居住環境の急速な変化とを結びつけた重要なつなぎ目が、これらの特殊なアンプ湖なのだ。

ここでは宇宙空間における地球環境の二つの特殊な側面が重要になる。太陽を周回する地球の軌道の引き伸ばし（離心率）と、地軸の旋回（歳差運動）だ。地球の軌道がより楕円形に伸ばされるたびに（最大離心率）、東アフリカの気候はひどく不安定になった。変動を繰り返す気候のそれぞれの局面に、歳差運動の周期によって北半球に少しばかり余計に太陽の熱が放射されると、大地溝帯の断崖に降る雨が増えた。アンプ湖が出現して拡大し、その湖岸は森林地帯となったのだ。その反対に、歳差運動周期の逆の局面には、地溝帯の降水量は減り、湖は小さくなるか、完全に消滅した。そうなると大地溝帯は極端に乾燥した状態に戻り、植生は最小限となった。[29] したがって、過去数百万年のあいだ東アフリカの環境はおおむね非常に乾燥していたが、この一般的な状態にもときおり、気候が大いに湿潤な時期と、逆に再びひどく乾燥する時期で揺れ動く、極端な変動期が訪れた。

こうした気候の変動期はほぼ八〇万年おきに生じ、そのあいだアンプ湖は緩んだ電球のようにちらちらと現われては消えた。揺れ動くたびに、水、植生、食糧の有無にもかなり変動があり、それが人類の祖先にも深刻な影響をおよぼした。急速に変化する状況は、多芸で適応力のあるホミニンをより生き延びさせることになり、こうしてより大きな脳と多くの知能を進化させたのだ。[30]

そのように気候が極端に変動した最も直近の三つの時代は、二七〇万年前から二五〇万年前、一九〇万年前から一七〇万年前、一〇〇万年前から九〇万年前に訪れた。[31] 化石記録を調べた科学者たちが、興味をそそられる発見をした。ホミニンの新種〔ヒト属〕が——しばしば脳容量の増大と関連して——出現したタイミング、または再び絶滅した時期が、乾湿の条件が変動したこれらの時代に重なる傾向があったのだ。たとえば、人類の進化においてきわめて重要な出来事の一つは、一九〇万年前から一七〇万年前の変動期に生じていた。地溝帯内にある七つの主要な湖盆《こぼん》〔水をたたえて湖となった部分〕は繰り返し水が溜まっては干上がっていた。ホミニンのさまざまな種が最盛期を迎えたのは、この時期だった。脳容量が劇的に増えたホモ・エレクトスもこのころ登場した。総合すると、判明しているヒト属の一五種のうち、一二種がまず三度にわたるこうした変動期に登場した。[32] それだけでなく、先述したさまざまな段階の石器技術の発達と拡散——オルドワン、アシュール、ムスティエ——もまた、気候変動が極端になる離心率の時期に呼応していた。[33]

そして変動の時代は人類の進化を左右しただけでなく、ヒト属のいくつかの種に誕生の地を離れてユーラシア大陸へ移住させた原動力であったとも考えられている。次章では、僕らの種であるホモ・サピエンスがどのように地球全体に拡散することができたのかを詳細に見てゆくが、そもそもアフリカからヒト属を押しだした条件もまた、大地溝帯内における気候の揺らぎにあったのだ。

湿潤な局面になるたびに、アンプ湖が大きく広がり、水と食糧が余分に手に入るようになることで人口は爆発的に増えるが、その一方で同時に、樹木が茂る地溝帯の斜面沿いで居住できる空間が限られることになった。このことはヒト属を大地溝帯の細長い一帯にぎゅう詰めにし、やがては歳差運動の周期が気候のポンプのようになり、湿潤な波がくるたびにヒト属を東アフリカから押しだしたのだろう。湿潤な気候条件はまた、ヒト属の移住者がナイル川の支流沿いに北へと移動することも可能にし、シナイ半島の緑豊かな回廊地帯とレヴァント地方〔地中海東部沿岸〕を越えてユーラシアへと流れ込ませた。[34]ホモ・エレクトスは一八〇万年前ごろの気候の変動期にアフリカをでて、最終的にはるか中国にまで広がった。ヨーロッパでは、ホモ・エレクトスはネアンデルタール人に進化したが、東アフリカに残ったホモ・エレクトスの個体群がやがて三〇万年から二〇万年前に解剖学的に現生人類とされる種を出現させた。

僕ら自身の種は、次章で述べるように、六万年前ごろにアフリカを離れて拡散した。ホモ・サピエンスはヨーロッパとアジアを移動するなかで、ヒト属のかつての移住者たちの子孫――ネアンデルタール人とデニソワ人――に遭遇した。だが、そのどちらも四万年前ごろには死に絶え、解剖学的現生人類だけが残った。二〇〇万年ほど前にアフリカでヒト属の種の多様性が頂点にあった時代から、[35]ユーラシアへ移動するにつれてヒト属の近縁種と交流（および交雑）しながら、ホモ・サピエンスだけが一種残ったのだ。僕らは今日、ヒト属のなかの唯一の生存種なのであり、それどころかホミニンの系統樹全体でもほかに生き残った種はいない。

それ自体が奇妙なことだ。多数の考古学的証拠から、ネアンデルタール人もきわめて適応性に富む賢い種であったことがわかっている。彼らは石器をつくり、槍で狩猟をし、火を扱い、装飾品も身につけていたかもしれず、死者を埋葬すらしていた。彼らはホモ・サピエンスよりも身体的に強靭でもあった。それでも、僕らヒトがヨーロッパにやってくるとすぐに、ネアンデルタール人は姿を消した。彼らは氷河期の真っ只中の過酷な気候条件に屈したのかもしれないし（ヒトの到来時期との不可解な一致が、その説明に疑念を挟ませるが）、もしくは解剖学的現生人類がこれらの先住のヨーロッパ人と激しく衝突し、彼らを忘却の彼方に葬り去ったのかもしれない。しかし、より考えうる説明としては、同じ環境で生活資源をめぐる争いをして、単純にヒトのほうが勝ったというものだ。現生人類のほうが言語を使いこなす能力にずっと優れ、そのために社会的な協調や創意工夫にも長けていたほか、より高度な道具をこしらえる能力ももっていた。また、熱帯アフリカから広がったばかりであったにもかかわらず、ヒトは縫い針をつくることができたため、氷河期がとりわけ極寒の時代に入っても、体にぴったりした温かい衣服をつくることができたのだ。[36]

ヒトはネアンデルタール人よりも筋力ではなく頭脳で勝っており、やがて世界を支配するようになった。そしてそれが可能となった理由は、おそらく僕らの祖先が東アフリカの極端に変動する気候で長い進化の歴史を遂げてきた事実が、ネアンデルタール人に勝る多芸さと知能の発達を余儀なくしたからだろう。ヒトは長い歳月を大地溝帯の乾湿の変動に適応して暮らし、そのおかげで世界のその他の地域で遭遇したさまざまな気候に、よりよく対処できたのだ。そこには氷河期の北半球の気候も含まれていた。[37]

つまるところ、ヒトという動物は、過去数百万年のあいだに東アフリカで生じた、地球規模のあらゆるプロセスの特殊な組み合わせによって形づくられたのだ。地中から上昇するマントル・プルームで地殻が膨れあがるにつれて、この地域がただ乾燥して、僕らの霊長類の祖先がいた比較的平坦な森の生息環境から、乾燥したサバンナへと推移したわけではない。地形全体が起伏の多い地勢に変貌し、切り立った断層崖と溶岩が固まってできた尾根で切り裂かれたのだ。それが、時代とともに変わりつづけるさまざまな生息環境の複雑なモザイクからなる世界だった。なかでも、東アフリカの引っ張りによる地殻変動は大地溝帯を切り裂き、雨を集める高くそびえる崖と暑い谷底からなる固有の地形を生みだした。宇宙空間における地球の軌道と地軸の傾きの周期は、地溝帯の谷底にある盆地を周期的にアンプ湖に変え、これらの湖はわずかな気候の揺らぎにもたちまち呼応して、この地域のすべての生物に強力な進化上の圧力をかけるようになった。

ホミニンの故郷のこうした特殊な状況が、適応力のある多芸な種の進化を促したのだ。僕らの祖先は自分たちの知能と、社会集団をつくって力を合わせることにますます頼るようになった。空間と時間の双方にまたがって大きく異なるこの多様な地形は、ホミニンの進化の揺籃《ようらん》であり、そこから毛のない裸の、おしゃべりなサルが出現した。自分の起源を理解するようになるくらい賢いサルだ。ホモ・サピエンスの特徴である僕らの知能、言語、道具の使用、社会学習と協力行動は、農業を発達させ、都市に住み、文明を築くことを可能にしたものだった。こうした特徴は、この極端な気候の変動性の結果なのであり、その変動性自体も大地溝帯の特殊な状況によって生みだされたものだ。生物はみなそうだが、僕ら人間もまた環境の産物なのだ。僕らは気候変動と東アフリカにおける地殻変動によって生まれた類人猿の一種なのである。[38]

プレートテクトニクスの申し子の人類

プレートテクトニクスは、ヒトが種として進化した東アフリカの多様で動的な環境を生みだしただけではない。これはまた、人類が初期の文明を築きだした場所を定める要因でもあったのだ。

プレートが相互にぶつかり合う境界を示した地図を見て、そこに世界の主要な古代文明の場所を重ねてみれば、驚くほど密接な関係がおのずと浮かびあがる。大半の文明はプレートの境界のすぐ近くに位置していたのだ。地球上で居住できる土地の面積を考えると、これは驚異的な相関関係であり、偶然に生じたとは非常に考えにくい。初期の文明は地殻の割れ目のそばに身を寄せて暮らすことを選んだようなのだ。しかも、そのような割れ目の存在を科学者が特定する何千年も昔の話だ。古代の文化を築くのに非常に適した場所にする何かが、プレートの境目にはあるに違いない。これらの地殻の割れ目によって、地震、津波、火山などの危険がもたらされるにもかかわらず、である。

インダス川流域では、ハラッパー文明〔インダス文明〕が紀元前三二〇〇年ごろに、世界最古の文明の一つとして（メソポタミアとエジプトの文明と並んで）[39]ヒマラヤ山脈の山麓沿いに走る窪んだ地溝で出現した。プレート同士の衝突がしわをつくって高い山脈を——インドとユーラシアが衝突してヒマラヤ山脈ができたように——形成させたが、山脈の途方もない重みもまたそれに沿って地殻を下方へ押し曲げ、陥没した低地となる盆地を生みだした。ヒマラヤ山脈に端を発するインダス川とガンジス川は、前《ぜん》縁《えん》盆地を流れる。その盆地には、山から侵食によって削られた堆積物が溜まり、初期の農業に適した肥《ひ》沃《よく》な土壌がつくりだされた。ハラッパー文明は、インドとユーラシアの双方のプレート間の大陸衝突から生まれたと言えるだろう。

メソポタミアでは、ティグリス川とユーフラテス川もやはり沈降する前縁盆地沿いを流れている。双方の川は、アラビアプレートがユーラシアプレートの下に潜り込むなかで形成された[40]（八一ページ参照）。そのためメソポタミアの土壌も同様にこの山脈から削りだされた堆積物で豊かになった[41]。アッシリアとペルシャの文明はどちらも、アラビアとユーラシアの両プレートの会合点《ジャンクション》の真上で興隆した。

ミノア、ギリシャ、エトルリア、ローマの各文明もみな、地中海盆地の複雑な地質構造からなる環境にあり、プレートの境界のごく近くで発達した。メソアメリカ〔メキシコ中部から中米〕ではマヤ文明が前二〇〇〇年ごろに出現し、メキシコ南東部の大半からグアテマラ、ベリーズにまで広がり、ココスプレートが北アメリカとカリブの両プレートの下に沈み込むことで隆起した山脈のなかに、主要な都市を建設した。のちのアステカ文化は、この同じプレートの収束型境界の近くで繁栄し、「煙を吐く山」と呼ばれたポポカテペトル山のような火山や地震にアステカの人びとは脅かされた[5]。

また、豊かな耕作地があるのは、メソポタミアのように大陸衝突によって隆起した山脈の麓《ふもと》で陥没した盆地だけではない。火山もまた肥沃な耕作地をつくりだす。火山は沈み込む線上から一〇〇キロ前後の範囲の広い帯状に隆起する。呑み込まれたプレートが地球内部の熱い部分に沈んで溶け、マグマから気泡が上昇して地表から噴火させるためだ。ギリシャ、エトルリア、ローマなどの地中海の文明は、火山性の豊かな土壌のある地域に興隆した。ここではアフリカプレートが、地中海地域を構成する複数の小さなプレートの下に沈み込んでいる[42]。

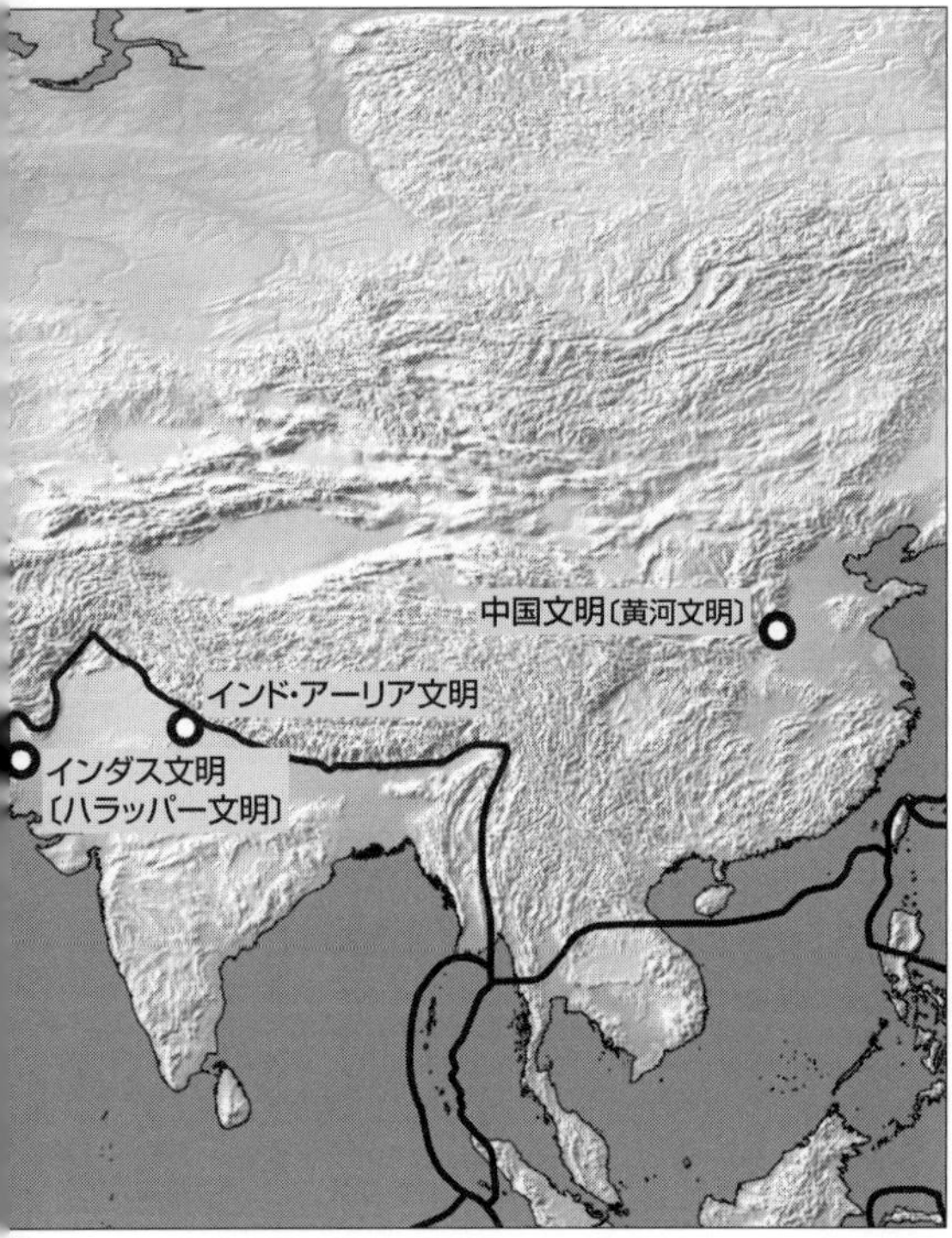

地殻変動のストレスはほかにも岩盤に亀裂を入らせるか、衝上《しょうじょう》断層として知られるもののなかで地殻の塊を押しあげ、そこからは往々にして泉が湧きでる。ユーラシア南部沿いの山々を結ぶ長い線は、アフリカ、アラビア、インドの各プレートが衝突して褶《しゅう》

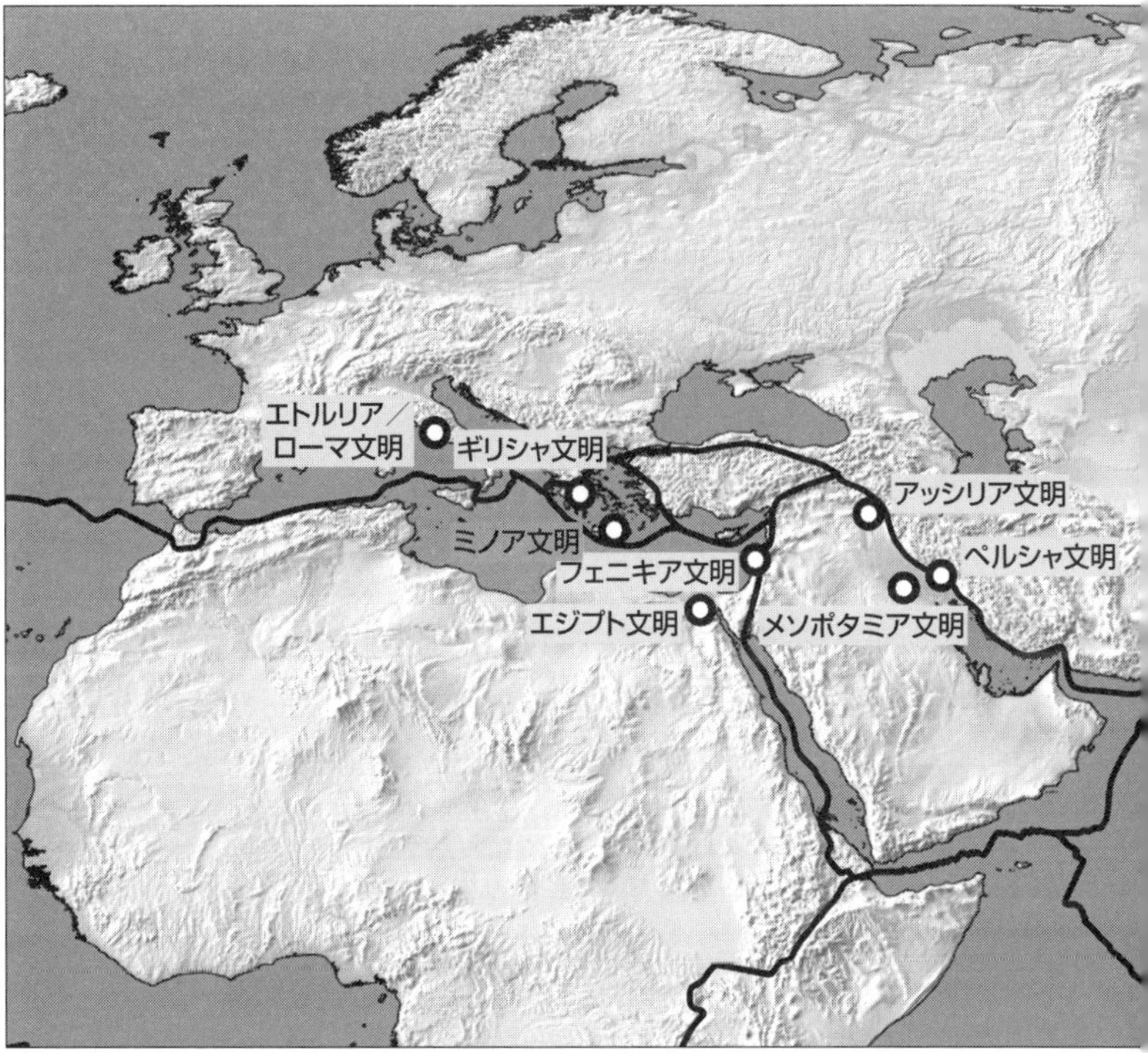

主要な古代文明とプレート境界との位置関係

曲《きょく》させたものであり、ここはまた地表の周囲にある乾燥した地帯とも偶然に一致する。この一帯には、アラビア砂漠と大インド砂漠〔タール砂漠〕が含まれ、これらの砂漠は大気の乾燥した下降気流によって生みだされている（これに関しては第8章で述べる）。この地では衝上断層は、低地の不毛な砂漠と標高の高い、住むには適さない山や高原のあいだに挟まれているため、交易路はたいがいこうした地理的境界沿いを通る。交易路沿いに点在する町は、山の麓の湧水によって支えられていたのだ。[43] 本来は乾燥した環境のなかで、地殻運動によって水源が与えられているとはいえ、こうした定住地は新たな地殻のずれが生じるたびに、地震によって破壊的な被害を受けることにもなる。[44]

一九九四年に、イラン東部のセフィダベという砂漠の小さな村は、地震によって壊滅した。奇妙なのは、セフィダベがとてつもなく辺鄙《へんぴ》な場所にあることだった。ここはインド洋にでる長い交易路上に若干ある休憩地の一つで、一〇〇キロ四方にわたって唯一の集落だった。それでも、地震は不気味なほどの正確さでこの村を狙ったようなのだ。じつは、セフィダベは地中の奥深くにある衝上断層の真上に建設されていたのだ。断層は非常に深かったため、地表には目立つ急斜面など、それとわかる兆候は何も見られず、それまで地質学者にも突き止められていなかった。あとから考えると、唯一の兆候は、町に沿って走る緩やかに起伏する目立たない尾根だけだった。この尾根は何十万年もの地震活動によってゆっくりと築きあげられたものだった。集落がここにできたのは、このような地殻の突きあげがつづいて尾根の麓から湧き水がずっとでていたからだ。これが周囲何十キロにもわたって存在する唯一の水源なのだ。断層は砂漠のなかで、生物が生きられる状況をつくりだしていたが、それはまた命を奪う可能性もあるものだったのである。[45]

こうした衝上断層によって供給された水源は、何千年ものあいだ利用されてきたものであり、プレート境界上にあった古代の多くの定住地がそこに存在した理由を説明する。だが、これらは現代の世界では、ますます多くの懸念材料となりつつある。イランの首都テヘランは、アルボルズ山脈の麓を通る主要な交易路沿いの小さな町の集合体として始まった。この都市は一九五〇年代に急速に発達し、今日では常住人口が八〇〇万人を超える人口密集地となっており、昼間の流入人口は一〇〇〇万人を超える勢いだ。[46]だが、何百年ものあいだこの地にあった当初の小さな交易の町は、地殻変動の高まるストレスを解放するためにこの衝上断層が動くたびに、地震の揺れによって繰り返し損害を被るか、跡形もなくなっていた。山脈沿いにテヘランから北西に行った先のタブリーズは、一七二一年と一七八〇年の地震で荒廃し、人口が今日の数分の一しかなかった時代に、それぞれ四万人以上の死者をだした。この衝上断層上で再び大きな地震があれば、テヘランが被る影響は甚大なものとなりうる。人びとはそのような衝上断層が供給する水と、地形の境界を通る交易路に引き寄せられて、何千年もそこに居住してきた。そしてここに発達した現代の大きな都市は、いまやこの地質学上の遺産からとりわけ被害を受けやすくなっている。[47]

僕らはプレートテクトニクスの申し子なのだ。今日の世界最大の都市の一部は断層の上に築かれており、実際、歴史上で最初期の文明の多くは地殻を形成するプレートの境界沿いに出現した。そしてより根元的には、東アフリカの地殻変動プロセスが、ホミニンの進化と、なかでもとりわけ知恵があり適応力のある僕らの種の形成にとって欠かせないものだったのだ。ではこれから、地球の歴史のなかで僕らの誕生の地である大地溝帯から人類を移住させ、地球全体を支配するにいたらせた特定の時代に目を向けることにしよう。

第2章　大陸の放浪者たち

僕らは現在、地質学的にいささか特殊な時代に生きている。これは一つの主要な地物《ちぶつ》、すなわち氷《ひょう》床《しょう》によって区別される時代だ。このことは現在、地球温暖化が懸念されていることを考えれば、意外に聞こえるかもしれない。平均気温が産業革命以来、上昇しつづけており、過去六〇年間にはそれがとくに急速になっていることは、否定しようのない事実だ。だが、人間の活動によって生じたこの近年の急上昇は、第四紀の長期にわたる氷河作用という総合的な時代区分のなかで起きている。およそ二六〇万年前に、現在の地質時代が始まったとき、地球は繰り返し氷期が訪れることを特徴とする新しい気候レジームに入り込んだ。こうした状況は、今日の僕らがいる世界に重大な影響をおよぼしただけでなく、人類がそのなかでどんな位置を占めたかも大きく左右してきた。

現在、僕らは間氷期《かんぴょうき》に生きており、比較的暖かい状況で氷床は縮小し、その結果、海水準〔海面の水位〕は上昇している。だが、過去二六〇万年間の平均的な状況は、今日よりもはるかに寒かった。おそらく博物館の展示やテレビ・ドキュメンタリーから、最終氷期のあいだ世界はどのように見えていたかはお馴染みになっているかもしれない。北半球の大半には広大な氷床が広がり、ツンドラのような景観のなかをマンモスが歩き回り、剣歯虎《サーベルタイガー》の餌食《えじき》となったり、毛皮をまとった更新世《こうしんせい》の人類に石槍で狩られたりした時代だ。

それでも、これはただ地球の近年の歴史の最後に氷河作用が進んだ局面であったに過ぎない。過去二六〇万年間には四〇回から五〇回の氷期があり、[1]時代を経るにつれてその期間はしだいに長く、寒さも厳しくなっていった。実際には、第四紀は地球の気候に関しては例外的に不安定な時代であり、[2]極寒の氷期とそのあいだの温暖な間氷期がシーソーのように入れ替わり、広大な氷床を周期的に拡大させては縮小させていた。凍結は平均して八万年間つづき、次の氷期までの中休みは短いものではわずか一万五〇〇〇年間ほどだった。[3]一万一七〇〇〇年前に始まった現在の完新世《かんしんせい》のような間氷期はいずれも、気候が次の氷結する時期に舞い戻るまでのつかの間の温暖な幕間《まくあい》に過ぎない。地球の気候がなぜこの不規則な段階に入ったのかは後述するが、まずは最終氷期の状況を見てゆこう。

寒冷な時代

この氷期はおよそ一一万七〇〇〇年前に始まり、一〇万年間ほどつづいたのち、現在の完新世の間氷期が始まった。[4]最盛期の二万五〇〇〇年から二万二〇〇〇年前には、厚さが四キロにもなる広大な氷床が北方から広がり、[5]ヨーロッパ北部と北アメリカを覆い尽くした。氷床はシベリアにもやや小さいが広がり、アルプス山脈、アンデス山脈、ヒマラヤ山脈などの山岳地帯にも、ニュージーランドの険しい背骨にも大きな氷河が発達した。

これらの広大な氷床と氷河は大量の水を〔陸上に〕固定したため、世界各地の海面は最大で一二〇メ

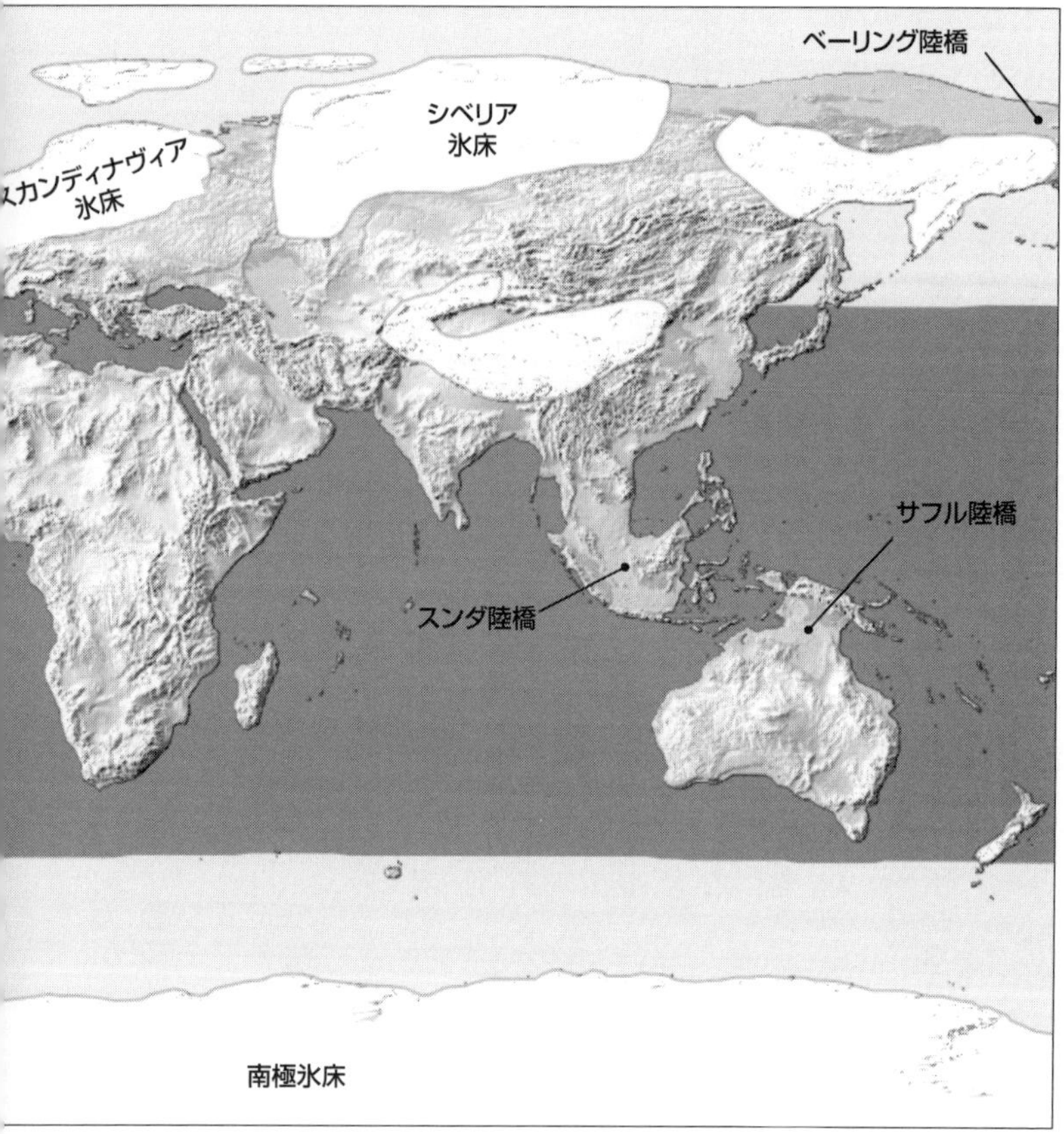
ベーリング陸橋
シベリア
氷床
スカンディナヴィア
氷床
サフル陸橋
スンダ陸橋
南極氷床

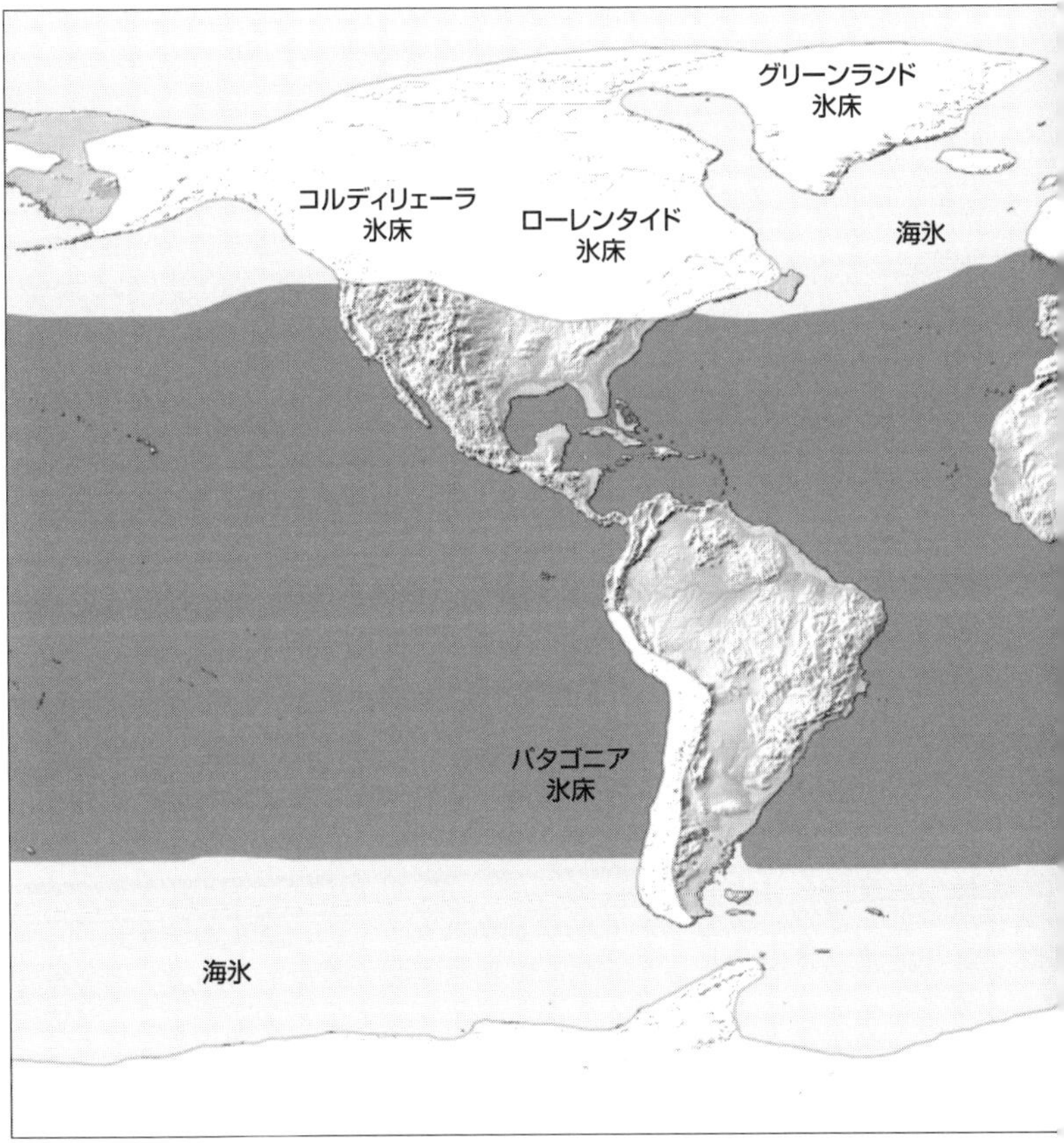

氷河期の地球。主要な大陸氷床と今日よりも120m低い海水準を示したもの

ートルも水位が下がり、広大な陸塊《りくかい》の周辺にある大陸棚の大半を乾いた土地として露出させていた。北アメリカ、グリーンランド、スカンディナヴィアの氷床はこれらの大陸棚の縁まで全面的に広がり、周囲の海は海氷で覆われていただろう。[6]

氷床の近くでは身を切る寒さであったのに加え、冷たい海からの蒸発も減り、世界ははるかに乾燥していたはずだ。乾燥した平原では吹きすさぶ風が砂塵嵐《さじんあらし》を巻き起こした。[7]ヨーロッパと北アメリカは大半がツンドラのような景観だったと思われ、その下にある土壌は年間を通じて凍結し（永久凍土）、はるか南部まで見渡す限り乾燥した草地のステップが広がっていただろう。今日、ヨーロッパ一帯に自生する木々の多くは、地中海周辺に残された退避地でかろうじて生き延びていた。二万年前には、今日のヨーロッパ中部の深い森林地帯はむしろ現在のシベリア北部に似ていただろう。[8]

氷期が終わるたびに、海面は再び上昇し、大陸棚を水浸しにした。間氷期が戻ると世界各地の生態系は、後退する氷床の背後で状況が回復するにつれて徐々に再び両極に向かってその範囲を拡大した。動物界では移動は一般的に見られる——〔北半球では〕鳥は冬には南へ渡るし、セレンゲティ〔タンザニア〕では野生動物の大群が潮流のように大移動をする——が、森もまた移動するのだ。もちろん、個々の木が根を引き抜いて移動できるわけではないが、気候が温暖になるにつれて種や実生《みしょう》が毎年少しだけ高緯度部でも生き延びるようになり、歳月を経るにつれて森は本当に（『マクベス』の予言〔バーナムの森がダンシネインの丘に向かわぬ限りという予言〕のごとく）行進するのだ。最終氷期後に、ヨーロッパとアジアの樹木は平均して一年間に一〇〇メートル以上の速度で北進したと推計されている。[9]森につづいて動物も移動した。草木をじかに餌《えさ》とする草食動物が動くと、今度は彼らのあとを捕食者が追ったのだ。氷期が再び訪れるたびに、植物と動物のこの移動は、生きた潮流のように南北を行き来した。

氷期の厳しさは毎回異なり、間氷期もまたいつも同じではない。[10] 一三万年前から一一万五〇〇〇年前ごろに訪れた前回の間氷期は、僕らの現代の間氷期よりもおおむね暖かかった。平均気温は少なくとも今日よりも二度は高く、海面は五メートルほど高く、一般にアフリカと関連づけられるような動物がヨーロッパ一帯をうろつき回っていた。一九五〇年代末にロンドン中心部のトラファルガー広場で工事作業員が路面を掘っていたところ、さまざまな大型動物——サイ、カバ、ゾウやライオン——の化石が見つかった。いずれもこの前の間氷期まで時代をさかのぼるものだった。[11] 今日、ネルソン記念柱の陰に立って、旅行者は四隅に横たわるライオンの銅像とともにセルフィーを撮りたがる。彼らのうち何人が、前の間氷期には本物に目を光らせなければならなかったかもしれないことに気づいているだろうか?

だが、短い温暖な時期にこれらの動物が生息範囲を広げることができたとはいえ、第四紀は基本的には一つの長い氷期なのだ。間氷期のあいだですら、両極はまだ分厚い氷冠《ひょうかん》に覆い尽くされていた。ここで地球の近年の歴史のなかで何が起きて、そのような変動する寒い気候が生みだされたのかということに目を向けてみよう。実際には、こうした氷期が繰り返すパターンには宇宙空間に原因がある。これは太陽にたいする地球の傾きと公転軌道の変化によって説明がつくのだ。

天空の時計じかけ

地球が完全にまっすぐに自転していたら、季節はなかっただろう。自転軸が傾いているということは、北半球が太陽のほうに傾いている一年の半分は、南半球よりも多くの熱を受け取り——太陽が空の高いところに見え、地表にじかに照りつけ——夏になることを意味する。状況は半年後には逆転し、北半球は冬となり、一方、南半球は夏になる。地球はまた太陽の周囲を完全な円を描いて回っているわけでもない。一年間で回る軌道上のある地点では、地球はやや太陽に近く、その半年後にはやや遠くなる[1]。

事態をより複雑にするのは、僕らの世界のこうした特性と地球の軌道もまた歳月とともに、太陽系にあるその他の惑星（とりわけ巨大な木星）の引力の影響を受けて変化することだ。宇宙空間における地球の環境は、三通りの方法でいちじるしく変化する。その結果、前章で簡単に説明した一連の天空の周期が生みだされた。第一に、地球の軌道はおよそ一〇万年ごとの「離心率」周期のあいだに正円に近いものからより楕円形へと変動する。第二に、およそ四万一〇〇〇年の周期で太陽にたいする地軸の傾きが二二・二度から二四・五度のあいだで前後に動き、南北それぞれの極を太陽に近づけたり遠ざけたりしている。この傾きは季節ごとの変化の度合いに強い影響を与えるので、角度がわずかに変化するだけでも北極圏が夏季に少しだけ多くの、あるいは少ない熱を受けることになる。そして第三の最も短い周期は二万六〇〇〇年ごとのもので、その間に地球の自転軸が、揺らぎながら回るコマのように回転しながら円を描く、歳差《さいさ》運動と呼ばれるプロセスを経る。歳差運動は年間で北半球または南半球が太陽のほうに傾く時期を変化させるので、そのため季節が訪れる時期が変わる（これは春分点歳差とも呼ばれる）。現在、北極はたまたまポラリス〔北極星〕と呼ばれる星の方向を向いている──第8章で述べるようにこの星は船乗りにとって非常に役立つものだ──が、一万二〇〇〇年ほど経てば、地球の自転軸はぐるりと回って、新しい北極星となる〔こと座の〕ベガを指すようになる。そして、北半球の夏は僕らが現在十二月と呼ぶ時期に訪れるだろう。

したがって、地球とその軌道の伸びや傾きや揺らぎがいずれも、地球の気候に影響をおよぼし、それらは長い歳月のなかで周期的に異なるのだ。これらの周期による変動が、前章で簡単に触れたミランコヴィッチ・サイクルであり、セルビアの科学者にちなんでそう呼ばれている。これらの宇宙の周期性が

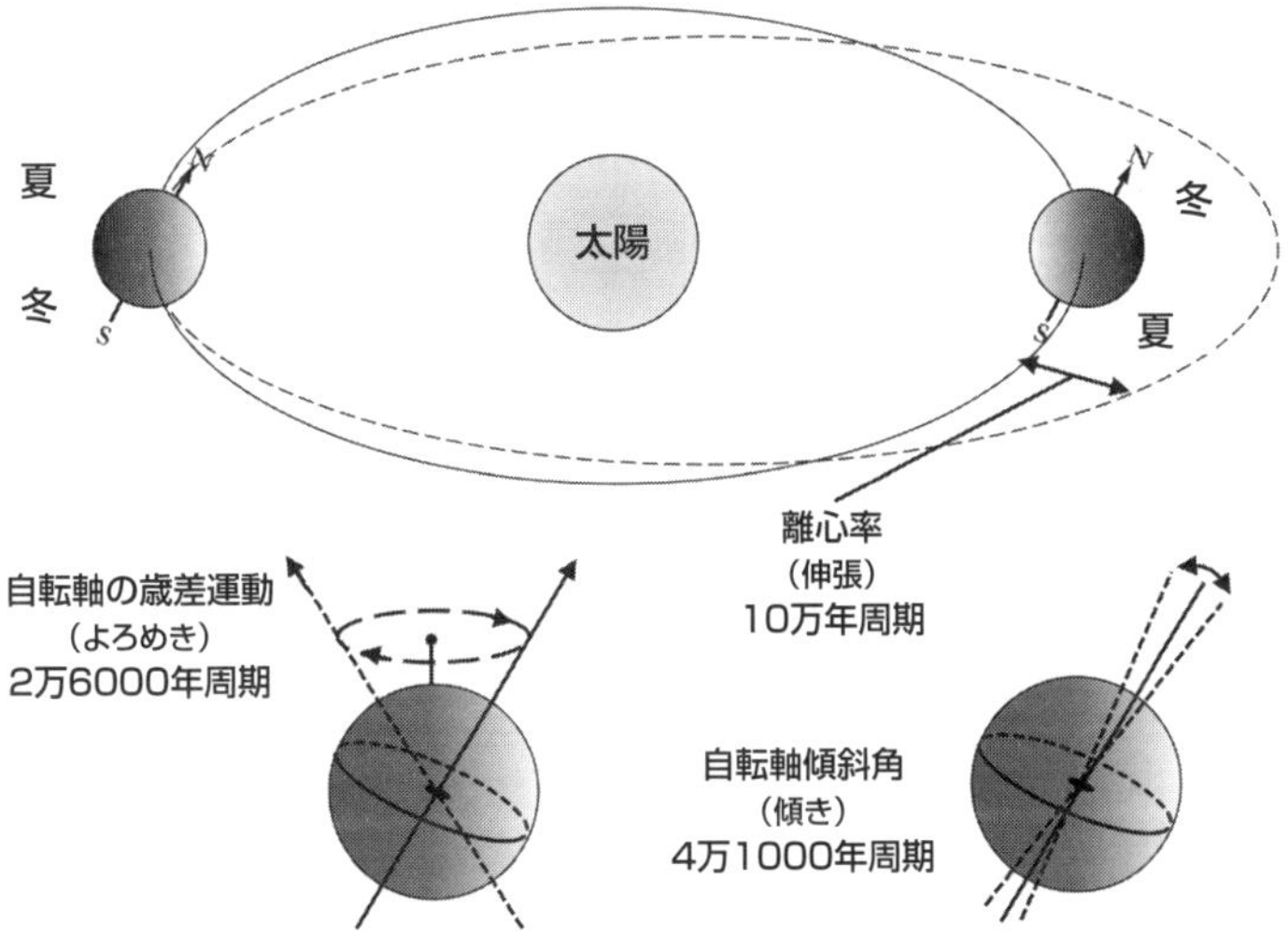

ミランコヴィッチ・サイクル。地球の気候に影響をおよぼす公転軌道と地軸の変化

地球の気候をいかに変化させるかを最初に突き止めた人物だ。ミランコヴィッチ・サイクルは全体としては、年間の軌道上で地表を温める太陽光の総量を減らすものではない。これは北半球と南半球で太陽からの熱の配分を変えるので、季節の変化の度合いが変わるのだ。

直感的に思い浮かぶこととは裏腹に、氷期をもたらす主要な原動力は、冬に北極圏がどれだけ寒くなるかではなく、夏がどれだけ涼しいかなのである。北方で冷夏がつづく時代になると、冬に降った新しい雪が完全に解けないため、積雪が毎年増えることになる。[12] 北極圏の夏が低温のときは、往々にして暖冬になることも意味する。そしてこれもまた氷床の発達を促しうるのだ。水温の高い海から蒸発量が増えれば、降雪量が増えるからだ。地球の軌道の離心率はとりわけ、地軸が円を描いて歳差運動をするに伴ってその方向がおよぼす効果を増幅させる。たとえば、これら二つの周期が互いに歩調を合わせ、公転軌道上で北極が太陽のほうへ傾く時期が、たまたま楕円軌道上で地球が太陽と最も離れる位置と偶然に重なれば、北極圏はいつになく冷夏を迎えることになる。そしてその結果、冬のあいだに増えた氷が完全に解けずに、万年雪となり始める。そうなれば地球は再び次の氷期へと入り始めるのだ。

　地球は、白い氷雪に包まれて、太陽の熱の大半を反射するこの状態から抜けだせなくなるが、やがてまたミランコヴィッチのリズムが戻ってきて、北方により多くの熱が伝わるようになり、氷床は解けて再び後退する。[13] それぞれの氷期の終わりの雪解けは、最初に凍結する場合よりはつねにずっと急速に進む。ミランコヴィッチ・サイクルが再び働いて北半球を温めると、海から二酸化炭素と水蒸気がより多く発生するようになり、どちらも温室効果ガスであるため、温暖化を加速させるようになる。海水準の上昇もまた氷床の末端を崩すようになり、これらが解けると、より広い面積の地面や氷のない海面が露出するので、真っ白い氷よりも多くの太陽光が吸収される。[14] このように、氷期のリズムはゆっくりと凍結した状況に向かい、その後、急速に退氷するのが特徴となる。

　二六〇〇万年前ごろにこの氷室《ひむろ》のような時代が始まってからは、氷期のリズムはミランコヴィッチ・サイクルの地軸の傾きのビートに従っていたが、まだ明らかになっていない理由によって一〇〇万年ほど前にそれがもっとゆっくりながら極端な変動に移行し、地球の公転軌道が楕円に延びる一〇万年ごとの離心率のサイクルをたどるようになった。[15] 氷期は異なるドラムのビートと歩調を合わせだしたのだ。[16] もっとゆっくりだが大きなビートだ。氷期は訪れるたびに過酷さを増し、期間も長くなった。北極からの主要な氷床はユーラシアと北アメリカの陸塊にまで前進するようになり、間氷期のあいだも完全に解けることはなかった[17]（南極の氷床も前進と後退を繰り返すが、その度合いは少ない[18]）。

　となれば、惑星の影響という意味では占星術師たちは正しいことになる。ただ、彼らが考えるような具合にではないが。天空にあるほかの惑星の動きは、僕らの気分や運勢を決めることはないが、それらが地球におよぼす引力にはそれよりはるかに重大な影響があるのだ。つまり、地球そのものの気候だ。過去数百万年にわたって、これらの氷期の動きを制御してきた天空の時計じかけを理解するのは、かなり容易なことだ。だが、ミランコヴィッチ・サイクルのわずかな影響は、地球の気候がすでに氷河作用が始まる寸前となって不安定になったときに、氷期と間氷期を繰り返す変動のきっかけをつくる程度でしかない。ならば、より大きな問題は、そもそもこうした氷室の状況を何が生みだしたのか、ということになる。

温室から氷室へ

現在、地球はその生涯のなかでは奇妙な一時期とでも呼ぶべき時代にある。地球は存在してきた歳月のおよそ八〇%から九〇%は[19]、今日より大幅に高温の状態にあった。両極に氷冠がある時代は、実際にはかなり珍しい。過去三〇億年のあいだに、地球が相当量の氷で覆われていたのは六つの時代しかない[20]。それでも、過去五五〇〇万年間には地球は冷えつづけ、地球の気候は温室から氷室へと変わった。この現象は、それが生じた地質年代にちなんで、新生代の寒冷化と呼ばれる。

僕らの足下でレイヤーケーキ状に重なった異なる岩石から、地質学者は地球の長い歴史を、「時の本」の章やパラグラフのように、しばしばそこで見つかる種類の化石の種類に言及することで、別々の「代《エラ》」、「紀《ピリオド》」、「世《エポック》」に区分けする。哺乳類と被子植物に支配されたいまの時代——地球の動物相と植物相については第3章で述べる——は、新生代（「新しい生命」の意）と呼ばれ、六六〇〇万年前に始まった。恐竜に代表される中生代（「中間の生命」の意）を終わらせた種の大量絶滅を経たのちのことだ。新生代のなかのもっとも新しい時代が第四紀で、いましがた見てきた、氷期と間氷期が入れ替わり訪れる気候によって定義づけられるものだ。時代をさらに細かく分けると、第四紀の最も新しい「世」が完新世となる。人類の文明の歴史がすべて収まる、現在の間氷期のことだ。

　六六〇〇万年前に恐竜が大量絶滅する直前の白亜紀の終わりには、世界は蒸し暑く、極地にすら青々とした森が広がっていた。海面はおそらく今日よりも三〇〇メートルも高く、地球上の大陸の半分は水没していただろう。この当時は、地球のわずか一八％しか乾いた陸地がなかったはずだ。[21]この温暖な状況はその後一〇〇〇万年間はつづき、五五五〇万年前の暁新世・始新世境界温暖化極大期〔PETM〕で頂点に達した（その重大性については第3章で探究する）のち、地球の気候は持続的に寒冷化し始めた。三五〇〇万年ほど前に、南極大陸に最初の恒久的な氷床が出現し、[22]二〇〇〇万年前から一五〇〇万年前に氷床はグリーンランドでも再び発達しだし、第四紀の初めには寒冷化は限界を超えて北極の氷冠が拡大し始めた。地球は氷期が繰り返し訪れる現代の局面に入ったのだ。[23]

　地球はどうやら寒冷化に向かって協調して移行しようと決めたかのようだ。惑星としての地球のどんな大規模なプロセスが、この地球の冷却を画策してきたのだろうか？

　大気中にある二酸化炭素やメタンなどの気体は、水蒸気とともに、温室の窓ガラスの役割をはたす。これらの気体は太陽からの短波の可視光線をそのまま通過させ、吸収された電磁波が地球を温めるが、温まった地球の表面から反射された長波の赤外線は妨げる。これらの温室効果ガスの効果は、熱エネルギーが宇宙へと逃げないように留めておくことであり、それによって地球を断熱し、温度を上昇させることにつながる。したがって、大気中のこれらの温室効果ガスを減らす仕組みがあれば、なんであれ地

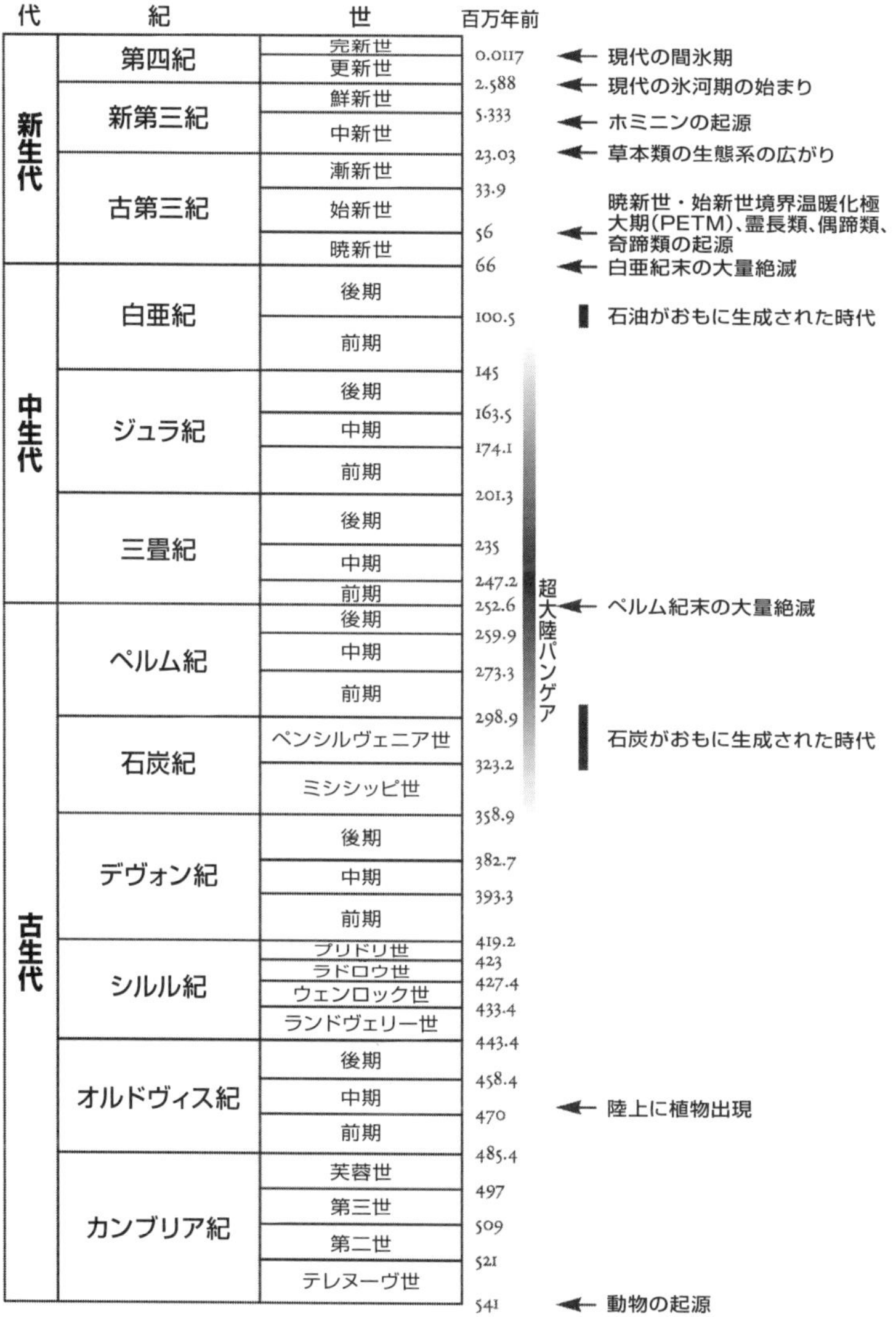
代
紀
世
百万年前
新生代
第四紀
完新世
更新世
新第三紀
鮮新世
中新世
古第三紀
漸新世
始新世
暁新世
中生代
白亜紀
後期
前期
ジュラ紀
後期
中期
前期
三畳紀
後期
中期
前期
古生代
ペルム紀
後期
中期
前期
石炭紀
ペンシルヴェニア世
ミシシッピ世
デヴォン紀
後期
中期
前期
シルル紀
プリドリ世
ラドロウ世
ウェンロック世
ランドヴェリー世
オルドヴィス紀
後期
中期
前期
カンブリア紀
芙蓉世
第三世
第二世
テレヌーヴ世
0.0117
2.588
5.333
23.03
33.9
56
66
100.5
145
163.5
174.1
201.3
235
247.2
252.6
259.9
273.3
298.9
323.2
358.9
382.7
393.3
419.2
423
427.4
433.4
443.4
458.4
470
485.4
497
509
521
541
現代の間氷期
現代の氷河期の始まり
ホミニンの起源
草本類の生態系の広がり
暁新世・始新世境界温暖化極大期(PETM)、霊長類、偶蹄類、奇蹄類の起源
白亜紀末の大量絶滅
石油がおもに生成された時代
超大陸パンゲア
ペルム紀末の大量絶滅
石炭がおもに生成された時代
陸上に植物出現
動物の起源
地球の地質時代区分

球を寒冷化させることになるだろう。

　前章で述べたように、五五〇〇万年前、大陸同士のダンスによってインドがユーラシアと衝突し始め、巨大なヒマラヤ山脈が突きあげられた。それ以来、高くそびえるこの山脈は高緯度の氷河と雨によって盛んに侵食されてきた。岩石に含まれる鉱物は雨水に溶けた二酸化炭素と反応し、その後、川に流れ込んで海に注ぎ、そこで海洋生物によって炭酸カルシウムの殻《から》をつくるのに使われる。これらの生物が死ぬと、その殻は海底に沈み、そこで埋もれる。こうして、ヒマラヤ山脈は徐々に一粒ずつ取り崩され、その過程で二酸化炭素が大気中から海底に封じ込められる。これは大気中から二酸化炭素を効率よく吸いだすには強力な仕組みであるが、それでも白亜紀からの高濃度な温室効果ガスを減らして、両極に氷冠が発達し始めるほどに世界が低温になる限界を超えるには、二〇〇〇万年ほどの歳月がかかった[24]。

　造山されてまもないヒマラヤが侵食される一方で、大陸移動によって南極大陸は現在の南極点の真上の位置にまで運ばれ、オーストラリアと南アメリカは北へと動いた。それによって南極大陸は孤立し、南極の周囲にぐるりと遮《さえぎ》るもののない海路が開けた。この南の大陸を完全に囲む広大な海の堀だ。南極大陸を取り巻く強い海流が生まれ、それによって赤道域からの暖流が南極の海岸に到達するのが妨げられ、この大陸は凍りついたままとなった。南極大陸に最初の恒久的な氷床が発達し始めたのは、およそ三五〇〇万年前のことだった[25]。

　プレートテクトニクスもまたその他の大陸を並び替え、ほとんどの陸塊は北半球に押しやり、地球の南側半分はその大半が外洋となった（この特性については、第8章で吠える四〇度《ロアリングフォーティーズ》の強風を検討する際に述べる）。過去三〇〇〇万年以上にわたって、北半球の六八％は大陸が占めてきたのであり、赤道以南には地球の陸地のわずか三分の一しかない[26]。

世界のこうした陰陽的な区分け——陸中心の北半球と海洋からなる南半球——は太陽からの熱が季節ごとに変動する効果を増幅させる。陸地は冬季には、荒れた海の水よりもはるかに急速に冷却するので、厚い氷床の発達を大いに助ける。それでも、北半球に陸塊がより多くあるのは総じて事実とはいえ、南半球は現在、極の真上にたまたま大陸——南極大陸——があるのにたいし、北極は海なのだ。このことは、南極がなぜ北極に比べてずっと早くから氷冠に覆われるようになったかを説明する。氷は海では簡単に解けるので、北極では二六〇万年前にようやく気候が充分に寒冷化し、氷が夏になっても解けず、万年雪が年々増えるようになった。

今日の氷室の状況を生みだした最後の地質学的な要因は、パナマ地峡の形成だった。南北アメリカ大陸をつなぐこの細長い土地もやはり大陸衝突の結果だった。プレートの沈降がまず一連の火山島を出現させ、やがて海底が隆起して波間に顔をだすようになった。太平洋と大西洋をつないでいた海域は二八〇万年前に閉鎖され[27]、赤道の海流を北へとそらしてメキシコ湾流に勢いをつけ、それによって北大西洋の周囲の陸塊に温かい海水が流れるようになった。この暖流は北方の氷河作用をやや遅らせたかもしれないが、全体的には蒸発による大気中の余分な水蒸気が冬季に大量の雪を降らせることになり、それによって北半球では氷床の発達が促進された[28]。

氷冠がまず南極に、それから北極に発達すると、その真っ白な表面はより多くの太陽光を宇宙へと反射するため、寒冷化がいっそう進んだ。科学者がフィードバック・ループ〔出力結果が再び入力されつづけ、結果が増幅すること〕を名づけてスノーボール効果と呼ぶものだ。そして、海は水温が下がるにつれて、大気中から溶け込んだ二酸化炭素をより多く保持できたため、大気中の二酸化炭素濃度がさらに下がり、温室効果も減ることになった[29]。

造山とその後の侵食が大気中の二酸化炭素を除去する効果と、プレートテクトニクスが南極点にある南極大陸を孤立させ、パナマ地峡を形成して海流のパターンを変えたこと、大陸移動によってその他の陸塊の大半が一方の半球に追いやられたこと、こうした要因がすべて相まって地球は氷室の状況へと駆り立てられたのだ。二六〇〇万年前に北方で巨大な氷床が発達する段階にまで地球が寒冷化したのは決定的な限界であり、そこから気候全体が不安定な状態に陥った。そうなると、ミランコヴィッチ・サイクルの影響で北極が少しでも低温になれば、氷床はヨーロッパ、アジア、北アメリカにまで広がり、しかも北方にあるこれらの大きな大陸は厚い氷床を支えることができた。白い氷の面積が少しでも拡大すれば、さらに多くの太陽光が反射されてしまい、寒冷化を促進させることになるので、連鎖的《ランナウェイ》につづくプロセスが始まり、それによって氷床がさらに拡大して海洋からもっと多くの水を〔陸上に〕固定するため、水準が下がることになる。

　過去五五〇〇万年にわたって持続してきた新生代のこの寒冷化の傾向は、地球にも、人類の進化にも重大な影響をもたらした。前章で述べたように、低温で乾燥した状況に変わると東アフリカの森は縮小して草原に変わり、ホミニンの進化を促した。そして、大地溝帯のアンプ湖の水位が目まぐるしく変動し、人類を非常に多芸で知恵のある種に進化させたのは、ミランコヴィッチ・サイクルの歳差運動のリズムによるものだった。

　一〇万年前ごろから、軌道上の並びが所定の位置に収まりだした。地軸の傾きのせいで、北半球の夏は楕円軌道上で太陽から地球が最も離れている時期と重なり始め、それはつまり北方の夏がいっそう低温になることを意味した。冬に降った雪は解けることなく、積雪はどんどん増した。地球が次の氷期に入るにつれて、北方の氷床は増大し始め、南へと広がったのだ。

この最も直近の氷期が、またその結果、世界の海水準が低下したことがいかに、人類が世界各地に広がるための決定的な機会を与えたかをこれから見てゆこう。僕らはみなアフリカの子供だが、誰もがその揺籃《ようらん》の地に留まりはしなかった。

脱出

おおよそ六万年前、僕らの祖先はアフリカから各地へ散り始めた。祖先が正確にどの経路を通って世界を旅したのか、あるいは新しい土地に厳密にいつ最初に到達したのかを知るのは難しい。化石記録はひどくまばらで、考古学的な証拠からは正確にヒト属のどの分派から、これらの集団が抜けだしたのかを突き止めるのは往々にして難しい。そのため、人類の拡散に関して僕らが理解していることの大半は、今日の世界各地に暮らす土着の民族の遺伝子を研究することによって得られている。DNAを分析することで、また遺伝暗号に変異が蓄積する割合が推測できることから、それぞれの集団が互いにどのくらい昔に分岐したのかが突き止められるのだ。世界各地のこの遺伝的ばらつきを地図上に描くことによって、人類がいつそれぞれの地域に最初に到着したのかが突き止められ、それによって大昔の移住の経路をたどることが可能になる。

DNAのなかでも主要な二種類がこの探偵作業において非常に役立ってきた。僕らのそれぞれの細胞内には、ミトコンドリアと呼ばれる小さな構造物があり、エネルギーを供給するための生化学反応を引き起こす。これらのミトコンドリアは細胞の発電所であり、それ自体のDNAの小さなループをなかに含んでいる。受胎すると、どの受精卵も母親の卵細胞からミトコンドリアを受け継ぐが、父親の精子からのミトコンドリアはもらわない。そのためミトコンドリアDNAは母系で母から娘へと伝わりつづける。ミトコンドリアDNAの遺伝子を分析し、それぞれの集団に分裂するのにかかった時間を計算することで、それらが合流する地点まで戻ることができるのだ。はるか太古の昔に、たまたま今日生きているすべての人間の祖先である母親になった特定の女性にまでだ。この母方のいちばん現代に近い共通の祖先はミトコンドリア・イヴと呼ばれており、一五万年前ごろアフリカに住んでいた。ここで代わりに、父から息子にのみ受け継がれるY染色体に含まれたDNAを調べれば、Y染色体アダムと名づけられた男性のいちばん近い共通の祖先までたどることができる。こちらの遺伝子系統樹の根元に当たる年代はより不確かだが、父方の共通の祖先は二〇万年前から一五万年前に生きていたと考えられている。

このことは当時、たった一人の女性とたった一人の男性だけが生きていたことを意味するわけではないし、いちばん近い共通の祖先の男女が互いに会っていたわけでもない。二人は異なる時代に、異なる場所に住んでいたのだ。それどころか、女性のミトコンドリアの系譜が、男性のY染色体の系譜と同じだけの時代をさかのぼれるとすれば、驚くべき偶然ということになるだろう(この意味で、聖書にちなんだ呼び名は誤解を招くものとなる)。ミトコンドリア・イヴの(そして同様にY染色体アダムの)唯一の重要性は、彼女が偶然にも娘を生み、その娘がまた娘を生み、という具合に今日生きているすべての人までつづいたことだけなのだ。たまたま、家系樹のなかのその他の系譜は絶えてしまったか、女性の子孫がいなかったのだ。

こうした世界規模の遺伝子研究からもたらされた結果で、何よりも驚くべきことは、ヒトという種がきわめて均一である点だ。髪や肌の色、あるいは頭骨の形に表面的な地域差はあるものの、今日の世界に生きている七五億人の人間のあいだの遺伝的多様性は驚くほど乏しいのだ[30]。実際、アフリカ中部の川の両岸に生息するチンパンジーの二集団間の遺伝的多様性のほうが多いほどなのだ[31]。だが、ヒトの遺伝的多様性はアフリカ内が最も富んでいるため、たとえ化石骨や考古学的な初期の証拠が何一つ見つからず、現代の人びとのＤＮＡしか証拠が手に入らなかったとしても、すべての人間がアフリカに端を発していたことや、この生誕の地から広がったことはやはり明らかになっただろう。そのうえ、遺伝学研究からは、今日世界各地に分布する人類は数度にわたる移住の波ではなく、アフリカからの一度の脱出劇からの子孫であり、おそらく当初の移住者はわずか数千人だったことが示唆されるのだ[32]〔人類がアフリカを離れた時期については、いくつかの異説がある。原注の第2章（3）を参照〕。

現生人類であるホモ・サピエンスは、まず地域的に気候が湿潤な状況になり、アラビア半島が緑化した時代にその地へ入った[33]。シナイ半島を北に向かって歩いて縦断したか、もっと南のバブ・エル・マンデブ海峡を筏で渡る経路を取ったのだろう[34]。祖先たちがユーラシア大陸へと広がり始めるにつれて、もっと以前にアフリカを離れていたヒト属のほかの種に遭遇した。現生人類は中東ではネアンデルタール人と若干ながら交雑したので、彼らのＤＮＡの痕跡を受け継ぎ、世界のその他の地域へ移り住むなかでそれを携えていった[35]。現在、アフリカ人以外の人の遺伝暗号では、そのうち二％前後をネアンデルタール人由来の遺伝子が占める[36]。現代の東アジア人がヨーロッパ人よりもネアンデルタール人のＤＮＡを多くもっていると考えられる事実は、ネアンデルタール人がユーラシア大陸を東に移住するあいだに、ヒトとネアンデルタール人が交雑する機会がほかにも少なくとも一度はあったことをうかがわせる。

現生人類が中央アジアを抜けて移動した際には、さらなる交雑が別のヒト属で、デニソワ人として知られる絶滅した謎の種とのあいだで生じたようだ。デニソワ人は、シベリアとモンゴルの国境地帯にあるアルタイ山脈の洞窟から発見された、数本の歯と手足の指の骨のかけらでしか知られておらず、ＤＮＡの分析から彼らがおそらくネアンデルタール人の姉妹種であることが判明している[37]。メラネシアとオセアニアにいる現生人類のDNAの四％から六％はデニソワ人に由来し、彼らのDNAはアメリカ先住民の遺伝暗号にもわずかながら寄与している。[38] 僕ら自身の種とわずか数万年前にともに生きていたヒト属の一種全体が、数個の骨のかけらでしか知られておらず、彼らが残したDNAの痕跡が僕らのゲノムに刻まれているというのは、驚くべきことだ。さらに古いヒト属の種であるホモ・エレクトスはアフリカを二〇〇万年近く前に離れており、[39] はるか中国とインドネシアにまで到達していたが、人類がアジア一帯に広がった時代にはすでに絶滅していた。アフリカに残った土着の民族には、ネアンデルタール人とデニソワ人のどちらのDNAも含まれていない。

現生人類の移住者がそれぞれの新しい地に最初に到達するにつれて、人口は増え、その子孫は拡散をつづけた。現在のイラクとイランがある地域は、分散する前の主要な中心地となり、移住者の流れはヨーロッパへと向かい、あるいはアジアのその他の地域へ広がり、オーストラリアや南北アメリカへと進んだ。[40] 人類はまずユーラシアの南の境界伝いに東へ向かい、インドと東南アジアへ移動したと考えられるようだ。[41] この経路から初期に分岐した一派が、四万五〇〇〇年前ごろにヒトをヨーロッパへと向かわせた。[42] 東への移動は、岩をよける川の流れのように、ヒマラヤ山脈のいずれかの側へと二手に分かれ、一方の経路は北に向かってシベリアを横断し、最終的にはアメリカ大陸にまで渡り、もう一方の南側の経路は東南アジアを抜けてオーストラリアへと向かった。南アジアを抜けての拡散は、おそらく祖先がいた故郷のサハラ以南のアフリカと気候が似ていたこともあって、比較的早かったようであり、東南アジアと中国には五万年から四万年前には到達していた。[43]

インドシナ半島からは、四万年前ごろニューギニアとオーストラリアへと渡った。[44] 世界の海洋は氷期の状況のせいで今日よりも一〇〇メートルは海水準が低かったので、インドネシア周辺の浅い海域は乾いた陸地として露出していた。インドネシア列島はスンダランドとして知られる東南アジアの延長域の一部となり、オーストラリア、ニューギニア、タスマニアはいずれも、サフル大陸と呼ばれる一つの陸塊として合体していた。これらの二つの陸地は狭い海域を挟んで向かい合わせになっており、あいだには島々が数珠《じゅず》つなぎになり、人類が世界のこの南東端まで移住するのを助けていた。[45]

　ゆっくりとした拡散の波はやがてユーラシアの北東端に達し、氷期の状況はこの地で人類が移住するうえで何よりも欠かせないものとなった。そのおかげで、アメリカ大陸へ入り込むための道が開けたのだ。

　今日、ロシアとアメリカの海岸は幅八〇キロにおよぶベーリング海峡に隔てられており、その海峡の中心にはダイオミード諸島の二つの島がある。[2] 最終氷期に、海面が低下すると、シベリアとアラスカの陸地はどちらも拡張されて、システィーナ礼拝堂の天井にミケランジェロが描いたアダムと神が差し伸べ合う指のように、互いにつなぎ合った。この陸の回廊の幅は広がり、二万五〇〇〇年前ごろの氷期極大期には南北に一〇〇〇キロは広がっていた。

　氷床に覆われることはなかったものの、ベーリング陸橋はそれでも途方もなく過酷な環境だった。寒く乾燥しており、氷河によって侵食され風で吹き飛ばされたシルト〔非常に細かい砂〕の砂丘がつづく。陸橋は北極圏の荒れ地に過ぎなかったが、耐寒性の植生は充分に点在し、動物に餌を提供していた。マンモス、エレモテリウム〔地上性のオオナマケモノの一種〕、ステップバイソンのほか、これらの動物を狩るサーベルタイガーもいただろう。

　人類はこの陸橋を渡って、二万年前以降のいずれかの時代にアメリカ大陸へ渡った。[46] だが、ほかの動物はもっと以前の氷期にすでに逆方向のユーラシアへ渡っていた。ラクダとウマはどちらも北アメリカ

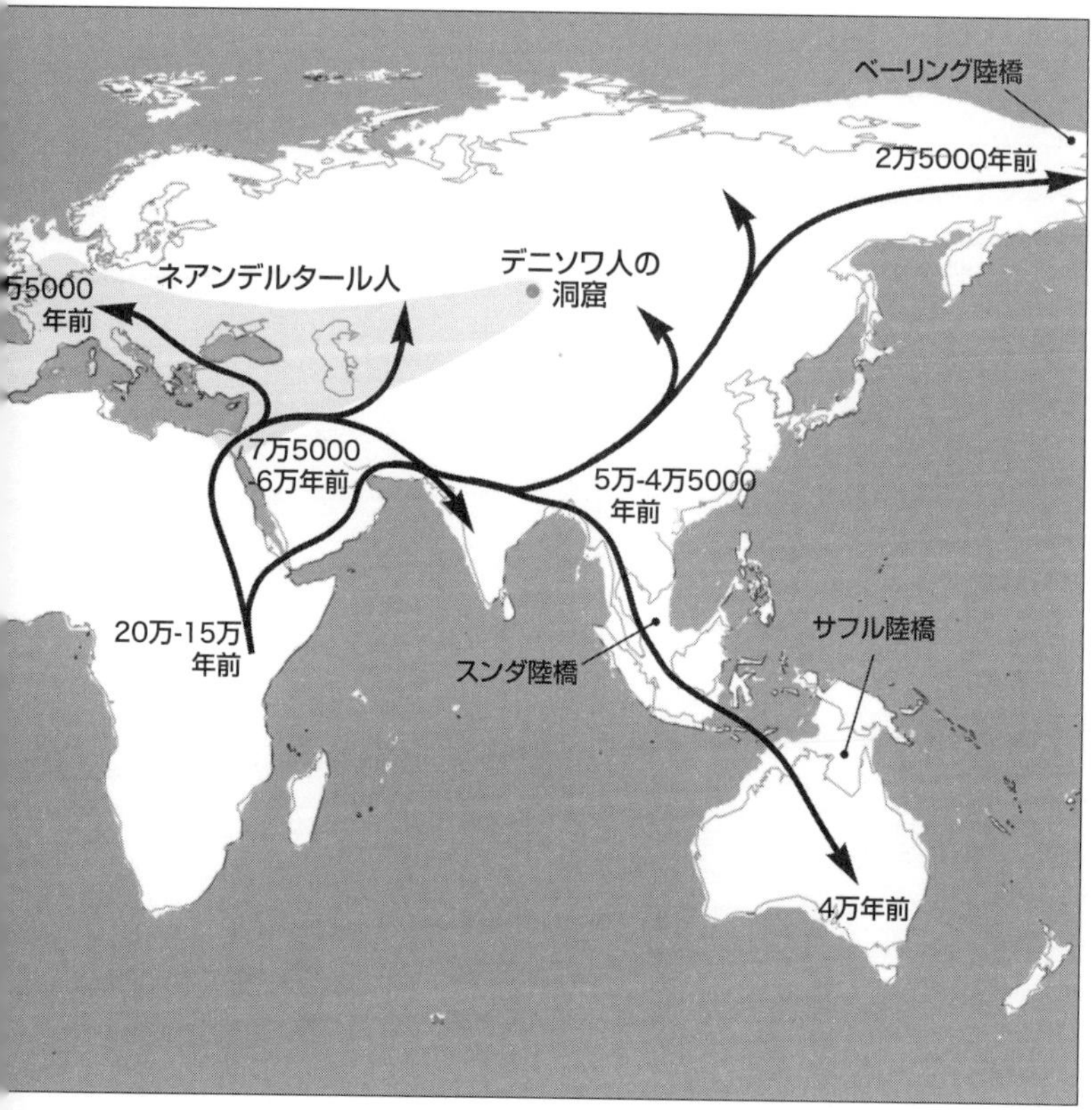
ベーリング陸橋
2万5000年前
ネアンデルタール人
デニソワ人の
洞窟
万5000
年前
7万5000
-6万年前
5万-4万5000
年前
20万-15万
年前
スンダ陸橋
サフル陸橋
4万年前

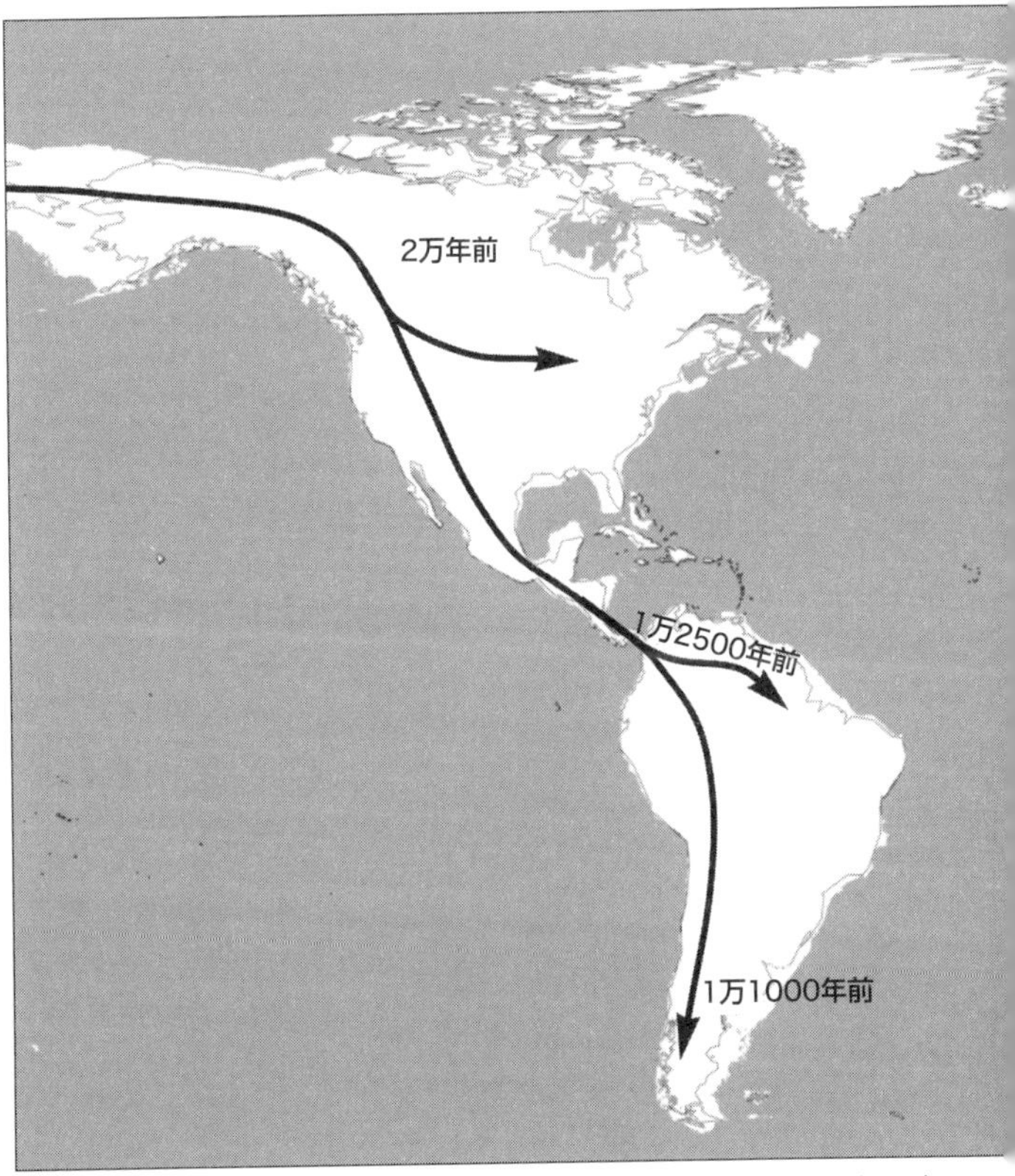

氷河期の世界におけるホモ・サピエンスの移住経路と、ネアンダール人とデニソワ人のおよその生息範囲

で進化し、ベーリング陸橋を渡ってユーラシアへやってきて、その後、生誕の地では死に絶えた（この問題の重要性については第7章で論ずることにする）。

陸橋をアラスカまで歩いて渡ったのち、人類は氷床が後退するにつれてアメリカ大陸を苦労しながら突き進んでいった。当時、二つの巨大な氷の広がり――ローレンタイド氷床とコルディリェーラ氷床――がカナダの大半とアメリカ北部の相当な地域を覆っていた。最大限に広がったときには、ローレンタイド氷床は今日の南極の氷で覆われた面積全体よりも広く、ハドソン湾の上には厚さ四キロもの巨大なドームがそびえていた。[47] 南へ向かうためにこれらの氷床を迂回するには、移住者たちは西側の海岸線を旅するか、もしくは二つの氷床のあいだの無氷回廊沿いを通らなければならなかっただろう[48]（近年の研究では無氷回廊の出現は間氷期以降とされる）。だが、北アメリカの氷床を無事に通り抜けたあとは、氷期が終息するにつれて、人びとは大陸一帯に急速に広がっていった。彼らは一万二五〇〇年前ごろにパナマ地峡を越えて南アメリカに入り、それから一〇〇〇年以内に大陸の最南端まで到達していた。人類は地球を取り囲んだのだ。

このように、氷河期によって世界の海面が低下したことで、アメリカ大陸に人類が住み着くことが可能になったのだ。ヨーロッパとアジアを移動するあいだに、僕らの祖先はネアンデルタール人とデニソワ人に出会ったが、ここアメリカでは先住の人びとに遭遇することはなかった。彼らがベーリング陸橋を渡って新世界に入ったころには、人類はそれまでどんなヒト属も踏み固めたことのない場所を歩いていたのだ。[49]

やがて一万一〇〇〇年前ごろに、最終氷期極大期のあとで世界はまた温暖になり、海面が上昇すると、ベーリング陸橋は再び波間に消えていった。アラスカとシベリアのつなぎ目は断ち切られ、東西の半球は互いに分断されたのだ。旧世界と新世界の人びとが互いに恒常的に接触するようになるのは、一万六〇〇〇年の歳月を経て、コロンブスが一四九二年にカリブ諸島に足を踏み入れてからだった。遺伝的には似ていても、異なった土地に暮らし、異なった動植物に接していた人類のこれら二つの異なる集団は、それぞれ独自に文明を築いたが、動植物を栽培化、家畜化し、農業を発達させたという点では驚くほど似ていた(3)。

　僕は、人類が急速に広がり、方向性すら定めて、世界の隅々まで移住したような印象を与えたかもしれない。まるで祖先たちが意識してアフリカの当初の故郷に背を向けて、おそらくは不屈の精神を表わし、眉間にしわを寄せて、地平線に向かって勇ましく歩み、それぞれの大陸の周辺部で身を寄せられる片隅や割れ目を組織的に埋めていったかのようにである。だが、こうした移動は、より正確に言えば拡散と呼ぶべきものであり、狩猟採集者の集団がきわめて人口密度の低い一帯に広く散らばり、季節ごとに、その地の変わりゆく気候とともに長年のあいだにゆっくりと移動し、寒さや日照りを避け、食糧を見つけられる暖かく雨の多い、暮らしやすい状況を探し求めて動き回っていたのだ[53]。世代を経るにつれて、人類はさらに遠く離れた土地まで放浪した。たとえば、アラビア半島からユーラシア南部の海岸沿いに中国までの人類の拡散は、一年に五〇〇〇メートル以下の割合で進んでいる。

　それでも最終的に、人類は地球を相続したのだ。僕らヒト属の親戚――ネアンデルタール人とデニソワ人――は絶滅していった。前章で述べたように、彼らは狩られたり殺されたりしたというよりは、単純にヒトとの競争に負けた可能性が高く、さもなければ氷河期が頂点に達するなかで過酷な状況に屈したのだろう。最後のネアンデルタール人は四万年前から二万四〇〇〇年前のあいだに姿を消し、僕らは地球上に生き残った唯一の人類となった。アフリカをでてから五万年以内に、人類は南極大陸を除くすべての大陸に住み着き、地球上で最も生息範囲の広い動物種となった。火を使いこなし、衣服をつくり、道具をこしらえる技を身につけたことで、サバンナの類人猿の集団は、熱帯からツンドラまであらゆる気候帯で暮らせるようになったのだ。人類は自分たちをつくりだした環境からでて、小屋や農場、村、都市からなる自分たちの人工的な生息環境を創出したのだ(4)。

世界各地への勢力拡大が、最終氷期の極寒の気候のさなかに生じたというのはおそらく驚くべきことなのだろうが、実際にはこの氷室の状況こそが人類にこれをやり遂げさせたのだ。北方で発達した氷床が海から大量の水を吸い取り、それによって海面が低下して大陸棚の相当な面積が露出したためだ。ただ乾いた陸地を歩いてインドネシアまで行き、狭い海峡を渡ってオーストラリアへ渡り、何よりもベーリング陸橋に沿ってアメリカ大陸まで渡ることができたのは、氷河期ゆえだったのだ。海面が低いということは、住む土地の面積もずっと広いことを意味する。おおよそ今日の北アメリカに匹敵する面積である二五〇〇万平方キロが追加されていたのだ[55]。

だが、過去の氷期は人類を地球のあちこちへ拡散させる状況を生みだしただけではない。ほかにも僕らが暮らす土地の形成や人類史の流れに、広範にわたるかかわりがあったのである。

波及効果

ノルウェーの無数のU字フィヨルドからなる「しわだらけの周辺部」やスコットランドの湖が、氷期のさなかに前進してきた氷河によって削られたことは読者もご存じかもしれない。氷河作用は南半球ではこれほど顕著ではなかったが、チリの地図を見れば、南アメリカの突端の太平洋岸沿いには、そっくりなフィヨルドの地物があるのが目につく。氷期のあいだパタゴニア氷床はアンデス山脈から広がって、その最大期にはチリの三分の一はたっぷりと覆い、これらの谷間を氷河で埋め尽くした。谷はその後、上昇する海面によって水没し、険しい小島や岬、相互につながった水路からなる見事なまでに複雑なごちゃ混ぜの景観になった。海岸線そのものが凍結によって破壊されたかと思えるほどだ。

　ポルトガルの探検家のフェルディナンド・マゼランが一五二〇年に南アメリカの突端を回る航路を、最初の世界一周航海で発見したとき、彼は氷河で削られたこれらの谷間によって形づくられた海峡沿いに進んだ。マゼラン海峡に入る大西洋側の最も狭い地点には、「末端堆石《モレーン》」が残されていた。氷河がブルドーザーのような働きをして前へと押しやった岩屑で、氷期の終わりに氷河が再び後退し始めた際に、その基底部に落とされたものだ。[56] 全長六〇〇キロにわたるマゼラン海峡は、一九一四年にパナマ運河が建設されるまで四〇〇年近い年月のあいだ、地球の二つの大洋を結ぶ航海のうえで欠かせない地点となってきた。この海峡は狭いし、予測のつかない潮流があって航行は困難だが、それでも一五七八年にサー・フランシス・ドレイクが発見した南アメリカ最南端のホーン岬と南極大陸のあいだの暴風雨に見舞われる航路に比べれば、はるかに嵐を避けることができた。

　氷河作用は北アメリカの地理をつくり変えるうえでも、のちのアメリカ合衆国の歴史にもきわめて大きな意味合いをもっていた。この地では、広大な氷床によってミズーリ川とオハイオ川という大河の川筋が変えられており、氷が融解すると、これらの川は氷床の周辺部の土地沿いに流れつづけた。今日、双方の川は巨大なΨ字を描いてミシシッピ川と合流し、大陸の内陸部を東西に移動しやすい交通手段を提供している。ミズーリ川はなかでも、西のロッキー山脈まで二〇〇〇キロにおよんでいる。氷河期に川筋をそらされていたこの川こそが、一八〇四年に太平洋岸への到達を目指した探検家ルイスとクラークをその行程の大半において運んだ輸送路であり、またルイジアナ〔フランスから買収したばかりの現代のアーカンソー州からモンタナ州まで一五州にまたがる広大な一帯〕と北西部領土〔五大湖の南、オハイオ川の北西の一帯〕の広大な土地にアメリカ人を入植させ、その存在を確立させたのである。テイズ川、セントローレンス川など、その他の川もやはり氷河作用によって川筋が変えられていた。アパラチア山脈周辺のこれらの河川の輸送路がなければ、当初の一三の植民地は大西洋の沿岸地域に限定されていたかもしれない。

北アメリカの五大湖もやはり氷河期によって残された地物で、その深い湖盆は前進してきたローレンタイド氷床によってえぐられ、一万二〇〇〇年前ごろに氷床が再び後退した際にその雪解け水で満たされた。[57] 運河によってこれらの河川が結ばれると、遠方まで広がるその水路は、長距離の鉄道が建設されるまでは大西洋岸から内陸への交通にとって非常に重要なものとなり、ニューヨーク、バッファロー、クリーヴランド、デトロイト、シカゴが主要な商業中心地に発展することになった。[58]

モレーンは高さ四〇ないし五〇メートルもの瓦礫《がれき》の尾根となって、アメリカ北部一帯に広がっているのが見られる。ニューヨーク市のロングアイランドは、ローレンタイド氷床の突先に落とされた二本の長いモレーンの尾根から形成されているし、北部のマサチューセッツ州のケープコッドも同様だ。[59] ボストン、シカゴ、ニューヨークはこの氷床が融解したことで後に残された厚い堆積物の上に建設されている。[60] こうしたモレーンや川となった融解水による堆積物は、世界各地でコンクリートの骨材、路面舗装、基礎工事や軌道のための基材として採掘されている。さらに、北アメリカの氷床と接する厳寒の境界地帯からは激しい風が吹き、基盤岩から削られたシルトや砂、粘土の細かい粒子を巻きあげ、それらをはるか南部に堆積させ、中西部に素晴らしく肥沃な黄土の農地を生みだした。[61]

しかし、氷河期が歴史におよぼした最も明確な痕跡はおそらく、海を隔てた対岸で見つかる。

島国

五〇万年前、現代のイギリスがあるブリテンは島ではなかった。ここはまだ大陸ヨーロッパの一部で、ドーヴァーとカレーのあいだにあった地峡によって物理的にフランスと――結合双生児のように――つながっていた。この陸橋はイングランド南東部からフランス北東部まで延びるウィールド・アルトワ背斜《はいしゃ》として知られるこぶ状の地質構造が連続したもので、アフリカがユーラシアに衝突した際に生じたのと同じ地殻の隆起において、上方向へ褶曲《しゅうきょく》した岩石の層で形成されている。

イングランドとフランスのあいだの陸橋が侵食されてこのつながりは断ち切られたのだが、それは突然の大惨事と呼べる出来事によって生じたようだ。イギリス海峡の音波探知機《ソナー》による海図は、海底に珍しいほど真っ直ぐに延びた広い谷をはっきりと映しだす。[62] そこには流線型の島や、幅が一キロはある侵食による溝が含まれている。大規模な氾濫《はんらん》水が地面を流れたことの明らかな痕跡だ。

前述したように、氷期が繰り返し訪れた新生代のあいだに、氷河作用によって海面は一〇〇メートル以上低下した。それによって北海とイギリス海峡の海盆周辺の浅い大陸棚は、乾いた陸地となって露出した。四二万五〇〇〇年前ごろの氷期（最終の氷河作用より五回前の氷期）には、スコットランドとスカンディナヴィアの双方の氷床、およびイングランドとフランスをまだつないでいた幅三〇キロの岩石の尾根のあいだで広大な湖が堰《せ》き止められていた。この湖は氷床からの融解水だけでなく、テムズ川やライン川などからの流入によっても満たされていた。そしてそこから水が抜けだす流出口がないため、水位はどんどん上がり、必然的に水は陸橋を越えてあふれだした。こうした巨大な滝は、イギリス海峡の海底をすくって広大な飛び込みプールをつくりだし、後方の障壁もえぐったため、しまいにこの自然のダムは決壊した。堰き止められていた湖全体が、壊滅的な大洪水となってあふれだし、障壁の決壊した部分を広げ、海峡の海底に、今日ソナーで見られるような地形を削りだしたのだ。四二万五〇〇〇年前のこの最初の大洪水につづいて、およそ二〇万年前には二度目の洪水があったと考えられている。二回にわたるこの事変で、現在、ドーヴァー海峡となっている地点が崩され、かつての陸橋の基部として白い崖が残されている。それぞれの氷期後に雪解けとなり間氷期に海面が上昇したことで、この通り道はイギリス海峡（もしくはフランス人が呼ぶようにラ・マンシュ〔袖の意〕）を形づくるようになった。[63]

ブリテンは永久にヨーロッパから切り離されたのだ。

イギリス海峡の出現は、ブリテン島の歴史だけでなく、ヨーロッパ全体の歴史において重大な波及効果をもたらした。イギリス海峡は自然の堀となってヨーロッパの歴史を通じてブリテン島を守ってきた。最後の本格的な侵攻である一〇六六年のノルマン征服が生じたのは、ほぼ一〇〇〇年前のことだ。ブリテン島は交易をするには充分に近く、大陸ヨーロッパの政治にも密接にかかわりつづけたが、同時に守られてもいたのである。

大陸ヨーロッパで絶えず小競り合いや紛争、国境線の引き直しがあるなかで、イギリスは国土が戦禍を被るのをおおむね免れてきて、自国の利益になるときだけは干渉することを選びつつ、距離を保ち、防護されつづけていたのだ。[64] たとえば、十七世紀には三十年戦争の荒廃に巻き込まれるのを免れた。ヨーロッパのカトリック国家とプロテスタント国家のあいだの紛争に始まり、その結果生じた飢饉と疫病から莫大な数の――地域によっては五〇％を超える――人命が失われた。自然の堀に守られて安全なイギリスの事情は、ドイツの事情とは多くの点で好対照をなす。ドイツは北側は海に面し、南側はアルプス山脈に接しているが、東西の両側はヨーロッパ平原に筒抜けだ。この一帯にある国家の不安定な状況と軍事的野心の大半は、自然の防衛手段の欠如からくるこの脆弱さから説明がつく。神聖ローマ帝国、プロイセン、そして統一国家となったドイツなどである。

明確に定められた自然の境界があり、国土がさほど広くないイングランドは、封建的な領地の統一を早期にはたし、国民としての自己認識《アイデンティティ》を確立した。[65] このように侵略される恐れが少なく、外部の脅威から守られているという安心感は、一二一五年の大憲章《マグナカルタ》に始まって専制君主から徐々に権力を分散させ、今日の議会制度に取って代わらせることで、より偏りのない民主主義的な制度への移行を可能にした。[66]

そのうえ、防衛すべき国境がないため、イギリスでは軍事費が大陸諸国の数分の一かしか必要ではなかった。[67] イギリスはその代わりに王立海軍〔イギリス海軍〕の創設と意地にエネルギーを注ぐことができた。イギリスが海洋帝国を築き、スペイン、フランス、オランダの帝国を凌駕するにつれて、海軍は祖国の防衛だけでなく――一八〇五年にトラファルガーの海戦でフランスとスペインの合同艦隊を敗北させ、イギリスを侵攻しようとしたナポレオンの願望を打ち砕いたのは、その最も顕著な事例だ――海外の植民地も防衛し、その通商上の利益と航海上の拠点を保護するようになった。

もちろん、イギリスが島国でなければ、ヨーロッパ史がどのような展開を見たかを確信をもって言うことはできない。スコットランドとスカンディナヴィアの氷床が出現して氷河を堰き止め、それがイギリス海峡に勢いよく流出し、陸橋を侵食させてドーヴァー海峡を切り開かなければ、何が起きえただろうか？　氷期がさほど極寒の時代とならなければ？　本書は歴史のもしもを考える反事実の歴史をあれこれ推測する場ではないが、大きく異なる結果となりえた事態について考えると、今日の世界を見るうえでの地理の重要性が強調される。イギリスがまだ陸橋によって大陸とつながっていたら、電撃戦によってヨーロッパ一帯で圧勝を遂げたドイツ国防軍は、ナチス・ドイツにたいするこの最後の砦《とりで》も陥落させただろうか？　イギリスは一八〇五年にナポレオンの大陸軍に打ち負かされたり、一五八八年にスペイン軍に（無敵艦隊の必要もなく）侵略されたりしただろうか？

島国の強国が侵略に抵抗し、どこか一つの大国がヨーロッパ帝国を統一するのを防ぐことで、大陸の歴史において力の均衡を保つうえで役立っていたと主張することはできるだろう。一方、地理的に孤立していたことは島国根性を醸成し、そのせいでイギリスはしばしば超然とした姿勢を取り、共通の利害をもち、運命をともにしながら、大陸の隣国と密接な関係をなかなか築こうとしてこなかった。

このように、地球の歴史上で最も直近の第四紀は、ヒトという種を地球全体に拡散させ、繰り返し訪れた氷期が地形に残した恒久的な痕跡は、人類史の行く末にきわめて重大な意味合いをもっていたのである。文明の物語全体は現在の間氷期に展開してきたのであり、これから、人類の物語におけるこの根本的な移行の背後にあった地球の影響力に目を向けることにしよう。野生植物の栽培化と野生動物の家畜化、そして農業の出現である。

第3章　生物学上の恩恵

二万年前から一万五〇〇〇年前までの期間に、ミランコヴィッチ・サイクルの重なり合うリズムが北半球を再び温暖にし始めた。広大な氷床《ひょうしょう》は解けだして後退し始め、最終氷期の凍結した時代は終わりに近づいた。[1]北アメリカでは、融解する氷床からの流去水の大半は、後退する氷床の基底に堆積した岩屑の尾根の背後に堰《せ》き止められるようになった。これによって広大な融解水の湖が形成され、その最大のものはスイス系アメリカ人の地質学者にちなんでアガシー湖と名づけられている。北半球がかつて氷期で凍りついていたという（当時は）急進的な概念を最初に唱えた人だ。紀元前一万一〇〇〇年には、アガシー湖はカナダと北アメリカの五〇万平方キロに近い面積にまで広がった。黒海とほぼ同じくらいの面積だ。やがて、避けられない事態が生じた。自然のダムが決壊して、途方もない量の氷床の水が大規模な洪水となってあふれだしたのだ。氷河の融解水は現在のマッケンジー川の川筋沿いにノースウエスト準州を流れ、北極海に注いだ。[2]堰き止められていた水がこうして突然放出されたことで、世界の海水準がたちまち急上昇することになった。だが、そこから一万キロほど離れた地中海東部沿岸のレヴァン

ト地方に発達しつつあった文化にこの事態が与えた影響のほうが、はるかに甚大なものだった。(1)

見つかってから失われた楽園

氷床が後退するあいだに、森林が再び、乾燥したステップと低木帯の広大な一帯に取って代わり、河川は増水し、砂漠は縮小した。温暖で湿潤な状況になると、緑豊かな植生が生い茂り、草食動物の個体数が増えた。[4] 地球には春が戻りつつあり、僕らの狩猟採集者の祖先はずっと楽に暮らせるようになった。レヴァント地方の土地は、野生の小麦、ライ麦、大麦が繁茂し、森林が復活してきた。この地に、世界で最初の定住社会を築いたと思われるナトゥーフ人と呼ばれる集団が現われた。しかも、定住し始めたのは農業が発達する以前からだった。彼らは石と木造りの村に定住し、野生の穀類を集めたほか、森から果実や木の実を拾ってきて、ガゼルを狩猟した。[5] エデンの園の狩猟採集民がどこかに存在したとすれば、それはこの地であっただろう。

だが、この黄金時代は長くはつづかなかった。一万三〇〇〇年前ごろ、急激な気候変動が近東のこの地域と北半球全体を襲い、一〇〇〇年以上はその状態がつづいた。これがヤンガードライアスとして知られる事変で、そのために気候は急速に悪化し、ものの数十年のあいだにひどく寒冷で乾燥した状態へ戻っていった。氷期の状態へのこの唐突な揺り戻しを引き起こした原因は、アガシー湖の水のセントローレンス川から北大西洋への流出だったと考えられている。

この広大な湖の水が突如として流出したために、北大西洋は淡水によって蓋《ふた》をされた状態になり、一時的に海洋の循環パターンが停止に追い込まれた。今日、世界の海洋は水を勢いよく循環させるベルトコンベヤーを動かしており、それによって赤道からの熱を極地へと運ぶ。これは海水の温度と塩分濃度の違いが原動力となっているため、熱塩循環《ねつえんじゅんかん》として知られる。地球の腹回りにある温かい表層水は風によって高緯度の海域へ吹き流され――これに関しては第8章で再度触れることにする――カリブ海の熱と湿度を北ヨーロッパまで運ぶメキシコ湾流などを動かしつづける。その過程で海水は蒸発によっていっそう塩辛くなり、北へと流れるあいだに水温も下がる。これらの効果はいずれも海水の濃度を高めることになり、そのため極地に近づくとこの海水は海底へと沈み、深い海域を通って再び赤道まで戻る。極地で海水が沈み込むと、海流を維持するためにあとからさらに多くの水が引き込まれてくる。ところが、アガシー湖から途方もない量の淡水が北大西洋へ一気に放出されたことによって、このベルトコンベヤーの塩分濃度のポンプが突然失速した。赤道からの熱を再分配していた海洋循環システムの停止は、北半球の大半を氷期のさなかに経験したような状況に舞い戻らせた。[6]

ナトゥーフ人にとって、気温が急激に下がり、降水量が減った環境危機は、故郷の地がトゲのある低木ばかりで樹木のない乾燥したステップに逆戻りし、豊富だった自然の食糧供給源が目の前で枯渇してゆくのを見ることになった。少なくとも一部のナトゥーフ人は始めたばかりの定住の生活様式を諦めて、移動しながらの採集に戻ることでそれに対処したようだ。だが、考古学者のなかには、このヤンガードライアスの事変がその他のナトゥーフ人を狩猟採集者としての暮らしに背を向けさせ、代わりに農業を発達させるきっかけとなったと考える人もいる。生き延びられるだけの食べ物を集めるために、さらに遠くまでさまよい歩く代わりに、彼らは種子をもち帰り、地面に植えたのだ。これが栽培化の最初のステップだった。ナトゥーフの村の考古学的遺構で見つかった大きなライ麦の種は、こうした発展の兆候として解釈されてきた。この主張は論議を呼んでいるが、もしそのとおりだとすれば、ナトゥーフ人は世界で最初の農耕民ということになる。人類の暮らしを恒久的に変えることになる発明は、気候の急激な変化がもたらした困難から生まれたのだった。[7]

地球規模の事変の特定の連鎖――アガシー湖の水の放流、大西洋の循環システムの失速、ヤンガードライアスの事変による揺さぶり――に促されたナトゥーフ人は、最初に種を蒔《ま》いた人びとであったかもしれないが、彼らはすでに定住した文化を築いていたため、この最初の農耕体験を試せる特別な状況にあったのかもしれない。とはいえ、地球が最終氷期ののちにこれらの事変を経て温暖化すると、数千年のあいだに世界各地の人びとがそれに倣うようになった。およそ一万一〇〇〇年前から五〇〇〇年前のあいだに、農業は少なくとも地球上の七つの離れ離れの地域で発達した。

新石器の革命

解剖学的現生人類《モダン・ヒューマン》は二〇万年ほど前にアフリカに登場しているが、僕らの祖先の行動がモダンになったのは、一〇万年前から五万年前になってからだった。そのころには人類は今日の僕らと同様の言語と認知の能力を具え、社会集団をつくって暮らし、道具をこしらえて火とともにうまく使いこなしていた。人類は死者を丁寧に埋葬し、衣服をつくり、表現豊かな芸術作品を生みだすようになり、洞窟壁画のほか骨や石の彫刻に自分たちの姿や、周囲の自然界を描くようになった。彼らは腕のよい狩人であり、魚を獲り、食用の植物を幅広く集めた。単純な石臼《いしうす》で穀類を粉にひくことすら始めていた。[8]

前章で述べたように、現生人類は六万年ほど前にアフリカから移住し、地球の隅々まで拡散した。しかし、農業と定住への最初の永続的な一歩が踏みだされたのは、一万一〇〇〇年前ごろになってからだった。新石器革命と呼ばれる移行である〔欧米では新石器時代を食糧生産の始まりと関連づけて考える〕。北アメリカの氷床は急速に縮小していたが、地中海東部の肥沃な三日月地帯で最初の作物が栽培化され、そのすぐのちに中国北部の黄河流域でも栽培化が始まったころには、カナダの半分以上がまだ氷に覆われていた。[9]わずか数千年間のうちに、世界のその他いくつかの地域でも祖先たちは同じことを始めていた。農業は北アフリカのサハラ砂漠南縁部一帯のサヘルにも、メソアメリカにも、南アメリカのアンデス＝アマゾン地域にも、北アメリカ東部の森林地帯にも、ニューギニアにも出現した。[10]最終氷期の時代を一〇万年にわたって狩猟採集しながら生き抜いたのち、地球が温暖化するにつれて、世界のさまざまな場所にいた人びとは農業と文明という道を歩み始め、それが人類を恒久的に変えたのだ。

これはまるでスタートの合図のピストルが鳴ったかのようだった。人間の存在において踏みだされたこの決定的な一歩の背後には、どんな地球規模の影響力があったのだろうか？

世界各地でなぜ人びとがまず意図的に種子を蒔き、植物を丹念に育てることに取りかかり、作物の栽培化と品種改良を始めたのか定かではない。農業の発達は、良好な気候の期間によって促進され、農耕を試みることで危険が減り、人を惹きつけるものがあったのかもしれないし、その反対に地域的に突如として気候が悪化する衝撃――ヤンガードライアスの事変など――のせいで、定住社会が食べてゆくための別な手段を探すようになったのかもしれない。[11]いずれにせよ、最終氷期の終わりがきっかけとなったことは明らかだ。

氷期のさなかに人類が定住して土地の耕作を始めなかった事実は、驚くべきことではないだろう。もっともその理由は、寒冷な状況とはさほど関係がない。北方の氷床は北極圏を越えてはるか南まで広がり、アメリカ、ヨーロッパ、アジアの高緯度地域の大半を覆い尽くしてはいたものの、その他の地域はどうにもならないほど寒冷であったわけではない。熱帯周辺の気温は、今日よりもわずか一、二℃低いだけだった。氷期の地球は前述したように、全般的に乾燥していたが、農業の発達が妨げられるほど乾燥していない地域もあった。[12] 阻害要因はおそらく、気候が害をおよぼすほど寒くて乾燥していたことではなく、むしろきわめて変動しやすかったことだろう。地域ごとの気候と降水量は、突如として激しく移り変わることがあった。[13] 氷期に早々と農耕を試みた種族がいたとしても、そのような急激な変動があれば、その努力は無駄になっただろう。人類ののちの歴史においても、地域的に気候が乾燥化して農業が行き詰まれば、インダス文明のハラッパー人やエジプトの古王国、古典期のマヤの文明のように、充分に根づいていた文明でも崩壊した。[14(2)]

一方、現在の僕らが暮らしているような間氷期は、気候が比較的安定した状況を特徴とする。それどころか、いまの完新世の間氷期がつづくこの一万一〇〇〇年間は、過去五〇万年間で温暖な気候が最も長く安定してつづいた時代なのだ。[16] そして最終氷期後に大気中の二酸化炭素濃度が上昇したことは、植物の生長を促し、地球全体に影響をおよぼしたので、世界各地の文化がほぼ同時に農業を発達させた理由はそれで説明がつくかもしれない。[17] 地域的にそのような温暖で湿潤な状況が安定してつづき、大粒の種子をつける穀類が確実に生産できれば、人びとは広い範囲を歩き回るよりは、自分たちでいくつかの特定の植物を栽培して定住する気になっただろう。間氷期はまるで農耕民のための必要条件であったかのようなのだ。

人類がどのように野生の植物を栽培化し、動物を家畜化していったのかを、また何がそれらの生物種を採用する決め手となったのかを詳細に見てゆこう。

変化の種《たね》

完新世は、現生人類が経験した最初の間氷期であり、この時代が始まるとほぼたちまち、世界各地の人びとが農業を発達させ始めた。小麦と大麦は一万一〇〇〇年前ごろに、トルコ南部の天水で潤う丘陵地帯で最初に栽培化され、その後ティグリス川とユーフラテス川に挟まれた平地に広がった。メソポタミア――「川のあいだの地」――と呼ばれる地域だ。[18] 灌漑《かんがい》はトルコの高地で数千年後に最初に発達し、七三〇〇年前から五七〇〇年前にメソポタミアでも導入されて、両河川の氾濫《はんらん》水を管理し、四方八方へ引くようになった。[19] メソポタミアとレヴァント、ナイル川のあいだで弧を描く地域は、肥沃《ひよく》な三日月地帯として知られる。[20] 北アフリカと中東の本来は乾燥した環境のなかにあって、耕作可能な弧状の地域だ。

中国では、北西部の季節によっては乾燥する寒冷な黄河の流域で、九五〇〇年前ごろからヒエなどの雑穀が耕作されていた。これらの雑穀と、のちに八〇〇〇年前ごろに栽培化された大豆は、この地域の柔らかく肥沃な黄土で育てられた。[21] 同じころ、稲の耕作が中国南部の長江沿いの温暖で湿潤な亜熱帯地域で始まった。[22] ここでは水田や傾斜地に入念に構築された棚田で大量の稲が植えられていた。稲作は、それぞれの田んぼに深さわずか数センチの池をつくり、収穫前に排水できるようにするための高度な水工学が必要となった。[23]

肥沃な三日月地帯で栽培化された作物は、九〇〇〇年前から八〇〇〇年前ごろにはインダス川流域にも伝わり、ガンジス川の三角州では、中国のものとはおそらく別の栽培化された稲の耕作が始まった。[24] サハラ砂漠とそのはるか南のサバンナのあいだに位置する半乾燥気候の一帯であるサヘルでは、五〇〇〇年前ごろにモロコシ〔ソルガム〕とアフリカイネの栽培が始まったが、この地域では乾燥化がつづいたため、農耕共同体は西アフリカのより湿潤な地域へ移住した。[25]

アメリカ大陸では、一万年前ごろにメソアメリカでカボチャが栽培化され、メキシコ南部では九〇〇〇年前にトウモロコシが育てられていた。のちに、インゲンマメとトマトもこの地では主要な作物とな

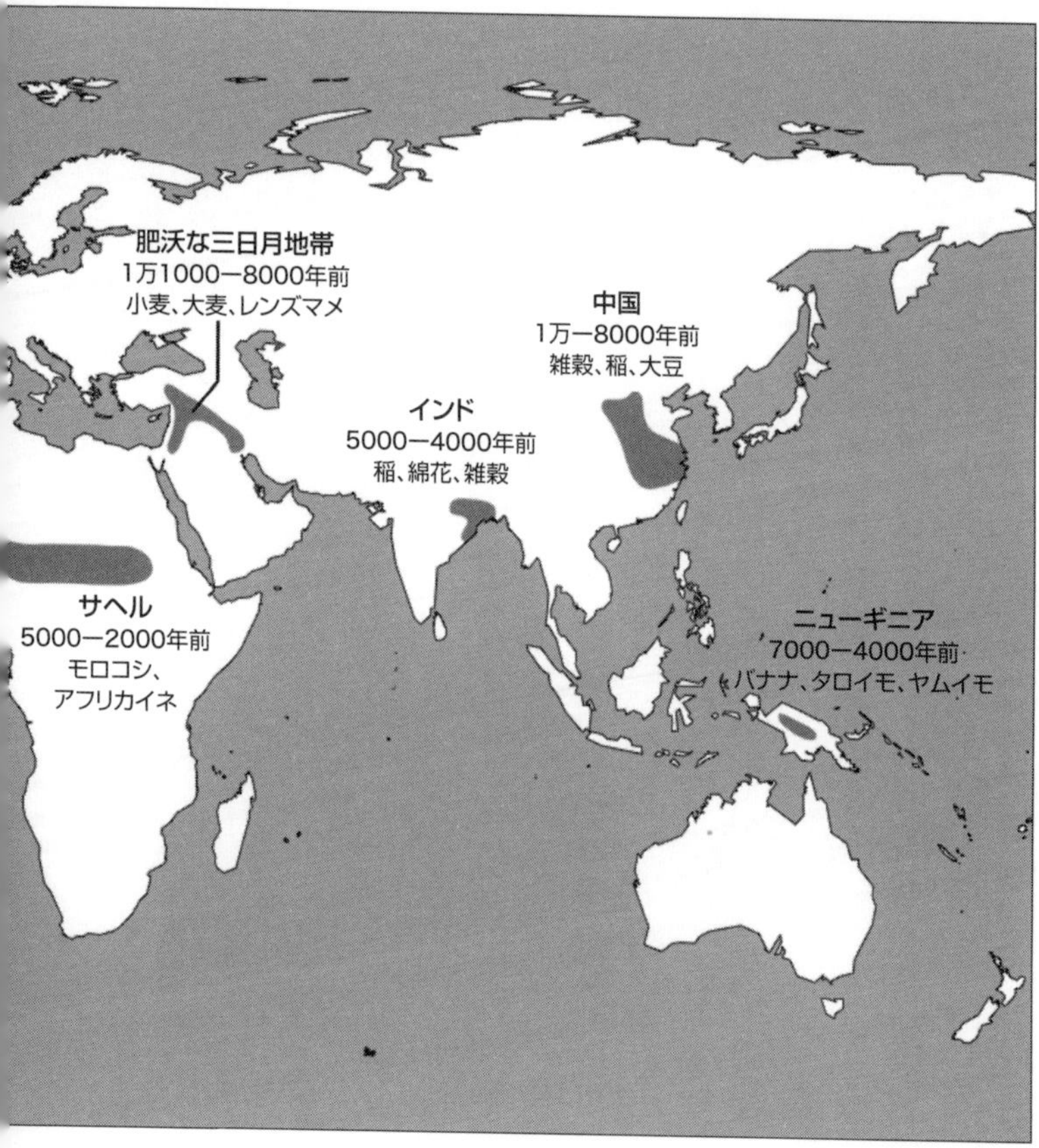

肥沃な三日月地帯
1万1000—8000年前
小麦、大麦、レンズマメ
中国
1万—8000年前
雑穀、稲、大豆
インド
5000—4000年前
稲、綿花、雑穀
サヘル
5000—2000年前
モロコシ、
アフリカイネ
ニューギニア
7000—4000年前
バナナ、タロイモ、ヤムイモ

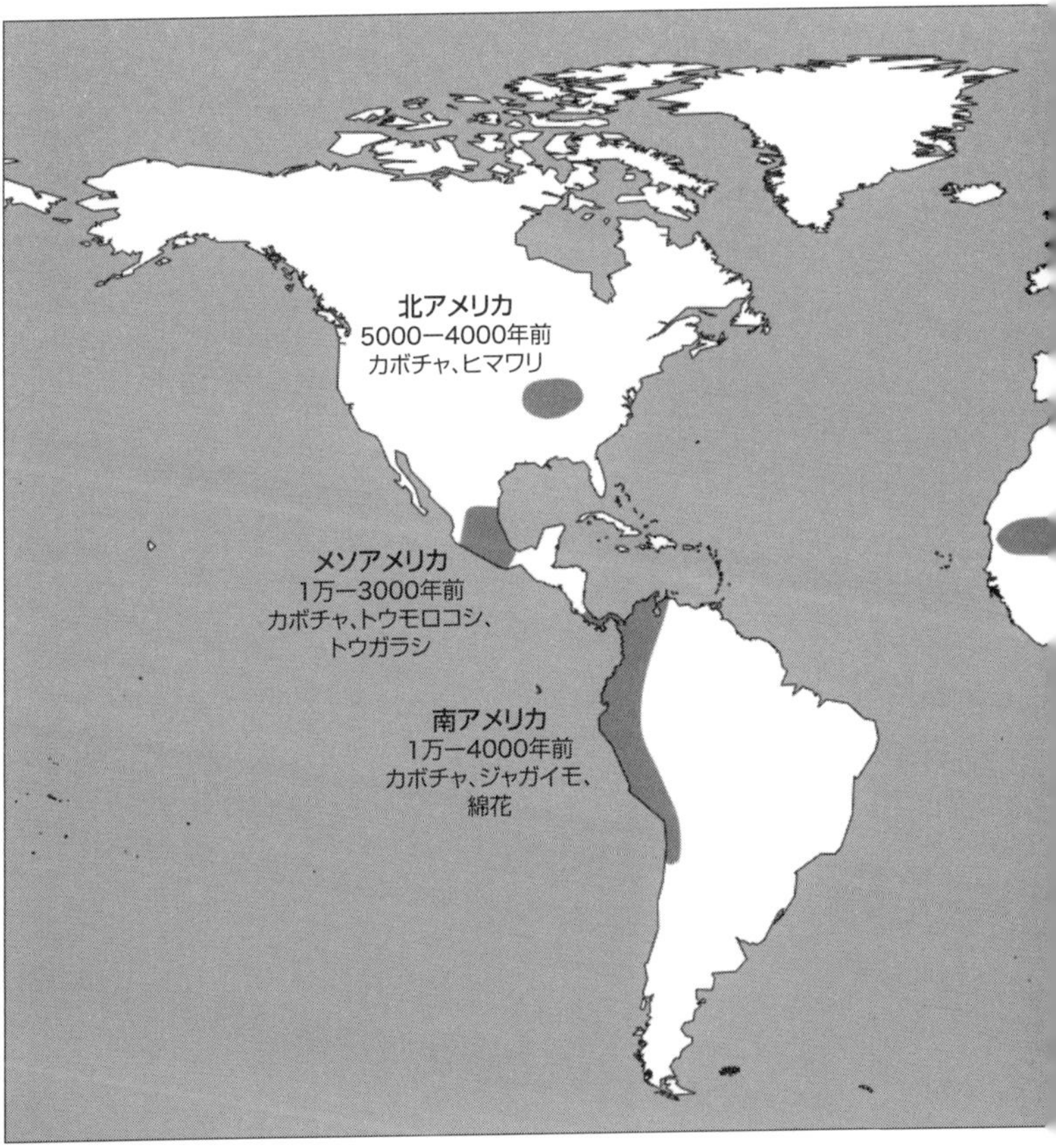
北アメリカ
5000—4000年前
カボチャ、ヒマワリ
メソアメリカ
1万—3000年前
カボチャ、トウモロコシ、
トウガラシ
南アメリカ
1万—4000年前
カボチャ、ジャガイモ、
綿花

作物の栽培化の起源

った。[26] ジャガイモは七〇〇〇年前ごろからアンデス地方で数多くの種が栽培されていた。[27] 熱帯のニューギニアの高地では、でんぷん質の塊茎《かいけい》であるヤムイモとタロイモが七〇〇〇年前から四〇〇〇年前には栽培されていた。[28](3)

したがって前五〇〇〇年ごろには、[30] メソポタミアの河川の氾濫原からペルーのアンデス地方の高所まで、そしてアフリカやニューギニアの熱帯地方にいたるまで、人類は変化に富んだ気候帯と地形で多種多様な食べられる植物を栽培化することを学んでいたのだ。僕らが栽培化した植物のなかで圧倒的に重要だったのは〔イネ科〕穀類だ。小麦、米、トウモロコシなどの穀類は、ヒエなどの雑穀、大麦、モロコシ、オート麦〔燕麦〕、ライ麦と並んで、何千年間も人類の文明を支えてきた。そして地球の大半の地域に広がった三つの最も重要な農業制度は、肥沃な三日月地帯に端を発する小麦と、中国の米、そしてメソアメリカのトウモロコシの耕作だ。[31] 今日、これら三つの穀類だけで、世界中の人びとのエネルギー摂取量の半分近くを供給する。

穀類はいずれも草本植物だ。驚くべき真実は、僕らは放牧している牛や羊、ヤギとなんら変わらないということだ。人類は草を食べて生き延びているのである。

多くの草は、以前にあった森がますます乾燥する状況のなかで枯れたのちも、一つの地域が火事で焼け尽くされたのちも、それどころか既存の生態系がどんなに破壊されても、そこに群落をつくることのできる丈夫な植物なのだ。草の生存戦略は早く生長して、太陽から集めるエネルギーの大半を、木のように頑丈な幹を築く代わりに、種子に注ぎ込むことだ。そのおかげで、草は栽培することができる。そして、これこそが僕らのじつに多くが朝食にトーストやシリアルを食べることの生態学上の根本的な理由なのだ。小麦でつくったパン、コーンフレーク、ライスクリスピー〔ポン菓子のようなシリアル〕、オートミールは、いずれも生長の早い草本植物由来のものだ（穀類はもちろん、朝食以外でも主食となる）。だが、穀類を利用するためには、僕らはまだ生物学的な問題に直面する。人間には、硬い植物を分解して栄養素を放出させる牛のような四つの胃は具《そな》わっていない。そのため、人間はエネルギーが集約された粒――植物学的に言えば、これが果実――を実らせる草本植物を選び、問題に対処するために胃ではなく頭を使った。穀類をひいて粉にするために使われる石臼（およびそれを回すために歴史のなかで人間が発明した水車や風車）は、人の臼歯《きゅうし》を技術で延長したものなのだ。また、小麦粉をパンに焼くためのオーブンや、米を炊き野菜を茹《ゆ》でるために使う鍋は、外部の事前消化システムのようなものだ。人間は熱と火による化学的な変質能力を使って複雑な植物性化合物を分解し、栄養素を吸収できるようにしたのだ。

後戻りできなくなった時点

農業が発達すれば、土地を耕し、作物を育てるために絶えず働かなければならないとはいえ、それを採用した社会には多大な利益をもたらした。定住した人びとは、狩猟採集民よりもずっと早く人口を増加させることができる。子供を担いで長距離を移動する必要はないし、赤ん坊はかなり早くから乳離れさせる（および、ひいた穀類を離乳食とする）ことができるので、これはつまり女性がより多くの子を産めることを意味する。また、農業社会では、子供の数が多ければ、作物の手入れや家畜の世話を手伝えるし、幼いきょうだいの面倒を見ることも、家で食べ物を加工する手助けもできる。農耕民は新たな農耕民を非常に効率よく生みだすのだ。[32]

原始的な技術しかなくても肥沃な土地であれば、そこを狩猟や採集に利用した場合に比べ、一〇倍は多くの食糧を生産することができる。[33] だが、農業は罠でもある。社会が農耕を始めて、その数が増えれば、単純な生活様式に戻ることは不可能になる。増えた人口が農耕に全面的に依存して、すべての人に行き渡るだけの食糧を生産するようになるのだ。後戻りすることはできない。また、そこからもたらされる別の結果もある。農耕によって人びとが高い人口密度で定住するようになると、すぐに大きく階層化された社会構造が発達し、狩猟採集民と比べて平等さが失われ、富や自由の格差が大きくなるのだ。[34]

前六千年紀に今日のトルコの丘陵地帯から、農耕民が栽培化した穀類を携えて最初にメソポタミアの平原に移動したとき、地球はミランコヴィッチ・サイクルの最も温暖で湿潤な局面に入りつつあった。メソポタミアの低地の沼沢地はきわめて肥沃であり、その分厚い沖積土《ちゅうせきど》は北部の高地から削られてきて、ペルシャ湾に流れ込む河川によって堆積したものだ（メソポタミアは第1章で述べたように、地溝沿いにある）。生産性の高い農業は人口を急増させたが、前三八〇〇年になると、気候は再び寒冷化し、雨は当てにならなくなった。川と川のあいだの豊かな土地は乾燥し始めた。それに対応して、村の農耕民は自分たちの生活資源と人力を集めて、どんどん大きな定住地に集結するようになり、そこから広域にまたがる灌漑システムを運用するようになった。[35] 農業にも水運にも利用できるこうした運河を建設して維持するには、中央集権とさらに複雑な社会組織を必要とし、またそれらを醸成することにもなった。[36] そのため、ここメソポタミアで農業から世界で最初の都市化した社会が誕生したのだ。前三〇〇〇年には十数の大きな都市が建設されており、[37] その名称はいまなお人類の文化の記憶に残りつづけている。エリドゥ、ウルク、ウル、ニップル、キシュ、ニネヴェ、そしてのちのバビロンなどだ。二つの川に挟まれた地は、都市のある土地となり、その住民たちにはシュメールとして知られていた。[38] 前二〇〇〇年には、シュメールの人口の九〇％は都市に暮らすようになった。[(4)]

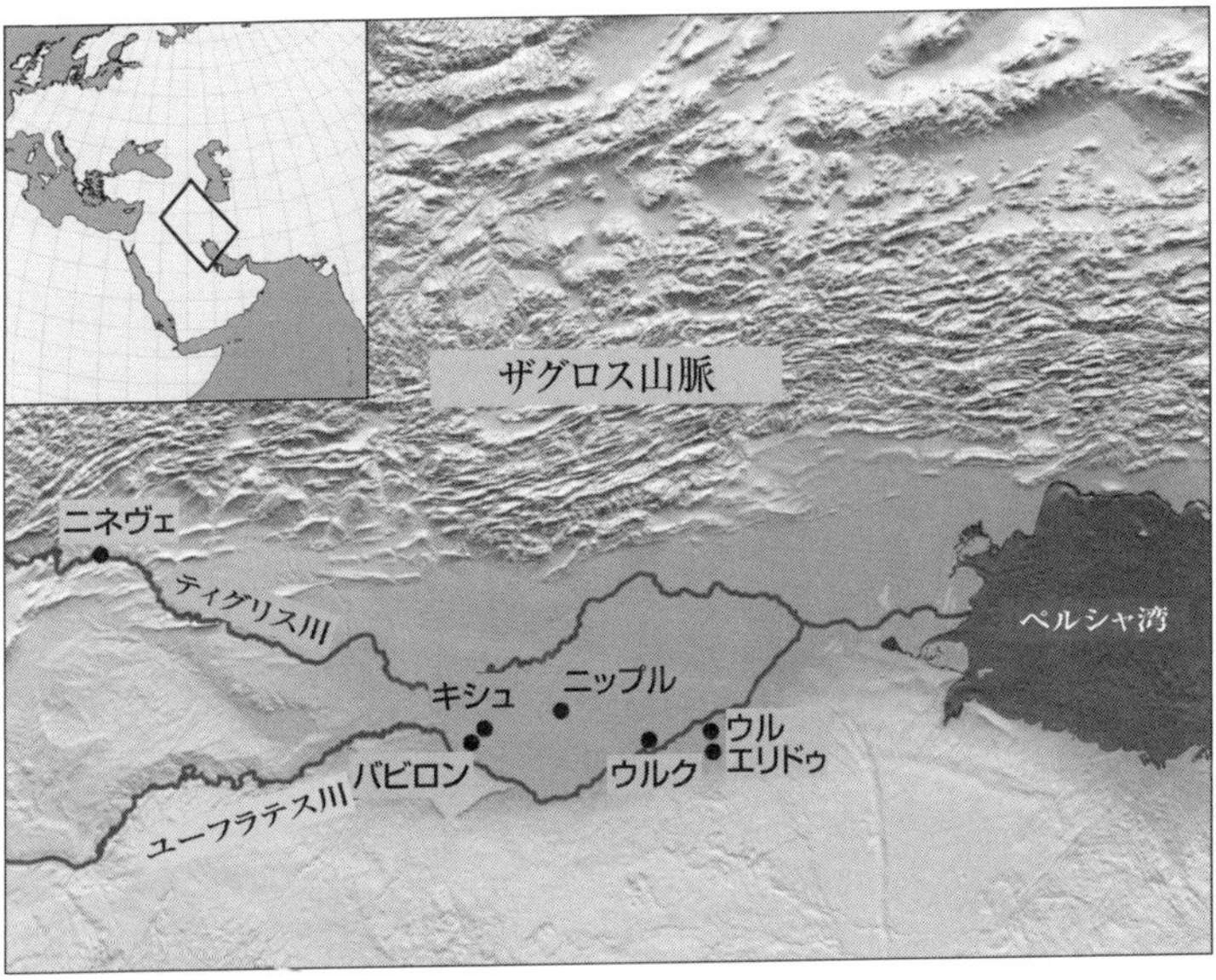

メソポタミアはザグロス山脈沿いにできた地溝にある

古代エジプトに文明が出現したのも、やはり気候の変化による産物だと考えられている。それまでの間氷期には、北アフリカはかなり湿潤で、大きな湖が随所にあったほか、河川がいたるところに流れて、サハラは草原と森で青々としていた。[39]サバンナと森林からなるこの一帯で、渡り歩く部族は狩りをし、湖や川で魚を獲った。この地域に野生生物が多数生息していたことを今日に伝える唯一の痕跡は、狩猟者たちが残した岩絵であり、そこにはクロコダイル、ゾウ、ガゼル、ダチョウが描かれている。[40]

しかし、この気候の最適条件は長くはつづかなかった。メソポタミアが乾燥し始めるにつれて、モンスーンもまた北アフリカには吹かなくなった。サハラにまだ一部残っていた地表水もまもなく消滅し、前四千年紀の終わりにはこの一帯は急速に乾燥した。[41]ここで暮らしていた人びとは、現在の過度に乾燥した状態に移行するにつれて、周囲の環境が悪化するのを目の当たりにしていた。当初、彼らは残っているオアシス周辺で生き延びていたかもしれないが、この地域が乾燥しつづけるにつれて枯れゆく土地を捨ててナイル川流域に退いていった。エジプトは近東で栽培化された作物や家畜化された動物を受け継ぎ、まずはナイルの三角州に農村が出現し、その後、前四〇〇〇年ごろからは上ナイルでも農業が始まった。前三一五〇年ごろ、ちょうどサハラがついに砂漠と化したときにこの地域はファラオ王朝の支配下で統一された。[42] したがって、人口密度が高まる過程と、エジプト文明の始まりを記す社会の階層化と国家による管理は、砂漠化するサハラからの気候変動による難民が、ナイル川の狭い流域に押しかけたことが原動力だったのである。[43]

古代エジプトはおそらく、文明の発達がいかに地理的な背景と気候がもたらす制約および機会の組み合わせによって影響されるかを、どこよりも如実に示す事例と言えるだろう。砂漠のなかにリボンのようにつづくオアシス、夏になると決まって氾濫するナイル川は、その川筋の両岸の平原を、エチオピアの高地の源流域から削りだされたミネラルの豊富な堆積物で活性化する。ナイルの大河は単純な交通手段も提供していた。北アフリカの緯度ではおおむね北東からの貿易風が安定して吹く――卓越風〔恒常風〕に関しては第8章で取りあげる――ので、これはつまり船で南の上エジプトまで航行できることを意味する。川下へは、穏やかに流れるナイル川が流れとともにやすやすと戻らせてくれる。この自然の双方向の水運システムは、[44] 穀類や木材、石、軍隊をすぐさま輸送できるようにしたが、エジプトの端から端までの連絡・輸送が簡便であったことは、統一された国家の足場を固めるうえで役に立った。

エジプトはナイル川の両岸が、人を寄せつけない砂漠という自然の障壁によってよく守られているため、その歴史の大半において侵略に抵抗することができた。[45] だが、この閉じ込められた環境はまたエジプトが領土を広げて、広大な帝国を築くことも妨げた。前二千年紀末にレヴァントの海岸沿いに領土を拡大した事例を別にすれば、エジプトはナイル川沿いの地域大国に留まった。川の流域は穀類を栽培するには素晴らしく生産的であったものの——この土地は古代ギリシャの都市国家の食糧調達に一役買い、のちにはローマ帝国の穀倉地帯となった——木々が豊富にあるわけではなかった。スギ材はレヴァントから輸入されていたが、大規模な海軍の軍艦を建造して地中海一帯に、もしくは紅海の先にまでエジプトの国力を誇示するには費用がかかり過ぎた。[46]

環境的な利点と、国内輸送の単純さ、ナイル川がもたらす生態系的に持続可能な農業、および周囲を取り巻く砂漠からなる自然の防壁というこの組み合わせが、長期に安定して存続したエジプト文明を生みだしたのだ。[47]なかでも、この地域を繁栄させたのはナイル川だった。ギリシャの歴史家のヘロドトスが前五世紀に書いたように、エジプトは「ナイルの賜物《たまもの》」なのだ。

こうして、シュメール人の都市の中心地が最初に出現してから数世紀のあいだに、都市と大きな社会組織の制度がナイル川だけでなく、インダス川、黄河の流域でも出現していた。[48]農業が栄えると余剰の穀類が生産され、人口が増えつづける定住地を支えるようになり、支配者は増加する労働力を取りまとめて、灌漑設備、道路、運河を張りめぐらせるなどの壮大な土木工学プロジェクトを建設するようになる。そしてそれがさらに食糧生産とその流通を増加させた。都市内では、食糧を生産する義務から解放された一部の人びとが、大工仕事や金属加工から、自然界の調査まで、その他の技能を専門にすることができた。貯蔵された余剰の穀類は大きな軍隊を維持することにもつながり、まもなく将軍たちが世界最初の帝国を統一させるようになったのである。

野生を手なづける

文明の誕生は、植物の栽培だけに依存していたわけではない。文明はまた野生動物を家畜にすることにも依存していた。

人類が動物を最初に家畜化したのは、定住を始める以前のことだった。犬は一万八〇〇〇年以上前の最終氷期に、ヨーロッパの狩猟採集者によってオオカミから手なづけられ[49]、人間の狩りを助けたり、捕食動物が近づいてくるのを警告したりするようになった。とはいえ、今日の農場にいる動物の大半は、もっとのちの時代になってから最初期の穀類の栽培と並んで人手で育てられるようになった。羊とヤギは一万年より少し前にレヴァントで――羊はトロス山脈、ヤギはザグロス山脈のそれぞれ山麓で――家畜化された[50]。おおむね同時期に牛は近東とインドで野生のオーロックスから家畜化された。豚はアジアとヨーロッパで一万年前から九〇〇〇年前のあいだに家畜化され、鶏は南アジアで八〇〇〇年前ごろに家畜化された。アメリカ大陸では、リャマが五〇〇〇年ほど前にアンデス地方で家畜化されたほか、七面鳥が三〇〇〇年前にメキシコで飼い馴らされた[51]。サヘルで家畜化された家禽《かきん》はホロホロチョウだった[52]。

これらのいずれの場合も、家畜化は自然界で長期にわたって共存する過程を経たのちのことだろう。これらの動物の習性や利用方法にすでに馴染み深くなっていなければ、人は繁殖や餌やり、飼育に時間とエネルギーを投じなかったはずだ。したがって、周囲にいる動物との多年にわたるかかわりのなかで、人類は死骸をあさることから狩猟へ、そして畜産へと移行していったのだ。

前述したように、野生の植物を栽培作物に変えたことによって、たとえより多くの時間と労力を投資しなければならなかったとしても、食糧生産を大いに増やすことができた。同時に、これらの動物を家畜化したことで、長時間を狩りに費やすことなく肉を安定して供給できるようになった。しかし、動物の家畜化はそれだけでなく、放浪生活をつづけていた狩猟採集者には得られなかった別の機会も与えたのだ。狩猟の獲物となった動物からも、肉、血、骨、皮を取りだすことはできた。これらは食糧や道具、寒さや風雨除けなどに役立つ産物となるが、それを一度しか得られない。一方、動物の世話をし、育てて守れば、群れから間引きながらこうした産物がより安定して確保できるようになる。そして、いったん家畜化されれば、それ以外の産物や使役も継続的に得られるが、こうした利用は野生動物が相手ではとうていできないものだ。畜産はまったく新しい資源をもたらすのである。このことは「二次産物革命」と呼ばれている。[53]

乳はそのような新しい資源の一つだ。まずはヤギと羊が、ついで牛が、文化によっては馬やラクダも人間が消費するために搾乳されてきた。要するに人間の口が、それらの動物自身の子の口に取って代わったのだ。乳は安定した栄養源となり——乳は脂肪とタンパク質に富むほかカルシウムも含む——そこから得られるヨーグルト、バター、チーズなどの産物はこれらの栄養素を長期間保存する。乳がでる状態を保ちつづけられた場合、雌馬《ひんば》は畜殺した際に得られる肉のほぼ四倍以上のエネルギーを、その生涯のあいだに提供する。[54] だが、ヨーロッパ、アラビア、南アジア、西アフリカをもともとの出身地とする集団だけが、生の乳をうまく消化することができる。[55] これらの人びとは、乳〔厳密には乳糖〕を消化する腸内の酵素が、その他の哺乳類では赤ん坊のときにのみ存在するのにたいし、成人後も生涯にわたって生成されつづけるように進化したのだ。これは、人類が家畜化し、自分たちの目的に合わせて選択しながら繁殖させた動物と共進化したことを歴然と示す事例だ。

獣毛も、家畜から継続して収穫することができる。野生の羊は毛〔ケンプと呼ばれる硬い死毛〕が多く、ふわふわした繊維からなる下毛は短く厚みがない。何世代にもわたって品種改良をしたことで、この下毛が増えて羊毛が採れるようになった。羊毛は当初は引き抜かれていたが、のちに刈られるようになり、織られて衣服がつくられるようになった。六〇〇〇年前から五〇〇〇年前にかけて生じた発展である。[56] リャマとアルパカは南アメリカで同様の役割を務めていた。

一方、大型動物の家畜化は、狩猟採集社会には手に入らなかった別の重要な資源も提供した。輸送と牽引《けんいん》のための役畜としての筋力である。駄獣《だじゅう》として荷を運ぶために最初に使われた動物はロバだったが、のちに馬、ラバ（馬とロバの、繁殖力のない交雑種）、ラクダなど、もっと多くの荷を運べる動物にその座を奪われた。そのような牽引作業――犂《すき》や荷車を引く仕事――にまず利用されたのが牛だった。牛は角に軛《くびき》をつけるのがさほど難しくないからだ。去勢された牡牛はとりわけ力はあるうえに穏やかだった。[57] 家畜の牽引力を利用することで、農耕民は鍬や掘り棒などの小さな農耕具を使う人力による農業から、犂の利用へ移行することができた。犂を引く家畜は、食糧生産を別の意味でも活性化した。それまで農地にはあまりにも向かない土地と考えられていた耕作限界地が、農地として利用されるようになったのだ。平坦でない土地で荷を担ぐ駄獣や、平原で二輪や四輪の荷車を引く牽引動物は、輸送できる物資の量も種類も大幅に増やしたため、遠隔地との陸路の交易路を整備するうえできわめて重要となった。そのうえ、馬が引く二輪戦車が前二千年紀にはユーラシアで戦争に革命を起こした。のちに、より大型で力の強い馬が品種改良によって生まれて、騎乗が可能になると、騎馬兵が最も効率のよい戦争の武器となった。

家畜化された動物は、互いに組み合わせて使用することでとりわけ役に立った。これは遊牧や牧畜を営む社会にとってとくに重要となった。耕作できる土地がほとんどない地域では、人びとは家畜の大きな群れにほぼ全面的に支えられる生活様式を取り入れ、その群れとともに牧草地から牧草地へと移動した。羊、ヤギ、牛などの動物は、食品加工マシンのようなものだ。これらの家畜は、人間が摂取するには不向きな草原で繁殖し、その草を栄養価のある肉や骨髄、乳などに変容させる。家畜たちは衣服や寝具、テントのための羊毛、フェルト、皮革も生みだす。牧畜社会にとって、これらの家畜は生存するための基盤そのものと、売り物にできる富の源泉を与えてくれる。[58] 足の速い馬に乗った羊飼いや牛飼いは広大な土地で草を食む大きな群れを管理することができ、牧畜民が維持できる動物資源を大いに増大させる。そして、移動式住宅として牛が引く四輪荷車がばら荷を大量に輸送することで、家族連れでも群れとともに遠隔地まで移動することが可能になった。放牧された家畜と、馬の騎乗、重い荷の牽引がこうして一体となったことが、ユーラシア中部の広大な草原を遊牧民の居住環境として開くことになった。ステップの広大な地にまたがって暮らすこれらの遊牧の部族と、その周辺に定住する農耕社会のあいだのかかわり——および往々にして激しい紛争——は、第7章で後述するように、ユーラシアの歴史のなかで中心的な役割を担っていた。

動物の筋力の利用は、人間社会の潜在能力を大いに拡大した。異なった環境にまたがる遠距離の交易や旅も、馬やラバ、ラクダによって可能になったし、力はあってもののろい牛や水牛のような動物は、四輪荷車や犂を引く牽引力となった。そして、五世紀に中国で頸帯式馬具〔わらび型〕が発明されると、馬もまた牽引に利用できるようになった。北ヨーロッパの重たい土で中世に農業の生産性を大きく上げることになった進歩だ。これらの動物を家畜化して、人の筋力に取って代わらせたことこそが、人類がどんどん大きなエネルギー源を活用するようになった最初の段階だった。[59] 畜力は六〇〇〇年ほどにわたって、産業革命のさなかに化石燃料が導入されるまで文明の原動力として絶大な地位を保ちつづけた。

産業革命が起きてようやく、石炭火力の蒸気機関が列車と船を動かし始め、そしてのちには内燃機関が、原油から精製した液体燃料を駆動力として驚くべき速度で広大な距離を移動することを可能にした。

ここで、人類が栽培化・家畜化するようになるこれらの不可欠な動植物を生みだした、地球規模の動きに目を向けることにしよう。

性革命

きらびやかな高層ビルが立ち並び、大陸間を縦横に飛行機が飛ぶ現代の世界も、まだ一万年ほど前に僕らの祖先が栽培化した草本植物を食べて生きている。これらの穀類は日々のエネルギー需要の大半を供給するが、もちろん、人間はパンだけを食べて生きているわけではない。僕らの食べるものにはほかにも多くの種類の果物と野菜が含まれる。だが、多様に見えても、僕らが食べるほぼすべての植物は、被子植物と呼ばれるある特定のグループに属するのだ。その特徴についてはこのあとすぐに述べるが、まずは被子植物の驚くべき進化上の改革を広い視野から見るために、それ以前の植生の形態を見ることにしよう。

石炭紀の原始的な樹木は、産業革命の動力となる膨大な埋蔵量の石炭を生みだした。これらはいまなお人類が消費するエネルギーの三分の一を占めており、[60] シダ植物と呼ばれる種類の植物だった。今日のシダと同様、これらの植物は風で胞子を飛ばすことで子孫を残した。胞子は、適切な状態にある地面に落ちれば発芽し、それだけで小さな緑色の葉を茂らせる植物〔前葉体と呼ばれる有性世代〕に生長するが、そこには遺伝物質の半分しかない。生殖の機能を具えているのは、この世代においてであり、この段階で形成された精子が土壌内の水の膜を泳いで、近くにある別の前葉体からの卵細胞のもとまで行き着く。

受精して完全な二セットの染色体が再構築されると、受精卵は新しい完全な大きさの樹木へと生長した。これは子孫を残す方法としてはじつに奇妙に思われる。人間ならばさながら、自分の精子や卵子を目の前の地面に撒き散らして子孫を儲けるようなもので、しかもそれぞれがみずからのミニチュア版に成長してから性交し、成人をつくりださなければならないことになる。そのうえ、この繁殖戦略は石炭紀の湿地に生えていたシダ植物では奏功したが、こうして生活環を交代させるがために生物学的に水浸しの土壌から離れられなくなった。

石炭紀の終わりには裸子植物――「裸の種子」をつける植物――が出現して、今日、常緑の針葉樹として馴染み深い、モミ、マツ、スギ、トウヒ、イチイ、セコイアなどを含む樹木になった。これらの木々は生活環におけるその中間的な段階を事実上、抑制する形で進化した。受粉すると、裸子植物は球果〔松かさ〕の鱗片《りんぺん》に露出した種子をつくる。種子は、かさに守られ、いくらか貯蔵エネルギーをもち、発芽するのに適切な条件になるのを待つ。この進化上の革新によって、植物は湿地帯から解放された（これはある意味では爬虫類の進化のようなものだ。両生類とは異なり、爬虫類は子孫を残すために水辺に戻らなくてもよくなった）。裸子植物が世界各地に広がるにつれて、その他の植物は文字どおりに影で覆われてしまったが、ワラビなどのシダ類はおおむね森のなかの薄暗い下生えで生き残った。中国中部のイチョウなど一部の裸子植物は〔氷河期を乗り越えて〕孤立した場所でのみ自生しつづけた。裸子植物は今日でも非常によく見られ、北極圏のツンドラから北アメリカのプレーリーやユーラシアのステップの草原まで広がるタイガの生態系のなかで、トウヒ、マツ、カラマツなどの針葉樹が鬱蒼《うっそう》と茂る森をなしている。針葉樹は人類史のなかで、建築材にする軟材や紙の原料の供給源として重要となってきたほか、たとえば炒ってサラダに混ぜたり、すりつぶしてバジルともにペスト・ジェノヴェーゼにしたりする松の実のように、僕らの食生活のささやかな一部にもなってきた。

裸子植物はおよそ一億六〇〇〇万年間、地球の植生を支配してきたが、今日の世界の植物の大半を占めるのは被子植物である。その種の豊かな多様性の面でも、地球のさまざまな環境にまで生息範囲を広げることになった点でも、被子植物は卓越している。温帯域の落葉樹林、熱帯雨林、乾燥地域の広大な草原、そして砂漠のサボテンもみなそうだ。被子植物はその性生活を高度に洗練されたレベルにまで高めた。その卵は裸でむきだしになっているのではなく、もともとは丸まった葉から変化させた特別な器官のなかに含まれており、そのなかでやがて種子が育つ。アンジオスパーム〔被子植物の英名〕は「覆われた種子」を意味する。[61]

しかし、被子植物のさらにずっと目につく決定的な特徴は、花を発達させて派手に誇示することによって、その生殖器を飾り、見せびらかす方法だ。この進化上の発明から、被子植物はじつにさまざまな昆虫を――鳥や一部のコウモリ、哺乳類とともに[62]――呼び寄せて、一本の植物からもう一本へと花粉を運ぶ手助けをしてもらっていた。最初期の花はおそらく単純に白かったのだろうが、これらの植物とその授粉媒介者がともに進化するにつれて――地球の生命の歴史における共進化の極めつけとも言える物語――世界には色とりどりの花と、うっとりする香りが満ちあふれるようになった。花をつける種子植物の特殊化した生殖器は、それによって自分たちの生殖に動物を巻き込めるようにしただけでなく、種子が入っている子宮もまた肉厚の容器となって散布を助けた。そこから果実が生まれたのだ。

白亜紀後期、つまり恐竜がいた最後の時代には、地球にある植物の世界はすでに今日とかなり似た様相になっていただろう。セイヨウカジカエデ、スズカケノキ、ナラ、カバノキ、ハンノキなどの科や属の木々はすでによく根づいていた。しかし、一つだけ目立った例外があった。大陸の乾燥した地域にある森のない開けた平原は、まだ奇妙なほどに違って見えただろう。ヒースやアザミの原始的な形態のものはすでに存在していたが、草本植物は白亜紀の終わりまで進化しなかったのである。[63] 恐竜は草がまったくない土地をうろついていたのだ。

僕らが霊長類として進化し、狩猟採集者として発展を遂げたのは果実、塊茎、被子植物の葉のおかげだ。そして、人類が取り入れた農業はほぼ全面的に被子植物に依存している。穀類は被子植物だ。実際には、人が収穫する粒の部分は、植物学的には草本植物の果実なのだ。[64] 化石記録のなかに草の痕跡が最初に現われるのは、五五〇〇万年ほど前からだが、新生代を通じて地球が一貫して寒冷かつ乾燥した状況になると、二〇〇〇万年前から一〇〇〇万年前に世界各地で草を中心とした生態系が定着した。[65] したがって、人類そのものの進化は東アフリカの乾燥化によって促されただけでなく、世界全体が寒くなり乾燥したことによって、文明を支える主要作物として栽培化されることになる植物〔の原種〕が繁茂する状況が生みだされたのだ。僕らが食用にするその他の植物もほぼすべて被子植物の八つの科のいずれかに属している。

イネ科の草についで重要な科はマメ科で、ここにはエンドウやインゲン、大豆、ヒヨコマメが含まれるほか、家畜の餌とするアルファルファ〔ムラサキウマゴヤシ〕やクローバーなども属している。アブラナ科にはセイヨウアブラナ〔菜種〕やカブなどが含まれるが、この科の一種で、雑草のようなカラシナは、品種改良によってこの草のさまざまな特徴をそれぞれ強調することで変貌を遂げ、キャベツ、ケール、芽キャベツ、カリフラワー、ブロッコリー、コールラビなどの野菜を生みだした。[66] 食用となる被子植物のその他の科にはジャガイモ、トウガラシ、トマトなどのナス科、ヒョウタン、カボチャ、メロンなどのウリ科、パースニップ〔アメリカボウフウ〕、ニンジン、セロリなどが含まれるセリ科などがある。

僕らが食べる果物の大半はバラ科（リンゴ、ナシ、モモ、プラム、サクランボ、イチゴなど）か、ミカン科（オレンジ、レモン、グレープフルーツ、キンカンなど）のものだ。ヤシ科の木も歴史的に重要な役割をはたし、ココナッツのほか、より影響力のあったナツメヤシを僕らに与えてくれる。ナツメヤシは中東の砂漠を越える隊商のために、栄養価の濃縮された軽い食糧源となって役立ってきた。

これらの被子植物の各科にわたって僕らは植物のさまざまな部位を食べる。進化のなかで、被子植物が動物に種子の散布を手伝わせるために魅力的でおいしいものに変えた果物を人間は好んで食べる。植物はまた翌春に生長する力となるエネルギーを内部に蓄えるものであり、それらが栽培される根菜や茎菜となる。膨らんだ根となるものには、キャッサバ、カブ、ニンジン、ルタバガ〔スウェーデンカブ〕、ビート、アカカブがあり、一方、ジャガイモやヤムイモの塊茎では、膨らむのは植物の茎の部分である。僕らはキャベツ、ホウレンソウ、チャード〔フダンソウ〕やチンゲンサイに加え、ほかにもサラダ野菜やハーブなどの葉を食べる。人間が食べるカリフラワーやブロッコリーなどは、実際には未熟な花蕾《からい》なのだ。したがって、要するに僕らは草を食べて生きているだけでなく、バラの茂みや有毒なナス科の植物の近縁種も食べているのだ。そして、被子植物は食糧を与えるのみならず、綿や亜麻、サイザル麻、麻などの繊維や、さまざまな天然の薬も僕らに与えている。

文明のＡＰＰ

人間はかなり幅広い種類の被子植物を栽培して、それらをどんどん食べてきたが、家畜化してきた大型動物の種類については、はるかに限定されていた。家畜にしたのはもっぱら、わずか二つのカテゴリーの哺乳類だけなのだ。

本当に哺乳類と呼べるものが最初に登場したのはおよそ一億五〇〇〇万年前のことだった。しかし、六六〇〇万年前に大量絶滅で恐竜が一掃されたからこそ、哺乳類の祖先はこれら爬虫類によって残され誰もいない空間となった場所へ生息域を広げることができたのだ。しかし、今日の世界を独占する三つの主要な目《もく》の生物は、一〇〇〇万年前まで出現してもおらず、多様化し始めてもいなかった。これらは偶蹄目《ぐうていもく》〔ウシ目〕、奇蹄目《きていもく》〔ウマ目〕、霊長目であり、まとめてAPP哺乳類と呼ばれている[67(5)]。

僕ら自身は、第1章で見てきたように、霊長目に属しているので、さらなる説明はいらない。一方、偶蹄類と奇蹄類は、耳慣れない種のように聞こえるかもしれないが、これらの動物はよく慣れ親しんできたものだ。それどころか、人類の文明の基盤そのものを提供したと言えるかもしれない。これらは有蹄類〔この名称にはゾウも含まれ、正式な分類群ではない〕、もしくは蹄《ひづめ》のある哺乳類の二つの集団をなす。偶蹄類は偶数本の足指もしくは割れた蹄をもつ動物だ。奇蹄類は奇数本の足指をもつ。

偶数の足指をもつ偶蹄類には豚、ラクダのほか、反芻《はんすう》するすべての動物が含まれる。レイヨウ、シカ、キリン、牛、ヤギ、羊などだ。反芻動物は硬い草を〔口のなかに〕吐き戻して再び噛み、四つに分かれた胃の第一胃にいる細菌を使って植物繊維を発酵させて化学的に分解することで、これを細かくする難題に対処してから、残りの消化器官に通して栄養素を吸収する（前述したように、人類は同じ生物学上の問題を技術で解決する方法を見いだした）。偶蹄類は、今日の世界で多数を占める大型草食動物だ。割れた蹄は、僕らの手の第三、第四指に相当する二本の足指からなる[6]〔蹄が四つに割れた種もいる〕。

奇数本の足指をもつ奇蹄類には、馬、ロバ、シマウマのほか、バクとサイも含まれる。奇蹄類の足指はサイのように三本あるか、馬のように一本しかない。実際には、馬は僕らが誰かを侮辱するときに突き立てるのと同じ〔第三〕指で、駆け回っているのだ。反芻動物とは異なり、奇蹄類には単純な胃しかなく、後腸で発酵させている。これらの動物は、盲腸と呼ばれる腸内の大きく肥大した袋に細菌を宿しており、そこで植物を発酵させ、栄養素を放出させるのだ。[7]

過去一万年間に人類が家畜化してきた大型動物の大多数が、それも人間の文明が食肉や二次産物、動力を得るために依存するようになった動物が、いずれも哺乳類のうち〔有蹄類という〕一つのグループに属する種だというのは驚異的だ。しかし、これらの有蹄類が最初に登場した状況にも、同じくらい魅力的で深淵なものがある。

世界の発熱

驚くべき事実は、偶蹄目と奇蹄目は、霊長目と同様にいずれも、五五五〇万年前に進化上で一斉に多様化が進んだ一万年ほどの期間に出現したことだ。のちに東アフリカでホモ・サピエンスに進化する僕らの祖先も、家畜化と文明の発展において不可欠な存在となるいずれの動物のグループも、地球の時間の尺度ではわずかな同じ瞬間に出現したのだ。そして、これらのきわめて重要なＡＰＰ哺乳類の相次ぐ登場を引き起こしたと思われる出来事は、ただの一度の地球の痙攣だった――地球全体の気温の極端な揺れだ。[70][8]

このように世界の気候がひどく急速に温暖化したことが、暁新世と始新世の地質年代の境目を表わすため、これは暁新世・始新世境界温暖化極大期、略してＰＥＴＭとして知られる。一万年未満という地質学的には非常にわずかな期間に、途方もない量の炭素（二酸化炭素CO_2またはメタンCH_4）が大気中に投入され、強力な温室効果が生みだされ、世界の気温はそれに応じて五℃から八℃は一気に上昇した。[71] この気温の急上昇によって、世界は過去数億年間で最も暑い状態になった。[72]

環境がこれほど激しく揺すぶられたにもかかわらず、白亜紀の終わりやペルム紀の終わり（四九、一五一―一五四ページ参照）のような規模の大量絶滅は引き起こされなかったが、それでも世界の生態系は様変わりした。熱帯の環境がはるか極地まで広がり、北極圏でも広葉樹が茂り、クロコダイルやカエルが生息するようになった。[73] ＰＥＴＭは有孔虫《ゆうこうちゅう》と呼ばれる深海のアメーバの一部を滅亡させた。有孔虫は深海でも海水の温度が上がって、酸素が減った事態に対応できなかったのだが、[74] 一方で渦鞭毛藻《うずべんもうそう》類のようなプランクトンは、太陽に照らされた穏やかな海面で大繁殖した。ＰＥＴＭによる地球規模の環境破壊は、多くの動物の進化も急速に促し、[75] この気温の急上昇はなかでも哺乳類の新しいＡＰＰの目を出現させるきっかけとなったようだ。[76]

地球の大気温度の急速な上昇は、地球の歴史の数々の時代に生じたように、火山活動の結果だったと思われるだろう。だが、興味深いことに、気温の急上昇の引き金となった炭素の大規模かつ急激な放出の大半の原因は、火山性のものではない。原因は生物学的なものなのだ。(9)

当初の火山の噴火は充分な二酸化炭素を放出し、メタンハイドレートと呼ばれる海底に堆積する氷のようなものを不安定な状態にしたと考えられている。このメタン水和物の氷は、海底の水圧の高い冷たい状況下でつくられ、もとは分解菌によって生成されたメタンを封じ込める。ところが、これらの水和物は温められると分解して、閉じ込めていたメタンを放出して海中で気泡となり、やがて大気へと送りだされる。メタンはきわめて強力な温室効果ガス――熱を閉じ込める効果は二酸化炭素の八〇倍以上高い――なので、最初に放出されたメタンがさらなる温暖化を引き起こし、フィードバックが繰り返される悪夢の状況下でさらに多くのメタンハイドレートの氷が不安定になる。南極の永久凍土が解けだし、温暖化する気候で野火が頻繁になるにつれて、メタンハイドレートの氷とともに、おそらくさらに多くの温室効果ガスが吐きだされたのだろう。[77] 当初の火山の噴火は、生物学的な炭素の放出という主要な爆発を引き起こすための起爆装置のようなものであり、そこからPETMの蒸し暑い気候がもたらされた。大気の状態も世界の気候も二〇万年かそこらで再び以前のレベルに戻った。[78] それでも、この地球温暖化——海洋がメタンガスを盛大に放ったために引き起こされた世界の短期間の高い発熱——は、人類史全体を通じて最も基本となった哺乳類の三つの目を出現させるにいたったのだ。偶蹄類、奇蹄類、そして僕ら自身のグループである霊長類はみな、PETMの初めに突然出現し、その後アジア、ヨーロッパ、北アメリカへ急速に拡散した。[79]

気温のこの極端な上昇がAPP目の出現を促したとすれば、偶蹄類と奇蹄類が優勢を占めるようになる生態系を生みだしたのは、〔その逆の現象である〕過去数千万年にわたる地球の寒冷化と乾燥化だった。乾燥する大陸一帯に草原が広がると、蹄のある草食動物がそれにつづき、牛、羊、馬の祖先をはじめとする多数の異なる種へと分岐していった。ということは、人間が耕作するようになる穀類を供給した草原は、僕らが家畜化した蹄のある大型動物が登場する進化の舞台も提供したのである。ところが、地球が最終氷期から抜けだし、世界各地で人間の集団が定住を始め、周囲にあった自然界のものを栽培化・家畜化した際に、穀類も蹄のある草食動物も地球全体に均一に分布したわけではない。そして、このことはのちに文明がたどった行程に深い意味合いをもつことになった。

ユーラシアの利点

自然界にあるおよそ二〇万種の植物のうち、人類の食用に向いている種はわずか数千しかなく、そのうち数百種だけが栽培化して耕作できる可能性がある。先に述べたように、歴史を通じて主食として世界各地で文明を支えてきた食糧は穀類だが、栽培化された穀類のもとになった野生の草本植物は、世界各地に満遍なく自生していたわけではない。最も栄養価に富む大粒の種を実らせる五六種の草のうち、三三種は地中海一帯とイングランドに自生し、六種は東アジアに、四種はサハラ以南のアフリカに、五種は中央アメリカに、四種は北アメリカに、そして南アメリカとオーストラリアにはそれぞれ二種ずつしか自生しない。[80]

したがって、農業と文明の黎明期から、ユーラシアは人類が栽培化しやすく、増えつづける人口を支えるのに適した野生の草本植物に恵まれていたのだ。そして、ユーラシアはたまたまこの生物学上の恩恵を受けていただけでなく、大陸が位置する方向そのものが遠隔地間での作物の普及を大いに促進していた。超大陸のパンゲアは分裂したときリフト沿いに引き裂かれたが、それはたまたまユーラシアを東西方向に広がる大きな陸塊として残すことになった。この大陸全体は地球の円周の三分の一以上にまたがるが、そのほとんどは緯度としてはかなり狭い範囲内に収まっている。気候帯と生育期間の長さをおもに決めるのは地球の緯度であるため、ユーラシアの一部分で栽培化された作物は、この大陸一帯に移植することが可能で、新しい土地にも最低限の適応で事足りるのだ。そのため、たとえば小麦の栽培はトルコの高地からメソポタミア、ヨーロッパ、そしてはるかインドにまですぐさま広がったのだ。一方、アメリカの南北両大陸は、パナマ地峡でつながっていたが、南北方向に位置している。アメリカでは、一つの地域でもともと栽培化された作物を別の地域に普及させるには、植物種を別の生育環境に再適応させるための、はるかに困難なプロセスを伴うことになる。旧世界と新世界のレイアウトのこの根本的な差異は、それ自体がプレートテクトニクスと、現在の配置になるまで大陸が当てもなくさまよったことから生じたものだが、それによってユーラシアの文明は発展するうえで歴史を通じて多大な利益を得てきた。[81]

世界各地の大型動物の分布も同じように不均衡であり、ユーラシアの社会はこの点でも別の強みがあった。人間によって家畜化されやすい野生動物の特性には、栄養価の高い食糧となることや、おとなしい性質であること、人間にたいする生まれつきの恐怖心がないこと、自然に群れて行動すること、飼育下で繁殖させられることなどがある。だが、野生動物でこれらすべての要因を満たす種は比較的少数しかいない。[82]世界中の大型哺乳類一四八種のうち（体重四〇キロ以上）、七二種はユーラシアに生息しており、そのうち一三種が家畜化された。アメリカ大陸内で見つかる二四種のうち、リャマ（およびその近縁種のアルパカ）だけが南アメリカでは家畜化された。北アメリカとサハラ以南のアフリカ、オーストラリアでは、家畜化された大型動物は皆無だった。人類史においてもっとも重要な五種類の動物――羊、ヤギ、豚、牛、馬――は、特定の地域で輸送を担ったロバとラクダとともに、ユーラシアにのみ生息していたのだ。これらが家畜化され、その後数千年間に大陸のいたるところに拡散したのである。[83]歴史を通じて最も影響力があったことが判明しているのは大型の哺乳類なのであり、これらの動物からは食肉だけでなく、二次産物（乳、皮革、獣毛）や畜力も得られたのである。

ウマ科動物（馬と関連のあるいくつかの種）は北アメリカの草原で進化したが、最終氷期の終わりには、ウマ科で生き残ったわずか四つの系統はいずれもユーラシアにいた。近東のアジアノロバ、北アフリカのロバ、サハラ以南のアフリカのシマウマ、そしてユーラシアのステップ地帯の馬である。同様に、現代のラクダの祖先――馬と並んで、荷を運び、人を騎乗させて長距離を旅し不可欠な役割を演じてきた動物――は、カナダの高緯度の北極圏という寒冷な気候帯に生息していたが、過去の氷期に海面が低下していたあいだにベーリング陸橋を渡ってユーラシアへ移動した。アジアにいるフタコブラクダは、これらのアメリカから移動してきた動物の直接の子孫であり、アフリカとアラビアの暑い砂漠にいるヒトコブラクダは体の表面積を最小限にして、水分を失わないように進化した。これらのラクダはサハラ砂漠やアラビア半島、アジアのステップ地帯の南の周辺沿いにある砂漠で、長距離の交易路の屋台骨となった。ラクダ科動物はパナマ地峡を渡って南アメリカにも移動し、リャマとアルパカに進化したが、リャマは駄獣としては人間と同程度にしか荷を運ぶことができなかったし、アルパカは被毛のためだけに利用された。[84]

アメリカの文明が生物面で直面したこれらの不運の大いなる皮肉は、ユーラシアで輸送と交易にこれほど中心的な役割を担ったウマ科とラクダ科の動物が、実際にはアメリカ大陸で進化し、その後ベーリング陸橋沿いにユーラシアへ移動したということだ。[85] ところが、馬もラクダもその発祥の地ではのちに死に絶えてしまった。おそらく最終氷期に同じ陸橋を逆方向に渡った初期の人類によって乱獲されたためだろう。最初のアメリカ人は期せずして、自分たちの大陸に将来、文明が発達するのを妨げていたのだ〔北アメリカのウマ科やラクダ科の大型動物の絶滅の原因をめぐっては、気候変動などによる環境の変化が大きいとする説もある〕。

ロバ、馬、ラクダはユーラシアでも、アラビアやアフリカでも、ステップや砂漠、山道を越えて旅をするにも交易をするにも不可欠な存在となり、経済を大きく発達させ、人や資源、アイデアや技術を旧世界の隅々まで運ぶことを可能にした。一方、アメリカ大陸は生物面では恵まれず、こうした改革の恩恵を受けることはできなかった。ラクダはなんらかの影響をもつほどの数がアメリカ大陸に戻ることはなかったが、馬は十六世紀初めにスペインの征服者《コンキスタドール》とともに故郷の地へ連れ戻された。そして、一五〇〇年代に新旧双方の世界が再び接触するようになると、アメリカ大陸の文化を支配するようになったのは、このユーラシアの豊かさを受け継いだヨーロッパの諸国だった。[86]

人類が新生代、つまり「新しい生命」時代に出現したとき、僕らは被子植物と哺乳類に代表される世界に入った。覆われた種子をもつ植物と、乳房のある動物だ。だが、これらの大まかなカテゴリーのなかでも、人類は総じて栽培化・家畜化する種については驚くほど選り好みをしていた。文明は歴史のいつの時代も、気候が過去数千万年のあいだに寒冷化し乾燥化するなかで世界各地に繁茂した野生の草本植物に由来する穀物を主食として支えられてきた。これらの草原の拡大は、人間が家畜化するようになった蹄のある動物を多様化させ、それによって人間には食肉、乳、獣毛、輸送手段、牽引力が安定して供給されるようになった。だが、人間が農耕民として定住できるようになり、最終氷期が終わってすぐのちに文明の道を歩み始めたとき、世界各地で家畜化・栽培化できる動植物の分布に偏《かたよ》りがあったことは、大陸が位置する基本的な方向とともに、歴史のパターンに深い影響をおよぼした。

初期の文明の多くは、ティグリス川とユーフラテス川、インダス川、ナイル川、黄河などの大河の土手沿いに出現した。これらの川は、安定した農業を営むための活力源であり、政治権力はおおむね灌漑のための水を中央集権的に管理したことから生じた。農業の成功は、世の中を循環する水を横取りすることに完全に依存しているのだ。海から蒸発し、雨となって降り、地中に浸透し、やがてまた海へと流れて戻る水だ。川はこの水の循環の最も安定した段階であることが多く、今日も世界各地の多くの人びとを養ううえで欠かせない存在でありつづける。産業規模の農業は、いまや七六億人以上を支えるまでに高度なものになった。今日では地球の総人口の四〇％以上がインド、中国、東南アジアに住んでおり、このことは地理上の中心地としてのチベットの重要性に目を向けさせる。

給水塔

中国は歴史上のさまざまな時代において、たとえば十三世紀のモンゴル帝国の元王朝や、十八世紀初め以降の最盛期の清王朝時代などに、チベット高原を支配してきた。近年では、一九五一年に毛沢東のもとで中華人民共和国がチベットを併合し、一九五九年の蜂起後、同国の宗教指導者であるダライ・ラマはインドへ脱出し、そこで亡命政権が国際社会に向けて独立運動の火を絶やさずにいる。

中国には、チベット高原の支配を必要とする二つの主要な戦略がある。第一は軍事的なものだ。インドが、中国の中心部を文字どおり見下ろす戦略的な位置を確保しようと試みるのを防ぎ、それによってこの地域が眼下の平原へ侵略するための足場として利用される可能性を排除することだ。たとえインドが平原を占領しなくとも、チベットに自治を許せば、インドがそこに軍事基地を設けることを許可されるのではないかと中国は懸念している。[87] だが、まず間違いなく、それ以上に重要なのは、チベット高原が提供する単純ながら、まさしく命にかかわる資源だろう。つまり水だ。

チベットは世界で最も標高の高い、最も広大な高原であり、領域内の何万カ所もの氷河に、北極圏と南極以外では最大の氷河氷と永久凍土を保有している。この高原はよく、地球の第三極と呼ばれている。[88] これらの氷河や雪からの融解水は、南アジアから東アジア全体に広がる黄河、長江、メコン川、インダス川、ブラマプートラ川、サルウィーン川など一〇本の大河の源流をなしている。これらの大河はいずれも、山から削りだされた大量の堆積物を運び、その氾濫原やそこに設けられた田んぼを肥沃にしている。[89]

つまり、チベット高原は大陸にあるこの地域全体の給水塔の役割をはたしており、貴重な資源を貯蔵

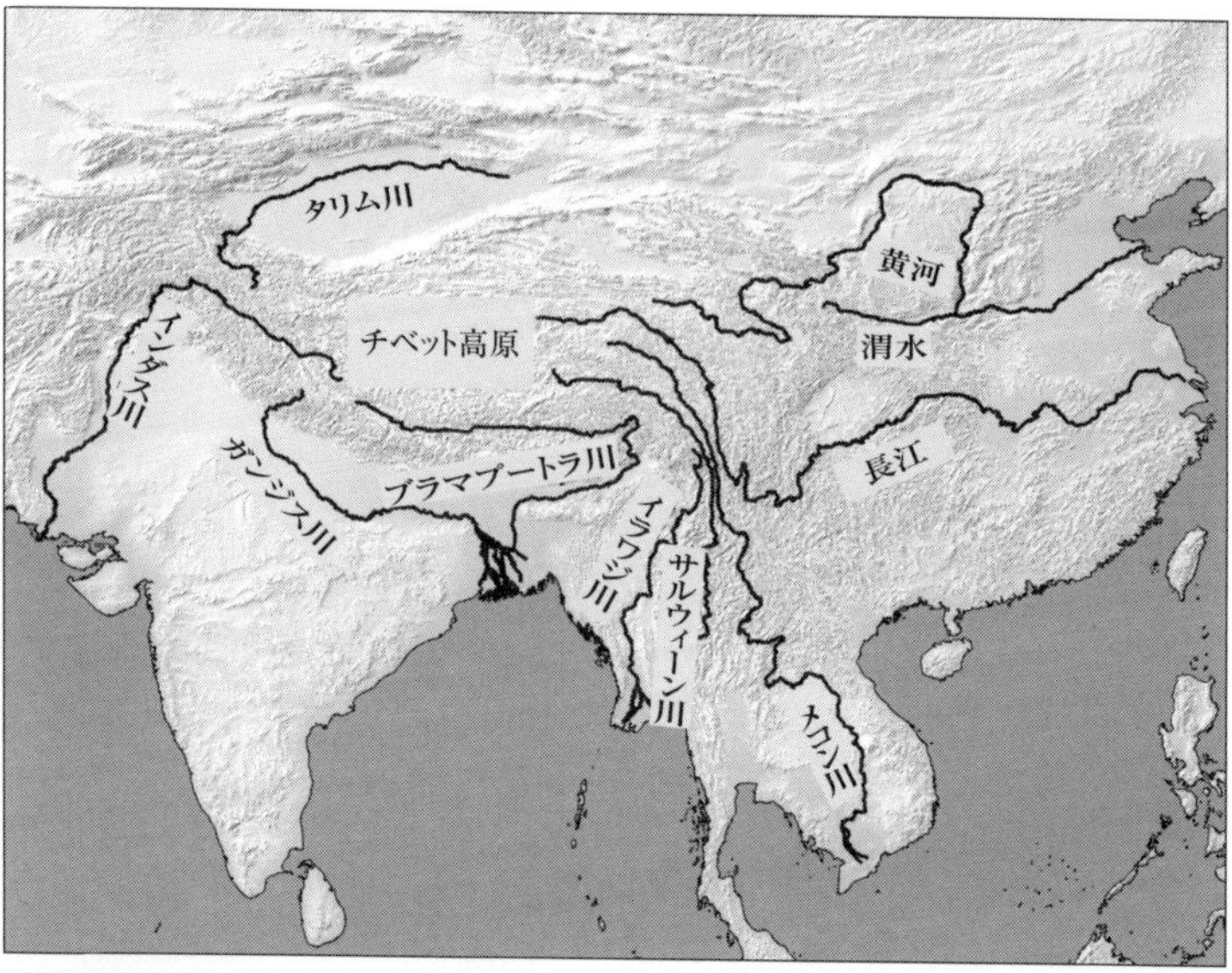

地球の第三極であるチベット高原から放射状に広がる主要河川

しては、これらの川沿いに配給し、飲み水から灌漑用水、水力発電までを、二〇億以上の人びとに供給しているのである。[90] この莫大な量の淡水の貯留層と、チベット高原にある豊かな銅と鉄の鉱床こそ、[91] 中国が自国の増えつづける人口と経済のために支配しようと画策するものなのだ。二〇三〇年には、中国は水の供給が二五％不足することを予測しており、[92] そのためチベット問題は決して些細な事柄ではない。インドが実際にチベットの占拠を試み、川の流れを制限して中国に流れる水道栓を閉めるかどうかは重要ではない。その潜在的な可能性だけでも、中国は危機にさらされるのだ。同様に、インド、パキスタン、ネパール、ミャンマー、カンボジア、ヴェトナムなど、その他の下流にある国々は、将来、中国がこれらチベットの河川の流れを逸らして、国内で使用するのではないかと懸念する。[93]

　中国のチベット占領にたいする国際的な批

判や、そこでの人権問題にかかわらず、これらの高原は中国政府の圧倒的な地政学上の懸念を表わしている。このために、中国は高原一帯に組織的に道路網と鉄道網を建設して、漢民族にこの地域への移住を奨励しているのだ。[94]

第4章　海の地理

海洋は地球の表面の四分の三近くを占める。作家のアーサー・C・クラークが冗談で、僕らの惑星のことはアース〔地球、大地〕などと呼ぶべきではまったくなく、むしろオーシャン〔海洋〕にすべきだと口にしたのは、この事実ゆえだ。そして、本書のテーマという観点からは、海は僕らの世界の生命と深宇宙のあいだの密接なつながりを示すまたとない場なのだ。地球上の水はすべての生命にとって欠かせないものだが、原始太陽のまわりを回る塵《ちり》とガスが渦を巻く円盤から誕生したとき、地球はかなり乾燥していた。地球は太陽にあまりにも近く、合体してこの惑星をつくった岩石状の物質に多くの氷が含まれていることはなかった。そして、地球ができたときの熱は惑星全体を溶かし、そこにあった水もその他の揮発性物質も吹き飛ばしてしまっただろう。したがって海洋を満たす水は、地球が生まれたあと太陽系の寒い外部領域から、氷を含む彗星や小惑星が「爆撃」してきたことによってもたらされたのだ。さながら深宇宙からの暴風雪のように。

この地球外からもたらされた海洋は、もちろん地球の気象と気候のシステムにとてつもない影響をおよぼし、地殻内に入り込んだ水はプレートテクトニクスの装置の潤滑油《じゅんかつゆ》として役立っている。ところが、世界の海洋はしばしば何もないただの茫洋《ぼうよう》とした広がりだと考えられている。海は地図上の空白であり、陸塊《りくかい》の輪郭を定めるだけのページ上の隙間なのだ。歴史が繰り広げられたのは大陸や諸島であり、人間の物語は何千年ものあいだ陸地で展開されてきたのだと僕らは考えるようになった。だが、海には語るべきそれ自体の豊かな物語がある。

水を富に変える

太古の昔から、人類は地球の水域に食糧を依存してきた。川や湖、あるいは浅い沿海から獲れる魚は何万年ものあいだ容易に手に入る栄養を提供してきた。[1] だが、陸地から遠く離れた外海で魚を獲るには、ずっと高度な造船技術と航海術が必要になる。古代スカンディナヴィアの船乗りは遠距離の航海に長けており、西暦八〇〇年ごろからはタラの干物を生産して、海外との交易を確立していた。外海を航行するこうした技術はほかのヨーロッパ人も習得し、北海は重要な漁場となった。[2] そして海の地理が——とりわけ海底の地形が——歴史においていかに重要であったかがわかるのは、この海域なのだ。

イギリスとデンマークのあいだの北海の真ん中にドッガーバンクがある。最終氷期にスカンディナヴィアの氷床《ひょうしょう》の先端に積みあがった大きなモレーンだと考えられている巨大な砂堆《さたい》だ。最終氷期に海面が低下した時代には、この一帯全体はドッガーランドと呼ばれる乾いた土地となり、祖先たちの恰好の狩猟場となっていただろう。今日ここは水面下に沈み、波の下に広がる浅い海域をなしており、そのためタラやニシンが豊富に獲れる漁場となっている（「ドッガー」は底引き網漁の船を意味する古いオランダ語）。氷河期の祖先たちの狩猟場はこのように水面下に沈み、中世の漁師のための豊かな漁場に変貌したのだ。
この砂堆は一〇〇〇年ごろから北ヨーロッパで外海での漁を始めさせるのに一役買った。[3] 漁民同士の競争が増し、沿岸の浅瀬で乱獲が進むと、古代スカンディナヴィア人やバスク人などのヨーロッパの船乗りは、豊かな漁場を求めて北大西洋のどんどん沖合まで、最初はタラを、のちにはクジラを追って乗りだすようになった。ヨーロッパの船乗りは西へと進み、アイスランドを越えてグリーンランドまで行き、アメリカ北東岸にまでたどり着いた。古代スカンディナヴィアの漁民は、コロンブスが大西洋を渡る航海に乗りだす五〇〇年前に、ニューファンドランドに入植地を築いた。こうした過程で学んだ教訓——航海術と堅固な造船技術——があってこそ、ヨーロッパの船乗りは十五世紀初めの大航海時代に乗りだして、国際貿易による広大な帝国を築くことができたのだ（これに関しては第8章で検証する）。[4]
しかし、北海のこの同じ地形は現代の世界を生みだすうえで、もう一つの重要な影響もおよぼしていた。ベルギーやオランダなどの低地諸国は、北ヨーロッパ平原の平らな海岸沿いにあり、十三世紀からオランダ人は海や湿地を干拓して新しい農地をつくりだすために風車を利用してきた。[5] 実際には、彼らは氷河期のドッガーランドの一部を取り戻《リクレイム》しているのだ。なにしろ、ここは海面の上昇によって海底にまた沈んでしまった土地だからだ〔英語では干拓することをリクレイムという〕。だが、堤防を築いて風車を建て、土地を干拓するには費用がかかり、共同体から資金を集めなければ賄うことができない。必要な資金は地域の教会や議会が住民からの融資を募る形で集められ、新たに干拓された土地からの農業による利益は、もともとそのプロジェクトに融資した人のあいだで分配《シェア》された。まもなく社会の誰もが余剰の現金をこうした大規模な事業の資金調達のために売られる公債に投資するようになり、そこから活気ある信用市場が生みだされたのだ。地形的な需要と、海を管理する必要性によって方向づけられ、オランダは資本主義の国となったのだ。[6]

　この制度は当然ながら十七世紀になると国際的な通商へと推移した。地元の風車を建設するためにシエア〔分担金／株〕を買うことから、香料諸島〔モルッカ諸島〕へ向かう貿易船のための融資までは小さな一歩だった。プロジェクト全体の費用を分割して、分担金／株に変えることで、投資する人のリスクを分散することができた。複数の航海の企画に少額を投じることで、どれか一隻が失われても、大損せずに済むようにしたのだ。これによって人びとはお金をただしまい込む代わりに投資するようになり、それによって融資のための金利が低く抑えられ、将来の冒険的企てのための資本も安くなったのだ。オランダ人はまた、先物市場の概念も大いに洗練させた。これは将来のある時点における特定の消費財の価格を交渉する能力のことだ。たとえば、翌週、あるいは一年後にドッガーバンクから水揚げする重さ一〇〇ポンド分のタラの価格を保証するようなものだ。そうなると、こうした派生物《デリバティブ》は、まるで実際の製品のようにそれ自体が売り買いできて、すでに倉庫にある在庫ではなく、まだ存在しない抽象的概念での取引を生みだす。

　最初の国立中央銀行は、最初の正式な株式市場とともに、十七世紀初頭にアムステルダムで創設され、[7]そのころにはオランダはヨーロッパで最も金融面で進んだ国になっていた。[8]制度化した資本主義のこれらの手段はたちまちその他の国にも広がり、産業革命を引き起こすのに必要な金融機関を生みだした。中世オランダの風車のように、イギリスの水車場《ミル》〔水車を動力とする工房〕や工場、蒸気機関の建設は、何人もの信頼のおける異なった投資家からの資本を集めなければ、実現不可能なほど費用のかかるものとなっただろう。[9]金融面におけるオランダの革新的取り組みが現代の世界を築くのに一役買ったのであり、それはこの国の低地からなる国土と、海から土地を干拓する必要性から生まれたものだった。

人間の物語において、地球の海水域がかかわってきたことはほかにも多々ある。海は一つの民族を外の世界から孤立させることもできる。たとえばタスマニアではそうした事態が起きていた。この島の住民は最終氷期後に海面が上昇したことで、本土から分断されていたのだ。この島の人口は漁網や槍のような道具や技術を、世代を超えて維持するにはあまりにも少なく、それらの技術や道具は忘れられていった。[10] あるいは、前述したように、海はイギリスのような島国を侵略から守り、独立を保たせるうえで役立った。海は陸上の砂漠のようなものだ。それ自体は人の住めない場所だが[1]、物資や人を輸送するために横断することは可能なのだ。嵐の高波はあっても、海の表面そのものは都合よく平らで、抵抗の少ない媒体であり、広大な距離にまたがって通商路を提供している。港町は海と陸の接点に位置し、貨物はそこで船から川船や荷車に（より近年では列車やトラックに）移されて、内陸部でそれを必要とする場所までの旅をつづける。これらの港町の多くは繁栄し、政治的に有力な都市となった。航海術を習得することで、ヨーロッパの国家は十六世紀初期以降、広大な海の帝国を築いたのであり、大砲を搭載した艦隊という浮遊式の要塞の助けを借りて、その国力をはるか遠くの地域にまで誇示したのだ。そして、航路上の隘路《あいろ》となる、船が狭い海峡を通らざるをえない場所は、何千年の昔も今日と同様に、地政学上も国家間の権力闘争においても、戦略上の中心となる。

このようにさまざまな意味で、僕らの世界地図で青く塗られた広大な部分も、陸上にある平野や森、砂漠、万年雪で覆われた山脈を表わす、緑や茶色、白の地物と同じように、人類史の方向を定めるうえで重要なのである。乾いた陸地と同様に、海の地理は歴史を通じて人間の諸々の出来事を方向づけてきた。まずは地中海を見るところから始めよう。

内海

地中海地域は地球上でプレートが最も複雑に重なり合った環境の一つだ。ここではアフリカプレートが北方へずれて、ユーラシアプレートの下に沈み込んでおり、そのあいだにいくつもの小さなプレートの寄せ集めが挟まり、造山運動と火山活動を相次がせている。地中海は歴史を通じて数々の文明が相互に活発にかかわる場所にもなり、さまざまな文化が出現して発展を遂げ、資源やアイデアを交換し、互いに競い合っては戦争を起こし、そのいずれもが比較的狭い、まとまった地域内で生じた。これら二つの現象が関連し合っていた可能性はあるだろうか？　地中海のプレート上の環境が古代文明を育くむ、とりわけ豊かな背景をなぜ提供したのかを説明する充分な理由があるのだろうか？

何千年ものあいだ、地中海は海上の活動で賑わってきた。青銅器時代のミノアやフェニキアの商人から、ギリシャの都市国家とローマ帝国を通じて、さらにはのちの中世のジェノヴァやヴェネツィアの交易帝国にいたるまで、楕円形をしたこの海は沿岸のさまざまな民族や文化を結びつけてきた。地中海は内海であり、船旅は往々にして短いものとなる。プレートの衝突によって生じた北岸沿いの高い山脈は、はるか沖合からも見えて航行に役立つ陸標となってきた。さらに、大西洋と合流する地点のジブラルタル海峡は両岸が迫って狭くなっているため、地中海内の潮の満ち干は総じて最小限——わずか数センチの違い——であり、針路を狂わせるほどの大きな表層流はない。もちろん、地中海でも激しい嵐は起こり、風のパターンは周囲の陸塊を吹き抜ける大気によって複雑なものとなるが、この内海は全体として、各地の文化同士のやりとりや交易には理想的な場となっている。もっとも、歴史を通じて目につく偏りはあった。文明の大多数は地中海の北岸沿いに開花したのであり、南岸沿いではなかったのだ。

地中海の地図をただ漫然と眺めるだけでも、北側半分には、南側のアフリカの沿岸の輪郭にくらべて奇妙な点があることに気づくだろう。北側の海岸線には多数の島が点在しているのだ。これらの島はエーゲ海南部の細かい点のようなキクラデス諸島から、全長が数百キロはあるサルデーニャ島、クレタ島、キプロス島などの大きな陸塊までさまざまだ。これらの地中海の島々の多くはいまでは人気のあるリゾート地となっているが、一帯に点在する古い遺跡の数だけでも、古代を通じて文明のための土台をつくるうえで、それらの島々がいかに重要であったかの証左となる。また、地中海の波間に顔をだす無数の島々だけが、南北を区別する違いというわけでもない。地中海の上唇の周囲の海岸線は見事なまでに細かく入り組んでいるのだ。ここには入江や大小の湾、岬があふれている。たとえば、エーゲ海の海岸と島、すなわち古代ギリシャの多くの都市国家がある地域は、地中海の海岸線の全長ではゆうに三分の一に相当するが、その面積としてはほんのわずかでしかない。[11]それとは好対照に、アフリカの海岸線はやや——まあ、単純だ。現代のアルジェリア、チュニジア、リビア、エジプト沿いの海岸線は単調で滑らかであり、沖合にはほとんど島がない。

細々と分断された陸地は古代社会にとって妨げになったのではないかと考える人もいるかもしれない。だが、現代の道路や鉄道、エンジンが発達する以前は、陸路伝いの旅や交易は困難だった。穏やかな川沿いの水運や海を帆走するほうが、長距離の交易でばら積みの荷を運ぶ場合にはとくにずっと容易で、かつ時間もかからなかった。そのため、北部の海岸が、地中海の比較的穏やかな海域によって隔てられた多数の小さな孤立地域になっていたことは、都市国家や王国間で人や物資が移動するのを大いに助けていたのだ。北部の海岸線では、天然の良港がよりどりみどりでもあった。要するに、地中海の北部は海上の活動に理想的な状況となっており、結果的に多くの古代文化がこうした北岸沿いに繁栄することになったのである。[12]

　他方、地中海の南側の唇となるアフリカ側の海岸線は、全体として嘆かわしいほど海洋民族の社会を後押しするものがない。そこには波風を避けられる天然の良港はごくわずかしかなく、背後には砂漠が迫り、農業や居住を難しくしていた。北アフリカの海岸でそれでも生き残った文化は、総じて農耕が可能な海岸沿いの細長い土地に限られていた。しかし、ナイルの大河によって支えられたエジプト文明は例外として、それらの社会はあまり奥地まで領土を広げることはできなかった。もちろん、このアフリカの海岸線にも主要な港町はいくつかある。カルタゴは現在のチュニジアの先端に位置しており、天然の良港がある。この港町は紀元前八一四年にフェニキアの植民地として始まり、つづく五〇〇年以上のあいだ地中海西部で通商を独占するようになった。カルタゴは共和政ローマの主要なライバルとなり、両国間の争いは一連の戦争に発展し、前一四六年にカルタゴが完全に破壊される結果に終わった。[2]

　北アフリカの海岸沿いにあるもう一つの主要都市は、ナイル川の三角州にあるアレクサンドリアだった。この都市は前三三一年にアレクサンドロス大王によって建設され、[14]彼の死後は三世紀にわたって(前三〇年にクレオパトラが死去するまで)ギリシャ人によるプトレマイオス王朝の首都となった。ここはまた古代世界の文化と学問の主要な中心地として、とりわけその有名な図書館ゆえに栄えるようになった。この都市は広大な川の三角州沿いにある安定した砂堆の上に建てられ、ファロス島の上にある高さ一〇〇メートルの灯台が船を港へと導き入れていた。[15]この立地は注意深く選ばれていた。アレクサンドリアはナイル川の西側に建設され、その港が沈泥で埋まらないように考慮されていた。地中海内の潮流はナイル川から流れでる堆積物を東へと押し流すからだ。この堆積物は三角州から反時計回りに運ばれて地中海東部の広大な海域を埋め尽くし、直線的な砂浜の海岸線を生みだしている。ハイファほど北に離れた場所で、山が海に突きだして、その向こうの湾が漂砂で埋まるのを防いでいるようなところでなければ、地中海の南東部には自然の良港はない。

したがって、北アフリカの乾燥した気候条件（これについては第7章で取りあげる）と人を寄せつけない海岸線が相まって、地中海のこの一帯全体で多くの偉大な文明の興隆が妨げられたのだ。カルタゴとアレクサンドリアは別として、ジブラルタル海峡からナイルの三角州までおおよそ四〇〇〇キロにおよぶアフリカ側の海岸は、北部の海岸一帯でさまざまな文化や都市、文明が活況を呈していたのに比べれば、歴史において非常に静かな場所でありつづけた。

だが、地中海の北側周辺と南側周辺は、互いに数百キロしか離れていないのに、地質学的になぜこれほど異なるのだろうか？　またもや、この深い差異をもたらしたものには地球規模の原因がある。

今日の地中海はじつは、かつての広大な海洋が消滅したあとに残された水溜まりのようなものでしかない。二億五〇〇〇万年前ごろの世界の顔は、僕らにはほぼまったく見分けのつかないものだっただろう。地球のプレートは絶えず動き回っており、ときには大陸地殻の大きな塊がすべて一緒になって、一つにまとまった陸塊をつくりだすこともあった。超大陸である。そしてペルム紀の終わりには超大陸パンゲア――全陸地を意味する――が、おおよそ馬蹄形となって両極まで広がり、その両腕のなかにテチス海と呼ばれる海洋をいだいていた(3)。この当時は、北極から南極まで、一度も足を濡らすことなくパンゲアを横断して歩くことができたわけだが、この広大な大陸の中心部にある巨大な砂漠の平原を横切らなければならなかっただろう。

だが、超大陸パンゲアはできあがったのち、再び分裂し始めた。今日、僕らが見慣れている陸塊となって互いに分離し、現在のような配置に移動して行ったのだ。まずは北アメリカが引き離され始め、海

1億7500万年前

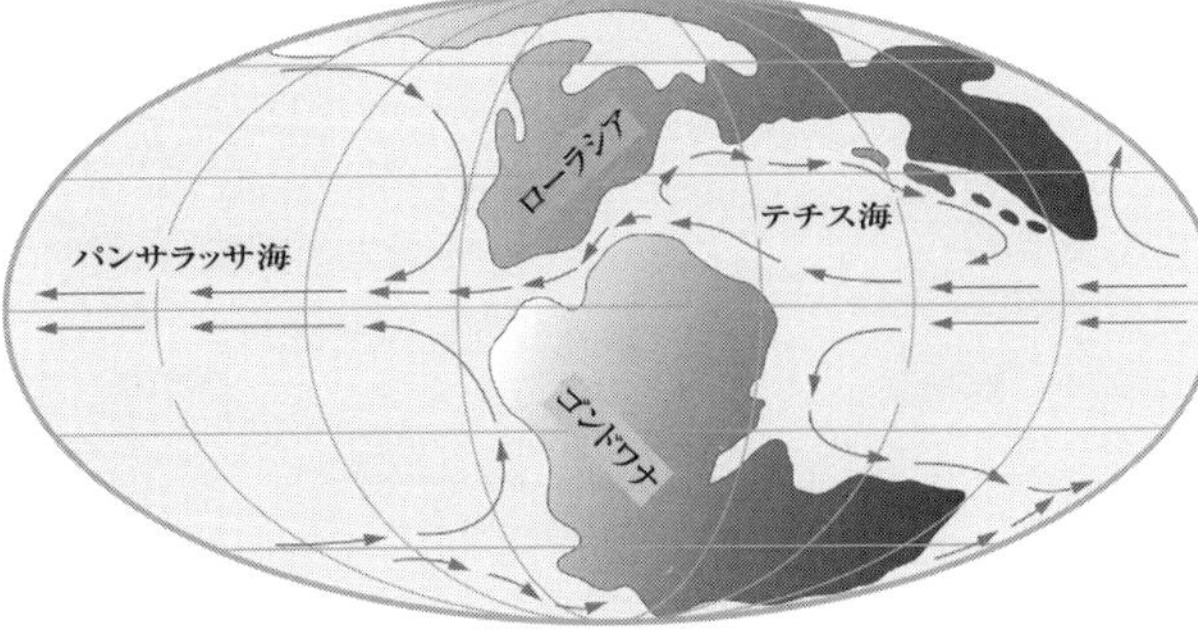

8000万年前

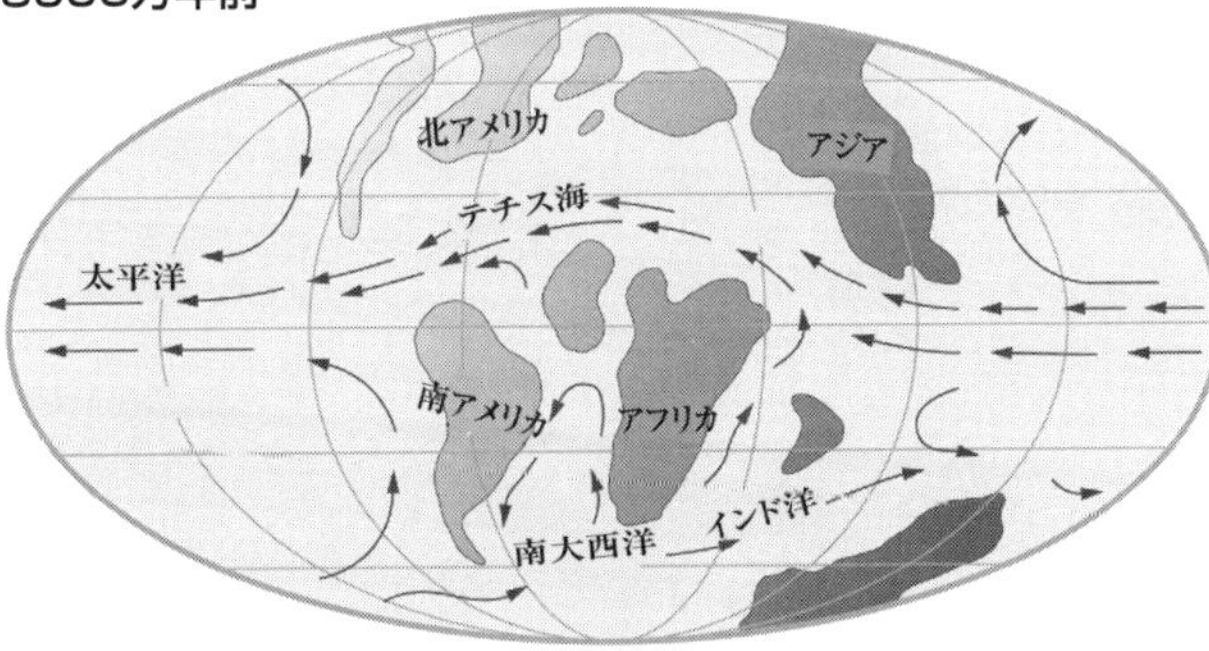

囲い込まれてゆくテチス海と地中海の形成

底に広がるリフト沿いにファスナーを開けるように北大西洋をつくり、つづいて南アメリカがアフリカからもぎ取られた。双方の大陸の海岸線の凹凸は今日でもまだ明らかにぴったりと合わさる。インドは南極から分離して北へと向かい、アフリカは向きを変えてヨーロッパに向かった。過去六〇〇〇万年間に、アフリカ、アラビア、インドはみな再び衝突してユーラシアになり、その南端沿いにしわを寄せて、アルプス山脈からヒマラヤ山脈まで太い山脈の帯となった。

パンゲアはもはや存在せず、テチス海は消えたも同然だ。アフリカプレートが北へずれるにつれ、その海洋地殻がヨーロッパの下に沈み込むなかで、テチス海は着実に消滅してゆき、その海底の堆積物はしわくちゃに盛りあがって山となった。一五〇〇万年前ごろには、テチス海は狭い海路に過ぎないものとなったが、まだ両端が開いていて、一方には北アフリカの海岸とイベリア半島が、もう一方はペルシャ湾に通じていた。この海は北方に長く腕を伸ばして、西アジアを水没させていた。ところが、紅海となる亀裂が入ると、それによってアラビア半島は「アフリカの角《つの》」から引き離され、ユーラシアプレートの南端に衝突して褶曲《しゅうきょく》し、ザグロス山脈となった。こうして、今日僕らが知るような中東地域がつくられ、地中海の東側の開口部は閉じられた。テチス海の北に入り込んだ海域は干あがり、そのあとの名残として西アジア一帯に黒海、カスピ海、アラル海が残された。一方、アフリカはまだ北へと押し進みつづけており、その北西端はイベリア半島に食い込み、しまいに六〇〇万年前から五五〇〇万年前まで地中海をその西端で大西洋と分断するようになった。[16]

こうして地中海は世界の残りの大洋とは完全に切り離された。暑い気候帯に位置していたため、流入する河川が注ぎ足すよりも速い勢いで水を蒸発によって失い、地中海は急速に干あがった。水位が下がるにつれて、地中海はチュニジアのアトラス山脈の支脈としてつづく海嶺によって二つに分断された。(4) 地中海の西側半分は完全に干あがり、太陽が照りつけるかつての海底に大量の塩を堆積させた。実際、今日、地中海の下にあるこれらの堆積物の厚み——場所によっては二〇〇〇メートルにも達する[17]——そのものが、海がかつて干あがり、その後に何度もつづけて大西洋があふれだして、再び水が満ちたに違いないことを示している。[18] このプロセスは世界の海洋の塩分を約六％減らした。[19] 地中海の東部は海盆が深く、ナイル川のほか、ボスポラス海峡経由で黒海からもいくらか水が流入する。この海域も海抜より数百メートルは下まで水位が下がったが、完全に干あがることはなく、汽水湖として存続した。今日の

4500万年前

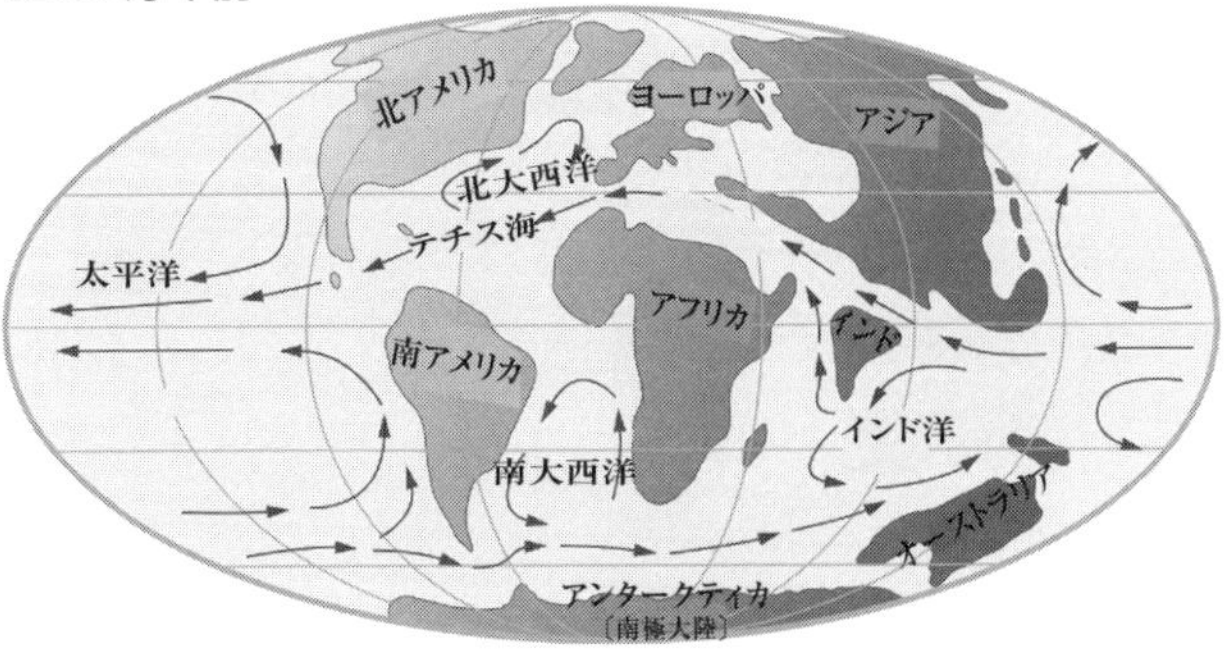

1500万年前

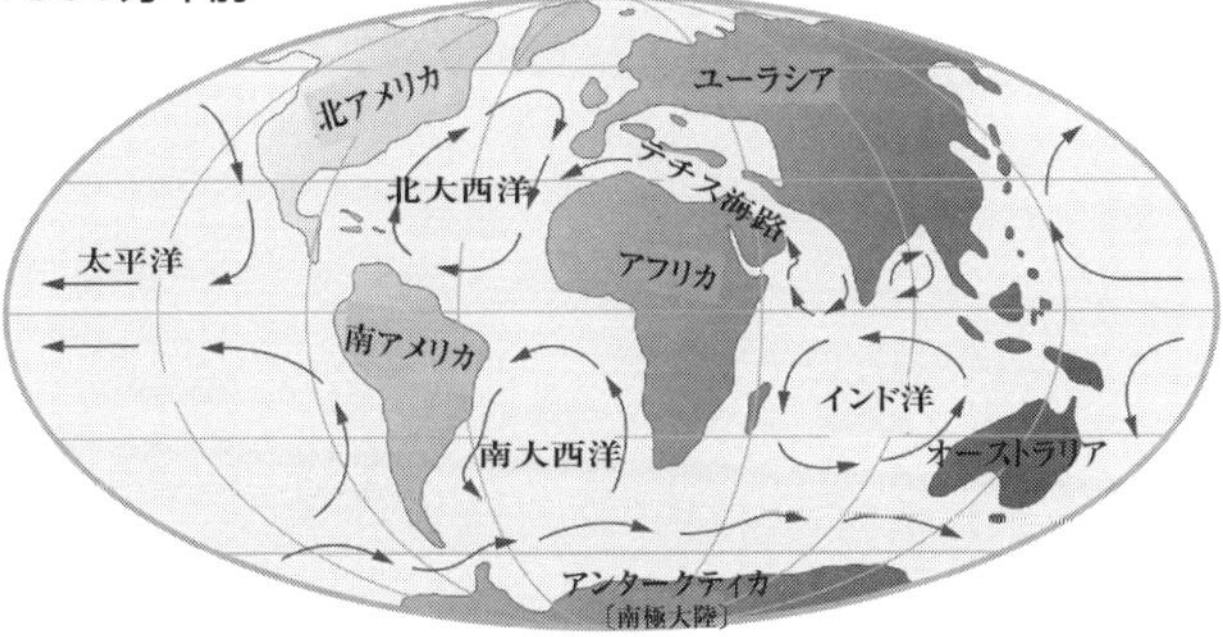

死海と似ていなくもない状況だ。

　やがて五三〇万年前ごろ、地殻の変動がつづいて西側の周縁が再び水面下に沈み、地中海はそれ以来ずっと外洋とつながっている。大西洋の水は再び流れ込みだし、やがて斜面を怒《ど》濤《とう》となって流れた。干あがって砂地をさらしていた地中海の海盆は、おそらく二年ほどの短期間に再び海水で満たされただろう。今日のジブラルタル海峡は、この洗い流すような大洪水で削りだされた[20]。

　地中海は、アフリカプレートが北へと進むなかで、今日も縮小しつづけており、最終的には完全に消滅するだろう。そして、北岸と南岸のあいだの地質学的な違いを説明するのは、この地殻変動プロセスなのだ。地中海の南の海岸線は、アフリカプレートが下方に傾いて沈み込み、ユーラシアプレートの下で崩されているために、比較的単調となり、天然の港には恵まれていない。かたや地中海の北側の海岸線ではどこも山が迫っているのは、この大陸衝突のせいなのだ。この地では、地殻の沈み込みと、現在は海水準の高い間氷期であるという事実が組み合わさることで、沈水海岸ができあがった。見事なまでに入り組み、おびただしい数の島や岬、湾、波風から守られた多数の天然の港がある地中海北部は、この水没した地形の結果なのだ。北側の周縁沿いで海洋文化が勢いづき、青銅器時代から今日にいたるまで歴史に影響を与えてきたのは、この根本的な地質構造上の事実なのである。

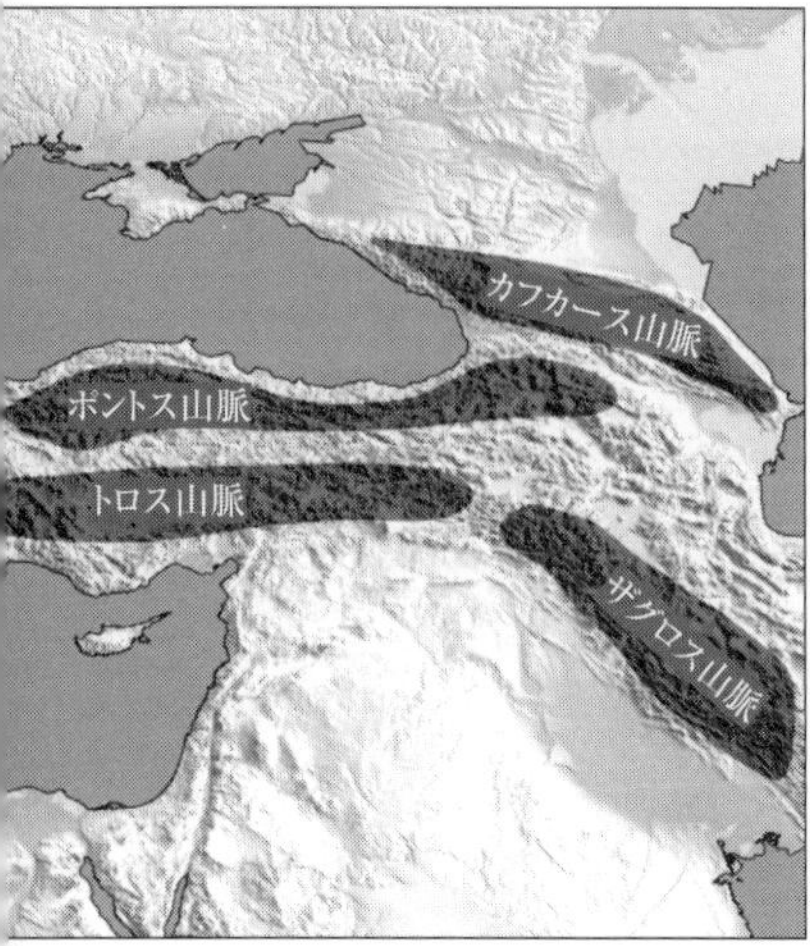

シンドバッドの世界

地中海という内海はユーラシア大陸の遠く西の果てにあるさまざまな文化を、壮大な交易網に結びつけた。しかし、遠距離にまたがる海上交易は文明の歴史も左右してきた。ユーラシアの南半分一帯では、古代から数多くの文化や帝国が出現してきた。すなわち、乾燥したステップの草原が延々とつづく一帯の南にある、東西にまたがる地域のことだが、これに関しては第7章で取りあげることにする。これらの社会はこの広大な大陸の南端沿いの海路によって互いに交易していた。西アジアと東アジアを結ぶ海路は、インド洋を越え

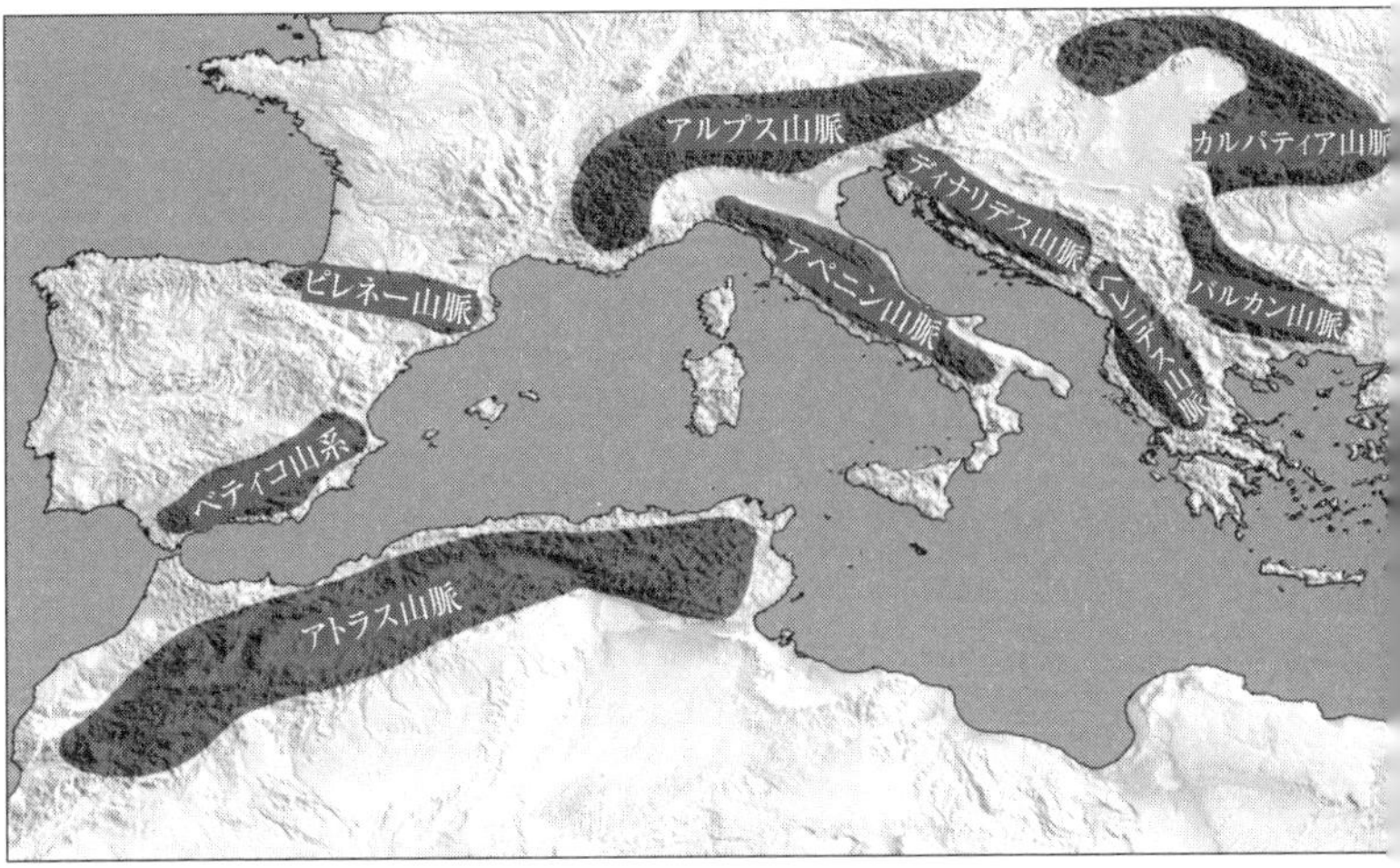

テチス海が囲い込まれて突きあげられた山脈に縁取られる今日の地中海

てつづいていた。前三〇〇〇年ごろには、メソポタミアの交易商人はティグリス川とユーフラテス川が合流してペルシャ湾に注ぐ場所まで、自分たちの貨物を運んでいた。ここから彼らはペルシャ湾を航行して、その入り口にある狭いホルムズ海峡を抜け、そこから南アジアの海岸沿いにインダス川の河口まで赴いた。地中海沿岸でエジプト、フェニキア、ギリシャにも文明が広がると、二本目の交易用の大動脈が開けた。ナイル川三角州から、貨物はラクダの隊商で山がちな東部砂漠を抜け、紅海の港町まで運ばれた。その後、船は紅海の長い水域を南下して、アラビアの南端を回ってインド洋へと抜けた[21]。

これは簡単な船旅ではなかった。紅海の沿岸には隠れた浅瀬があるので、航行は危険なものとなりえたし、灼熱地獄でもあった。両岸に砂漠があるこの一帯は極度に乾燥しており、それはつまり、海岸沿いには飲料水を得られる場所がほとんどないことを意味した。実際、紅海への入り口となる狭い海峡はアラブの船乗りたちに、バブ・エル・マンデブ――「苦悩の門」と呼ばれるようになった。紅海を北上する長い旅にでる前に、船はアラビア半島〔南端〕のちょうど門付近に位置し、バブ・エル・マンデブの入り口を見渡せるアデンに寄港した。死火山の河口に囲まれたアデンは、水の補給には欠かせない寄港地であり、貨物集散地《アントルポー》〔中世から近世初頭に栄えた中継貿易港や交易所など〕として賑わい、防備を固めつつ繁栄した都市に発展した。[5]

紅海とペルシャ湾からインド洋にでる航路はいずれも商船が行き交う場所で、これらの海上の大通りはどちらも、同じ地殻変動の結果なのである。[23] 第1章で述べたように、紅海はアフリカの地殻の下で巨

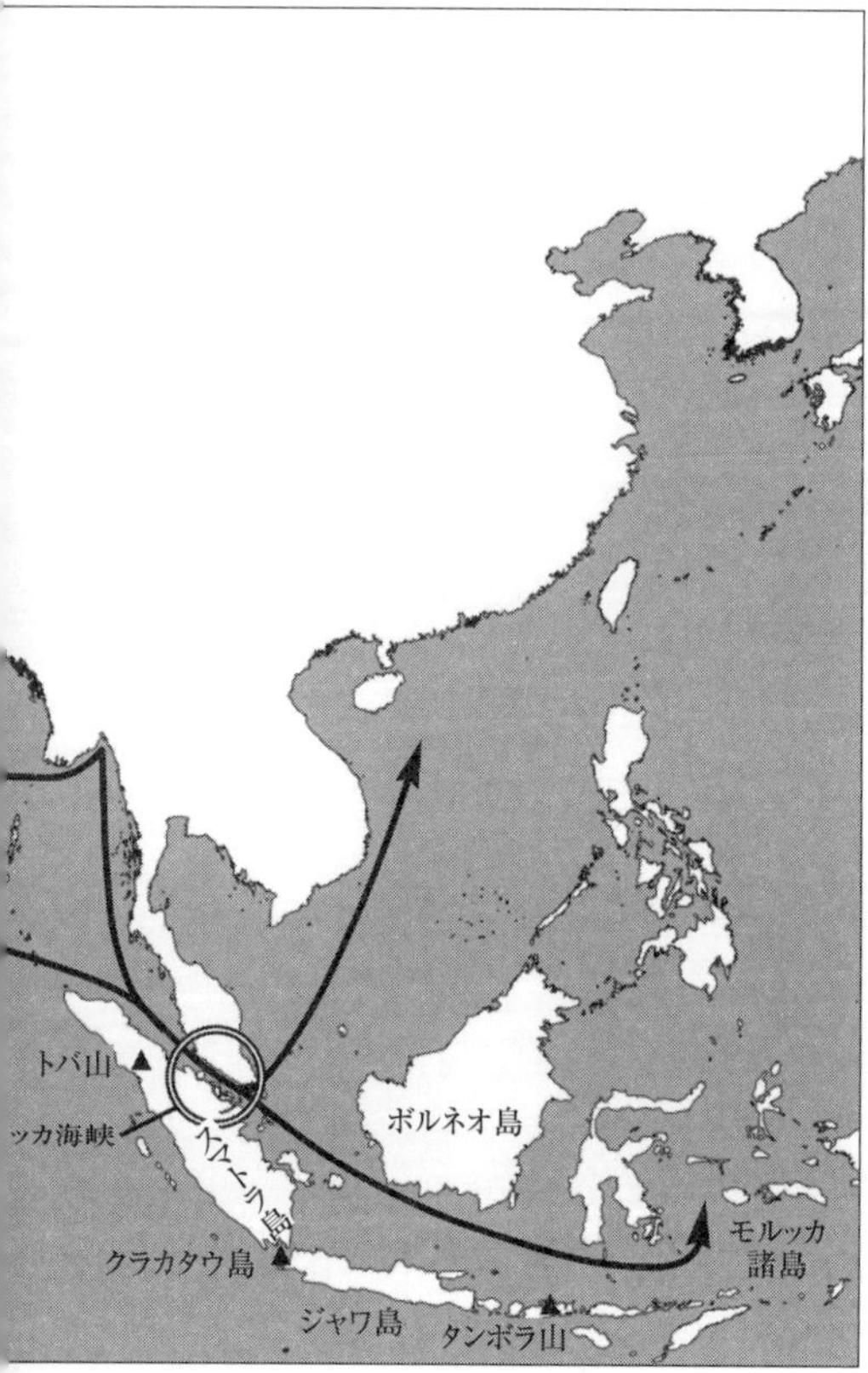

大なマントル・プルームが膨れあがって、地球の皮膚を切り裂いたY字形のリフト・システムの三叉路の一つだ。南方に延びる枝、つまり東アフリカ地溝帯は種としてのヒトの進化を促す状況をつくりだし、一方、北西方向への深い亀裂はアラビア半島をアフリカから引き離して破片とし、全長二〇〇〇キロにおよぶこ

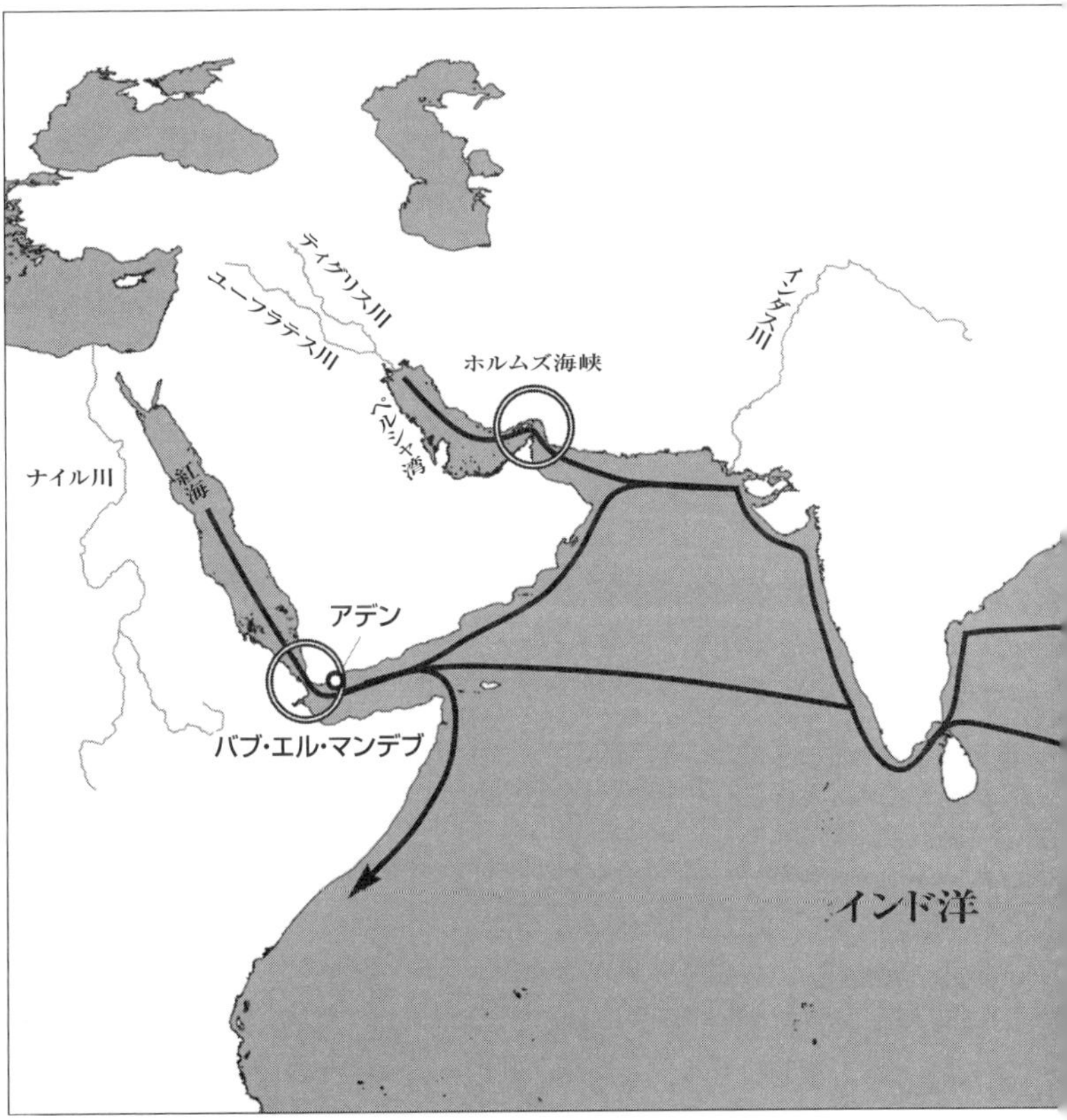

東西のユーラシアを結ぶ主要な海上交易路と重要な海峡

の亀裂に海水が入り込んだことで紅海が出現した[6]。

アラビア半島は北部に残る狭い陸地――シナイ砂漠――によってのみアフリカにぶら下がっており、紅海が広がるにつれてアラビア半島の陸塊は東へ揺れてユーラシアプレートの南端にぶつかった。それによる褶曲でイランにはザグロス山脈が誕生し、その山麓沿いで地殻は〔横断面が〕楔形の前縁盆地となって沈み込み、インド洋の海水が入り込んでペルシャ湾ができた。

紅海とペルシャ湾から

インドまでの当初の交易路は海岸線伝いに進むものだった。だが、前一〇〇年ごろには[24]プトレマイオス朝エジプトの交易商人が夏季に南西から吹くモンスーンの風を利用して、バブ・エル・マンデブからインド洋を直接横断してインドの西海岸にわずか数週間で航行し[25]、風向きの変わる冬季に戻ってくる方法を発見した。地球の大気のパターン——これについては第8章で述べる——は、ユーラシアをまたがる海上交易を勢いづかせることになった[26]。しかし、七世紀の終わりになると、アラビア、北アフリカ、南西アジア一帯がイスラーム圏として征服され、バブ・エル・マンデブの門はヨーロッパの船乗りには閉ざされてしまった。その後は数百年にわたって、ムスリムの交易商人によるダウ船と隊商がアジアを東西に横断する三つの大交易路を独占するようになった。すなわち、紅海とペルシャ湾からそれぞれインド洋を越える海の路と、中央アジアを抜けるシルクロードだ[27]。これは『千一夜物語』の船乗りシンドバッドの世界なのだ。シンドバッドはバグダードで交易品を積み込み、バスラから出航してペルシャ湾を南下し、七回の冒険に満ちた航海に乗りだした。

これらの交易路をイスラーム諸国が支配するようになる以前に、インドはストラボンやクラウディオス・プトレマイオスなどのギリシャやローマの地理学者にはよく知られていたが、紅海が通れなくなってからは、この場所の知識はあやふやな神話となっていった[28]。ヨーロッパ人が再びインド洋へ乗りだしたのは、第8章で述べるように、その後一〇〇〇年近くを経たのちのことだった。そして、実際に進出すると、ヨーロッパ人は東南アジアの交易網が地中海のネットワークと同じくらい活気あふれるものであることを知ったのだ。

香辛料の世界

実際のところ、東南アジアの海洋域は、地中海とよく似ている。だが、四方を陸地で囲まれている代わりに、この海域は両端が広大なインド洋と太平洋となって開けており、島々はまばらに点在する。東インド諸島〔東南アジアの島々〕はユーラシアの大陸棚の一部なのだ。ここでは海はかなり浅く、陸塊は単にこの地形において波間より上に突きだした高い土地に過ぎない。地中海の北側周縁のように、この地域の周辺部は火山活動が活発で、インド・オーストラリアプレートと太平洋プレートがユーラシアプレートの下に沈み込んで溶け、マグマとなって噴きあがっている。

スマトラ島とジャワ島の背骨沿いには火山帯が連なり、遠くはバンダ諸島まで弓なりにつづいている。この火山活動は豊かな土壌を生みだしたが、一八一五年のタンボラ山や、一八八三年のクラカタウ山の噴火のように、歴史上に残る激しい噴火をも引き起こした。七万四〇〇〇年ほど前にインドネシアで起こったトバ超巨大火山《スーパーボルケーノ》の噴火は、過去二〇〇万年間で最大の噴火だった。このとき放出された莫大な量の灰は、地表の一%を埋め尽くし、数十年間は地球の寒冷化を引き起こすのに充分なほど空を暗くしたかもしれない(この事変は、トバの噴火が生き残っていたヒト属の人口を激減させたとする、論議を呼ぶ主張すら生みだした[29])。

地中海にあるのは数百の島だが、東南アジアにはボルネオやスマトラのように全長が数千キロにわたる陸塊から、小さなカルデラの点にいたるまで二万六〇〇〇以上の島嶼《とうしょ》が存在する。陸地がこれほど極端に分散しているうえに、島は険しい山がちの地形であるため、中国や地中海の周辺で起こったように、大きな帝国に領土が統一される事態にはならなかった[30]。それでも、東南アジアのこれらの海域では交易が栄えた。インドからの綿、中国からの磁器、絹、茶、日本からの貴金属と並んで[31]、何よりも珍重された交易品は香辛料だった。インドからの胡椒《こしょう》と生姜《しょうが》、セイロン島(スリランカ)からのシナモン、モル

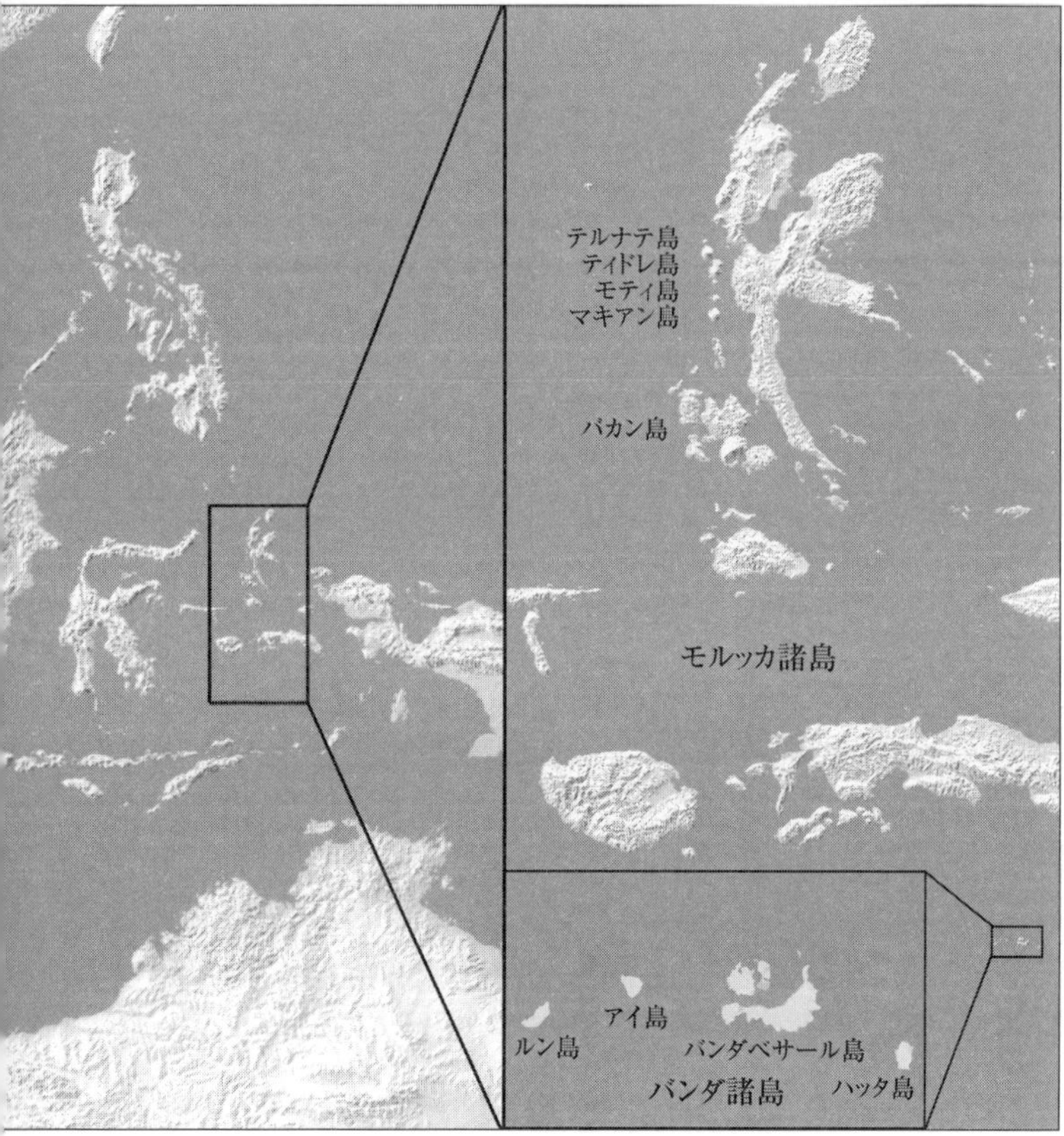

東南アジアの諸島と、モルッカ、バンダ両諸島の極小の香辛料の島々

ッカの「香料諸島」〔正確には香辛料、スパイスの諸島〕からのメースやクローブだ。[7]

こうした香辛料は食べ物に味をつけるだけでなく、それらに含まれる催《さい》淫《いん》効果や薬効と考えられていたもののゆえに珍重された。[32] 香辛料は熱帯性気候のこの地域に生息するさまざまな種類の植物からの産物だった。胡椒は雨林の蔓《つる》性植物の実だし、生姜は根っこ、シナモンは樹皮、クローブは開花する前の花の蕾《つぼみ》を乾燥させたものだ。ナツメグは種子であり、メースは同

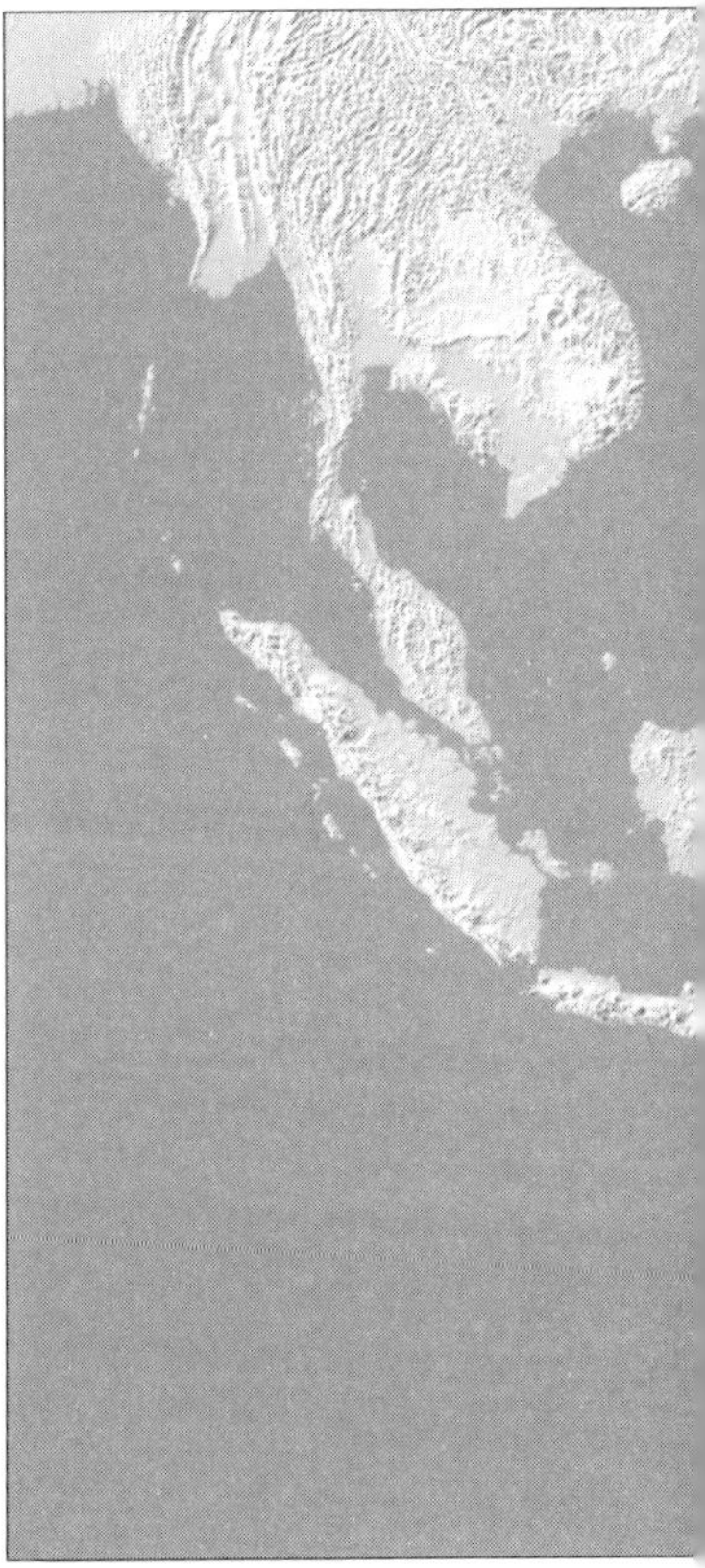

じ常緑樹の仮種皮《かしゅひ》だ。[33] 香辛料となるこれらの一部の植物はこの地域一帯に広く自生していた。たとえば、胡椒は南アジアから東南アジアにまで分布するが、歴史的には大半がインド南西のマラバル海岸が産地となってきた。[34] この海岸では、西ガーツ山脈という低山に夏のモンスーンによる雨が降るため、この特定の蔓性植物に適した湿度の高い熱帯気候となっている。[35]

しかし、それ以外の植物は原産地がきわめて限られていた。クローブはもともとモルッカ〔マルク〕諸島北部の一握りの小さな島の火山性土壌にしか生えていなかった。バカン、マキアン、モティ、ティドレ、テルナテの各島だ。[36] また、ナツメグの木はモルッカ諸島よりさらに南の点のような島々——バンダ諸島——にのみ自生していた。[37] これらの希少な香辛料は、交易商人によって西方の地中海まで運ばれたころにはとりわけ、プレミア付きの価格に跳ねあがっていた。これらの細々とした点のような火山島の商業上の重要性は、その面積にはまるで釣り合わないものだった。(8)

東南アジアの海上交易網は、地中海の、この海域に比べれば水溜まり程度のネットワークよりもはるかに広いものだった。インド洋からの航路は狭いマラッカ海峡を抜けるもので、その他の航路が東シナ海からも延びてきており、東のモルッカ諸島にも達し、そのいずれもがマレー半島かジャワとスマトラの両島の交易で賑わう港町に集まっていた。[38] 一四〇〇年には、マレー半島西岸南部にあるマラッカの港町は、小さな漁村から世界屈指の海上交易の中心地に変貌していた。[39] マラッカは、マレー半島とスマトラの長い島のあいだの全長八〇〇キロにおよぶマラッカ海峡のおおよそ中間にあり、漏斗形の海峡が幅わずか六〇キロまで狭まる地点という、戦略的な場所に位置していた。マラッカ海峡はインド洋と南シナ海を結ぶ海上の要衝《ようしょう》であったため、東半球で最も重要な水路の一つとなっていた。[40] この港町の活況を呈する市場は、ありとあらゆる交易品でごった返していた。ヴェネツィアからの羊毛とガラス、アラビアからの阿片と香料、中国からの磁器と絹、そしてもちろんバンダ諸島とモルッカ諸島からの香辛料などだ。[41] マラッカは世界に名だたるコスモポリタンな場所であり、その港にはインド洋からのダウ船が中国や香料諸島からのジャンク船の横に停泊し、人口はリスボンよりも多く、何十もの異なった言語が市場の雑音に飛び交っているのが聞こえた。[42] 十五世紀の終わりに東洋へ行くための新しい航路を切り開こうとするヨーロッパの船乗りを惹きつけた主たる要因は、この香辛料貿易がもたらす富だった。(9)

ヨーロッパ人はこの海域にやってくると、その地理上の主要な地物を占拠することによって、東南アジアの広大な交易網を独占しようと試みた。つまり、海上の隘路だ。だが、これらの地物の歴史上の重要性を説明するために、まずは古代ギリシャに目を向けることにしよう。

交通の難所

前述したように、ギリシャの険しい地形は天然の港となる多くの入り江や湾、水路のある海岸線をつくりだし、それによって海上の交易を育んだ。それどころか、この山がちな地理こそが古代ギリシャの都市国家を自治体として維持するうえで影響をおよぼしたのだと考えられている。海岸線までつづく切り立った尾根が、それぞれの都市国家を物理的に分け隔てることで、どこか一国が完全な優位を占めて帝国を建設するのを妨げていたのだ。その結果、多くの独立した都市国家が、同じ文化と言語を共有しながら互いに競合し、入れ替わり立ち替わり忠誠を誓っては紛争をするパターンが繰り返された。[44][10] とはいえ同時に、海岸平野が不足していたため、農業を生産的に営める土地は限られていた。メソポタミアやエジプトとは異なり、ギリシャは厚く堆積した肥沃な土壌のある沖積平野には恵まれておらず、奥地には肥沃な谷間はあったものの、その数は多くなかった。ギリシャの山がちな地形はおおむね軽い土壌が薄く堆積するばかりで、降水はわずかで不定期であるため大半は乾燥していた。また、広域にまたがる灌漑を行なうには大きな河川が少な過ぎた。それどころか、アルプス山脈の西の端を流れるローヌ川を除けば、ヨーロッパの主要な河川は大陸衝突によって突きあげられた山脈によって、地中海へ流れるのを阻まれているのだ。

こうした環境要因が重なっていることは、歴史上、半島は住民を養うだけの主食として充分な穀物を育てるのに苦労してきたことを意味し、ギリシャの都市国家の多くは食糧不足と飢饉という脅威につねにさらされていた。しかし、ギリシャの気候はオリーブ油やワインを生産するには充分に適していたし、ヤギや羊の群れを飼うにも都合よく、これらのものはすべて海外で生産された小麦や大麦と交換することができた。[46]

ギリシャの都市国家の一部が前一千年紀初めに世界に先駆けて民主制を発達させていたちょうどそのころ、ギリシャの人口は周囲の環境からの食糧供給量を上回り始めた。そこでギリシャ人は地中海周辺のその他の土地に目をやり、自分たちが食べてゆくうえで欠かせない穀類を調達することにした。スパルタ、コリントス、メガラ、およびその同盟国は船を西へ送って穀物をもち帰らせた。シチリア島には、エトナ山周辺の豊かな火山性土壌からの恩恵を得るために植民地を築いた。(11) アテナイ〔アテネ〕の繁栄した都市をはじめ、エーゲ海周辺で同盟を結んだ別のギリシャ都市国家群は、ユーラシアのステップの最西端に位置する黒海北岸沿いのドニエプル川とブーフ川流域の素晴らしく肥沃な一帯を植民地にした(この地域については第7章で再び取りあげる)。[47] ここへ到達するには、ギリシャの船はエーゲ海と黒海のあいだの途方もなく狭い二カ所の海峡を通り抜けなければならなかった。まず、彼らは小さなマルマラ海にでるために「ギリシャ人の橋」を意味するヘレスポント(現在はダーダネルスと呼ばれる)をなんとか通過しなければならず、そのあとさらに狭いボスポラスを抜けて黒海へとでた。(12)

ギリシャの人口がさらに増え、海外の穀倉地帯から輸入した穀物に支えられるようになると、一方はアテナイを筆頭に、もう一方はスパルタの率いる二つの都市国家同盟間の競争がますます手に負えないものとなった。やがて前四三一年にこの緊張はペロポネソス戦争を勃発させ、壊滅的な結果を迎えた。双方が制海権を握ろうとするなかで、この戦争は三〇年近くにわたって双方を苛《さいな》みつづけたが、最終的にアテナイが黒海から海路での穀物の輸入に頼っていたことが、致命的な弱点となった。スパルタ側はアテナイを直接攻撃する必要はなく、ただ生命線を断ち切れば済むことに気づいた。前四〇五年にスパルタは海軍を結集し、夏至のころまで攻撃を仕掛けるのを待った。秋が近づいて、海が荒れるようになり、空がどんよりと曇るようになる前に、アテナイの最大数の穀物輸送船が貴重な荷を積んで黒海から出航の準備を整えている時期だ。(13) アイゴスポタモイの戦いで、ちょうどヘレスポントの狭い海峡に差し掛かったアテナイの艦隊はスパルタ軍から壊滅的な襲撃を受け、一五〇隻以上の船が沈められるか拿捕されるかした。黒海への航路で通らざるをえないこの隘路を制圧したので、スパルタ軍はアテナイにとどめの攻撃をしかけることすらしなかった。装甲歩兵の軍が手を下すよりも、飢えによる冷たい槍のほうがはるかに破壊力があることを彼らは知っていたのだ。アテナイは屈辱的な条件のもとで和平を求める以外に選択の余地がなく、艦隊の残りと海外の領地を失うことになった。

ペロポネソス戦争は海の地理を把握することの重要性と、狭い海峡が航路上の危険となることを如実に表わしている。そのような海上の難所を抑え、それによって海外からの資源を敵が利用できなくすることは、領土を支配するのと同じくらいしばしば重要となり、戦争の結果や文明の運命を左右するものとなる。ダーダネルスとボスポラスの隘路と並んで、ジブラルタル海峡――イベリア半島とタンジール〔タンジェ〕海岸のあいだで海が狭くなった場所――は、地中海と大西洋のあいだの海上交通を支配するうえで重要な役割を担ってきた。ここは一八〇五年にイギリス海軍とフランス、スペインの連合艦隊のあいだで戦われたトラファルガーの海戦の舞台となった。

地球上のその他の海峡も、世界の歴史において同じくらい要衝となってきた。ヨーロッパの船乗り――まずはポルトガル人が、つづいてスペイン、オランダ、イギリス人――が十五世紀初め以降、インド洋に到達すると、彼らはこうした一連の隘路を制圧して、地球の海洋表面の全域に支配力をおよぼそうと試みた。

前述したように、何千年ものあいだエジプトと中東、インドのあいだでは二つの主要な航路によって交易が行なわれてきた。紅海沿いの航路と、ペルシャ湾を南下する航路だ。どちらもバブ・エル・マンデブとホルムズの狭い海峡を抜けてインド洋の外洋にでる。そしてインドからは、東南アジアの島々の主要な貨物集散地への交易路はマラッカ海峡を通り抜けていた。何世紀ものあいだ東南アジアを航行していた交易商人にとって、海は誰にでも開かれている「共有地」であり、誰もが自由に交易できる広大な領域だった。港では税金が課されたし、海賊は厄介な問題ではあったが、外洋では海軍が外国船をしつこく攻撃することはなかった。ところが、ヨーロッパ人は、地中海と北大西洋で繰り返されてきた海戦からの遺産で、まるで異なるものの見方をしていた。これらの植民地帝国は自国の独占的地位を確立するために、交易網を掌握しようと意を固めていたのだ。それを達成するべく、彼らは主要な港町を防衛するための要塞を建設し、軍艦で海域を巡視して競争相手を強引に制圧した。何よりも重要なことに、彼らはバブ・エル・マンデブ、ホルムズ、マラッカの海上の隘路を占拠して、海の地理における若干の重要拠点だけを統治下に置くことで、インド洋全域の交易を支配しようと試みたのだ[14]。

そして、海上の隘路は今日でも同じくらい戦略的に重要な場所となっている。地政学上これらがとくに重要拠点となっているのはもはや香辛料貿易ではなく、世界的に大きな意味をもつ別の資源の輸送に関連してである。今日、石油は世界中の貨物の全積載量の半分近くを占めている[49]。石油が途切れることなく、制限されることなく流通することは、現代の世界経済にとってきわめて重要なのである。

黒い動脈

石油は現代の世界の燃料となるだけでなく、機械の潤滑油となり、道路を舗装し、プラスチックや薬品を提供し、僕らが必要とする食べ物の生産を助けるための合成肥料、農薬、除草剤の生産に使われている。世界の石油の半分以上は、地球上に張りめぐらされた海上交通路網に沿って移動するタンカーによって運ばれており[50]、そのため自然の海峡を通過している。前述したように、ダーダネルス（つまりヘレスポント）とボスポラス海峡は、ペロポネソス戦争の時代から戦略上の要衝だった。ウクライナの穀物はいまでも黒海を渡って輸出されているが、今日では日々およそ二五〇万バレルの石油もまた、タンカーによってトルコのこの二つの海峡を通って、ヨーロッパ南部と西部にロシアとカスピ海沿岸の諸国からの化石燃料を供給するために運ばれている。横幅が一キロに満たないボスポラス海峡は、世界の主要な船舶が航行する最も狭い海峡だ。[51]

僕らはパナマ運河やスエズ運河のように、海を結ぶ運河によって人工の隘路も建設してきた。一九五六年にスエズ危機で六カ月間この運河が閉鎖され、船舶輸送が南アフリカ回りを余儀なくされると、その結果、ヨーロッパ全土で燃料不足が生じた。[52]とはいえ、現代の石油の時代においてどこよりも戦略的に重大な意味をもつ海峡はホルムズだ。[53]

第9章で、石油が地球上でどのように生みだされ、その大部分がなぜ中東で見つかるのかを見てゆこう。ペルシャ湾は世界における石油の供給量のおよそ三分の一を産出し、[54]イラク、クウェート、バーレーン、カタール、アラブ首長国連邦はいずれもホルムズ海峡を通って石油を輸出しなければならない。サウジアラビアとイランだけは別の海上のリンクを使って航路帯へでることができる。その結果、この海峡はタンカーがひっきりなしに往来し、日々一九〇〇万バレル、つまり世界の供給量の五分の一がここを通って運ばれている。[55]しかし、このことはまた、世界を動かす黒い血を運ぶこの動脈がこれらの海峡を通過するために、きわめて危険にさらされていることも意味する。一九七三年にアラブ諸国が石油の禁輸措置を講じて以来の四〇年間に、アメリカは石油を世界市場に安定供給するためにペルシャ湾に軍を駐留するのに七兆ドル以上を投じてきたと計算されている。[56]海賊行為やテロ攻撃は懸念事項であるとはいえ、最大の脅威はイランのような国家との国際関係が悪化して、生命線であるこの隘路が封鎖され、世界の石油供給が締めつけを食らうかもしれないことだ。[57]

ペルシャ湾で生産される石油の一〇%ほどは喜望峰を回ってアメリカへ運ばれており、それよりも少ない割合がバブ・エル・マンデブを抜けて紅海を北上し、スエズ運河を通って地中海へ運ばれる。だが、その大部分は何千年も使われてきた航路を通ってインドからマラッカ海峡の隘路を抜けて東アジアへ運ばれる。海上輸送されるすべての石油の約四分の一——一日当たりおよそ一六〇〇万バレル——は、この海峡をタンカーで通過して中国、日本の経済を潤すだけでなく、韓国、インドネシア、オーストラリアにも運ばれるのだ[58]。

主要な消費財の中身は——穀物から香辛料、石油へと——歴史を通じて変化したかもしれないが、海の地理と海上の隘路の戦略的な重要性が担った役割は、決定的なものでありつづけた。鉄道、自動車、空の旅の時代が到来するまでは、長距離交易の便宜を図ってきたのは海なのだ。今日でも世界の交易の九〇%はまだ船舶によって運ばれている。

しかし、海洋の役割は、遠隔地との交易や、現在の地政学的情勢の大半を定めてきた隘路を提供してきただけではない。ここで海の地理が一つの国の経済と政治にどれほどの影響を与えうるかを検証することにしよう。

黒い帯《ブラックベルト》

一七七六年にアメリカの植民地がイギリスの支配からの独立を宣言し、独立戦争を戦って勝利したとき、その住民はまだすべて東の沿岸地域沿いに固まっていた。その後の数十年間に、アメリカ合衆国は桁外れ《けたはず》の拡大を遂げ、入植者に西部へ向かうことを奨励し、一連の買収と併合で広大な領土を獲得した。国として誕生してから一世紀も経たないうちに、アメリカはその国土を四倍にし、大陸の陸塊全土を越えて「海から輝く海へ」広がった。アメリカは東西を大西洋と太平洋に守られた、事実上の島国となったのであり、なおかつ片側ではヨーロッパとの海上交易が可能であり、もう一方ではアジアとの交易も享受することができた。アメリカが経済的な成功を遂げ、自由の理想を掲げることができたのは、まさしくその地理的な状況によって、外部からの脅威にさらされることなく安全であったからなのだ。ヨーロッパ諸国が人口過密な大陸で押し合いへし合いをつづけていたころ、アメリカは領土面で安全であったがゆえに、ほぼ二世紀にわたってその外交政策で孤立主義的な立場を保ちつづけた[15]。

しかし、海はアメリカの政治に別の形でも痕跡を残している。しかも、地球の歴史をはるかにさかのぼったところに根ざすものだ。

二〇一六年十一月のアメリカの選挙で、共和党指名候補のドナルド・トランプが、民主党の対戦相手のヒラリー・クリントンに勝ち、第四五代合衆国大統領となった。選挙結果の地図は民主党に投票した「青い州」が北東部と西の海岸地帯、およびコロラド、ニューメキシコ、ミネソタ、イリノイの各州にあることを示すが、国の中心部の広大な地域は共和党の赤で塗られている〔二〇〇〇年の大統領選から各州の政党支持傾向を色分けするようになった〕。南東部の州もやはり全体としては共和党に投票しており、この選挙で共和党に傾いたフロリダもそこに含まれていた。しかし、投票行動をより細かく郡単位で示した地図を見ると、非常に興味深いことが見えてくる。

南東部の広く赤く染まった一帯のなかに、民主党にこぞって投票した郡の青い線がくっきりと見えるのだ。南北カロライナ州、ジョージア州、アラバマ州を抜け、弧を描いてミシシッピ川の両岸を下る線だ。そして、青く連なる尾根は、この前の大統領選で生じたただの突飛な出来事であったわけではない。これは二〇〇八年と二〇一二年にバラク・オバマのもとで民主党が勝利した選挙でも見られたし、それ以前のジョージ・W・ブッシュのときも同様だったのだ。実際には、この投票傾向は、南北戦争後に合衆国を再建した時代にまでさかのぼって繰り返してきたものなのだ。南東部の州に見られるこのパターンの根底には何がありうるのだろうか？　大統領選やそれをめぐる政治闘争のような変わりやすく流動的なものにおいて、歴史を通じて何がこれほど長きにわたって持続してきたのか。

驚くべき事実は、民主党支持の一帯であることが明らかにわかるこの地域は古代の海、それも何千万年も昔の海の結果なのである。

アメリカの地質図を見れば、青い郡のパターンが、八六〇〇万年前から六六〇〇万年前の地球の歴史における白亜紀後期に地表に堆積した岩の帯に沿って曲がっていることに気づくだろう。白亜紀の岩石が露出したこの比較的細い帯は、北側の内陸側にある高いアパラチア山脈など、より古い岩体の周囲を囲んで湾曲し、南では地下へと消えており、その上に後世の岩の堆積物が積み重なっている。

白亜紀には気候は暑く、海水準は現代よりもはるかに高く、今日の合衆国の大半は水面下に沈んでいた。海は西部内陸海路となってアメリカの中部まで入り込み、大陸の東側沿いではアパラチア山脈の麓《ふもと》に打ち寄せていた。アパラチア山脈から削りだされ、川によって運ばれてこの浅い海に流れてきた物質は、海底に粘土として堆積した。やがてこれらの海底の粘土は頁岩《けつがん》〔シェール〕になった。海面が再び低下すると、今日、僕らにも見覚えがあるアメリカの輪郭が現われてきて、これらの古代の海底の堆積物の帯が海岸平野にまた露出するようになった。この頁岩の岩盤由来の土壌は黒っぽく、もともと山から削りだされてきた栄養分に富んでいた。「黒い帯《ブラックベルト》」という用語は当初はアラバマからミシシッピまでつづく、独特の色合いで、農業の生産性の高い土壌のあるこの細長い地域を指していた。

白亜紀の頁岩由来のこの黒い豊かな土壌は、作物を育てるには最適で、とりわけ綿花の栽培に向いて

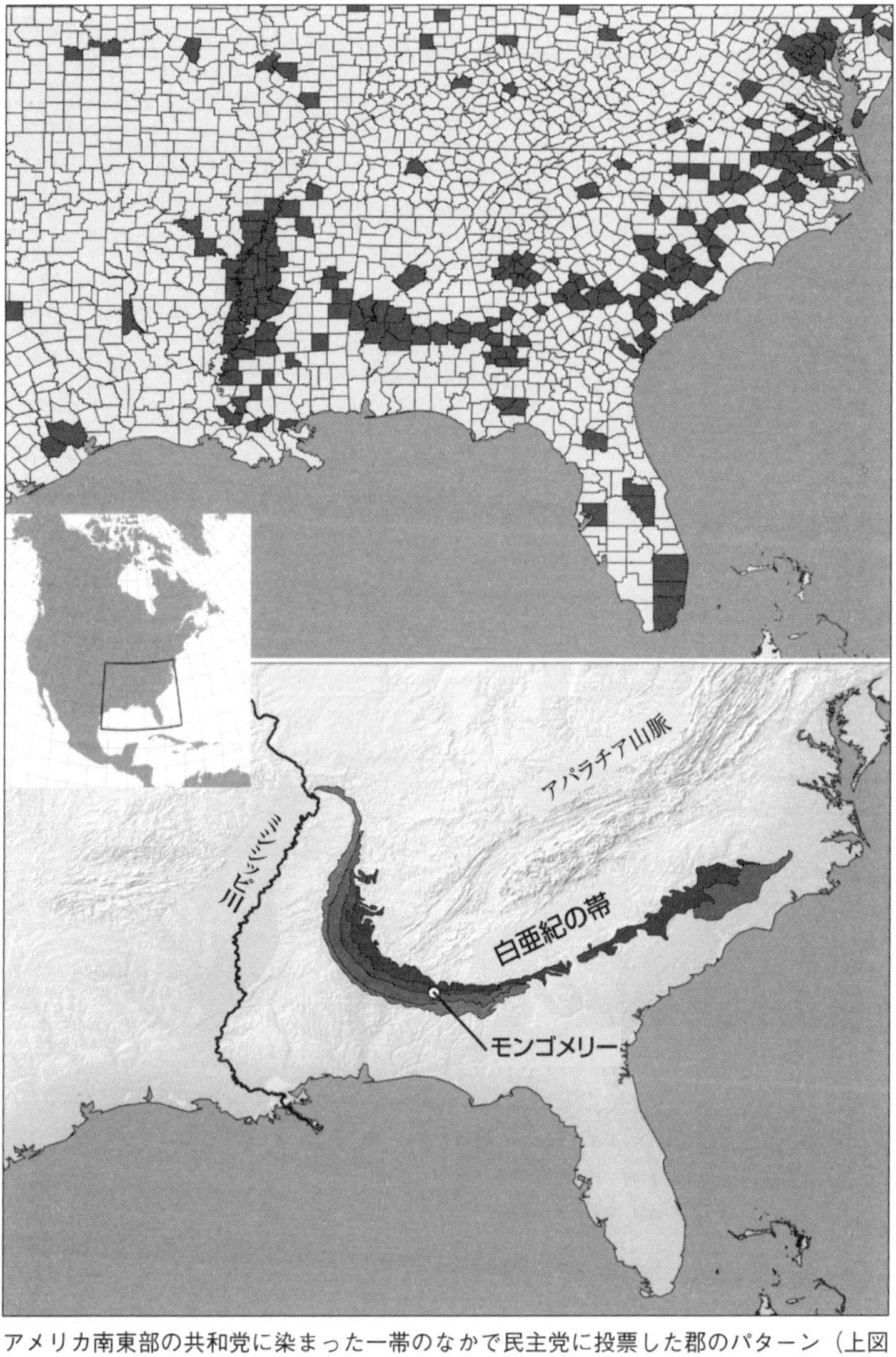

アメリカ南東部の共和党に染まった一帯のなかで民主党に投票した郡のパターン（上図の暗色部分）は、7500万年前の白亜紀の岩体のカーブに沿っている（下図）

いた。産業革命が速度を増し、綿花を衣服に変えるプロセス――綿花の繊維を種から素早く繰り、それを糸に紡《つむ》ぎ、完成品である織物にする作業の機械化によってもたらされたもの――が加速すると、綿花の需要が急増して、主要な換金作物となった。だが、綿花の栽培は非常に多くの人手を必要とするものだった。脱穀機によって必要な粒が茎からただ振るい落とせる穀類とは異なり、初期の綿花の栽培はふわふわしたボウル〔円形の莢《さや》〕を低木から人手で器用に摘み取らなければならなかった。そして、十八世紀末からは南部の州ではこの作業は奴隷が担うようになった。

一八三〇年には、奴隷制は南カロライナ州とミシシッピ川沿いでしっかりと根づいており、一八六〇年にはアラバマ州のメキシコ湾岸からジョージア州まで広がっていた。大農園で奴隷による綿花栽培が行なわれていた最盛期には、「黒い帯」という言葉は違う意味をもつようになり、ディープサウス〔通常はアメリカ南東部のフロリダを除くルイジアナからサウスカロライナまでの州を指す〕で見られる住民を表わすようになった。ミシシッピ川両岸沿いと、土壌の下に白亜紀の岩盤帯があるカーブ周辺に密集するアフリカ系アメリカ人のことである。[59] 一八六五年に南北戦争で南部連合が敗北し、奴隷制が南部の州でも廃止されたのちも、人口動態に急激な変化は見られず、それどころかこの地域の経済を支えるものも変わらなかった。元奴隷たちは同じ綿花大農園で働きつづけたが、今度は自由民として小作をしていた。しかし、ディープサウスの経済は、綿花の価格の下落につづいて、一九二〇年代にワタミゾウムシが綿花栽培地域で大発生したために傾き始めた。南部諸州の農村地域からは数百万のアフリカ系アメリカ人が、とりわけ一九三〇年代の大恐慌後に、アメリカの北東部と中西部の主要な産業都市へ移住した。それでも、アフリカ系アメリカ人の大多数は、彼らが当初最も集中していた地域に留まった。肥沃な土壌のある歴史的な「黒い帯」である。

そのため、第二次世界大戦後、「黒い帯」は公民権運動の中心地となった。ローザ・パークスは一九五五年十二月にアラバマ州モンゴメリーで白人の旅行者に、自分のバスの座席を譲るのを拒否した。モンゴメリーは、七五〇〇万年前の白亜紀の岩体が弧を描くこの一帯のちょうど真ん中にある。今日でも、アメリカ国内でアフリカ系アメリカ人の人口比が最も高い郡はほぼすべて南東部のこの同じ弧に沿って並ぶ[60]。多くのアフリカ系アメリカ人が北部や西部へ移住したのちも住みつづけたこれらの住民は、経済の波が何百万もの人びとを他所へ押し流したあともその場に残った、侵食作用の名残とでも言えるほどだ。

産業や観光地として大規模に開発されることもなく、かつては経済的な生産性を誇ったこの地域は、高い失業率と貧困、教育程度の低さ、医療の不足といった社会経済問題で長年苦しんできた。そのため、この地域の有権者は伝統的に民主党の政策と公約に投票する傾向があり、大統領選の地図ではくっきりと弓なりに曲がる青い帯を描いてきた。今日の政治と社会経済状況を、歴史的な農業制度のルーツに、そしてさらにもっと太古の、足下の地面を織り成す地質のタペストリーにまで関連づける明確な因果の連鎖があるのだ。露出した太古の海底の帯状の泥は、いまなお僕らの政治地図に痕跡を残しているのである。

第5章　何を建材とするか

ピラミッドは誰が建てたか？

すぐさま思いつく答えは、古代エジプトのファラオではないだろうか。もちろん、それで正しい。四五〇〇年以上前に、肥沃なナイル川流域の全能の神王は、ギザ高原にそびえる巨大なピラミッドのための大きな石を切りだし、運び、積みあげるのに必要な労働力を集め、指揮することができた。なかでも最大なのは、クフ王——ケオプスの名でも知られる——の治世に建設され、紀元前二五六〇年ごろ完成した大ピラミッドだ。一八八〇年にケルンの大聖堂が完成するまでは、このピラミッドが人手でつくられた最も高い建造物だった。[1]

大ピラミッドの中心部は二五〇万個ほどの石灰岩ブロックからなり、それぞれ平均で二・五トンの重さがあり、二一〇層にわたって互いに積みあげられている。これらは近くの石灰岩の鉱床から切りだし、建設現場まで橇《そり》で引きずり、それから土を固めた傾斜路を使って、どんどん高くなるピラミッドのてっぺんまで引きあげられた。この階段状の建造物はその後、ナイル川対岸の遠隔地から採石したずっと良質の石灰岩の化粧石で覆われた。これらの石は互いに隙間なく合わせられ、美しく研磨されていた。大ピラミッドは当初は陽の光を浴びて見事に輝いていたのだろうが、いまでは化粧石の大半は取り除かれてしまっている。玄室の内側には、最大で八〇トンもの重量がある大きな花崗岩《かこうがん》のブロックが使われており、これらは川を六四〇キロ以上さかのぼったアスワンで採石されていた。

大ピラミッドの建設には数十年間を要し、何万人もの熟練の作業員の一団が必要であったと考えられている。対価はパンとビールで支払われていた。彼らには鉄製の道具も、滑車や車輪もなく、代わりに銅製ののみ、ドリル、鋸を使っていた。大ピラミッドの規模はまったく唖然とするものであり、その建設にかかわった人間の努力はじつに途方もないが、おそらく同じくらい驚くべきことは、その建材の性質だろう。じつはこれらは地球上で最も単純な生物の一つによって生成されているのだ。[2]

生物由来の岩石

大ピラミッドの骨組みをつくっている巨大な建材を間近で見ることがあれば――いまでは外側の化粧石が除かれて露出している――そしてその表面をじっと見つめれば、非常に奇妙な質感であることに気づくだろう。石灰岩のブロックは多数の硬貨のような円盤からできているのだ。割れ目があるブロックを探せば、内部構造も見られるかもしれない。感動するほど複雑な螺旋《らせん》が、さらに細かく隔室に分かれている。そして何よりも感銘を受けるのは、それぞれの殻《から》は横幅が数センチほどだが、それを生成した生物は単細胞だという事実だ。人間の体で最大の細胞、つまり女性の卵細胞は横幅が〇・一ミリほどで、肉眼でかろうじて見える程度だ。ピラミッドの石灰岩をつくりだした海の生き物は、それに比べるとまったく巨大だ。これらはヌンムリテス（ラテン語で「小さな硬貨」を意味する〔和名は貨幣石〕）と呼ばれる大型有孔虫《ゆうこうちゅう》の一種だ。

ヌンムリテスの石灰岩の堆積物は、古代のピラミッド建設者たちに建材を提供したナイル川周辺で見つかるだけでなく、北ヨーロッパから北アメリカ、中近東から東南アジアまで広大な地域に分布する。このヌンムリテスの石灰岩がある領域は広域にまたがり、四〇〇〇万ないし五〇〇〇万年前にテチス海周辺の温かく浅い海域となっていた。始新世前期のこの時代には、地球の気温は、第3章で見てきたPETMの急激な気温上昇期ほど高温ではなかったものの、長いあいだ温暖な状態がつづいた。海水準は高く、テチス海は北ヨーロッパや北アフリカに大きく腕を伸ばし、一帯を海面下に沈めていた。温かい海には多数の有孔虫が生息しており、それらが死ぬと、炭酸カルシウムでできた硬貨形の殻は一斉に漂い、沈み込んで海底を覆った。時代を経るにつれて、殻は互いに固まって、ヌンムリテスの石灰岩となったのだ。

この特定の石灰岩層は、じつにさまざまな場所で露出している。北アフリカの岩盤から硬貨のような特徴的な化石が侵食によって剝《は》がれ、砂漠の砂の上に散乱している場所では、これらはベドウィンの「砂漠のドル」として知られる。[3] クリミア半島では、このヌンムリテスの石灰岩のごつごつした露頭がちょうど「死の谷」の入り口にある。一八五四年にアルフレッド・テニスンの詩によって後世にまで記憶されたバラクラヴァの戦いのさなかに、軽騎兵旅団による悲惨な突撃を目の当たりにした場所だ。[4]

したがって、ギザの大ピラミッドを形づくる巨大な岩のブロックは要するに、ユーラシアからアフリカまで広がる広大な板状の石灰岩から採石されたのだ。無数の有孔虫の殻で構成されたこのヌンムリテスの石灰岩は、生物由来の岩なのだ。つまり、エジプトのファラオはこれらのピラミッドを巨大な石灰岩のブロックを使って建設せよと命じたかもしれないが、ピラミッドを築いているのは別の生命形態だったわけだ。ファラオたちの墓は、大型で単細胞の海洋生物の殻が無数に漂ってきてできあがっていたのである[5]。

ピラミッドは人類の文明を象徴するきわめて恒久的なシンボルであり、僕らが全力を傾け、力を合わせれば、どんなものを建設できるのかを明らかにする。歴史を通じて、巨大な建築物の多くは神への献身から建設された。メソアメリカの階段ピラミッド、サーンチーの塔やアンコールワットなどの大伽藍《だいがらん》、あるいはヨーロッパ全土にある中世の大聖堂などだ。しかし、これらの記念建造物が建てられた建材は、住まい、公共の建物、橋、港、要塞など、もっと実用的な目的のための建造物に使われる素材と変わらない。これらの熱を帯びた建設事業の根底にも、人類の根本的な要求がある。雨風や外気から身を守る場所を見つけることだ。そしていつの時代にも、人びとは周囲にある天然の素材に目を向けてきたのだ。

木材と粘土

世界各地の多くの文化は、それもとくに遊牧民族は、ウィグワム、ティピー、ユルトのような一時的な構造物を、枝や樹皮、葦《あし》、獣皮などを使って建てる。材木はもちろん、最古の建材の一つだ。梁《はり》、柱、床用の厚板などの支えとして、多様な種類の木材を使うことができるし、細長い板状の被覆材や瓦《かわら》にもなる。金属が幅広く使われるようになるまでは、木材は機械部品としても使われてきた[1]。木目が不規則なニレは割れにくいため、荷車の車輪の轂《ハブ》にはうってつけだった。ヒッコリーは特別に硬いので、水車や風車の駆動システムでギアの歯に使われた。マツとモミの木は格別に高くまっすぐに伸びるため、船のマストに向いていた。

しっかりした壁をつくるうえで最も単純な素材は粘土だ。川のあいだの土地であるメソポタミアの初期の都市住民は、泥の世界に暮らしていた。生産的な農業を営むには最適な環境とはいえ、この地域は木材、石材、金属などの天然資源が悲惨なほど不足しており、いずれも輸入しなければならなかった。一連の古代メソポタミア文明——シュメール、アッカド、アッシリア、バビロニア——は余剰の食糧をレバノンからのスギや、ペルシャとアナトリアからの大理石と花崗岩、シナイ半島とオマーンからの金属と交換していた。[6] それでも、彼らの構造物の大半は、地元で手に入る材料からつくられていた。家屋も宮殿も、都市の城壁も要塞もみな、日干しレンガで建設されていたのだ。彼らの壮大なジッグラト——神殿として使われた、階段状で頂上部が平らなピラミッド——の芯部ですら、日干しレンガでできていた。より耐久性のある窯《かま》で焼いた焼成レンガは、宮殿やジッグラトの表面にのみ使われ、これらは色とりどりの釉薬《ゆうやく》で装飾されていた。泥は筆記用具にすらなった。シュメール人は軟らかい粘土板に尖筆《せんぴつ》を押しつけて文字を書くことを発明したのだ。[7]

実際、古代メソポタミア人が日干しレンガと最古の筆記用具として軟らかい粘土板を手に入れるはるか昔から、粘土は人間の存在に変革を起こすものとなった。粘土を焼いて土器をつくる発明は、人間にまったく新たな能力を与えたのだ。土器は食べものをゆでたり炒めたりして調理する器を与えた。調理するとイモやキャッサバなどにある植物性の毒が非活性化されるため、人はより多くの食材が使えるようになった。火を通すことで複雑な分子が分解され、人間の体が吸収できる栄養素がより多く放出されるようにもなった。要するに、土器は食品をさらに加工して、僕らが消化できるようにしたのだ。粘土からこしらえた蓋《ふた》付きの容器は、保存した食糧を害虫や害獣から守ったほか、旅にでるときや交易用の食糧のもち運びをずっと容易にした。土器は釉薬を塗る——窯で焼く前に粉末状の特定の鉱物の溶液で覆う——ことで防水性が高まり、見た目も美しくなる。また、それによって人類が鉛や銅などの金属を製錬加工することを思いついた可能性も充分にある。

　焼いた粘土は歴史を通じて人類の発展にきわめて重要な役割をはたしてきた。硬くて防水性があったからだけでなく、きわめて耐火性があったためでもある。焼成レンガは窯や溶鉱炉の内側に使うには理想的だ。レンガ自体が破損することなく、内側に熱をこもらせることができるので、きわめて高温の状態をつくりだせるのだ。したがって土器づくりから、人類は火を本格的に扱えるようになったのだ。ただ夜間の寒さを防ぎ、調理をするためだけでなく、周囲から原材料を集めて、それらを歴史上できわめて有益な物質に変えることによってである。鉱石から金属を製錬する、石灰を焼いてモルタルをつくる、あるいはガラスを製造することなどだ。

　メソポタミア人は硬くて耐久性のある物質が周囲になかったために、干した泥で建造物をつくった。しかし、世界のその他の地域では、人類は足下の地質を利用した。人びとは周囲の環境《ランドスケープ》のなかに――海岸沿いや、肥沃な川の流域や、鉱物資源のある丘陵の近くに――都市を築いたのみならず、その都市を周囲の環境からつくってもいる。この章では、地球が僕らをいかにつくったかだけでなく、僕らが建物を建てるための丈夫な物質を地球がいかに与えてくれたかを見てゆこう。文明の物語は、人類が足下にある地球の構造物を掘りだし、それを積みあげて都市を築いてきた物語なのだ。

　地球上には三つの基本的な岩石のタイプがあり、歴史を通じて人類はその三種類をいずれも使用してきた。堆積岩は、古い岩石から侵食されたり、生物によって生成されたりした物質が沈殿したあと、物質同士が固まることでつくられる。砂岩、石灰岩、チョークなどはみな堆積岩だ。一方、花崗岩のような火成岩は、溶岩または、まだ地中深くにあるマグマが固化したものだ。堆積岩と火成岩が高温や高圧にさらされると――大陸衝突で押し潰されるか、マグマが貫入してくるか――物理的にも化学的にも変質し、大理石やスレートのような変成岩になる。
　古代エジプト人は、天然石を大規模に採石して建造物をつくった最初の文明だ。彼らが使用した岩石は多岐にわたる。ヌビアの砂岩は上エジプトのナイル川沿いの断崖から切りだされた。たとえば、アブ・シンベルのラムセス二世の大神殿や、テーベのルクソール神殿にはこの黄土色の石が使われている。もっと北部では、ナイル川は古いヌビアの砂岩の上に堆積したヌンムリテスの石灰岩を通り抜ける。先に見たように、ギザのピラミッドを建設するために採掘された石だ。東部砂漠では、紅海となった亀裂からアフリカの大陸地殻の基盤そのものとなる古代の岩盤が露出している。ここにある花崗岩と（花崗岩が変成してできる）片麻岩は五億年以上昔のものだ。硬く耐久性があるこれらの石は、彫像やオベリスクを彫刻するためにエジプト人に重宝されており、ナイル川を艀《はしけ》で運ばれ、地中海一帯に輸出された。[8]
　これから、歴史を通じて使われてきた最も重要な石をいくつか取りあげ、それらが地球上でどう生成されたかを見てゆこう。

石灰岩と大理石

　前述したように、ピラミッドの建設に使われたヌンムリテスの石は石灰岩の一種だ。しかし、それは非常に広く分布するこの岩石タイプの一種類でしかない。炭酸カルシウムの石は温泉の湧出し口でも生成される。水が冷えると溶けていた鉱物が沈殿し、地面に石灰岩がたちまち層をなす。この石灰岩の形態はトラバーチンと呼ばれる。ローマのコロッセオの主要な柱と外壁は、ティブル（今日のティヴォリ、ローマの北東約三〇キロにある町）から採石されたトラバーチンでできている。この同じ場所にある温泉でできた石灰岩は、ロサンゼルスのゲティ・センターにも使われた。[9]

しかし、ほとんどの石灰岩は、ティヴォリの鉱泉のような陸上の火山地帯で生成されるわけではなく、生物由来の岩石として海底でつくられる。ヨーロッパでも、世界のその他の地域でも、石灰岩のほとんどはジュラ紀に、温かく浅い海が陸地を水没させた際にできた。こうした熱帯の海ではプリオサウルスやイクチオサウルスのような海洋性爬虫類が泳いでおり[10]、その間に海底では有孔虫などの海洋生物の殻から炭酸カルシウムが石灰質の泥となって沈殿していた。砂粒や貝の破片が潮流によって海底で前後に揺すられるあいだに、これらは同心円の層をなす方解石からなる鉱物に覆われ、（ギリシャ語の「卵石」から）ウーライト〔魚卵石〕と呼ばれる小さな球状になる。これらの小さな球はその後、さらに多くの方解石によって互いに固められ、魚卵状石灰岩ができあがる。

イギリスでは、ジュラ紀に形成された魚卵状石灰岩が東ヨークシャーからコッツウォルズを抜けて、ドーセットの海岸にいたるまで、幅広い帯状の地域で地表面に再び現われている（一四五ページの地図参照）。オックスフォードはこの帯の真ん中に位置し、大学のカレッジの多くはこの華やかな金色の石で建てられている[11]。ジュラ紀の石灰岩からなるこの斜めの帯の南西端には、ポートランド島がある。イギリス海峡に突きだした半島で、その硬い岩は打ちつける波にも耐えている。ここの石灰岩の露頭は一億五〇〇〇万年前のジュラ紀の終わりまでさかのぼるものだ。

ポートランド石は素晴らしい建材で、ただ素晴らしいクリーム色をしているからだけではない。この石をつくるウーライトがちょうど手頃な量で固められているのだ。この石は風化や崩壊に耐える程度には耐久性があるが、石工が切断し彫刻するのに非実用的なほど硬くはない。ポートランド石はフリーストーンとして知られる。細かい粒子からなる構造は、どの方向からもきれいに切れるので、ローマ時代からこの石は建材として使われてきた。ポートランド石はイギリスの多くの記念碑や公共の建物で好んで使われる石材となった。この白っぽい色はロンドン塔、エクセター大聖堂、大英博物館、イングランド銀行、それにバッキンガム宮殿の東側外壁（有名なバルコニーを含め）にも見られる。サー・クリストファー・レン〔イギリス王室の建築家〕は、一六六六年のロンドン大火のあと、セントポール大聖堂の再建工事でも、ロンドンのその他多くの教会でもこの石を選んだ。ポートランド石は世界各地でも使用されており、ニューヨークの国連本部ビルもその一例だ。

アメリカ合衆国には独自の石灰岩の産地がある。最も良質なものはインディアナ州南部で採石されている。ここの石灰岩は、ポートランド石よりもずっと古い、およそ三億四〇〇〇万年前の石炭紀前期に堆積したものだ。インディアナの石灰岩はニューヨークのエンパイア・ステート・ビル、ヤンキー・スタジアム、ワシントンＤＣのワシントン大聖堂、ペンタゴンの外壁にも使われている。この石は一八七一年の大火のあとシカゴの再建にも幅広く使われ、二世紀前のロンドン大火後に記念碑的建造物が再建された事例に倣うことになった。

前章で見てきた地中海北部の海岸線の大半もやはり、もともとテチス海の海底に堆積した石灰岩の岩盤でできている。いまや隆起して海上にでているこれらの岩石は、地中に染み込んできた雨水によって融解している。網目状に広がる石灰洞を生みだしたプロセスだ。おそらく驚くべきことではないのだろうが、これらの洞窟の多くは古代の神話の冥府と関連づけられてきた。たとえば、ギリシャの最南端にあるマニ半島の突端には、伝説のオルペウスが死んだ妻のエウリュディケーを探しに冥府へ降りていったとされる洞窟の入り口がある。オルペウスが奏でる竪琴《たてごと》の美しい音色がハーデース神の心をつかみ、エウリュディケーを生者の地へ連れ帰ることが許されたのだが、一つだけ、決して振り返ってはならないという条件をつけられた。だが、オルペウスは地上の世界に到達するや否や、妻がついてきているか

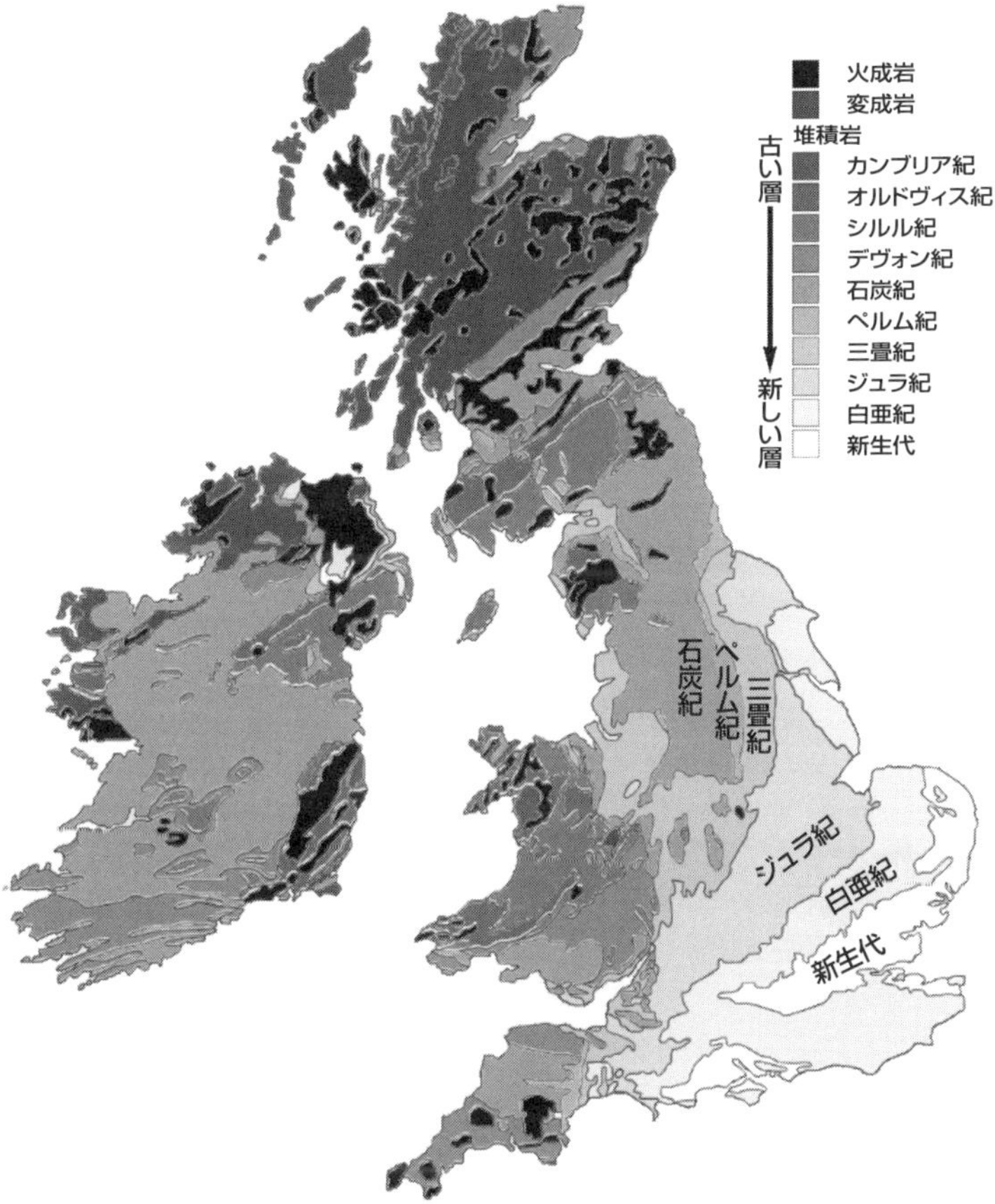
火成岩
変成岩
堆積岩
古い層
新しい層
カンブリア紀
オルドヴィス紀
シルル紀
デヴォン紀
石炭紀
ペルム紀
三畳紀
ジュラ紀
白亜紀
新生代
石炭紀
ペルム紀
三畳紀
ジュラ紀
白亜紀
新生代

イギリス諸島の地質図

どうか確かめるために不安になって振り返ったので、エウリュディケーは永久に姿を消してしまった。[12]

地中海周辺のプレートの収束型境界で、上昇し貫入してきたマグマでテチス海の石灰岩が熱せられた場所では、もしくはその岩盤がアルプスのような山脈を押しあげた地殻の万力に挟まれた場合には、この岩石は大理石に変成した。これが古代ギリシャ・ローマの彫刻、記念碑、壮大な公共の建物に使われた特徴的な石だ。世界でとくに珍重されている大理石は、いまでもトスカーナ北部のカッラーラ市周辺で採石されている。ここのアプアネ山脈には真っ白な石でできた山があり、その石は古代ローマ時代から、たとえばパンテオンやトラヤヌスの記念柱などの建材として使われてきた。カッラーラの大理石はルネサンスの彫刻家たちのお気に入りでもあった。この大理石はおそらく世界で最も有名な彫像――ミケランジェロのダヴィデ像――の材料にもなった。この石は各国にも輸出され、世界でよく知られる象徴的なランドマークも建造してきた。ロンドンのマーブル・アーチ、ワシントンDCの平和記念碑、マニラ大聖堂、アブダビのシェイク・ザーイド・モスク、デリーのアクシャルダム寺院などだ。

世界各地へ輸出されたのは物理的な建材だけではない。古代特有の建築要素――円柱や女人像柱《カリアティッド》、ペディメント〔切妻屋根の下の三角形部分〕から付柱〔装飾用〕まで――はヨーロッパでルネサンス期からバロックにかけて、さらには十八世紀なかばの新古典主義の時代まで何百年も模倣された。これらの様式は誕生したばかりのアメリカ合衆国によってとりわけ熱狂的に採用された。イギリスから独立を勝ちとると、この新しい国は西洋史における最も有力な共和国であった古代ローマで発達した政治構造を参考に、独自の行政制度、つまり連邦共和国を生みだした。同時に、アメリカの主要な公共建築物や地方自治体の建物の多くは、古代の建築様式を真似ていた。これらは太古のテチス海由来の石灰岩や大理石で建てられたわけではないが、同じように堂々たる様式で、若いアメリカという国で採石された白っぽい石材で再現されたのだ。[2]

チョークとフリント

チョークは石灰岩の一種だが、一見、その特性はまるで異なって見える。チョークの堆積物はほぼあらゆる大陸で見つかり[13]、地球の地質史の白亜紀を示す明確な特徴となっている。それどころか、地球の物語のこの時代を指す英語の名称、クリテイシャスも、チョークを意味するラテン語のクレタに由来する。

イギリス南部の大半はその下に、チョークの分厚い層がある（一四五ページ参照）。ワイト島の背骨沿いでは、チョークは露頭となって見え、東のノースダウンズ、サウスダウンズの丘陵地帯の尾根となってつづくが、ロンドンではこの層は地中に潜り、すり鉢状になってその上に粘土の層が重なる。ソールズベリー平原の平らなチョークの土地には、前三〇〇〇年ごろに建設が始まった、北ヨーロッパの初期の人類居住地で最も印象的な記念碑とでも言うべき、ストーンヘンジがある。環状に並ぶ巨大なサルセン石は砂岩でできているが、これを築いた人びとはチョークの土地から、ナイフや鏃《やじり》などの道具がつくれるフリント〔珪質《けいしつ》〕を掘りだそうとしてこの土地へ引き寄せられたようだ。ストーンヘンジほど労力をかけて築かれたものではないが、同じくらい人目を惹く記念碑も、この地質の一帯ではつくられている。人類はこの土地の芸術的な可能性を何千年ものあいだ追求してきたのだ。多孔質のチョークの上にあった薄い芝土の層をはがし、その下にある真っ白い岩石を露出させるか、あるいは地面に溝を掘ってそこをチョークの瓦礫で埋めたのである。何キロも先から見える、丘の斜面に描きだされたチョークの絵には、青銅器時代につくられたオックスフォードシャーの、図案化された線描きのアフィントンの白馬や、紀元一世紀ごろの、誇らしげに挨拶をするドーセットのサーンアバスの巨人などが含まれる。[14]

チョークの層がどこよりも明らかに見えるのは南海岸だ。ここにはよく目立つドーヴァーの白壁がそびえる。[15] この地層はイギリス海峡の下を通ってフランスにまでつづいており、対岸でもそっくりな白壁をなしているほか、シャンパーニュ、シャブリ、サンセールなどのフランスのワインの名産地の土壌を生みだした。フォークストーンからカレーまで高速列車を走らせる英仏海峡トンネルは、チョーク・泥灰土の層を五〇キロにわたって掘削してつくられた。泥のようなチョークの堆積物で、軟らかいが水を通さないものだ。そして、第2章で見たように、かつてブリテンとヨーロッパ本土を物理的に結んでいたチョークの陸橋は、大洪水のなかで押し流されたのだ。

一部の岩石には美しく保存された化石が含まれている。たとえば、イギリス南西部のジュラシック海岸沿いでは、一億九〇〇〇万年前の泥岩が海によって急速に削られており、天気のよい日であれば侵食されつつある断崖沿いを散策して過ごし、螺旋《らせん》を描くアンモナイトや、弾丸のような形のベレムナイト〔矢石〕、クモヒトデの化石などを探すことができる。とはいえ、広大なチョークの層にはさほど多くの化石は含まれていない。むしろ、それ自体が化石なのだ。ドーヴァーの白壁は生物由来の岩盤が一〇〇メートルの高さに露出しているのだ。

チョークの塊を顕微鏡で覗いたときに見える大きめの化石は全長一ミリほどで、多室の有孔虫の殻だ。大ピラミッドの建設に使われた石灰岩のなかで、大型のヌンムリテスの化石となっていた単細胞の海洋生物と同様のものだ。実際には、チョークの大部分はきめ細かい白い粉末に見えるものでできている。ところが、粉っぽい粒子を高性能の電子顕微鏡で拡大してみると、これらにもまた生物の殻ならではの、見間違いようのない複雑な細部が見てとれるはずだ。こうした粒子には多様な形状のものがあるが、なかでも目につくのは、畝のあるディナー皿が重なったような小さい球体の断片だろう。円石藻《えんせきそう》の極小の外皮だ。日光が射し込む表層水に生息する浮遊性プランクトンの仲間で、小さな単細胞の藻《も》である。

広大なチョークの堆積物がつくられたのは、およそ一億年前から六六〇〇万年前の白亜紀後期のことだった。これは世界各地で海水準がとてつもなく高くなっていた時代で、水位は現代よりも三〇〇メートルほど上がっていたのだ。今日では乾いた陸地である大陸の半分にもおよぶ面積が、その当時は海面下にあった。テチス海はヨーロッパと南西アジアのほとんどを冠水させるほど水位を上昇させ、北アメリカの中心部に南北方向にその太い腕を伸ばし、北アフリカにも入り込んでいた。

これだけ海面が高くなった理由は、両極から氷冠が消えた白亜紀後期の蒸し暑い状況のためだけではなかった。地球の歴史の大半ではそうした状況がつづいたからだ。むしろ、高い水位はこの当時、大陸が猛烈な勢いで分割を繰り返していた結果なのだ。それより二億年前のペルム紀後期に、世界の大きな陸塊が集まって巨大な超大陸パンゲアとなった時代には、世界の海面は過去五億年で最低の水位となった。大陸が衝突して合体し、巨大な山脈が突きあげられたということは、より多くの大陸の塊が海洋から隆起したことを意味した。しかし、やがてパンゲアが崩壊すると、リフトが超大陸を引き裂いた。まず、パンゲアはローラシア〔のちのユーラシアと北アメリカ〕がゴンドワナ〔のちのアフリカ、南アメリカ、インドなど〕から離れて北へ動くにつれて真ん中から引き裂かれた。その後、新たに広がってきたリフトがアフリカと南アメリカ、北アメリカとユーラシアをそれぞれ引き離すにつれて、南大西洋がまず誕生し、その後、北大西洋ができた。これらの長いリフトで生じた新しい高温の海洋性地殻は、広大な海底山脈をどんどん隆起させて、周囲の海水を押しのけた。ちょうどバスタブに身を沈めたときのように。この地球規模のプロセスが白亜紀後期に海洋を最も高水準にしたのだ。[16] 温かい海はかつて陸地だった広大な領域を覆って、有孔虫と円石藻が大増殖する状況を生みだし、その小さな殻は海底に分厚く積もり、石灰質の堆積物となった。それがチョークになったのだ。

石灰岩とは異なり、軟らかく崩れやすいチョークは通常それ自体は大した建材にはならない。しかし、チョークは粉々にして農地に撒けば土壌の酸性を下げることになるし、セメントをつくるための生石灰《きせっかい》も生産できるほか、さまざまな化学プロセスにも利用できる。レンガは鋳型《いがた》で成形した粘土を焼いてつくるが、堅固な壁を築くには、レンガ同士をしっかりと積みあげなければならない。この建築用の錬金術で人類が使い方を学んだのは、石灰岩とチョークなのだ。この炭酸カルシウムの岩石を粉砕して窯《かま》で焼き、化学的に分解させてから（その過程で二酸化炭素を放出）、水と混ぜると軟らかいパテができる。このように、石灰岩は建材を提供してくれるだけでなく、その他の物質をくっつける接着剤も与えてくれるのだ。モルタル、セメント、コンクリートは要するに望んだ形に広げたり注入したりすることが可能な人工の岩なのであり、固まれば石と同じくらい硬くなるものなのだ。

チョークには、フリント団塊の層が含まれることもある。軟らかくて真っ白く、化学的にはほとんど純粋な炭酸カルシウムのチョークとは異なり、フリントは硬い暗色のシリカの塊だ。有孔虫と円石藻は外皮を炭酸カルシウムからつくるが、珪藻《けいそう》や放散虫《ほうさんちゅう》などほかの単細胞プランクトンは硬い部分をシリカから生成する。これらの生物が死ぬと、このシリカの甲皮が海底へ漂って溶けてゆく。これによって海底にはシリカの軟泥が溜まり、それがチョーク質の堆積物のなかでフリント団塊となる。

軟らかいチョークが風化するにつれて、耐久性のあるフリント団塊だけが削り残されて、周囲に散らばることになる。フリントは石器時代の道具づくりには驚くほど重要なものだった。第1章で見たように、大地溝帯の人類の揺籃の地では最古の道具の多くに黒曜石が使われていたが、フリントも同様に打ち欠いて非常に鋭利な刃や先端をつくることができる。獲物を解体し、皮を剝ぎ、獣皮をこすって衣服にするためになめし、木材を削る、あるいはナイフ、槍先、鏃《やじり》をこしらえるにも最適だった。そして、フリントはそれ以来、重要でありつづけた。ガラスを製造するには高純度のシリカが必要であり、フリントはまさしくそのような供給源の一つとなる。たとえば、イギリス南東部のフリントは、一六七四年にジョージ・レイヴンズクロフトが鉛クリスタル・ガラス器をつくった際に使用されている。(3)この輝くガラスはヴェネツィアのガラスに対抗してつくられた。ヴェネツィアでは職人たちが、スイス・アルプスから流れてくるティチーノ川の川床で拾った白い石英の小石を焼いて、シリカを手に入れていた。[17]

火と石灰岩

これまで、石灰岩やチョークのような岩石がいかに周囲の環境を特徴づけ、石材やモルタル、セメント、コンクリートの材料という形で建築用の原材料を提供してきたかを追究してきた。人類はこれらの建材で建物をつくり、風雨や外気から身を守ってきたが、この生物由来の岩石の生成そのものもまた、地球上の生命を絶滅の大惨事という脅威から守るうえで役立ってきたのかもしれない。

地球の生命の歴史において最大級の突発事変は、二億五二〇〇万年前のペルム紀と三畳紀の境目に起こった。このペルム紀末に地球規模で絶滅が生じたのは、世界の陸塊がすべて合体して一つの超大陸パンゲアができたときのことで、これは地球に複雑な生命体が存在した五億年間で起こったなかでは、群を抜いて悲惨な大量絶滅だった。化石記録からは陸上のすべての生物の七〇%ほどが、海洋生物では九六%もがこの大惨事で一掃されたことがわかり、世界が生物多様性を回復するまでにはほぼ一〇〇〇万年の歳月を要した。[18] この地球規模の一掃は地球上の生命形態の特徴にも根本的な推移があったことを記していた。「古い生命」の時代（古生代）は「中間の生命」（中生代）に取って代わられたのだ。つまり、恐竜と裸子植物の針葉樹を特徴とするようになった時代だ[4]。

ペルム紀の大量絶滅の原因は、溶岩が途方もない規模で噴きだしたためと考えられている。数度にわたる大規模な火山活動が、おそらく合計すると五〇〇万立方キロにもなるどろどろとした溶岩を吐きだし、それが数百平方キロにわたって流れ、熱い物質の海で陸上の壮大な面積を埋め尽くし、やがてそれが冷めると、広大な玄武岩の領域が広がった[19][5]。これらの地域に溶岩がたびたびあふれでると、玄武岩が層をなして連なるようになった。今日その層は、広域にまたがるシベリア・トラップの山がちな高原として見ることができる。何百もの層が互いに積み重なって、階段のように見えるので、オランダ語で階段を意味する「トラップ」にちなんでこの名称はつけられた[6]。

そのような途方もない火山の噴火は、莫大な量の二酸化炭素を大気中に放出しただろう。シベリア・トラップから流れだしたマグマには、ほかにも二つの要因から火山性ガスが過度に含まれていたかもしれないと地質学者は考える。シベリアの下の地球の内部の奥底からマントル・プルームが上昇してくるにつれて、それ以前から沈み込みによって呑み込まれていた太古の海洋性地殻の一部が溶けたのだと考えられている。再利用されたこの地殻は揮発性の成分に富むため、熱せられると大量のガスを発した。また、上に重なる地殻を通り抜けて地表へ昇る過程で、これらの「洪水玄武岩」は石炭層のような地層にぶつかり、それをマグマが高温で熱したことによってさらに多くのガスが発生したようでもある。

したがって、シベリア・トラップの流出の初めは、今日、僕らがよく知っているような火山の噴火とはまるで異なっていたと思われ、むしろ地球の下腹から途方もない量のガスが噴出することから始まったようだ。これらの噴火によって放出された大量の二酸化炭素は、絶大な温室効果を発揮した。地表温度は急速に上がり、深海は無酸素状態になり、海底の生物を窒息させた。塩化水素や二酸化硫黄などの有害な火山性ガスも成層圏まで立ちのぼっただろう。塩化水素の放出はオゾン層を徹底的に破壊し、太陽からの有害な紫外線が地表まで届くようになったはずだ。そして二酸化硫黄は太陽光の一部を遮り、光合成をする生物や、それに依存するその他の生物に被害を与え、その後は大気中から酸性雨となって再び降ってきただろう。

このペルム紀最後の多重の厄災が地球の生態系を急速に崩壊させ、地球上の複雑な生命体の歴史では最大の大量絶滅を引き起こしたのだ。そして、この現象はペルム紀に限られたことではなかった。二億年ほど前の三畳紀とジュラ紀の境目にも、別の洪水玄武岩の事変が大量絶滅を引き起こし、それによって恐竜が陸上の主要な動物となる道が開けたのだと考えられている。

ところが、奇妙なことが起きたのだ。ペルム紀と三畳紀の事変以降も大規模な洪水玄武岩の噴火はたびたび生じたが、そのいずれも同じような大量絶滅を引き起こしはしなかった。地球上の何かが変化して、巨大な噴火による大惨事となりうる影響からも地球は回復力をもつようになったに違いない。(7)

およそ六〇〇〇万年前と五五〇〇万年前に、溶岩が二度にわたって大量に流出したことによって北大西洋火成岩岩石区が形成され、北アメリカがユーラシアから分裂するなかで、これがパンゲアの分割の最後を記すことになった。この事変による玄武岩――北アイルランドのジャイアンツ・コーズウェイの非常に幾何学的な石柱や、グリーンランド東部の類似の地物――は、北大西洋が広がったことによって分離した。こうした溶岩の流出はおそらく、ペルム紀の大量絶滅のさなかにシベリア・トラップから放出された以上に大量の溶けた岩石を吐きだしたに違いない。[21] そして、ペルム紀の洪水玄武岩のように、北大西洋火成岩岩石区から噴出したマグマも地表近くの揮発性物質を含む堆積岩を通り抜け、それが熱せられるにつれて、溶岩そのものが発するガスに加えて、大量の二酸化炭素が放出されたのだろう。[22]
しかし、こうした事変は大量絶滅を引き起こすことはなかった。地球の気候にとっては確かに衝撃であり、五五〇〇万年前の二度目の出来事は、第3章で見てきた暁新世・始新世境界温暖化極大期〔PETM〕と同時に起きた。それでも、この温度の激変によって深海の種が若干、絶滅したものの、これらの事変はむしろ哺乳類の三つの目の急速な進化を促し、それが今日、陸上で優勢を占めている。偶蹄目、奇蹄目、霊長目である。

では、ジュラ紀以来、大規模な洪水玄武岩の事変による大量絶滅にも、地球がずっと回復力をもつようになったということは、僕らの惑星に何が起きたのだろうか?

一つの重要な要因は――またもや――パンゲアの分裂だ。超大陸は総じて、空気中から二酸化炭素を除去することにかけては効力が弱い。海から遠く離れた広大な内陸部は、降雨率が低く非常に乾燥する。このことは岩石の侵食によってCO_2が取り込まれることが少なくなり、堆積物や栄養素を海まで運んでプランクトンの成長を促す河川も少ないことを意味する。そのため、生物がCO_2を吸収するメカニズムも抑制されているのだ。つまり、最後にパンゲア〔の残骸〕が分裂してからの過去六〇〇〇万年間に、溶岩の大量流出によって大気中に放出される二酸化炭素を除去することに関して、世界ははるかに効率を上げていたのだ。だが、それですべてが説明されるわけではない。大気中の二酸化炭素を下げるための地質学的なメカニズム――山の侵食によるもの――は非常にゆっくりと働く。そのため、広大な火成岩岩石区の噴火によってCO_2が急激に増加すると、岩石の侵食がその濃度を再び元に戻すはるか以前に大量絶滅が引き起こされるだろう。重要な要因は、生物における決定的な推移にあったようだ。

一億三〇〇〇万年ほど前の白亜紀前期に、円石藻が大陸棚の浅い海域から生息域を拡大し、外洋のプランクトンとして生きるようになった。ほぼ同時期に、方解石の殻をもつ有孔虫も深い海底から生息域を海の表層水へと広げた。これはつまり、大陸周辺の浅い海域だけでなく、広大な外洋そのものが方解石の殻をつくるプランクトンの生息域となったということだ。死んだ円石藻と有孔虫の殻は海底に雨のように降り、そこで新しい種類の堆積岩となって、大陸棚だけでなく、深海でも石灰岩を生成するようになった。[23] こうして、海洋生物は大気中から二酸化炭素を除去することにより熟達し、深海の海底に生物由来の岩石としてそれを固定するようになったのだ。このとき以来、地球上の二酸化炭素の濃度は徐々に下がってきた。

そうなると、洪水玄武岩の事変から空気中に二酸化炭素が一気に大量に注入されても、海洋で石灰岩をつくるプランクトンがこのガスを、地質作用よりもずっと急速に取り除くことができるようになった。つまり、白亜紀前期からは、地球は火山による二酸化炭素の急上昇が、連鎖的につづく温暖化と大量絶滅を引き起こす前に、それを速やかに除去する強力な補償メカニズムを発達させていたのだ。したがって、五五〇〇万年前にＰＥＴＭが二酸化炭素の濃度と地球の気温を押しあげて大惨事を招きかけたときには、プランクトンが地球の生命を救ったのである。

このように、ドーヴァーの白壁をつくる生物由来の岩石や国連本部ビルの石灰岩の外壁はどちらも、地球内部の深いつながりを思いださせ、それが時代を超えて今日、僕らが暮らす世界をつくりだしたことを認識させる役目を果たしているのだ。

地殻の汗

花崗岩は大陸で最も一般的に見られる岩石のタイプだ。前述したように、海洋地殻は、海底で広がったリフトからマグマが滲《し》みだし、固化した玄武岩からなる。一方、花崗岩はプレート同士がぶつかり合う収束型境界でつくられる。

海洋地殻が沈み込むと、この下降するプレートの水を含んだ岩石は五〇キロから一〇〇キロの深さで相当な圧力と温度によって溶け、さらに下へと滑り込む際の摩擦によっても熱せられる。この溶けたマグマは上に重なる地殻のなかへ上昇し、巨大な地中の空洞に溜まる〔マグマ溜まりという〕。マグマはここで冷え始め、最初の鉱物——最も融点が高いもの——が結晶化して混合物から沈みでると、この地底深くの大鍋に残された融解物の化学組成は徐々に変わる。最初に生じた鉱物はシリカ（二酸化珪素）の含有量が少なく、それはつまり残されたマグマはどんどんシリカが豊富になることを意味する。花崗岩質のマグマも大陸衝突時に生成され、地殻はそれによって生じた大山脈の下で分厚くなり、底辺で部分的に溶けるために、やはりその上に重なる地殻のなかへ上昇する。シリカに富んだマグマが冷えて固化すると、地中に花崗岩の大きな塊ができ、その多くは同じ収束の地殻変動によって上に形成された山脈の芯部でつくられる。花崗岩はプレートテクトニクスの汗なのだ。[24]

地殻がこうして再融解し、化学的な作用も受けることは、花崗岩の密度が玄武岩よりも低くなることを意味する。そのため、プレートテクトニクスで衝突が繰り返されるたびに、花崗岩はより重い海洋性の玄武岩の上に押しあげられ、沈み込まなくなる。花崗岩は大陸地殻の基底部の層として残り、融合するのだ。こうして、花崗岩は大陸の主となる基盤をなして、堆積物に覆われた下に存在し、周囲にあった軟らかい地層が侵食された場合にのみ、揺るぎない露頭となって地表に露出することになる。

本書を通して見てきたように、山脈は空高く突きあげられた途端に、再びそれを切り崩そうとする地球の過酷な力にさらされる。凍結融解サイクルによる膨張と亀裂は、こうした岩石をひび割れさせ、粉砕する。側面を勢いよく流れる川は網目状に渓谷をえぐる。前進する氷河が頂上を削り、山そのものの破片を拾いあげてやすりをかけ、さらに摩滅させる。しかし、山が侵食されるにつれて、その分厚い地殻を高密度のマントルのなかに押しさげていた重みが減るため、山は少しだけ上方へ浮上することになる。つまり、低くなってきた山頂は容赦なく、嚙み砕こうと待ち構える侵食の口のなかに押し返されるのだ。ちょうど大工が回転する研磨ディスクに木材の塊を手際よく押し当てるような具合に。最終的には、壮大な山脈ですら地球の歴史の悠久の時間のなかで、一粒一粒解体されてゆく。山はやがてわずかに基盤を残すばかりに削られ、硬い花崗岩の芯部をさらす。

したがって、花崗岩の石柱の上に立つときには、太古の山脈の芯部の上に足を乗せていることになる。その花崗岩ができた当時は、その上に少なくとも厚さ一〇キロ以上の岩石が上に積みあがっていただろうが、一億年以上の歳月にわたって侵食されて、削りとられてしまったのだ。〔イギリスのデヴォン州〕ダートムーアのゴツゴツした山やヨセミテ国立公園のエルキャプテン、リオデジャネイロのポン・ヂ・アスカール山、チリのトーレス・デル・パイネもみなこのようにしてつくられ、露出したものだ[25]。

花崗岩は硬く、耐久性があり、大きな結晶からなるきめの粗い構造をしている。融解していたものが地中深くでゆっくりと冷えるあいだに、大きく成長するだけの時間があったためだ。花崗岩は堅実性と永久性を象徴するものなので、歴史を通じて人類はこの石を使って印象的な記念碑を建ててきた。世界で最も有名な花崗岩の地物は、サウスダコタ州のラシュモア山だろう。この花崗岩の塊は一六億年前につくられ、一九三〇年代にアメリカの四人の大統領の顔——ワシントン、ジェファソン、（セオドア・）ローズヴェルト、リンカン——が、最も多く太陽に照らされるように、その南東面に彫刻された（このプロジェクトは当初、大統領の人物像をウエストまで彫る計画だったが、資金不足となった）。この彫刻がある花崗岩は格別に耐久性があり、一〇〇〇年間に約二・五ミリの割合でしか侵食されない。ここはアメリカの理想のシンボルとして非常に長いあいだ残るだろう。それどころか、この記念碑の設計者はこのことを考慮して、大統領たちの顔立ちを数センチほど深めに彫り、三万年先の未来に、意図した形状にまで削られるようにしたのである。[26]

古代世界では、エジプト人が花崗岩の利用に長けており、石材はナイル川上流域のヌビアの採石場から得ていた。今日のスーダン北部に当たる地域だ。[27] 彼らはこの石材で最も耐久性のある円柱や石棺、オベリスクなどを彫刻した。いまはロンドン、パリ、ニューヨークに立つ「クレオパトラの針」などである（もっとも、これらはクレオパトラの治世よりも一〇〇〇年以上は前につくられたものなので、これは誤称である）(8)。古代エジプトの記念碑が再発見され、大英博物館で展示されたことで、一八〇〇年代の初めにヨーロッパの石工たちはそれらの作品を真似て、花崗岩を彫刻することを思いついたが、それに成功したのはアバディーンで花崗岩を荒削りし、切断する蒸気駆動の機械が開発されてからのことだった。[28] イギリスで使用された花崗岩の大半はアバディーンを産地としている。ここの花崗岩は四億七〇〇〇年前のグランピアン山脈の下でできたもので、[29] その上に堆積していた厚さ数キロ分の岩石が削られて、花崗岩の芯部が露出するのに充分な歳月を経たものだった。

だが、花崗岩ほどの頑強な耐久性も、風雨や外気に容赦なくさらされれば影響を受けずにはいられない。水と徐々に反応することで、花崗岩は化学的に崩壊し、ほとんど魔法のような変貌を遂げる。石英の結晶は崩れて砂粒となる。長石という、当初の花崗岩にあったもう一つの鉱物は、化学的にカオリン、すなわち粘土の一種に変質する。水は崩壊する花崗岩からその他の不純物も濾過《ろか》し、あとには真っ白い外見をした、この最も純粋な粘土の細かい粉っぽい粒子だけが残される。これが生じるのは地中深くから花崗岩がゆっくりと掘りだされ、外気にさらされた場合か、まだ地中にあるうちにそれ自身の熱によって地中の割れ目や亀裂で熱水変質作用が生じた場合だ。[9]

カオリンは純粋で真っ白であるだけでなく、その粉っぽい円板状の粒子は素晴らしく軟らかく、曲げ延ばしが効く。この粘土を高温で焼くと、とりわけ強度があり、透明度もある焼き物ができる。カオリンはそのため、最上級の焼き物、つまり磁器の原材料となる。

磁器は一五〇〇年ほど前に中国で〔白磁が南北朝時代の北斉で〕最初に開発され、九世紀にはイスラーム圏に到達した。ヨーロッパへの磁器の交易から、ファイン・チャイナ〔中国からの上等なもの〕という英語の名称はつけられた。磁器の花瓶、水差し、鉢、茶器などは、高温で焼くことで非常に薄くても強度のある器となり、洗練された繊細さと、天上のもののような透明感をもつようになる。それゆえに、磁器はその他の焼き物と比べてこれほど珍重されたのだ。土器や炻器《せっき》は、たとえ美しく釉薬を施されて〔陶器となって〕も、その不透明で濁った色が残るからだ。

磁器を真似ようとして、イギリスの陶工は食肉処理場から骨《ボーン》の灰を粉砕したものを入手して加えてみたが、白い色は再現できても、このボーン・チャイナはまだ磁器には劣っていた。彼らはやがてカオリン粘土という秘密の材料を発見した。イギリスでは十八世紀末に商業的に成功した最初の生産がストーク・オン・トレントで始まった。この地域は窯の燃料とする石炭が豊富に産出する。スタッフォードシャー州の陶工はもともと地元の石炭層のあいだで見つかった粘土の層を利用して、それを建設用のレンガや床用タイル、あるいは荷馬でロンドンにバターを運ぶための大きな壺などに焼いていた。[31] しかし、上質のボーン・チャイナを製造する技術が発達すると、ストーク・オン・トレントはこの磁器の競合品のヨーロッパにおける生産の中心地となった。ストークの窯業では近隣から窯用の石炭は豊富に得られたし、その石炭を蒸気機関にも使って原材料を潰したり混ぜたり、ろくろを回したりするようになったが、それでも肝心のカオリンはコーンウォールから運んでくる必要があった。アバディーンと同様に、コーンウォールにも露出した花崗岩の層があり、ここでは岩石が熱水作用を受けて軟らかく白いカオリン粘土に変わっていた。そして、コーンウォールのカオリンをストークの窯業に輸送する必要性が、完成されたデリケートな磁器をイギリス国内に配送する需要と相まって主要な原動力の一つとなり、産業革命の初期段階に長い運河網を掘る事業を後押ししたのである[32(10)]。

このように、プレートテクトニクスの押しつぶす圧力と、熱からゆっくり冷えた汗として生成された花崗岩は、記念碑に恒久的な堅実性を与えるとともに、きわめて繊細で壊れやすい物質、磁器にも変貌を遂げたのだ。

足下にある地層

この章の初めに、古代エジプト人とメソポタミア人がいかにそれぞれの文明を、足下の地球から各地に与えられた建材を使って築いていたかを見てきた。これは古代文明に当てはまるのと同じくらい、現代史を通じても言えることだ。通常は見えない地下の世界が、イギリス各地の建物の外見にどのように反映されているかを調べてみよう。イギリスは、全国規模の地質図が最初に描かれた場所なのだ[(11)]。

イギリスの地層はとりわけ変化に富み、過去三〇億年にわたる地球の歴史のほぼすべての時代からの岩が露頭となって現われている。これらのさまざまな地層は、地殻変動と侵食によって複雑に渦を巻く縞模様をなしてイギリス全土で再び露出している。年代的には、スコットランド高地の最も古い岩盤から、南東部の過去六五〇〇万年間につくられた最も新しい地層まで、おおむね北から南へと並んでいる。

イギリス各地の建物の特徴が、歴史を通じていかに地元の地質を総じて反映してきたかを見るのはじつに興味深い。アバディーン市の公共建築物やダートムーア周辺の農家の灰色の花崗岩、エジンバラやヨークシャーの淡黄色をした石炭紀からの砂岩、コッツウォルズの村で見られるジュラ紀の金色の石灰岩、ロンドン市内や周辺部でレンガや瓦に使われた赤茶色の粘土などが思い浮かぶ。僕らは足下にある地層を掘りだして、壁として積みあげてきたのであり、地質学者であれば、伝統的な建物の写真を見るだけで、イギリスのどのあたりでそれが撮影されたか見当がつくだろう。

　地元に適した石材がない場所では、できる限りの工夫を凝らすしかなかった。チョークは大した建材にはならない。これは軟らかく崩れやすい石であり、風化にも耐えられない。とはいえ、チョークもときおり、イーストアングリアやフランスのノルマンディー地方などで、クランチと呼ばれる建材として使われてきた。不規則な瓦礫の塊にするか、ブロック状に切断して積みあげるのである。しかし一般的には、白亜紀の土壌が広がる場所では、代案を探さなければならなかった。サフォークやノーフォークのチョークの土地にある多くの家屋は、木骨造りで建てられ、それを小舞壁《こまいかべ》――小枝を格子状に組み、泥と藁で覆ったもの――で埋めて、チョークからつくった溶液で漆喰を施している。これらの木骨造りの家は頑丈で、湿気を適切に防いでいれば、何百年も使えるほどの耐久性がある。チョークの土地では瓦に使える材料もほとんど見つからないため、この地質の土地にある建物は伝統的に葦、または小麦を収穫したあとの長い藁で葺《ふ》かれていた。このような木骨造りで茅葺き屋根の建物は典型的なイギリスの田舎を象徴するようになったが、実際にはこれはその土地の地層に適切な建材となる石がないことを反映しているのだ。[34]

　こうした地方特有の建築様式は、産業革命とともにずっと均質化した。レンガは成長する都市の水車場や工場、労働者の宿舎を建設するために大量生産され、運河伝いに、のちには鉄道を使ってはるか遠くまで輸送された。スレートは長年、北ウェールズのスノードニア周辺で五億年前のカンブリア紀の地層から採石されてきたが、屋根材としてイギリス各地で使われ始めた。スレートはきめ細かい岩石で、海底の泥岩として生成されたのちに、プレートテクトニクスの万力で締めつけられて変質したものだ。この作用ですべての粒子が特定の平面上に並んだため、のみでうまく叩けば、完全に平らな薄い板状に割れる。したがって、この石は瓦をつくるには理想的なのだ。ウェールズのスレートは十九世紀を通じて拡大する産業都市に供給され、今日でもこれらのカンブリア紀の薄い板はイギリス各地の建物の上を覆っている。[35]

岩石が世界各地のさまざまな地域で歴史を通じて重要であったのは、人類の建設プロジェクトに原材料を提供してきたからだけではない。足下にある地層もまた、現代の都市の発展の仕方を左右してきたのだ。

マンハッタンへの旅行を思いだせば、あるいはいまグーグルアースでこの街を訪れれば、摩天楼がそびえる二つの主要な地区があることがわかるだろう。マンハッタン島南端にあるダウンタウンの金融地区の込み合った一角と、クライスラー・ビル、エンパイア・ステート・ビル、ロックフェラー・センターなどがあるミッドタウンだ。超高層ビルのこれら二つの密集地のあいだには、低いビルが広がっている。ビルの分布は通りの下にある隠れた地層を反映すると、一九六〇年代末にある地質学者が最初に主張した。[36]

片岩として知られる黒っぽく硬い変成岩の塊――もとは泥や粘土であったものが地球の深層部の強烈な熱で変成したもの――が、ニューヨーク市のいたるところに露出している。昼休みを取るニューヨーカーたちはセントラルパークのこの岩の塊に座って、サンドイッチを頬張るかもしれない。ニューヨークの片岩は北アメリカの東海岸沿いに、ラブラドールの海岸からテキサスまで、さらには（北大西洋があいだに入り込むまでは）メキシコ東部からスコットランドまでつづく巨大な山脈の下で熱せられた。このグレンヴィル造山帯は、パンゲアよりもさらに古いロディニアと呼ばれる超大陸の真ん中を貫いていた。一〇億年ほど前に〔超大陸を誕生させる過程で〕ローレンシア大陸が別の二つの大陸に衝突してそれらを合体し、グレンヴィル造山帯を突きあげたのだ。それ以降の長い長い年月のあいだに、大陸が分裂しては別の配置で再び合体するあいだ、この造山帯はゆっくりとながら着実に侵食され、削られてゆき、今日ではその基盤が残るばかりとなっている。

ニューヨークでは片岩は向斜《こうしゃ》、つまり〔褶曲して中央が〕溝のように地中に落ち込む形状をなしている。そのためマンハッタンの南端では片岩の層が地表近くにあり、ミッドタウンまで行くと再びこの層が盛りあがっている。この硬い変成岩の基盤はそびえる高層ビルの途方もない重みに耐えるうってつけの基礎となる。その中間には、巨大な建築物を支えきれない、向斜状の片岩のカップに支えられた軟らかい岩が存在する。すでに発展している商業地区で開発は進むので、社会経済学的な要因もやはり超高層ビルのパターンに影響はおよぼしたが、全体として、マンハッタンのビルの並びはその下にある地層に従っている。いちばん高層のビルがある地域は、硬い片岩に支えられているのだ。表面には見えない地下の世界――それこそ太古の造山帯の摩耗した基部――は商業地区にそびえる超高層ビルとして地上に反映されているのだ。神々ではなく、資本主義に捧げる記念碑である。[37]

ロンドンはある意味では、マンハッタンと対極にある。二つの川に挟まれた島である代わりに、ロンドンは川の周囲に建てられた都市なのだ。しかし、ここも地質学的には似たような土壌に位置する。くさび形をしたロンドン盆地は向斜の底辺にあり、そこでは岩石層が溝のなかに閉じ込められている。この場合、アルプス山脈をも押しあげた地殻変動の力によってである。実際、第2章で見たように、ロンドン盆地はかつてドーヴァーとカレーのあいだで陸橋を形成させたウィールド・アルトワ背斜〔褶曲した地層の盛りあがった部分〕の膨らみと同じ、地表の岩石のひだの一部なのだ。マンハッタンでは向斜によって、ダウンタウンとミッドタウンの地表近くが変成岩である硬い片岩となったが、ロンドンとテムズ川下流域一帯は向斜の溝の底部に沿って位置する。およそ五五〇〇万年前に温かい海が〔西側の先端が〕細くなってゆく盆地に打ち寄せていたころ、この溝は粘土の層で埋まった。

このロンドン粘土は現代の超高層ビルを建てるにはまったく不向きである。ニューヨークと比べて、ロンドンにこれほど高層ビルが少ない理由は、市の下に軟らかいパテのような粘土からなるこの分厚い層があるからなのだ。ザ・シャードやカナリー・ワーフのワン・カナダ・スクウェアは、その重みを支えるために非常に深く杭打ちをした基礎の上に建設しなければならなかった。しかし、この分厚い粘土の層はトンネルを掘るには理想的だった。容易に掘れるくらい軟らかいが、トンネルを保護する水を通さない安定した覆いにもなってくれるからだ。

ロンドンでは世界最初の地下鉄路線が一八六三年に建設され、今日ではロンドンの「チューブ」は全長四〇〇キロ以上のネットワークに発展し、二七〇の駅がある（そのすべてが地下にあるわけではないが）。地下の地理は、ロンドン北部でなぜ地下鉄網が非常によく発達し、南部の路線はずっと少ないのかも説明する。テムズ川の南で粘土層が地下鉄網の下方に潜り込んでおり、代わりに砂と砂利からなるはるかに扱いにくい地層にトンネルを掘らなければならないからだ。ロンドン粘土は、チューブが不快なほど暑くなる理由でもある。地下の洞窟は通常、ひんやりとして涼しいので、これは矛盾しているように思えるだろう。実際には、最初にトンネルが掘られたときには、粘土の温度は一四℃前後だった。それどころか、チューブの初期の時代には、地下鉄は暑い夏の日に涼める場所として宣伝されていた。ところが、一世紀以上を経て、地下鉄のモーターやブレーキ——および何百万人もの乗客——が放出する熱がトンネルの壁に吸収されてしまったのだ。そして、密度の高い粘土は驚くほど断熱性があるので、この熱はどこにも逃げ場がないのだ。[38]

したがって、世界で最初の本格的な都市は、メソポタミアのぬかるんだ平野に日干しレンガで建てられたが、その下にあった粘土は現代の大都市の発展の仕方も決めつづけているのだ。ロンドンの広大な地下鉄網と、好対照をなすニューヨークの摩天楼のように。

さてこれから、足下の地層がいかに文明と都市を築くための天然の素材を提供してきたかという問題から、人類がいかに岩石から道具をつくる物質を抽出することを学んだか、そして僕らがその技術でいかに世界を変えたかに目を向けることにしよう。

第6章　僕らの金属の世界

人類の最古の道具がいかに石から――チャートや黒曜石、フリントの塊を打ち欠いて――つくられてきたかを、あるいは木、骨、獣皮、植物繊維でできていたかをこれまでに見てきた。旧石器、中石器、新石器時代を経るにつれて、人類はこれらの技術を洗練させ、ずんぐりした握り斧やスクレーパー（掻器）から槍の穂先、鏃などに適した小型の尖らせた石片へと移行していった。それでも、青銅器時代の始まりは人類史における大転換を記すものとなった。ただ周囲にある自然界から集めてきたものの形を整えるだけでなく、原材料を意図的に変容させ、ゴツゴツした鉱石から光る金属を取りだすことを学び、さらにそれを鍛造《たんぞう》、鋳造することを覚え、合金を調合するわざをも完成させた。そして、技術革新の度合いは時代とともに加速した。ホミニンが打製石器をつくって以来、人類が初めて銅を製錬するまでには三〇〇万年を要した。ところが、鉄器時代から宇宙飛行まではわずか三〇〇〇年で進歩したのだ。

金属が人類史においてこれほど革命的であったのは、ほかのどんな物質にもない多様な特性が金属にはあるからだ。金属はきわめて硬く丈夫だが、割れやすい陶磁器やガラスとは異なり、柔軟性にも富み、砕けにくい。より近年の技術に関して言えば、金属は電気を通すことができ、高性能の機械がさらされるような高温にも耐えられる。過去数十年においては、人類の最新技術で金属の驚愕的な多様性が利用されるようになり、なかでも現代の電子機器に活用されている。

この章では、金属がいかに人間社会を青銅器時代からインターネット時代へ変容させたか、そして地球がいかにその金属を僕らに与えたかを検証する。

青銅器時代の到来

道具や武器をつくるために人類が製錬した最初の金属は銅だった。銅鉱石は往々にして見つけやすく――魅力的な青や緑色をした鉱物を含む――この金属は製錬もしやすい。土器を焼くときに使うような窯で、炭を使って銅鉱石の塊を焙焼《ばいしょう》することで抽出できるのだ。炭を燃やせばそれに必要な高温を得られるほか、鉱石のなかで金属が結合している酸素や硫化物、炭酸塩などを除去して、純粋な銅だけを残す「還元」の化学反応も引き起こされる。

純粋な銅の問題点は、これがかなり軟らかい金属だということだ。銅を叩いてつくった道具の刃先はすぐに切れ味が悪くなり、つねに研ぎ直さなければならない。銅に別の金属を混ぜて合金にすれば、はるかに優れた材料となる。すなわちブロンズだ。銅の原子のあいだに大きめの原子を入り込ませることで、金属は曲がりにくくなる。要するに、互いに容易にすり抜けていた銅原子の層を妨害して、金属の混合物をより硬く耐久性のあるものにするのだ。生みだされた最古のブロンズは銅と砒素《ひそ》の合金だったが、この混合物は銅と錫《すず》のブロンズ〔日本では青銅と呼ぶ〕に改良された。最初に青銅がつくられたのは紀元前四千年紀後期のアナトリアとメソポタミアで、のちにエジプト、中国、インダス川流域へと広がった。[1] 銅と錫からなる青銅の注目すべき利点の一つは、これがずっと低温で溶け、発泡しないため、鋳《い》型《がた》に注いで容易に鋳造できる点だ。[2] これによって職人は必要な道具をどんな形にもできるようになり、摩耗したり割れたりすれば修繕するだけでなく、鋳直すこともできるようになる。[3] 青銅はすぐに祭器や調理器具、農具、武器などをつくる標準的な材料になった。[4] 新石器時代は青銅器時代に移行したのだ。

青銅がメソポタミアで最初に使用されたというのは、意外な感じがする。この地域には独自の錫の産地がないため、合金をつくるのに欠かせないこの材料は遠隔地から交易されてきたのだろう。青銅器時代にユーラシア西部で使用された錫は、現代のドイツとチェコの国境地帯沿いのエルツ山脈、[5] イギリスのコーンウォール、および少量はフランスのブルターニュ地方の鉱山を産地としていた〔タジキスタンのザラフシャン川流域にも青銅器時代の錫鉱山がある〕。コーンウォールの鉱山はとりわけ古代世界に必要とされた錫を大量に供給するようになった。この不可欠な金属の鉱石は、花崗岩《かこうがん》質のマグマが堆積岩の層に貫入したときに生成された。この大量のマグマの熱は地下で熱水作用を引き起こし、循環する高温の水が周囲の岩石から鉱物を溶かしだし、上に重なる岩石の亀裂や割れ目に、金属を豊富に含んだ鉱脈として再びその鉱物を沈殿させたのだ。[6]

錫が前四五〇年ごろからはフェニキア人によって、北ヨーロッパからジブラルタル海峡を抜けて、そしてそれ以前は陸路の交易路沿いに肥沃な三日月地帯まで交易されていたことはわかっている。[7] 錫は古代世界では不足していたので、高い値がついただろう。一方、銅鉱石はずっと広く分布しており、地球はとりわけ興味をそそるプロセスによってこの鉱石を僕らの使えるものにしていたのだ。

海底から山頂へ

地中海、エジプト、メソポタミアの青銅器時代の職人は、キプロス島から採鉱された銅を盛んに利用していた。[8]それどころか、ラテン語で銅を意味する言葉――クプルム――はこの島の名前に由来し、それゆえに現代の元素記号はCuとなった。第4章では、地中海の地質学的な成り立ちがいかに海洋民族の社会を繁栄させるのに最適な環境を生みだしたかを見てきた。世界のこの一角で生じた地殻変動は、じつは青銅器時代に文明を築くために欠かせない原材料も与えていたのだ。

銅は、亜鉛、鉛、金、銀などの金属と並んで、大洋中央海嶺《かいれい》の拡大域に高濃度で堆積している。[9]こうした場所ではプレート同士は引き離され、新たな海洋地殻からマグマが湧きでてくる。地球の地殻に口を開けたこれらの割れ目の縦軸に沿って、高温のマグマが地表のすぐ近くまであふれてくる。海水が海底の岩を通して滴り落ち、滲みてきてこのマグマと接触して過熱される。この水はやがて地殻を通って再び上昇し、周囲の岩から鉱物を滲みだしながら進むが、熱水噴出孔で海底から無理やり海中へ押し戻される。この鉱物に富んだ熱い液体が凍りつくような海水とぶつかったとき、硫化鉱物の粒子が渦を巻くどす黒いプルームとなって沈殿する。そのような熱水噴出孔には、ブラックスモーカーという、はるかにイメージの湧く名称がつけられている。背の高い煙突のような構造物群から吐きだされるこれらのブラックスモーカーは、真っ暗な深海のなかで、さながら建築家のアントニ・ガウディに感化された工業地帯のようだ。

ブラックスモーカーは、地球上で最も極端と思われる生命形態のオアシスとなって、殺風景な深海の海底に存在する。陽光がまったく射し込まない場所に棲むこれらの見慣れない生物群には、体長二メートルにもなるジャイアント・チューブワームのほか、青白い甲殻類や巻貝などが含まれていた。一九七〇年代末に潜水艇が初めてブラックスモーカーの一帯を発見した当時、この巨大なチューブワームは科学者にも未知の生物だった。陽光のない生態系は、噴出孔から吐きだされる金属や硫化物など、非有機的なエネルギー源で成長できる微生物が活力源となっていた。

海のなかに吐きだされる粒子は、沈殿して、高濃度の貴重な金属――銅、コバルト、金など――となって海底深くの噴出孔の周囲を埋め尽くしているが、これらの金属はいまのところ鉱山師たちには手が届かない。このような金属堆積物を鉱山師が利用できるようになるには特別な条件が必要になる。

前述したように、収束型境界でプレート同士が互いに頭突きをしている場所では、海底の分厚い堆積物が褶曲して山脈を生みだす。その結果、海洋生物の化石がよくヒマラヤ山脈やアルプス山脈の山頂などで見つかるのだ。かつてはこうした事例はノアの洪水のような神話の出来事によるものとされてきたが、やがて地球を動かすプレートテクトニクスの驚異的な力が理解されるようになった。しかし、古代のブラックスモーカーがある海洋地殻そのものは、高密度の玄武岩からなり、ほぼかならず軽い大陸地殻の下に沈み込み、地球の奥底へ呑み込まれてゆく。それでもときおり、海洋地殻のわずかな断片が引きずり込まれるのを免れ、代わりに締めつけられて、大陸地殻の上に押しだされる。[10] こうした事態は小さめのプレートではより頻繁に生じるようであり、地中海ではアフリカとユーラシアが互いにぶつかり合うなかで、両大陸のあいだにプレートの断片が挟まれている。そして、これこそまさにキプロス島で起きたことなのだ。

キプロスの中部にあるトロードス山脈の楕円形の低山は、オフィオライトの世界最良の事例だ。つまり、海洋地殻の断片が大陸地殻のてっぺんに押しあげられた場所だ。[11] この海洋地殻は、九〇〇〇万年ほど前にテチス海の深海の拡大するリフトで生成されたもので、[12] アフリカがユーラシアへ押しつけられ、テチス海が囲い込まれたときに、キプロス島のてっぺんにすくいあげられたのだ。トロードス山脈はさほど変形しなかったので、このオフィオライトでは海洋地殻内部の地層の見事に保存された断面図が見られる。[13] このなかには、チューブワームや巻貝の化石とわかるものすら、古代の熱水噴出孔とともに含まれている。トロードス山脈は丁寧に重ねられたレイヤーケーキのようなもので、山の斜面が侵食されるにつれてこれらの地層が同心円を描いて露出している。中央部の最高峰は、通常であれば海底から一〇キロは下方の深さで見つかるようなマントルの岩石でできている。[14]

トロードス山脈のオフィオライトは、新しい海洋地殻がいかに拡大するリフトで形成されているかを研究する絶好の機会を地質学者に与える（これはもちろん、大西洋中央海嶺のような、現在の発散型プレート境界でその活動を観察するのが困難だからだ）。しかし、青銅器時代の文明にとっては、古代の海底のブラックスモーカーから吐きだされた金属を都合よく手に入れられる場所にもなった。陸上に、海洋地殻の塊が放りだされた状態とあれば、キプロスの鉱山師たちは、金属の堆積物が見つかる適度なレベルで斜面から掘り進むことができたのだ。それどころか、トロードス山脈は銅の含有量が二〇％にもなる、素晴らしく濃縮された鉱石を産出した。[15]

前二千年紀からは、キプロスはメソポタミア、エジプト、地中海世界へ銅を供給する主要な産地となった。[16] 前述したように、青銅器時代には銅の製錬用溶鉱炉で鉱石を焼く際には木炭が使用されていた。掘りだされた銅鉱石は金属が抽出されたあと廃棄され、スラグ〔鉱滓《こうし》〕として積みあげられる。じつは、その四〇〇〇万トンのスラグの山を調べた結果、考古学者はどれだけの木材が必要であったかを計算することができたのだ。キプロスで三〇〇〇年以上にわたって銅が生産された時代に、島の平地と山の斜面を覆っていたマツの森の全領域が少なくとも一六回は皆伐《かいばつ》されたほどの量だったのである。[17] これは持続可能な森林管理の初期の事例なのだ。[18]

キプロスの銅の大半は、ヨーロッパで最初の主要な文明であるミノアの人びとによって交易されていた。[19] 本拠地はクレタ島だったが、地中海東部一帯に交易場をもっていたミノア文明は、前二七〇〇年ごろから一〇〇〇年以上にわたって繁栄した。[20] これらの人びとが実際になんと自称していたかはわからない。ミノア人という名称は、クレタ島に住んでいたとされるギリシャ神話のミーノース王（迷宮と怪物ミーノータウロスで知られる）にちなんで二十世紀初頭に考古学者によってつけられた。[21] ミノア人は多層階からなる大きな宮殿群を建て、貯水や配水の技術に優れ、井戸、貯水槽、送水路をローマ人よりはるかに先駆けてよく発達させていた。クノッソスの宮殿には、最古の水洗トイレもあった。[22] しかし、彼らは何よりも優れた青銅加工職人であり、船乗りでもあり、その文化的な影響力は地中海東部一帯に優れた航海術や交易網を介して広まっていった。[23] ミノア人が生産した青銅製品や道具の大半は、近くのキプロス島で採鉱された銅でつくられていた。ミノア文明はこの金属類を交易し、当時、知られていた世界の隅々に輸送することで富を築いた。しかし、イランの事例で前述したように、プレートテクトニクスからの戦利品を享受することには、厄介な別の側面があった。

キプロスに銅の豊富な堆積物を生成させた沈み込みの境界は、クレタ島を通過して、その海岸から南にわずか二五キロの地点で深い海溝となる。沈み込みの一つの結果は、下降するプレートが溶岩の塊を放出し、それが地表まで上昇して火山弧を生みだすことだ。こうした火山の並びはマントル内で地殻が溶けている地点の真上にできるので、地表では沈み込み線の下方に特徴的な距離を置いて出現する。ヘレニック弧はクレタ海溝の北一一五キロほどのところに位置し、ここではティーラの火山――今日ではサントリーニと呼ばれる――がエーゲ海の打ち寄せる波の上に顔を覗かせている。ティーラ島の活火山は数千年間、散発的に噴火してきたが、前一六〇〇年から前一五〇〇年のあいだのいずれかの時期に、突如として歴史上でも屈指の激しい噴火を起こした。

この噴火はティーラ島をほぼ壊滅させ――あとに残された水面下のカルデラは、当初の山の抜け殻に過ぎない――空高く巻きあげられた粉状の岩屑の巨大なプルームがクレタ島をすっかり灰で覆い尽くした。北岸のアムニッソスのような港町は、一〇〇キロの海を隔ててティーラの方向に位置しており、この爆発的噴火で引き起こされた津波で打ち寄せられた火山性の軽石に埋まり壊滅した。しかし、ちょうどその一五〇〇年ほどのちに古代ローマの都市ポンペイとヘルクラネウムがヴェスヴィオ火山の噴火で破壊されたように、考古学者にとってはこの大惨事は当時のミノア人の暮らしの一端を覗くための写真の役目をはたし、彼らの独特な筆記、陶芸品、芸術品、建築物などを保存するものとなった(1)。

この大惨事を引き起こした大爆発は、繁栄していたミノア文明の崩壊と完全に時を同じくしていたわけではないようだが、どちらの出来事の年代も正確に突き止めることは難しい(2)。しかし、明らかなことは、ティーラの噴火から数世代後にはミノアの社会は衰退の末期にあったということだ。宮殿は破壊され[25]、この島はミケーネのギリシャ人の侵略に屈した[26]。ミノアをこれほど繁栄させていたのは、巧みな航海術と交易であったため、噴火につづいた津波で艦隊と港町の大半を突然失い、ティーラ島そのものにあったアクロティリの主要な交易港が破壊されたことも、彼らの経済基盤に大打撃を与えただろう。ミノア人は漁船を失い、農地が海水に浸かったことで厳しい食糧不足に苦しみ、飢饉になった可能性もある[27]。自然災害によってこの地域の力の均衡は崩れ、クレタはミケーネに征服されやすくなったのだ。だが、地中海の海運を支配するようになったのは、現在のシリア、レバノン、イスラエルがある細長い地に住むフェニキア人だった（一一一ページ参照[28]）。

ミノア人が銅を採鉱したキプロスのトロードス山脈は、大規模で近づきやすく、きわめて保存状態のよいオフィオライトだが、これは特異なものではない。プレートの衝突でテチス海が囲い込まれ、地中海が生まれるにつれて、太古の海洋地殻のほかの断片もまた上へと締めあげられた。オフィオライトの金属堆積物は、アルプス山脈、カルパティア山脈、アトラス山脈、トロス山脈の周辺地域で帯状になってやはり見つかる。世界各地でも、海洋が囲い込まれた別の事変によって海洋地殻は押しあげられている。スペインのリオ・ティント、カナダのノランダ、ロシアのウラル山脈沿いなど、今日の最大級の鉱山の一部は、豊かなブラックスモーカーが残した銅、亜鉛、鉛、銀、鉄などの堆積物を掘っているのだ。[29]

青銅は二〇〇〇年ほどのあいだ人類に金属の道具や食器、武器を与えてきたが、その後、はるかに優れた金属である鉄に取って代わられた。

錬鉄《れんてつ》から鋼鉄へ

実際には、人類は何万年間も鉄を使ってきたのだが、その金属的特性ゆえではなく、色彩豊かな顔料として自分たちを飾り、表現するために使用されていた。オーカー〔ベンガラなど酸化鉄の顔料や、水酸化鉄を含む黄土色の顔料などを指す〕は茶色から黄色、そして鮮やかな赤まで、そこに含まれる酸化鉄の性質や構造のなかにどれだけ水が含まれるかしだいで色が異なりうる。人類は少なくとも三万年前から、さまざまな形状のオーカーを粉にして、体に塗り、髪に色をつけ、岸壁や洞窟に壁画を描いてきた。しかも、これらの天然の顔料を使ったのは、僕らホモ・サピエンスが最初ではないようだ。オーカーは、二〇万年以上前のネアンデルタールの居住地でも、フリント製の人工物とともに見つかっている。[30]

しかし、文明の歴史において本当に変革を起こすことになったのは、錆色《さびいろ》をしたこれらの酸化鉱物から純粋な金属としての鉄を抽出することを学んだときだった。前述したように、青銅器時代を通じて、銅の産地は各地にあったものの、錫は非常に不足していた。一方、鉄は大量の堆積物として手に入れられ、世界各地に広く分布しているのだ。それなのに、鉄が銅や青銅よりも遅れてから利用されるようになった理由は、この金属を鉄鉱石から取りだすのがずっと困難だからだ。

鉄を製錬するために最初に開発されたのは塊鉄炉《ブルーマリー》で、鉄鉱石と木炭を一緒に焼く装置だったが、鉄が溶けてスラグから流れだすほどの高温ではなかった。スラグと混ざったままの、熱いがまだ固形でスポンジ状の鉄の塊――すなわち「ブルーム」――は、塊鉄炉から取りだされて叩かれ、金属を純粋な錬鉄〔または鍛鉄、英語ではロート・アイアン〕として分離させる。「ロート、wrought」はワーク〔work、働く〕という動詞の古い過去分詞形で、これはふさわしい名称なのだ。ブルームを純粋な鉄にまで製錬し鍛造《たんぞう》するには、鍛冶屋《かじや》はハンマーと鉄床で骨の折れる力仕事をすることになる。この方法による鉄の製錬と加工は前一三〇〇年ごろにはアナトリア半島で確立していた。

のちに発展したのは、はるかに丈の高い溶鉱炉を築いて、鞴《ふいご》を使って下から空気を送り込み、鉄を溶かせるほどの高温にする方法だった。これが高炉だ。石灰岩を「融剤」として加えることで、スラグは融点が下がって流れだしやすくなり、鉄とその他の不純物の分離を推し進める。溶けた金属はそのあと高炉の基部から銑鉄《せんてつ》、または鋳鉄《ちゅうてつ》となって流れでる〔厳密には、銑鉄を溶かして鋳造できる状態に整えたものが鋳鉄〕。鋳鉄には炭素が多く含まれており（約三％）、そのために強度はあるが欠けやすい。最初の高炉は、前五世紀という早い時期に中国で実用化されており、前一世紀にはこれまた世界初で水車を使って鞴を動かすようにもなっていた。[31] 高炉と鋳鉄は十一世紀にはアラブ人に採用されていたが、ヨーロッパには一三〇〇年代末まで到来しなかった。[32]

世界各地でさまざまな時代に始まった鉄器時代は、社会を変容させた。青銅は比較的高価なものでありつづけたので、その利用は大体において支配層の特権となったほか、競い合う軍の装備に見栄えをよくするために使われた。一方、鉄鉱石は豊富にあり、実用的なあらゆる種類の人工物のための汎用性のある金属となった。鉄製の道具は青銅の道具よりもはるかに耐久性があり、刃の切れ味も長つづきした。このことは武器や鎧《よろい》に関してのみ重要であったわけではなく、日常の道具としても同様だった。鉄の斧《おの》は森林を伐採して、新たに農地を開墾することに大きな違いをもたらした。先端部に鉄を取りつけた犂《すき》は、従来の農業の生産性を上げたばかりか、それまで人手では耕作できなかった土地でも農地に変えられたのだ。これらの道具はどちらもまったく新たな地域に定住地を開くことになった。

とりわけ、三世紀末に先端に鉄製の切り刃がある重い撥土板《モールドボード》付きの犂が開発されたことで、アルプス以北のヨーロッパの重い土壌でも生産的な農業が可能になった。ただ土を引っかいて溝をつくるだけではなく、この重い犂は土に深く切り込み、それをカーブした撥土板に沿わせてひっくり返す。その効果は要するに表層土をすべて裏返しにすることであり、雑草の管理や、肥料をすき込むうえで役立った。畝《うね》をつくることもまた、水浸しになりやすい粘土質の土壌では水はけを大いに改善した。[33]鉄でできたこの発明物によって、北ヨーロッパの重い粘土土壌のほうが地中海一帯の砂地よりもはるかに生産性が上がるようになった。したがって、鉄の斧と犂のおかげで、なだらかに起伏する北ヨーロッパの平原では徐々に、氷河期後の森林と水浸しの草原が広大な穀物畑へと変容したのだ。[34]このことは翻《ひるがえ》って、その後の世紀における人口分布とヨーロッパの都市化にも根本的な移行を促したのである。[35]

銅の物質的特性が合金にすることで向上したとすれば、同じことは鉄においても言えた。鋼鉄《スチール》は、鉄と少量の炭素の合金で、通常は〔炭素の割合が〕一％以下となる。そのため、これは炭素含有量としては純粋な錬鉄と鋳鉄の中間の値となる。そして青銅と同様に、合金である鋼鉄は純粋な金属よりもはるかに硬い。鋼鉄の厳密な特性は、炭素の含有量を変えることによって調整できる。軟らかいがタフな低炭素鋼から、硬いが脆《もろ》い高炭素鋼までである。何百年ものあいだに、金属加工職人は多様な技術を発達させて、望みどおりの炭素の量を得られるようになった。錬鉄を木炭で焼くことで少しだけ炭素を吸収させる、あるいは錬鉄と鋳鉄の比率を考えながら混ぜる、といった具合だ。しかし、高品質の鋼鉄はまだ生産に手間がかかったため、ナイフや剣の刃のようなこれぞという用途に限られるか、時計のバネのように小さな部品で柔軟性が必要とされる場合にのみ使われていた。

僕らの大量生産された安価な鋼鉄の時代は、一八五〇年代に銑鉄から炭素を除去する単純な方法が開発されたことで始まった。このベッセマー法は、深型の大鍋に溶けた銑鉄を入れ、その液状の金属のなかに空気を送り込む。それによって炭素は燃えてなくなり、その他の不純物も除去されるので、基本的にまったく純粋な鉄ができあがる。そこで炭素の量を計って混ぜ戻せば、必要なグレードの鋼鉄がつくれるのだ。この技術革新は五トンの鋼鉄を一日かけて加工していた工程を一五分に短縮し[36]、鋼鉄の生産高を爆発的に増やし、価格を劇的に低下させた。こうして先の産業革命は社会をさらに金属の世界に変えたのだ。今日、鋼鉄は家庭用品から電気製品、道具、機械、線路、船、車など、どこにでもある。僕らはこれを建物の構造骨格としても使うようになり、コンクリートを強化するため埋め込む鉄筋や、高層ビルの骨組みにしている。

つまり、鉄器時代が人類の定住地、農業、戦争に大革命をもたらしたと言えるのであれば、僕らの現代の世界もまたその合金である鋼鉄で建てられているのだ。だが、鉄はどこからきたのだろうか？

星からの鉄の心臓

究極的には、地球上にあるすべての鉄は――地殻の岩盤から、血液中に酸素をめぐらせる赤い色をしたヘモグロビンまで――恒星の中心部における核融合反応からもたらされる。ビッグ・バンによって創生された宇宙は最も単純な元素である水素でおもに構成されており、そこに若干のヘリウムとごく少量のリチウムが放り込まれた状態だった。僕らの周期表に見られるその他の元素はいずれも、恒星の核融合によってつくられた。星が燃える際に中心部内で調理されるか、大質量星の寿命が尽き、爆発した際に生みだされたものなのだ。

鉄は恒星を殺す元素だ。水素融合によってヘリウムの「灰」が大質量星の中心部で充分に生成されると、これはその後、反応して炭素、酸素、硫黄《いおう》、珪素《けいそ》のような重い元素を生みだし、最後にニッケルと鉄をつくる。鉄は安定した元素で、鉄の融合からエネルギーが放出されることはない。巨星がその外層を支えるだけのエネルギーを生産できなくなると、星はそれ自体の中心部へ落ち込んで崩壊し、その後、「超新星」と呼ばれる絶大なエネルギーを発する事象となって爆発する。この融合の最終的な爆発から、周期表の重い元素の多くは生みだされ、これらすべての原子を宇宙へ撒き散らす。それ以外の主要な元素のいくつか、たとえば結婚指輪の金や、スマートフォン内のレアアース〔希土類元素〕や、教会の屋根の鉛や、原子力発電所のウランなどは、中性子星同士の激しい衝突でつくりだされた。[37] このように、地球だけでなく、僕らの体の分子までもが、星屑《くず》からできているのだ。[38]

地球は四五億年ほど前に原始太陽の周囲を円盤状に渦巻く塵《ちり》とガスからつくられた。塵や埃《ほこり》はくっつき合って粒子になり、それがどんどん大きな岩の塊になり、重力によってさらに合体して僕らの惑星ができあがった。これらすべての衝撃からの熱が、原初の地球を溶かし、密度の高い鉄の大半は最も中心部に沈み、あとには珪酸塩に富むマントルの分厚い層が残り、それがゆっくりと冷えて上部に固まり、厚い地殻となった。その他の金属の多くは鉄のなかにすぐに溶ける――親鉄性（「鉄を好む」）として知られる――もので、地球のマントルからはやはり排除されて、鉄が沈むにつれて中心部へ引きずり込まれた。その結果、金、銀、ニッケル、タングステンなどの親鉄性の元素は、この先で触れる白金族金属と同様に、地殻からは一掃された。歴史を通じて人類が追い求めてきた貴重な金は、地球がその鉄の中心部と珪素のマントルに分離したのちに、小惑星の衝突によって地表にもたらされたものなのだ。[39(3)]

僕らの世界の鉄の心臓は、地球の磁場を生みだす役目もはたす。地球の外核にある溶けた鉄の激しい流れが、ちょうど発電機のようにこの磁場を生みだす。このことは十一世紀以降、羅針盤がまずは中国人によって、その後、イスラームやヨーロッパの船乗りによって使われるようになってからは、途方もなく重要になった（そして、人間よりはるか昔から地球の磁場を感知できていた渡りをする動物たちにとってもである）。しかし、それよりさらに根本的に、この磁気による繭《まゆ》は、太陽から吹きつける粒子の流れ――太陽風と呼ばれる――を防ぎ、それによって地球の大気が宇宙へ吹き飛ばされないように守るためのシールドとして機能してきたのだ。このように、地球上の複雑な生命体の存在は、それ自体がこの鉄の中心部に依存している。僕らの血に流れる鉄は、それを生みだした太古の星の核融合の鍛冶場《かじば》に結びつけるだけでなく、地球の生命を守って世界に張りめぐらされている磁場にもつながっているのだ。

しかし、地球上の鉄のすべてが中心部に沈んだわけではない。鉄はまだ地殻内で四番目に豊富な元素であり、平均してすべての岩石の重量の五％を占めている。だが、人類にとって役に立つようにするには、鉄は採鉱して製錬できるだけの豊富な鉄分を含む鉱石に凝縮されなければならない。

世界が錆びたとき

歴史を通じて世界各地で採鉱されてきたすべての鉄は、地球の発達の一時代に生成された同種の岩石からもたらされている。縞状鉄鉱床（ＢＩＦ、およびそれが侵食してできた堆積物）は、僕らが利用する鉄鉱石の圧倒的多数を占めている。それぞれの鉱床は全長が数百キロ、深さが数百メートルほどで、最良の鉱石の鉄の含有量は六五％以上となる。[41] 名称からわかるように、これらの鉱床は特徴的な縞々の外観をしており、縞の幅は一ミリから数センチまでさまざまだ。地層は酸化鉄鉱――赤鉄鉱と磁鉄鉱――がチャートや頁岩と交互に重なってできている。

そして、これらは想像もつかないほど古いものなのだ。縞状鉄鉱床の大多数は二六億年前から二二億年前の比較的短い期間に世界各地に堆積した。[42] ちょうど地球上に最初の大陸が形成されつつあった時代だ。(4) 世界中の鉄鉱石が地球の歴史上のおおむね同じ時期を起源とするという事実は、その時点で本当に重大なことが地球上で起きていたことを示す。縞状鉄鉱床は太古の海の海底に堆積したもので、その縞は原初の海における状況が変動的であったことを明らかにする。鉱石は、海水から鉄の鉱物の粒子が海底に静かに滴り落ちるにつれて堆積し、それと交互して通常の海洋性の泥が堆積する時代が訪れたのだ。しかし、興味深いことに、今日、鉄は海水にほとんどゼロに近いほどわずかな濃度でしか含まれていない。では、二四億年前ごろの最盛期にこれだけの鉄がどのように海から堆積したのだろうか？　当時は何が異なっていたのか？

縞状鉄鉱床の時代までさかのぼったとすれば、まるで異質な世界にでくわすことになる。若い地球の内側は、今日よりもまだはるかに熱く、それによって火山活動が猛威を振るっていただろう。全球に広がった海を遮るものは火山弧と、出現し始めた小さな大陸だけだった。太陽からの紫外線放射は、荒涼とした地表に照りつけた。空はおそらくいつも不快な黄色のどんよりした雲で覆われ、空気は窒素と二酸化炭素であふれていたかもしれない。そして、重大なことに、酸素は存在しなかった。自分自身の故郷の星を歩きまわるにも、宇宙服が必要となっただろう。

　今日、酸素は僕らが吸い込む空気のたっぷり五分の一は占める。しかし、地球の生涯の前半においては、世界には基本的に大気中にも海洋にも酸素の気体は存在しなかった。空気中にある酸素や、海水に溶けている酸素は、生命によってそこに注入されたのだ。一部の生物は太陽光のエネルギーを取り込んで、二酸化炭素を有機分子に変えて細胞をつくり、その過程で水、H_2Oを分解して排ガスとして酸素を放出する。この生物による錬金術は光合成と呼ばれており、これは細胞を驚くほど自給自足の状態にし、必要な物を光と二酸化炭素と若干の融解した栄養素から製造できるようにするものだ。

　光合成を行ない、酸素を放出するこの能力を発達させた細胞は、シアノバクテリア〔それ自体は藍色細菌という単細胞生物〕として知られる。[44] 日光浴をするもっと複雑な生命体――珪藻、藻、海藻、および陸上のすべての草本類と樹木――はいずれも一〇億年ほど前に、単細胞の祖先がシアノバクテリアそのものを内側に取り込むという決定的な進化上の出来事があって以来、この能力を受け継ぐようになった。そして、原初の海に繁茂して、独自の光合成マシンから酸素という排ガスをだしていたこれらの微細な初期のシアノバクテリアが、最終的に地球全体に酸素を送り込んだのだ。太古の岩を調べる地質学者は、二四億二〇〇〇万年前に大酸化事変（ＧＯＥ）として知られる酸素濃度が最初に上昇した急激な指標を見つけることができる。これは酸素濃度が今日のおそらく数%だけ上昇したに過ぎず、[45] まだ人間が呼吸をするには低過ぎるレベルではあったが、地球の化学的性質にとっても、生命の発達にとっても、重大な意味合いをもっていた。[46]

大酸化事変のすぐのちの二二億ないし二三億年前ごろ、地球はその歴史上で最も長期にわたり、おそらく最も厳しい氷河作用の時代に見舞われた。当時、太陽は今日よりも二五％ほど薄暗く、地表の水が液体のままの状態を保つには、地球全体を断熱するためのかなりの温室効果が必要となっただろう。太古の大気には強力な温室効果ガスであるメタンが相当量含まれるが、増加した酸素はメタンと反応してそれを除去し、事実上、地球を温めていた毛布を剝《は》ぎとってしまったのだ。気温は急激に下がり、スノーボールアースと呼ばれる全球凍結が引き起こされ、分厚い氷が地表をほぼすべて埋め尽くした。[47]地球は一〇〇〇万年間この凍結状態で閉ざされたままになったが、[48]やがて引きつづき起こっていた火山活動で大気中に充分な二酸化炭素が蓄積されると、一大融解が始まった。地球をそのような深刻な氷河作用から救うことは、生命にとって地球上に火山活動があることの重要な利点の一つだ。

大酸化事変のときに存在していた多くの微生物は、反応性の高い酸素ガスとは協調できず、この有害な汚染によって一掃された。事実上の酸素ホロコーストだ。この新しい世界秩序のなかで生き残るためには、生物はこの有毒ガスが存在しても生き延びられるように進化するか――細胞の祖先がやっていたように、その反応性を利用して代謝からより多くのエネルギーを放出させるか――酸素が入り込まない海底の泥や地中の奥底などの隔離された生息域に限定されるようになるか、である。(5)

しかし、動物や植物のように、もっと複雑な多細胞の生命は酸素に依存して生き延びているだけでなく、破壊的な紫外線から地表を保護するオゾン層にも頼っている。(6)そのため、確かに酸素という反応性ガスによって大量の生物が殺され、あるいは無酸素の避難場所へ姿を消しはしたが、大酸化事変は地球上のすべての複雑な生命体には、繁栄のための道を開いたのだった。大気中の濃度は最終的に、今日と同レベルに近づき、六億年前ごろには動物が出現できるくらいの濃度になった。

ここで、世界各地で採鉱されている縞状鉄鉱床の生成期に再び話を戻すことにしよう。酸化鉄は水にはほとんど溶解しない。今日の酸素を豊富に含んだ海洋には、鉄のイオンはきわめて少ない。しかし、鉄の還元型は非常によく溶けるので、大酸化事変前の原初の地球では、溶解した状態の鉄〔溶存鉄〕は海洋内に非常に高濃度で存在していた。これらは海底火山から放出されたか、陸塊から削られ、川によって運ばれてきた。大酸化事変のさなかに海洋で繁殖するシアノバクテリアは、ゆっくりではあるが確実に表層水に酸素を送り込んでいった。一方、深海は無酸素状態がつづいたため溶存鉄が豊富に、今日の海にあるよりも約二〇〇〇倍は多くあった。しかし、深層水が浅い大陸棚に押しあげられるたびに、海水は酸素と混ざり、鉄は酸化していったため、もはや溶解した状態を保てなくなり、海底へ沈殿して縞状鉄鉱床がつくられた。こうして地球は錆びたのだ。

現在、および過去において採鉱されてきた鉄鉱石はほぼそのすべてが、二四億二〇〇〇万年前の大酸化事変の二億年間に縞状鉄鉱床として生成された。このように、今日の青空も〔原注(6)参照〕、僕らが肺いっぱいに吸い込み、命を育んでくれる空気も、数千年にわたって人類の文明に道具を与えつづけた鉄も、みな深くかかわり合っている。そして、酸素には別の利点がある。それによって僕らは火を利用できているのだ。

地球の歴史の九割の時代には、地上に火は存在しなかった。火山は噴火したが、大気には燃焼しつづけるだけの酸素がなかったのだ。(7) したがって、酸素の増加は、複雑な生命体を進化させただけでなく、人類に道具としての火を与えたのだ。最初は夜間の寒さや捕食動物を防ぎ、食べ物を調理し、開拓するために火は使われた。人類はのちに、火の熱が物を変容させる力を利用することを学んだ。粘土を焼いて硬い土器やレンガをつくり、ガラスを製造し、あるいは金属を製錬して道具をつくるようになったのだ。今日、僕らは発電し、多種多様な産業プロセスを駆動させるために火を使う。自動車のエンジンのシリンダー内では、小さな炎の爆発を利用する。僕らは焚き火を囲んでいた石器時代の祖先と同じくらい、今日もまったく火に頼っているのである。

ポケットのなかの周期表

古代世界においては、社会全体でもわずか数種類の金属しか使われていなかった。ブロンズ製器具のなかの銅と亜鉛および錫、鋼鉄の道具や武器のなかの鉄、配管設備のための鉛、装飾、装身具、通貨としての金、銀などの貴金属などである。これらの金属は現代においても重要でありつづけている。実際には、僕らはまだかなり鉄器時代に暮らしているのだ。鉄は、なかでもとくに合金となった鋼鉄は、今日の産業化した文明によって使われるすべての金属の九五％ほどを占める。その他の金属もまだ重要だが、それらの利用の仕方は大幅に変わってきた。たとえば、銅は青銅器時代には道具や武器のための主要な合金の成分として最初に使われたが、鉄の製錬が発達し、このより優れた金属が手に入るようになると、銅の重要性と交易は減少していった。しかし、過去二世紀にわたって、銅は電流をよく通す比較的豊富な金属として再び重要性を増し、現代の電化された世界に電線を供給している。僕らは青銅器時代と同じ金属を使っているのだが、歴史における技術面での変化を反映して、いまでは異なった特性を利用しているのだ。

人類は新しい金属も発見し、その使い方を学んだ。最も突出した事例はアルミニウムだ。これは実際、地殻のなかに最も豊富に含まれている金属（全体の約八％）だが、鉱石から分離するのが恐ろしく難しい。十九世紀の終わりになってようやく、溶かした鉱石に電気を通すことによって、アルミを安価に大量生産できることを人類は学んだ。その後、アルミは建材としても、食品の包装にも幅広く使われるようになった。とりわけアルミニウムは非常に軽量なので、第一次世界大戦から航空機の製造において真価を発揮するようになった。だが、人類が技術社会のなかで利用する金属の種類が爆発的に増えたのは、この数十年間のことだ。

いまこの瞬間に、自分がどれだけの種類の金属を携行しているかご存じだろうか？　一握り程度なのか？　十数種類だろうか？　たった一台の携帯電子機器だけでも、六〇種類を超える金属が使われていると聞いたら驚愕するかもしれない。これらには銅、ニッケル、錫のような卑金属が含まれる。コバルト、インジウム、アンチモンのような特殊目的のための金属もある。金、銀、パラジウムなどの貴金属もある。[50]それぞれの金属は特定の電気特性ゆえに利用されるか、スピーカーや振動モーター内に使われる強力な磁石として使われる。スマートフォン内には非金属の元素もじつに多様に含まれている。プラスチックには炭素、水素、酸素が、難燃剤としては臭素が、マイクロチップのウェハーにはシリコン（珪素）が使われている。存在する八三種類の元素（非放射性）のうち、約七〇種類はスマートフォンのような日常の消費者用の機器に使われている。[51]ということは、周期表にある利用可能な領域全体の八五％ほどは、ポケットのなかにもっていることを意味する。

それほど多様な金属を使用しているのは、電子機器に限らない。発電所のタービンや航空機のジェットエンジンに使われている高性能の合金には、十数種類の金属が混ざっており、化学産業の反応促進用の触媒《しょくばい》――現代の医薬品を製造するものを含め――には七〇種類以上の金属が使われている。それでも、僕らの大半はこれらの重要な金属の多くは聞いたこともない。タンタル、イットリウム、ジスプロシウムなど風変わりな名称の元素だ。

人類が利用するようになった金属の種類の拡大は驚異的なものとなってきた。今日のマイクロチップには六〇種類前後の金属が含まれているが、一九九〇年代というつい最近まで、その数はわずか二〇種類程度だったのだ。[52] たとえば、インジウムを例に見よう。この金属は一八六三年に発見され、第二次世界大戦では航空機のエンジンのベアリングに塗って錆防止の皮膜をつくるために使われていた。しかし、一九九〇年代になって初めて、酸化インジウムスズの薄い皮膜が僕らの使う画面に加えられ、珍しい特性の組み合わせが利用されるようになった。この酸化金属は透明であり、伝導性もあるのだ。今日、インジウムは薄型テレビからノートパソコンまで、そしてなかでも現代のスマホやタブレットのタッチスクリーンに多く使われている。[53] 同様に、ガリウムはインジウムから数年後に発見されたが、やはり電子時代になるまで幅広い応用方法は見つからなかった。今日、これは集積回路、ソーラーパネル、青色LED、ブルーレイ・ディスクのためのレーザーダイオードで使われている。

これらの聞き慣れない名前の金属の大半は、二つのグループのいずれかに属している。レアアースメタル（REM）か白金族金属（PGM）である。これら二つのグループそれぞれの金属は化学的に非常に似通っている。つまり、これらは同じ鉱石に集中し、分離プロセスによって同時に抽出される。これらの二十数種類の金属は本当に僕らの現在の技術時代を表わすものなのだ。こうした金属の利用の八〇%以上は、一九八〇年以降に始まった。[54] そして、これらが現在の技術時代の主要な要素であるとすれば、いまの炭素経済から移行するにつれて将来においてはさらに、欠かせないものとなるだろう。これらの金属は、風力タービン電気自動車のモーターの発電機に必要な、小型ながら強力な磁石のほか、高容量充電池も与えてくれる。

　一七種類のレアアースメタルは周期表の第六周期にある「ランタノイド」のシリーズと、化学的に似た元素であるスカンジウムとイットリウムで構成されている。だが、このグループ名は誤称のようなものだ。というのも、これらの金属は地球の岩石のなかで実際にはさほどレア〔珍しいもの〕ではないからだ。地殻全体で五〇〇グラム前後しかない、放射性プロメチウム〔安定同位体はない〕は別だが。[55] たとえば、ランタンは銅やニッケルと同じくらい豊富にあり、それどころか鉛の三倍はあるのだ。しかも、〔プロメチウム以外の〕レアアースはいずれも、金より少なくとも二〇〇倍は多く存在する。

　したがって、問題は地殻内の全体的な豊富さというよりは、抽出するのが難しいことにある。レアアースがどれも化学的に似た性質で、同じ種類の鉱石内に存在するということは、純粋な金属として互いを分離するのもまた難しいことを意味する。さらに厄介なのは、岩石内に含まれる最大濃度だ。その他多くの金属は特定の地質作用を経てきたために豊かな鉱床に集中する。縞状鉄鉱床や、第8章で述べるセロ・リコを通る銀の太い鉱脈などだ。だが、レアアースの化学的性質は、それらが濃縮して高純度の鉱石にはならない傾向があることを意味する。むしろ、たいがいは岩石全体にうっすらと分散しており、純度は低い。そのため概して、レアアースだけをとくに採鉱しても経済的に見合わない。抽出する費用のほうが、その価値を上回ってしまうのだ。したがって、レアアースが採算の取れる状況で採鉱できる場所は、世界のなかで限られている。今日、これらの金属はインドと南アフリカで少量が抽出されているが、一九九〇年代からは世界の生産の大部分は中国が担っている。

　六種類の白金族金属――ロジウム、ルテニウム、パラジウム、オスミウム、イリジウム、および白金――は、周期表の真ん中に集まっている。そして、レアアース同様、これらは化学的に似ており、つまりやはり同じ鉱床内で見つかる傾向があることを意味する。しかし、レアアースのいとこたちとは異なり、白金族はそれこそ純粋に希少な金属なのである。これらは地殻のなかでもきわめて希少な安定した元素なのだ。一部の金属は銅にくらべて何百万分の一しかない。白金そのものはこのグループ内ではいくらか一般的にある金属の一つだが、世界生産量は年間数百トンに過ぎず、一方、アルミニウムならば五八〇〇万トン、銑鉄であれば一〇億トン以上が生産されている。イリジウムはとりわけ希少で、地殻の一〇億分の一しか存在しない。その他の白金族金属（および金）と同様に、イリジウムは親鉄元素であり、そのため鉄が内側へ沈み込んで地球の核となった際に、原初の地球に存在したほぼすべてのイリジウムは内部の奥底へ引きずり込まれてしまったのだ(8)。

白金族金属は貴金属としても知られる。これらは高温になっても、化学反応や腐食に耐久性があるからだ。希少でかつ非反応性であるため、白金は装身具の魅力的な原料となる。この貴金属の年間生産量の約三分の一は僕らが身につける飾りとなる(9)。しかし、金のような貴金属とは異なり——今日、金は主として装身具として使われるか、財産として蓄えられており、約一〇％しか産業用には用いられず、その多くは電気接点材料となる——白金族金属は多様な方面で実用的に利用されている。これらはタービン機関からスパークプラグまで、コンピューター回路基板やハードドライブ、心臓ペースメーカーの接続部分などに使用されている[57]。

白金そのものの大部分は、自動車の排ガスからの有害な気体を減らすための触媒コンバーター、および化学産業の触媒として使われている。白金は石油の精製や薬品、抗生物質、ビタミン剤を製造するのにも使われているし、プラスチック、合成ゴムの生産にも利用される。だが、なかでも重要なのは農業における利用だ。白金は農業分野では、人工肥料を生産する化学工程の触媒として役立っている。これはほとんど大気から窒素を採鉱するような活動だ。[58] 今日、全人口の半数近くが、この金属の助けを借りて栄養を得ていると推測されている。[59]

白金族金属がきわめて希少であることは、地殻のなかで平均よりかなり高濃度でこれらの金属が見つかる場所でしか、採鉱できないことを意味する。そのため、これらはやや尋常でない地質作用を経た場所に限られている。白金族金属は銅とニッケルの特定の鉱石のなかに豊富に含まれることがありうるので、一部の白金族金属はこれらの産業的に重要な金属の採鉱の副産物として抽出されることになる。産地には、二億五〇〇〇万年前、ペルム紀の終わりのシベリア・トラップの噴火によって形成された堆積物が掘られているロシアのノリリスク地殻の鉱山（一五二―一五三ページ参照）[60]や、カナダのサドベリー盆地などがある。サドベリー盆地は地球上で知られるなかで最大級かつ最古級の隕石のクレーターである。このクレーターはもともと直径がおよそ二五〇キロあり、一八億五〇〇〇万年前に直径一〇キロ以上はある小惑星が地球に衝突した際にできたものだった。地面に開いたこの穴は、銅、ニッケル、金、白金族金属を含むマグマで埋まり、それらがやがて結晶して高純度の鉱石となる。[61] しかし、白金族金属の世界最大の産地は圧倒的に、南アフリカのただ一つの地域だ。[62] 白金族金属の世界の埋蔵量の九五％前後は、ブッシュフェルト・コンプレックスと呼ばれるところにある。[63]

ブッシュフェルト・コンプレックスは世界有数の金属を豊富に含む場所だ。これは巨大な円盤形の火成岩の塊で、縦約四五〇キロ、横三五〇キロの大きさで、厚みは場所によっては九キロにも達する。ここはおよそ二十億年前に――縞状鉄鉱床が世界各地の海で堆積してからさほど離れていない時代に――途方もないマグマの塊が地表から数キロの地点まで貫入し、地下でゆっくりと冷えていった際にできた。

マグマが冷えるなかで、さまざまな鉱物が巨大なレイヤーケーキのように分離し、固まっていったのだ。これらの層の一つは白金族金属が一〇ppmという高純度で含まれており、これは大半の岩石にくらべればかなり高い値だが、それでも一トン採掘するごとに白金とパラジウムがわずか五グラム程度ずつ得られるだけだ。[64]そのような希少な白金族金属が一〇〇〇倍ほど高濃度になるには、どんな異例の地質条件が働いたのかはまだ完全に明らかになっていないが、二〇億年後に、人類が利用する白金族金属の大部分が採鉱されているのは、この薄い層なのだ。[65]

歴史においては、金属は道具や武器にした場合の機械的強度ゆえに利用されてきた。今日でも僕らはまださまざまな金属を建設に利用するし、高性能合金は発電、輸送、産業に使われている。しかし、僕らはまた驚愕するほど多様な金属を、化学反応を加速するための触媒としての特性——前述したように、世界の人口を養う手助けをすることも含め——から使用するようにもなったし、現代の機器のための電子的性質からも用いるようになった。銅や鉄などの古代の金属と比べると、現代の世界で見つかるこれらの元素の多くは世界各地でまとまった量の鉱石として探しだすことは非常に難しく、地球はこれらを一風変わった地質学的条件のもとにある限られた場所でしか与えてくれていない。それどころか、この節で見てきた金属のいくつかは現在、周期表のなかの「絶滅危惧元素」と見なされている。

絶滅危惧元素

僕らの産業化した世界の、資源にたいする貪欲さを満たしつづけることへの最大の懸念は、技術面できわめて重要ないくつかの金属の供給力における将来性だ。絶滅危惧元素には、白金族金属の一部と、数種類のレアアース、およびリチウムが含まれる。リチウムは最も軽い金属で、充電池に使われている。

インジウムとガリウムも、将来において深刻な危機にあるとして列挙された金属だ。[66][10]

問題はこれらの元素がすっかり枯渇するということではなく、技術面での応用で需要が高まり、その限られた供給量を大幅に上回りうることにある。たとえば、レアアースについて見てみよう。世界の国が中国によるレアアースの生産にこれほど依存するようになっている現実――現在、世界全体の九五%近く――は、増える需要をその供給が確実に満たしつづけるのかという点で、大いに不安を生じさせる。その不安は、ちょうど同じ機能をはたす代替の金属がほとんど見つかっていないという事実によって、高まるばかりだ。レアアースの価格は、二〇一〇年に中国が自国の需要と環境への配慮に言及して、輸出割当量を四〇%削減すると発表したのちに高騰した。この割当量は再び緩和されたものの、僕らの技術にとってこれほど欠かせないこれらの元素の継続した供給をめぐっては、まだ大きな懸念が残る。[67]

供給制限が価格上昇につながるときはいつもながら、このことはその他の供給源を活用しようとする経済的誘因を生みだし、オーストラリア、ブラジル、アメリカで新たな鉱山と製錬施設が開設されつつある。しかし、これらが完全に操業態勢に入っても、中国はまだ重希土類の生産は独占することになり、これらがレアアースのなかでも最も稀少でかつ価値が高いのである。[68]

しかし別の、はるかに驚くべき解決策も検討されつつある。スマホのタッチスクリーン用のインジウムなど、現代の電子機器に使われている稀少な金属の一部は、存在が感じられないほど薄いフィルムや、ほかの金属のなかに微量だけ混ぜて使われており、製品の寿命が尽きてもリサイクルするのが難しい。しかし、その他多くの金属は少々努力すれば回収することができる。数十年にわたって古くなった機器をただ廃棄してきたあとで、多くのごみ埋立地にはこれらの貴重な金属の正真正銘の主脈があるかもしれないのだ。そして、このことは興味深い可能性を生じさせる。ごみ埋立地の採鉱である。そこに埋まっている宝をごみのなかから探しだすのだ。たとえば、ブリュッセルから東に一〇〇キロ弱行った先のごみ埋立地の実験場は、建材を回収し、ごみを燃料に変えることを目的とするものだが、貴重な金属を分離して回収することも目指している。そして、ごみ埋立地の採鉱はまもなくイギリスでも始まるかもしれない。試掘された四カ所には、相当量のアルミ、銅、リチウムがあることがわかった。[69] だが、採鉱者がとりわけチャンスに恵まれるのは、日本のハイテクごみ集積場だ。そこに埋まっているごみには、世界で年間消費される金、銀、インジウムの三倍が、そしておそらく白金は六倍も含まれていると試算されている。実際、壊れた携帯電話の山からなるそれらの人造の鉱床には、実際の金鉱よりも三〇倍は高濃度の金が含まれうるのだ。[70](11)

　この章では青銅器時代から現代のハイテク金属の世界まで網羅し、僕らのダイナミックな地球で特定の地質作用がいかに文明の道具をつくるための原材料を与えてくれたかを探究してきた。しかし、金、銀などの貴金属は歴史を通じて交換の媒体としても役立ってきた。これらは硬貨に鋳造されて商業や異種の文化間の交易の便宜を図ってきたのだ。最古の陸上の長距離交易網の一つはユーラシアを越えて広がり、中国と地中海を結んだ。シルクロードである。

第7章　シルクロードとステップの民

ユーラシア大陸は大西洋から太平洋まで一万二〇〇〇キロにわたって広がり、地球のすべての陸上表面積の三分の一以上を占め、歴史上の最も高度な文明の多くはこの大陸から生まれた。車輪による輸送や鉄の製錬、海を越えた交易上のつながり、産業化を発達させたのは、ユーラシアのさまざまな文化だった。この四方八方に広がる陸塊一帯で歴史の流れを決定づけたのは、二つの側面だった。大陸の広大な面積にまたがる長距離の交易路と、大陸の内部から繰り返しあふれだしてきた遊牧民が、その周辺部で拡大していた文明を脅かしたことだ。これらのテーマを生みだしたのは、気候帯という地球の根本的な性質と、その内部での環境だった。

東西のハイウェイ

ユーラシア中部を越える長距離の陸上交易は、紀元前一千年紀には充分に定着して、中央アジア産の軟玉にたいする中国の需要を満たし、アフガニスタンからのラピスラズリにたいするメソポタミアの欲求にも応えていた。[1] しかし、この長距離の通商が急激に活発になったのは、紀元一世紀からだった。このころには、ユーラシアの広い陸塊の両端に、二大強国が出現していた。東には中国の漢王朝、そして西にはローマ帝国である。

中国では、文明は渭水《いすい》〔黄河支流〕と黄河下流の土手沿いで始まり、[2] その後、さらに南の長江に広がった。黄河と長江のあいだのこの平原が、中国の中心地をなす。[3] 雨の少ない北部では小麦や雑穀などが栽培され、南の湿潤な気候帯では米がつくられ、ここでは二期作が可能だった。[4] エジプトの農地はナイル川の氾濫《はんらん》によって毎年、活性化されていたが、中国の農民は「一括払い」の堆積物として、肥沃《ひよく》な土壌の恵みを受けていた。過去二六〇万年間に氷期が繰り返し訪れた時代に、後退する氷河と砂漠地域から風で吹かれてきた砂塵によって、黄土〔レス土壌〕の毛布が敷かれたのだ。[5] この肥沃な土壌は場所によっては一〇〇メートルの厚みをなして堆積し、見事な高原となっているが、侵食されて河川で運ばれ、扇状地で堆積してもいる。[6] 黄土は鉱物に富み、多孔質で、特徴的な淡黄色をしている。それどころか、黄河はこの川が運ぶ黄土の堆積物にちなんでその名がつけられている。（1）

現代の中国におけるこの農業の中心地は、二五〇年におよぶ戦争ののち、前二二一年に勝者となった秦《しん》王朝によって統一された（チャイナという英語の名称は、この王朝に由来する〔ただし、その語源であるサンスクリット語のチーナは秦王朝以前から存在した〕）。エジプト同様、中国がそれほど古くから長期にわたる政治的統一を達成して、外敵の脅威から守ることができたのは、自然の境界地帯が存在したためだ。[8] 東には太平洋の海岸線が、西にはチベット高原とヒマラヤ山脈という人を寄せつけない高地が、南には鬱蒼《うっそう》とした密林があったのだ。主たる弱点は北の境界であり、山脈のような明確な地物によって定められてはおらず、肥沃な農地の広がる平原からゴビ砂漠まで、さらには中央アジアの乾燥した草原まで、ただ生態系が滑らかに移行することで区別されている。西暦一〇〇年ごろの後漢時代に中国は北のゴビ砂漠と朝鮮半島まで版図《はんと》を拡大した。後漢帝国は西へも、そびえるチベット高原とゴビ砂漠のあいだに点々とオアシスがつづく土地の等高線沿いに、河西《かせい》回廊を抜けて長い腕を伸ばし、タクラマカン砂漠のあるタリム盆地に入って、中央アジアを越える交易路を守った。

ローマ帝国の広がりも、自然の境界によって定められている。領土が最大となった西暦一一七年には、ローマはイタリア半島のなかほどにあった小さな町から、当時の世界の人口のおよそ五分の一を支配下に置く広大な帝国にまで拡大した。この「満潮汀線《ていせん》」では、ローマ帝国は完全に――マーレ・ノストゥルム、「われらが海」と呼ばれた――地中海を取り囲んでおり、その境界地帯はこの地域の地物に沿っていた。西には、ローマ帝国はイベリア半島とガリア（フランス）の大西洋の海岸線まで延び、さらに北の小雨に濡れるブリテン島にまでつづいた。北の限界は、ヨーロッパ平原を蛇行するライン川とドナウ川の土手沿いに引かれた。境界地帯はカルパティア山脈に沿って黒海の岸にまで達し、さらにカフカース山脈沿いに延びた。ローマ帝国はメソポタミアを通り抜けたあと、パレスティナの海岸線を回り、その後、ナイル川沿いに延びて、最終的には北アフリカの海岸をたどり、陸地が人の住めない砂漠の塵《ちり》に取って代わられるところまでつづいた(2)。

二世紀の初めに、ローマと後漢の両帝国には多くの共通する特徴があった。どちらも人口はおおよそ五〇〇〇万人で、ほぼ同じ面積――約四〇〇〇万から五〇〇〇万平方キロ――を領有していた。ローマ帝国は地中海という内海の周囲を本拠地としていたので、帝国内の輸送や交易は容易であったが、中国の中心部は黄河と長江という大河が水をもたらす平原に広がっていた。ローマは陸上の輸送用に街道を建設したが、後漢では運河がより多く建設され、どちらの文明も未開人を寄せつけないために長城を築いた[10]。

それぞれの最大領土となったこの時点で、ローマと後漢の支配域を合わせると、大西洋から東シナ海までユーラシア大陸の全領域のゆうに三分の一にまでおよんでいた。そして、双方はある貴重な消費財の交易によって引き合わされていたのだ。つまり、絹だ。

後漢は、北方の境界の先にいる攻撃的な匈奴《きょうど》への賄賂として、あるいは彼らの馬を買うために絹を使ってきており、すでにペルシャとも絹の交易をしていた。[11] しかし、この時代にはさらに遠方に、支配者層が東洋からのこの美しい布地を重宝したローマに、熱烈な新しい市場を見いだした。[12] 中国の絹はまず陸路を隊商によって運ばれ、地中海東部まで到達したが、[13] 第4章で見た航路伝いにも取引された。インド洋を船で横断して紅海を北上し、砂漠をラクダで越えてナイル川まで行き、そこから船でアレクサンドリアへと運ばれたのだ。[14(3)]

ローマと後漢の軸沿いの交易は、二世紀初めに最盛期を迎えたが、後漢は二二〇年には崩壊し、ローマ帝国は徐々に衰退していった。だが、東西間の通商は何世紀ものあいだつづいた。今日、東西両極間のこの長距離交易はシルクロードとして知られる。だが、この名前は誤称だ。ただ一本の街道《ロード》だけがあったのではなく、むしろ都市やオアシスの町、貨物集散地などを結びつける広大な道路網、すなわち中央アジア一帯を覆い尽くす輸送と通商の網目全体があったのだ。そして、僕らは通常、シルクロードをはるか彼方の中国の終着点と地中海とのあいだの大陸横断のリンクとして考えるが、これらの中継点間の交易も同じくらい重要だったのであり、そのルートはインド北部やアラビア半島にまで延びていた。

シルクロードの歴史は、世界の地形が人間の移動や生活様式、交易を命じ、指示してきた驚異的な度合いを例証する。中国の北部の平原から、シルクロードはチベット高原とゴビ砂漠のあいだを抜ける一〇〇〇キロの通路である河西回廊に沿って進んだ。オアシス都市の敦煌《とんこう》と万里の長城の玉門関《ぎょくもんかん》を通り過

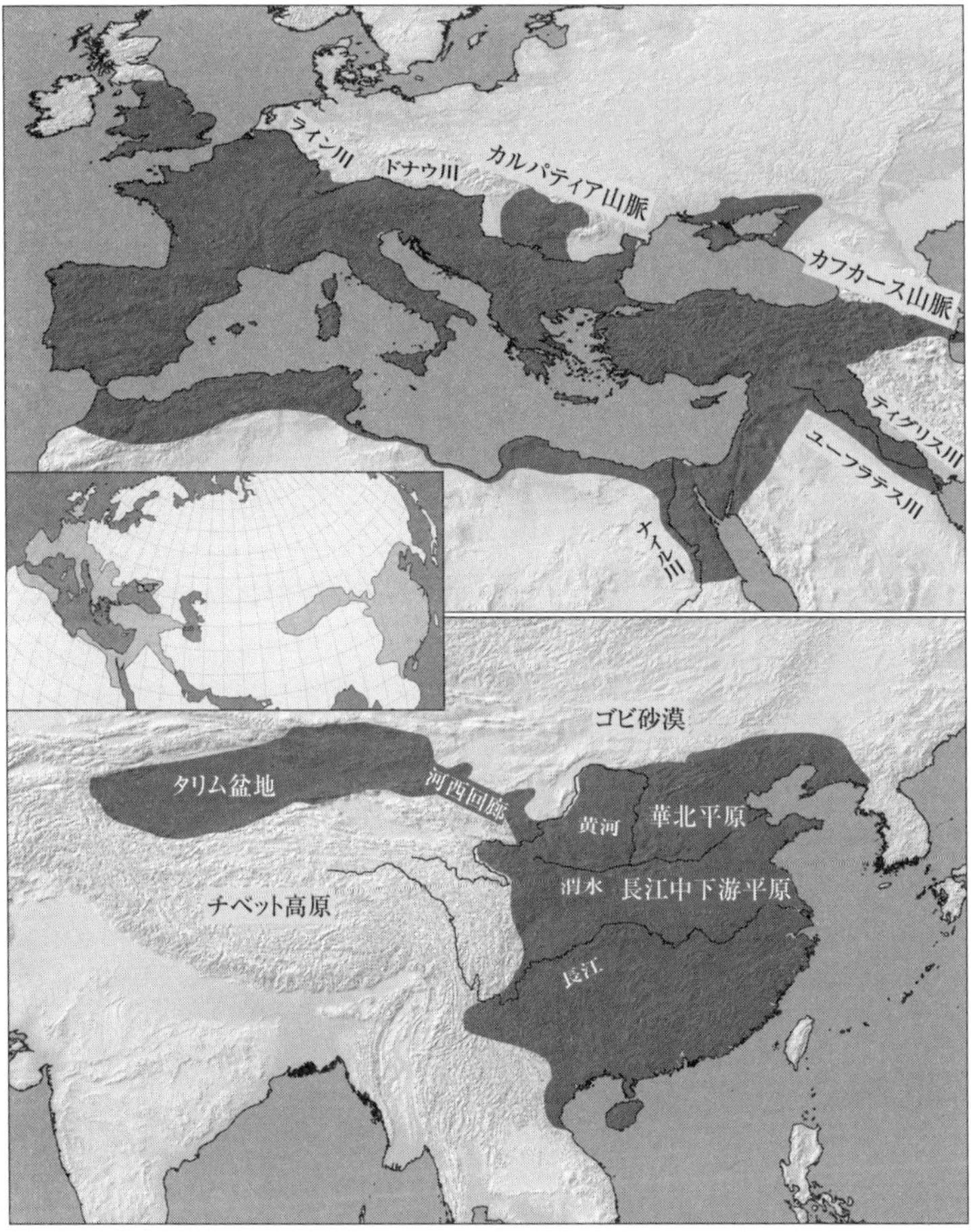

2世紀のローマ（上）と後漢（下）の両帝国は自然の地物で国境が定められていた

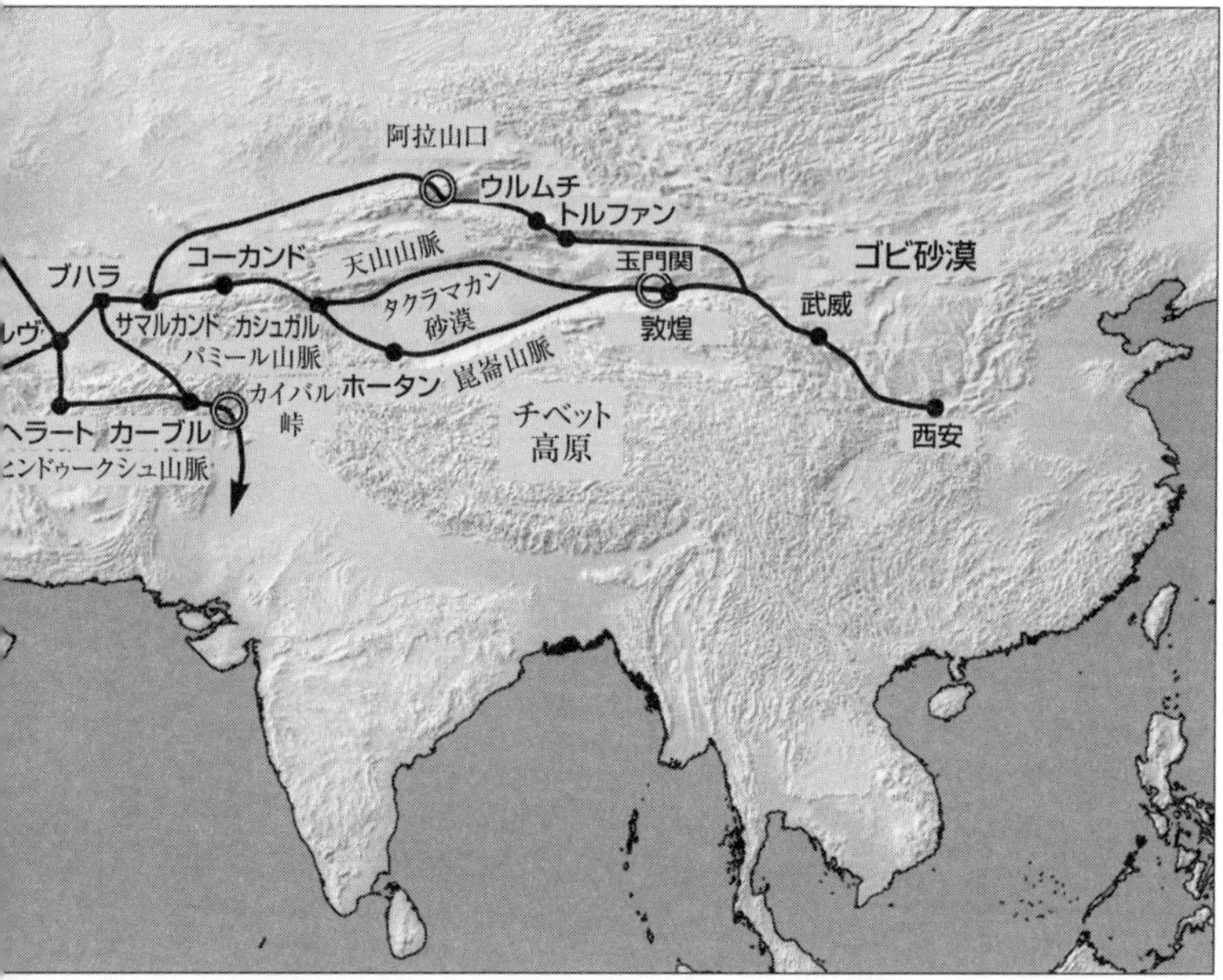

ユーラシアを横断するシルクロードの主要な陸路と貨物集散地

ぎたのち、街道はタリム盆地とこの窪地にある過酷なタクラマカン砂漠の入り口に達する。シルクロードはここで分岐し、一方の道は天山山脈の裾野に沿って北へ向かい、もう一方の道はチベット高原と接する砂漠の南端に沿って進んだ。どちらのルートも再びカシュガルで合流し、街道はその後、西の天山山脈の峠を越えるか、南のパミール山脈を抜けてゆく。さらにもう一本、ウルムチと天山山脈北部を越えるルートもあり、阿拉山口《あらさんこう》〔英語ではジュンガリアン・ゲート、ジュンガル盆地の西のはずれ〕の鞍部を利用して山岳地帯を抜けるものだ。

タクラマカン砂漠と天山山脈をやり過ごしたのち、シルクロードは谷間を通り、その後、中央アジアの砂漠を——今日のウズベキスタン、トルクメニスタン、アフガニスタンを通って——サマルカンド

やブハラ、メルヴ、ヘラートなどのオアシスや通商中継点を経由しながら越える。南側を通る隊商路の一つは、カーブルの南を進み、そこからカイバル峠を抜けてヒマラヤ山脈西部のヒンドゥークシュ山脈を越えて、インダス川流域にでた。[18] さらに西へと進むと、シルクロードはペルシャを抜けてカスピ海の南を通り、バグダード、エスファハーンなどの大きな貨物集散地を結びつけ、その後、地中海東部のダマスカスなどの港町へとつづいた。もしくは北の黒海方面に向かい、そこから貨物は船でヨーロッパへ運ばれた。

このアジア横断ネットワーク上に散らばる正確な節点は、時代とともに変わり、歴代の帝国がそれぞれに都合のよい都市に交易路を引くようになったが、この大まかな輪郭は僕らが「シルクロード」と呼ぶようになったものの、途方もない広がりについて正しく把握させてくれる。そしてアジア一帯にまたがる東西の輸送・通信網の大半は、特定の気候帯、すなわち砂漠を抜けていたのだ。

シルクロードの特定の環境は、旅をする交易商たちの頭上高くにある大気の、目に見えない動きによって左右されていた。赤道付近では、太陽による蒸発と上昇気流から大量の降雨があり、アマゾン川流域や東インド諸島〔東南アジアの島々〕、アフリカの中部および西部一帯に、鬱蒼と茂った熱帯雨林が広がる（第1章で見たように、東アフリカの当初の雨林は、地殻変動で大地溝帯のリフト・システムが隆起したために乾燥したサバンナに変わった）。しかし、この空気が高い高度を移動して、赤道を挟んで南北ともに三〇度付近の緯度で再び地表に下降するころには、からからに乾燥している。そして、この一帯に地球上で最も乾燥した地域が出現する。南半球では、この乾いた一帯にはオーストラリアのグレートサンディ砂漠、アフリカ南部のカラハリ砂漠、南アメリカのパタゴニア砂漠などがある。北半球でそれとそっくりに広がる一帯には、アメリカのモハーヴェ砂漠、ソノラ砂漠、サハラ砂漠、アラビア半島、インド北西部のタール砂漠などがある。

東南アジアではこのパターンはやや複雑になっている。この地域の砂漠地帯はモンスーンとそれがもたらす季節的な大量の降雨によって分断されている。第8章で、チベット高原とヒマラヤ山脈がいかにインドのモンスーンを強化する働きをしているかを検討するが、これらの高山と、そこから派生したパミール、崑崙《こんろん》、天山などの山脈は、インド洋と太平洋からの水分を豊富に含む空気を遮る役目をはたす。ゴビ砂漠やタクラマカン砂漠など、シルクロードで越えなければならない砂漠の多くは、この雨陰効果によって生じたのであり、その結果、アジアの砂漠地帯は、ほかの大陸に比べて、赤道からずっと離れた地域にまでつづいている。これらの砂漠の一部は、移動する砂丘に悩まされた──タクラマカン砂漠は、アラビア半島の大半を占めるルブアルハリ砂漠に次いで世界で二番目に大きな移動砂丘のある砂漠である──が、多くの砂漠は地表に硬い小石が散らばっていて、充分な水の備えがあれば、容易に横断することができる。

したがって、過去四〇〇〇万ないし五〇〇〇万年のあいだに褶曲による地殻の隆起は、幅広い弧を描くヒマラヤ山脈を築いただけでなく、その背後の砂漠もまた生みだしたのだ。そして、シルクロードがあいだを縫う景観を形づくったのは、これらの砂漠と山脈の双方だったのだ。この地では、その乾燥した気候帯を抜けて移動し、東西の交易の便宜を図るのにひときわ適した動物がいた。ラクダである。

第3章で述べたように、ラクダは北アメリカで進化し、数百万年前の氷期にベーリング陸橋を渡って移住してきた。その生誕の地では絶滅してしまったものの、旧世界では二つの種が進化した。アジアのフタコブラクダ（前三〇〇〇年ごろ家畜化[19]）と、アフリカのより暑い砂漠にいるヒトコブラクダ（前二千年紀ごろ家畜化[20]）である。ラクダは馬やロバよりもはるかに重い荷をより長い時間、休憩を必要とするまで担ぐことができ、水もはるかに少なくしか必要としないため、これらの乾燥した地域の輸送にはずっと優れていた。

通説とは異なり、ラクダはコブのなかに水を蓄えてはおらず、代わりに体脂肪が蓄えられている。ラクダは多くの哺乳類のように、体全体に断熱層として脂肪を分散させる代わりに、コブを脂肪の貯蔵庫として使い、それがエネルギーを提供する一方で、ラクダ自身は涼しい状態を保てるのだ。ラクダは砂漠で生き延びることにかけては比類なく適応している。乾燥した土地を一週間かそこら旅したあと、体内の水分のほぼ三分の一を失っても、ラクダにはなんら悪影響はない[21]。それほど極端な脱水症状になっても、血液が危険なほど濃くなることなく対応できるのだ。ラクダの腎臓と腸は、高度に濃縮した尿と、燃料にして焚き火ができるほど乾燥した糞を生成する。呼気で吐きだされてしまう水分も、ラクダは回収することができる[22]。エアコンの装置のように、鼻腔で水を再び凝縮させるのだ。さらに、ラクダはパッド付きの足のおかげで、砂漠の砂や湿地、岩だらけの土地といった多様な地勢を横断することが可能だ[23]。

ラクダは、前四〇〇〇年ごろに始まった香料の交易に欠かせない存在だった。アラビア半島は地球の砂漠地帯に位置するが、この半島の南西では山脈が夏のモンスーンから充分な降水を得て、植生が茂る希少な一角を生みだしている。乳香〔フランキンセンス〕と没薬《もつやく》〔ミルラ〕はこれらの山々に茂る低木から抽出することができる。香料は春と秋に収穫するのが最もよく、その生育サイクルは紅海を北上してエジプトへ航行しやすくするか、あるいはインドまで横断する海運を後押しする季節ごとのモンスーンの風とは相容れないので、ラクダによる陸路の旅のほうがはるかに向いていたのだ。香料を運ぶ隊商は紅海の海岸伝いにアラビア砂漠を通って北上してから、シナイ半島を横断してエジプトと地中海にでるか、東のメソポタミアに向かった。[24]

北アフリカでは、ラクダの隊商は三〇〇年ごろからサハラ砂漠を横断して、[25]スーダンの金を地中海に運んでいた。帰路には、交易商人らは砂漠の下から掘りだした食塩（サハラ砂漠が乾燥するにつれて、消滅していった湖に堆積していたもの）を南にあるトンブクトゥの交易の町まで運んだ。ここで塩はカヌーに積まれて川伝いにアフリカの奥地にまで輸送された。十三世紀初期には、ニジェール川とその支流沿いの肥沃な土壌のある地帯から食糧を得て、豊かな金鉱を採掘することによってマリ帝国が興隆し、トンブクトゥは王家の都市となった。[26]塩と金の交易は数百年のあいだつづき、謎に包まれたこの貴金属の入手源を探しだすことが、一四〇〇年代初頭にポルトガルの船乗りたちがアフリカの西海岸を探検する主たる動機の一つとなった（これについては第8章で再び取りあげる）。

ラクダは、アジアの乾燥地帯を横断するのにシルクロードでも欠かせないものとなった。ここでもラクダは多様な地形を横切るのによく適していた。岩だらけの土地でも、パッドで覆われた蹄《ひづめ》は確かな足取りで進み、砂漠と高山の峠という極端な気候にも耐えられた。[27]ラクダ一頭で二〇〇キロ以上の荷を運ぶことができ、隊商には数千頭が加わることもしばしばで、全体の積荷の量は交易商の大型帆船の積荷にも匹敵しうるものだった。[28]

陸路の旅は苦難の道で、それはすなわちユーラシアの交易網沿いに運ばれた荷は総じて高価な消費財であったことを意味したが、扱われた商品は絹だけではなかった。[4] 胡椒、シナモン、生姜《しょうが》、ナツメグなどの香辛料は西へと運ばれた。インドは綿と真珠を交易し、ペルシャは絨毯と皮革を輸出し、ヨーロッパからは銀と亜麻布が運ばれてきた。ローマは高品質のガラス、紅海からのトパーズと珊瑚《さんご》を交易品とした。アラビア半島南部の乳香は、貴石や藍などの染料とともに、やはり中央アジアを越えて運ばれた。[30]

しかし、歴史を通じたシルクロードの途方もない重要性は、交易品に限られるわけではない。ユーラシアの南の海岸線沿いの海の交易路とともに、この陸上の広大な輸送網はさまざまなアイデアや哲学、宗教を普及させるハイウェイとなったのだ。数学、医学、天文学、地図作成における飛躍的な進歩は、鐙《あぶみ》、製紙、印刷、火薬などの技術革新と新技術とともに、この通商路沿いにユーラシアの諸民族のあいだに広まった。[31] 統合された陸上および海上のネットワークは、当時のインターネットだったのであり、遠距離間の通商だけでなく、人間の知識のやりとりも可能にした。[5]

だが、十六世紀からは、シルクロードはその重要性を失った。陸路による交易は、大航海時代のヨーロッパの船乗りによってつなぎ合わされた地球規模の海洋のネットワークには敵わなかったのだ。シルクロードの古代の貨物集散地は、かつては世界屈指の賑わった場所だったが、往時の賑わいと輝きを失った。サマルカンドやヘラートなど、いくつかの隊商中継地は今日でも人口の多い都市として残るが、その他の多くの交易所は文化の記憶のなかにしか存在しない。世界の交易を支配し始めたのは、沿岸の港町だったのだ。

それでも、シルクロードは何百年ものあいだ隊商が山の峠道を進み、砂漠を越えるなかで物資や人、アイデアの移動に影響をおよぼしつづけた。そして、ユーラシア大陸全土の社会構成に根本的な特徴を生みだしたのは、大陸中部の生態ゾーンと地形だったのである。

草の海原

世界をぐるりとめぐる砂漠地帯が、地球の大気の循環パターンで乾燥した下降気流によって（およびヒマラヤなどの山脈の背後になる雨陰効果によって）いかに生みだされたかはすでに見てきた。しかし、地球の両極から赤道に向かっての温度勾配もまた、層をなす一連の気候帯と、その内部で見られる特有の生態系の範囲を定めてきた。[32]地球上のこうした水平の縞模様は南北両半球に存在するが、陸塊の多い北半球ではそれがより顕著になっている。

北半球では、北極に最も近い、シベリア、カナダ、アラスカ北部に広がる最北のゾーンはツンドラだ。気温は非常に低く、生育期間は短いため、荒涼とした景観が広がり、この地で生き延びられるのはまばらに生える矮性《わいせい》低木やヒース、岩に這いつくばる耐寒性のコケなどしかない。この一帯に住むのは、トナカイの牧畜民かカリブーの狩猟者だけだ。[33]

ツンドラの南にはタイガ、すなわち針葉樹の森が鬱蒼と茂る一帯がある。この亜北極の生態ゾーンは、カナダ、スカンディナヴィア、フィンランド、ロシアの大半を覆い、その南端にある北ヨーロッパやアメリカ合衆国では徐々に落葉樹林に変わる。農業や牧畜には不向きではあるものの、タイガはミンク、クロテン、オコジョ、キツネなどの毛皮の重要な産地となってきた。近代史の初期には、毛皮の需要が増えたために罠《わな》猟師がこのタイガ帯に送りだされ、モスクワは主要な交易中心地となった。ロシアは毛皮を求めて十五世紀、十六世紀を通じて東へ拡大し、シベリアを越えて太平洋岸と清朝の北の境界地帯にまで迫っていた。[34]十七世紀には、フランスをはじめとするその他のヨーロッパの罠猟師たちも同様に、

カナダの森を突き進んだ。[35(6)]

ツンドラの南では、地球の気候は温暖になり、赤道に近づくにつれて熱帯気候に変わる。この生態ゾーンのパターンは両極から赤道のあいだで縞模様をなして並び、歴史を通じてそれぞれのゾーン内で暮らす人びとの生活様式や経済的可能性を定めてきた。生態域はとりわけ、ユーラシアの内陸周辺部にあった文明に、恒久的な影響をおよぼしてきた。

北はタイガの寒い気候帯に、南は一連の砂漠に挟まれているのは、広大な草原地帯だ。ユーラシアではこの生態ゾーンはステップと呼ばれ、北アメリカのプレーリーと同じ緯度帯にあり、南半球にはそれに相当する一帯にアルゼンチンのパンパスや南アフリカの草原地帯がある。

ユーラシア大陸の陸塊の中央を貫くステップは、湿気を帯びた海からの風の影響を受けることがなく、そのため降水はわずかしかない。したがって樹木が育つには総じて乾燥し過ぎており、植生は圧倒的に耐乾性のある草本類となる。こうした草が今度は、多数の蹄のある哺乳類（その多くは、第3章で述べたように、もともとこの生態系で進化した）を養う。ステップは中国東北部から東ヨーロッパまで六〇〇〇キロ以上にわたって連続した幅広い帯となって広がる。ここは〔アラスカを除く〕合衆国大陸部全域よりも広いが、場所によっては山脈が迫って狭い回廊となっている。その結果、おおむね三つの主要な地域に分けられる。

西部もしくはポントス〔黒海〕・カスピ海ステップは、カルパティア山脈とドナウ川河口から、南側は黒海とカフカース山脈と接しながら、ウラル山脈がカスピ海とアラル海まで数百キロの距離になるあたりまでつづく（ハンガリー大平原は、カルパティア山脈によって主要なステップ地帯から分断され、西部の孤立した草原となっている）。中央もしくはカザフステップはウラル山脈から天山山脈、アルタイ

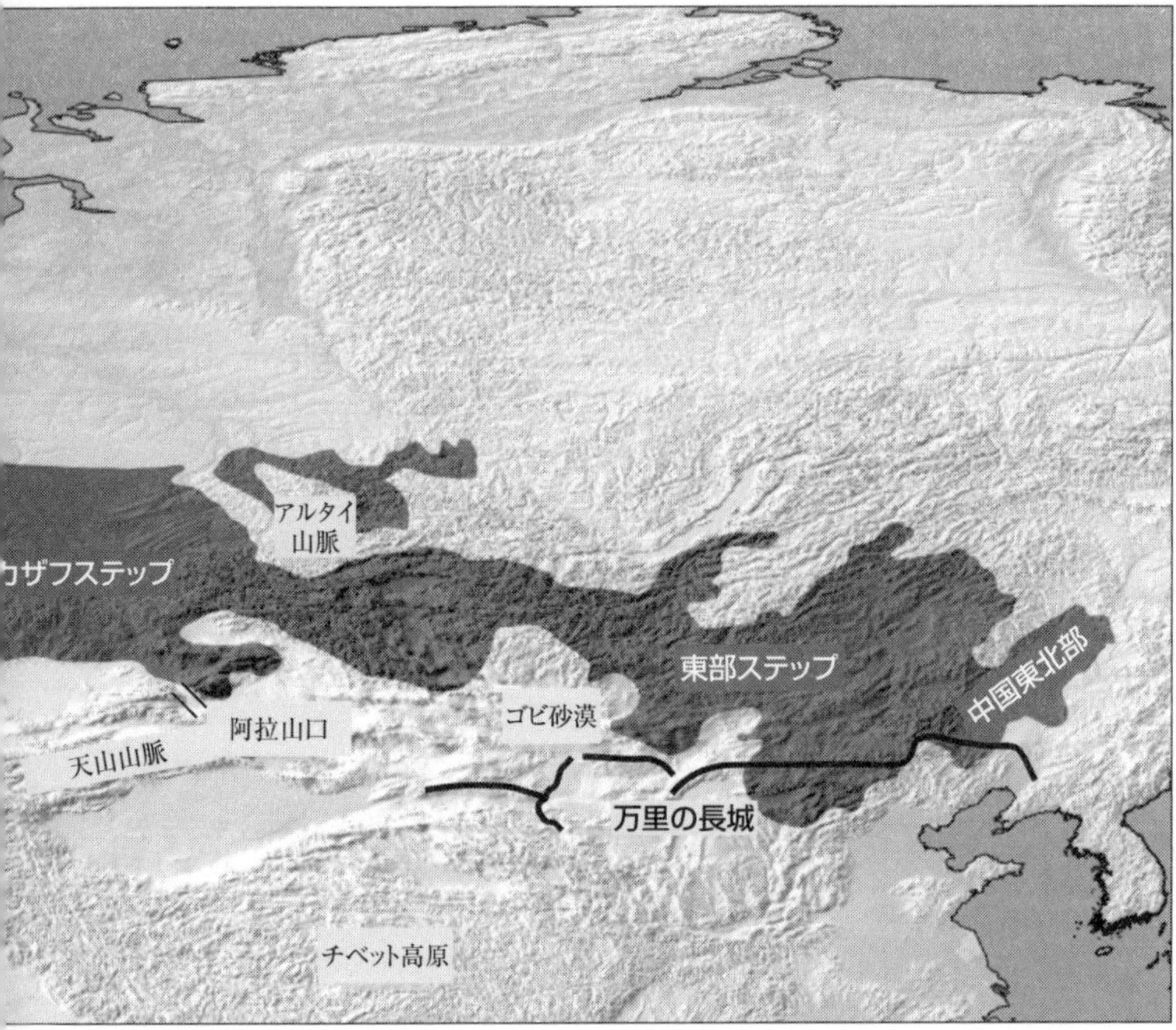

山脈までつづき、その途中にシルクロードの北部ルートが通過した阿拉山口がある。東部のステップはジュンガル盆地からモンゴルまでゴビ砂漠の北端沿いに広がり、最終的には太平洋岸にある森林に到達する。[7]

　ステップは人が居住するにはあまり適した環境ではない。気温は季節によって大きく変動する。夏は乾燥して暑く、気温は四〇℃にも上がり、雨が降るときは激しい雷雨となる。冬は雲一つない空の下で、ステップは厳しい寒さに見舞われ、気温はマイナス二〇℃以下まで下がり、地面は雪で深く覆われ、平らな土地を風が吹きすさぶ。しかし、何よりも重要なことに、ステップには人間の腸では消化できない硬い草のほかに植生がほとんどないため狩猟採集民が

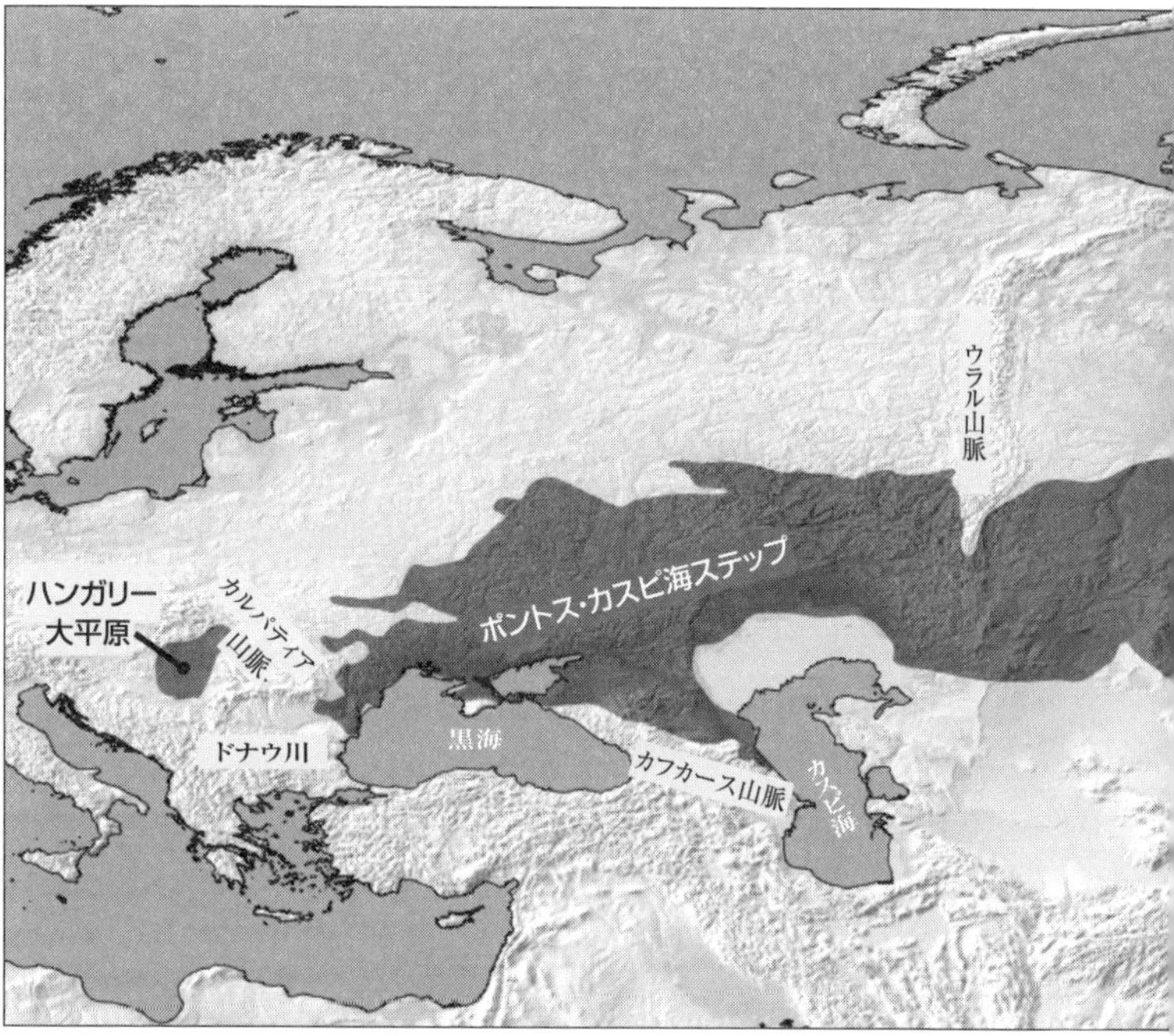

ユーラシアの背骨に広がるステップの生態系

利用できるものがあまりない。徒歩で移動する人間にとって、この地は手強い障壁となって立ちはだかった。ステップで生き延びるには、移動手段と同時に、食糧を生みだす手立ても必要となる。

　地球の砂漠地帯にはラクダがうまく適していたが、ユーラシア中部に広がる草地のステップは、馬にとってまたとない生息環境となる。世界各地の馬の自然な分布域は、一万四〇〇〇年前から一万年前に最終氷期が終わるにつれて急激に縮小した。馬は北アメリカでは絶滅し、世界が温暖化するにつれて、中東からも馬は姿を消した。氷床が後退すると、ユーラシア北部一帯の乾燥した広大な草原は深い森に取って代わられ、ヨーロッパでは馬は自然の牧草地が残る若干の孤立した場所でのみ生存していた。だが、中央アジアのステップでは、馬とウマ科の近縁種は最もよく見られる草食動物となり、新石器時代の部族民はこの地でこれらの動物を狩猟していた。考古学的な証拠からは、これらの人びとが食べていた食肉の四〇％以上は、ウマ科動物のものだったことが判明している。

それどころか、馬は当初、輸送用に家畜化されたのではなく、食糧とされていたのだ。牛は雪の下に草が見えなければ、それを食《は》もうとはせず、羊の柔らかい鼻先が餌を探せるのは、雪がまだ固まっていないあいだだけであった。だが、馬は寒い草地によく適応しており、凍りついて固まった雪ですら蹄で割って、その下にある冬の草を探しだすことができる。馬は本能的に氷を割って飲み水を探すこともできる。実際には、人間が馬を家畜化し始めたのは、おそらく気候変動でユーラシアの冬の厳しさが増したためだろう。[37] 家畜化に成功したのは、黒海とカスピ海の北のステップで、前四八〇〇年という早い時期であった可能性がある。[38]

人は馬の扱い方と乗り方を学び、このことが大きな変革をもたらすことになった。第3章で見たように、羊や牛のような草食の哺乳類を家畜化したことで、人類は草を栄養価のある肉と乳に変える能力を与えられた。とはいえ、定住する農民には限られた牧草地しか家畜のために得られず、草食動物はすぐに過放牧となりうる。馬に乗った牧畜民ならば広大な草地を自由に利用でき、はるか遠方まで移動して、ずっと大きな群れを管理することができる。そのうえ、前三三〇〇年ごろにメソポタミアから牛の引く〔スポークのない〕円盤状車輪がある四輪荷車《ワゴン》が導入されたことで、[39] ステップの人びとは必要なものをすべて――食糧、水、寝泊まりするためのテント――もって、長期間、広大な草原一帯を群れとともに自由に動き回る機会が与えられたのだ。[40] 蹄のある草食の家畜と、俊足の騎乗者と、トレーラーハウス代わ

りの牛の引くワゴンというこの組み合わせが、広域にまたがる人の居住地としてステップを開放したのである。(8)

灌漑《かんがい》農業による穀類の耕作は、ステップを流れる若干の河川沿いの肥沃な土地でのみ可能だ。そのため総じて、ここでは人びとは遊牧民として生き延びた。家畜を育て、季節ごとに牧草地から牧草地へつねに移動する暮らしだ。[43] しかも、ステップの地形は陸上の移動を遮《さえぎ》るものがほとんどない。アジアのこの中心部は地殻的には太古の土地であり、プレートの衝突によって新たに褶曲《しゅうきょく》することもなく、侵食によって平らに削られている。ユーラシアの南端には大山脈が連なるが、大陸の中心部に延びるステップの一帯は総じてそのような障壁がない。例外はウラル山脈で、南北方向に走るアジアでは珍しい山脈の一つだ。[44] これはポントス・カスピ海ステップとカザフステップを分断し、往来はその麓《ふもと》の先端部とカスピ海に挟まれた狭い通り道に限られている。(9) しかし、ウラル山脈を除けば、湿地や森林のような自然の障壁はほとんどない。馬の乗り手や荷車はステップのどこへでも容易に動き回れ、大陸を横断して延びる広大な自然のハイウェイにこの地を変えたのだ。そして、これがユーラシア全体としてその歴史を形づくるようになった。

これらの遊牧民は、大陸の周辺にある定住した農耕社会と不安定な関係を築くようになり、友好的とはいえ緊張した共存関係から武力闘争まで、さまざまな状況を生みだした。彼らは自分たちの群れや畜産物で交易をした。牛、羊毛、そしてとりわけ彼らが草原で大量に飼育する馬が取引された。彼らはまたユーラシアのさまざまな文明の軍隊に、みずから傭兵として雇われ、その他の遊牧民の侵入を防ぐために境界地帯の警備を手伝うこともしばしばあった。自分たちの土地を通過する隊商から見かじめ料を要求するか、さもなければ待ち伏せをするのだった。しかし、彼らがユーラシアの歴史の流れに最大の影響をおよぼしたのは、ステップの奥地から出現して、大陸の周辺部に定住した文明の領土を大軍で侵略したときのことだった。

騎馬遊牧民はこれらの農業や海運業の社会にとって手強い敵だった。[46] 彼らはときには貢物《みつぎもの》を要求し、それで片がつくこともあった。そうでなければ、農家や村を襲撃して略奪し、担げるだけのものを分捕ると、広大な草原にただ姿を消してしまうのだった。独自の騎馬兵の人数が充分に揃っていない農業社会の軍隊は、草の海原の奥地まで遊牧民を追跡することはできなかった。乾燥した平原には、歩兵の遠征軍を養えるだけの食糧がないからだ。そして大きな連盟をつくって緩く連携した遊牧民は、歴史のなかで繰り返しステップから忽然《こつぜん》と姿を現わしては、定住した文明社会を侵略し、征服し、ときにはアジア一帯にまたがる広大な帝国を建設することもあった。[47]

しかし、ステップの民がユーラシアの周辺部の文明におよぼした影響は、軍事的な直接の攻撃だけではなかった。遊牧民として彼らはつねに移動していたが、ステップの環境のデリケートな均衡が崩れると――群れの規模の急増や、気候変動による牧草地の劣化など――部族全体がそれまでの土地から移住してよりよい牧草地を探さなければならなくなった。その結果、居場所のなくなった一連の部族が平原を移動して、近隣の部族をそれまでの土地から追いだすことになり、ちょうどビリヤードの球が互いに跳ね返るように、ステップ一帯に混乱の波が広がった。最終的に、ステップの一部の民族は定住社会の土地にまで入り込まざるをえなくなり、たとえば、東では中国の東北部や北部、西ではウクライナとハンガリーなどに侵入した。[48]

このように、ユーラシアの壮大な陸塊の周辺部にある文明――中国、インド、中東、ヨーロッパ――の歴史と運命は、ステップの中心部から出没する遊牧民との戦いを繰り返す物語となってきた。騎馬の戦争を最初に極めたのはスキタイ人だった。彼らはもともとアルタイ山脈周辺にいて、前六世紀から前一世紀のあいだにステップの大半を支配下に置くようになり、さらに西へと進んでメソポタミアのアッシリアやアケメネス朝ペルシャと対決し、さらにアレクサンドロス大王とも戦った。中国は、匈奴《きょうど》、契《きっ》丹《たん》、ウイグル、キルギス、モンゴルなど、ステップからの民と繰り返し対峙した。[49] 五世紀から十六世紀にかけて、遊牧民集団はステップから相次いでヨーロッパへなだれ込んだ。フン、アヴァール、ブルガール、マジャール、カルムイク、クマン、ペチェネグ、そしてモンゴルなどの民族である。[50]

何千年ものあいだ、ステップは遊牧民で煮え立つ大鍋であったのであり、大陸の周辺部に定住して農業を営む文明の領域に、その縁から繰り返しあふれだしていたのだ。両者間のこの争いは、ユーラシアの歴史を恒久的に動かしてきた原動力だった。この争いは根本的には、乾燥した草原と豊かな農地——ステップと耕作地の両世界——のあいだの生態学的な違いから、また双方が支える人間の生活様式の違いから生じたものなのだ。だが、こうした移住と侵略を同じ道筋で何度も引き起こし、そこへ向かわせたのは、大陸の地形だったのだ。

立ち退かされた民

ちょうどシルクロードが狭い回廊や谷間、山の峠を通ったように、武装した襲撃者が文明の地へ入り込むのに都合のよい通路も地形によって決められていた。これらの道筋が陸路による交易を後押ししていたとすれば、それはまたユーラシアの周辺にある定住社会を襲撃や征服にさらすことにもなったのだ。

インドは総じてヒマラヤ山脈という大障壁によって守られていたが、ヒンドゥークシュ山脈を抜ける狭いカイバル峠は、侵略者が入り込む地点となった。中国は、前述したように、一般には自然の障壁の恩恵を受けてきたが、その中心部の平原はステップからの遊牧民の侵略を受けるがままとなっていたし、西方からは阿拉山口を通り、そこから侵略者は河西回廊沿いに中国の中心部へとやってきた。[51]

　万里の長城は、ステップからの遊牧民の流入にたいし中国を守るために築かれた。中国を統一したのち、秦《しん》の始皇帝は前二二一年から、この北方の境界地帯を要塞化した。[52] 長城は前二〇〇年から紀元二〇〇年にかけての漢時代に延長され、河西回廊沿いにタリム盆地まで抜けるシルクロードの道筋を監視した。しかし、長城の最も壮大な遺構の大半は、十四世紀なかばからの明時代に建設されたものだ。万里の長城は表面的には、二つの基本的に異なる生活様式と文化のあいだの境界の役目をはたす。すなわち遊牧民と定住民、未開人と文明人だ。だが、より深い意味では、こうした防衛設備は農業が可能な湿潤で肥沃な土地と、大陸の中心にあって、牧畜民しか生き延びられない乾燥した過酷なステップのあいだの根本的な生態系の境界沿いに築かれたのだ。それでも、中国はステップの民に繰り返し侵略されたし、その多くは阿拉山口を通って、河西回廊沿いにやってきた。カイバル峠が、遊牧民の襲撃者がインドへ侵入する地点となったように、中国もまたシルクロードの道筋沿いに攻撃されたのだ。交易の通路は侵略も容易にしたのだ。

　ユーラシアの西の端では、ステップから遊牧民が入り込む隙を与えたいくつかの主要な低地のルートと高原の峠沿いに、ヨーロッパが侵入と侵略にさらされた。一本の道は、西部のステップから、カフカース山脈と黒海の南のアナトリア半島を抜ける。もう一本は黒海の北に向かい、カルパティア山脈方面に進み、そこからこの山脈とプリピャチ沼沢地のあいだを通るか、南のドナウ川流域を通る。どちらのルートを通っても侵略者は北ヨーロッパ平原の中心部にいたる。[53] 四世紀からローマ帝国を苛んだフン族、七世紀にバルカン半島に移住したブルガール族、九世紀にハンガリーに入ったマジャール族、そして十三世紀に侵略したモンゴル人はいずれも、もともとこれらの回廊を通ってステップからヨーロッパへ近づいた。[54]

遊牧民と定住社会との衝突が、それぞれの居住環境が支える生活様式を反映したのだとすれば、自然界とさまざまな生態系の分布もまた、ステップの遊牧民が農業地帯に侵略したのちの行動方針を定めていた。

騎馬民族が醸しだす恐ろしい脅威は、総じてその機動力に由来するものだ。定住した文明社会の動きの遅い軍隊とは異なり、遊牧民は広大な距離をものともせず迅速に作戦行動をとることができた。だが、ステップの襲撃者は、根本的な環境面の制約に縛られていた。彼らの軍事力は高速で移動する騎馬兵を大挙して出動させることに依存していたが、馬には餌をやらねばならなかった。ステップの大草原という彼らの自然の居住環境では、これは簡単なことだったが、ユーラシア周辺部の農業地帯のあまりにも奥深くまで入り込んだ途端に、彼らは馬の餌やりに苦労した。灌漑農地では狭い区画でも人間を養う穀物は大量に生産されたが、こうした土地は大群の馬を飼えるだけの牧草地にはならなかった。

自然によって課されたこの制約は、耕作と牧畜という生活様式は本質的に相容れないことを明らかにし、そのため戦利品を得たあとは、ステップからの侵略者は自分たちの自然の広い牧草地へ撤退せざるをえなくなるか、暮らし方を根本的に変えて定住社会に同化することを余儀なくされた。[55]したがって、五世紀なかばにヨーロッパの中心部まで侵略したフン族が、ハンガリー大平原を軍事行動の中心地に選んだことは、驚くべきことではないはずだ。ここはステップと農業地帯のあいだの、生態学的な境界地帯であり、ステップの最西端にある孤立した草原なのだ。[56]

遊牧生活をやめた人びともいた。オスマン朝のトルコ人は、もともと十三世紀にチンギス・カンに率いられたモンゴルの勢力拡大によって、ステップから押しだされてアナトリア半島へ移住していた。彼らは要塞を拠り所とするヨーロッパ式の戦争方法を採用してこの地に落ち着き、捕虜にしてイスラームに改宗させたキリスト教徒の少年による奴隷の軍隊、すなわち有名なイェニチェリを組織した。[57] 十三世紀の終わりには、オスマン朝はキリスト教国にとって主たる脅威となり、一四五三年にはコンスタンチノープルを占領して、東ローマ帝国に止めを刺した。[58]

世界史においては、ステップから乗り込んできた遊牧騎馬民族が原因となって二つの決定的な出来事が引き起こされた。西ローマ帝国の崩壊とモンゴル軍によるアジアの征服である。

ローマ帝国の衰退と崩壊

紀元一世紀までに、ローマ帝国が地中海周辺一帯に拡大し、北アフリカの砂漠とヨーロッパの山脈、および大きな河川で定められた自然の境界でその動きを止めていたことは、すでに見てきたとおりだ。だが、西暦三〇〇年には、帝国の北東にあるライン川とドナウ川沿いの国境は、その先の荒野を占拠するゲルマン民族の人口が増加して、全域にわたって圧力を受けていた。その数十年後には、ステップから現われた騎馬民族がローマ国境までこれらの民族を押しやり、暴力的な侵略や移住の強制といった一連の出来事によって状況は悪化した。これらの騎馬民族は、前三世紀以来、ステップの東端で中国を脅かしてきた遊牧民族の同じ連盟であると広く考えられている。[59] すなわち、匈奴だ。西方に姿を現わした彼らは、フン族として知られるようになった。[60]

フン族はその後ステップ地帯を通って西へと移動したが、これは地域的な気候変動の時代のさなかであり、ほぼ間違いなくよりよい牧草地を探し求めてのことだろう。当時、北半球が寒冷化した証拠はあり、そのためステップでは旱魃《かんばつ》となり[61]、羊やヤギ、馬の餌にできる草が減少したのだろう。フン族は三七〇年代にはドン川[62]に到達しており、その過程でほかの遊牧民を立ち退かせ、今度はその人びとが東ヨーロッパに定住していた村人を追いだしたのだ。

西ローマ帝国のライン川とドナウ川沿いの境界地帯には、こうした難民が大挙して到来し、その後まもなくローマの領土内に部族が次々になだれ込むようになった。ブルグント、ランゴバルド、フランク、西ゴート、東ゴート、ヴァンダル、アランなどの民族である[63]。

四世紀の終わりには、次々に逃げだす部族を、さながら大きな船首波のように蹴散らしながら、フン族自体がローマ帝国の境界地帯へやってきた。彼らはドナウ川の北に住む部族の征服に着手したのち、それまで民族の移動や侵略をおおむね免れてきた東ローマ帝国へ向かった。四三四年からは、恐ろしいアッティラに率いられたフン族がギリシャを含むバルカン半島までたびたび遠征して荒廃させ、コンスタンチノープルの城壁にまで迫った。彼らはこの都市の強固な要塞によって行く手を阻まれたが、それでも東ローマ帝国から莫大な貢物は取り立てた。

東部でのこうした成功で勢いづいたアッティラは、今度は西ローマ帝国に攻撃の矛先を向けた。ドナウ川とライン川沿いに進軍し、その途上にある都市で次々に略奪行為を働いたアッティラは、四五一年にローマのガリア地方に侵略したが、もともとステップからフン族の出現によって追いだされた部族や騎馬民族の同盟によってこの地で打ち負かされた。だが、アッティラは翌年戻ってきて、イタリア北部の平原を荒廃させたため、ローマ皇帝は和平を結んでフン族のローマへの行軍を阻止せざるをえなくなった。アッティラは二年後に死去し、フン族の帝国はその後まもなく解体したが、彼らはすでに西ローマ帝国の崩壊に向けて事態を動かし始めていた[64]。

立ち退かされたこれらの難民を重荷に感じていたのは、ローマ人だけではなかった。ペルシャもやはり、カフカース地方にあふれだし、メソポタミアや小アジアの都市を荒らす遊牧民の来襲を受けていた。[65]四世紀の終わりには、東ローマ帝国とペルシャは共通の敵と対峙するようになったために、長年の怨《えん》讐《しゅう》を忘れて手を組み、大規模な防衛壁の建設をして守備隊を置くようになった。カスピ海南端から東へ二〇〇キロほどにわたってつづくゴルガーンの防衛壁は、前面に深さ四・五メートルの溝があり、全長の三〇カ所に要塞が設けられ、三万人の軍隊が守備についていた。このペルシャの防衛壁は、過去に建設された防衛のための障壁としては、万里の長城に次いで長いもので、まさしく同じ目的のために築かれた。すなわち、定住した文明社会と未開人の荒野との境界を定めるためだ。[66]

しかし、西ローマ帝国にとっては、この防壁はすでに遅過ぎた。ライン川とドナウ川沿いの境界地帯は制圧されており、移住してくる部族が波となって防衛線を突破した。西ゴート族はイタリア半島に進軍し、四一〇年にローマ市そのものを占領して略奪行為を働いた。[67]同じくフン族に追いだされたヴァンダル族は、ヨーロッパ中部に進出してイベリア半島を縦断し、北アフリカにあるローマの領地に侵略し、四三九年にカルタゴ市と西ローマ帝国の穀倉地帯であった周辺の地域を占拠した。ヴァンダル族が征服した場所には、シチリア島、サルデーニャ島、コルシカ島が含まれたほか、四五五年にはローマも侵略された。四七六年には、西ローマ帝国の中央集権は事実上、崩壊しており、かつての領土はすでに東方から国境を越えてあふれてきたゲルマン民族が支配する王国に分割されていた。フランスとドイツはフランク族に、スペインは西ゴート族に、イタリアは東ゴート族の支配下に入ったのだ。中世のあいだに、これらの王国は現代のヨーロッパの国々へと発展した。

西ローマ帝国は、定住した部族とステップからの牧畜民の「大移動」によって崩壊したのだ。ここでもまた、歴史のこの転換点を説明する原因は、根底にある地球規模のものだった。ローマの滅亡は究極的には、騎馬遊牧民が暮らしていたユーラシアのステップの乾燥した草原と、その周辺に定住し帝国の農業を支えていた湿潤な土地のあいだの生態的な違いと、難民の波を引き起こしたステップ内の気候変動によるものだったのだ。

パクス・モンゴリカ

十三世紀になると、ステップからの騎馬民族は再びユーラシアの歴史の流れを変えた。草原から現れたモンゴル人は、わずか二五年間でローマが四〇〇年間に併合したよりも広い領土を征服することに成功した。[68] モンゴル帝国はユーラシアの広大なステップの部族を統合しただけでなく、中国、ロシア、さらに南西アジアの大半を含み、世界でこれまでに知られる最大の陸の帝国を築いた。[69] この壮大な軍事遠征を推進した指導者は、モンゴル東部の有力な族長の息子で、初名はテムジンだった（おそらく鍛冶屋を意味する）。しかし、彼がその名（あるいは悪名）を馳せたのは、称号として採用した「猛々《たけだけ》しい支配者」、すなわちチンギス・カンのほうだ。[70]

チンギス・カンは、中国の北のはずれで牧羊を営む多くの遊牧民族の一つに属していたに過ぎなかったが、一二〇六年には周辺の部族を統一して、モンゴルのステップの支配者になった。[71] 権力の基盤が固まると、彼の率いる騎馬の襲撃者の大群はステップから地響きを立てて現れるようになり、ユーラシア周辺一帯の文明社会を襲った。彼は一二一一年に中国北部に侵略し、[72] その後中央アジアの国々を一網打尽にした。[73] チンギス・カンは一二二七年に死去したが、その後継者たちも軍事力による支配域の拡大に同じくらい成功を遂げた。[74] モンゴル軍の征服は中東でもつづき、その後、部族民はカフカース山脈を抜けてロシア南部へ、さらに東ヨーロッパへ向かった。[75]

彼らはこの地でポーランドとハンガリーの平原に進軍し、ウィーンの郊外にまで迫り、[76]キリスト教世界をパニックに陥れた。[77]だがヨーロッパは、歴史の思いがけない展開で悲運に見舞われずに済んだ。当時、カアン〔モンゴル皇帝、大カン〕の座に就いていたのはチンギスの息子で後継者のオゴデイだったが、その彼が急死したため、モンゴルの指導者たちは首都カラコルムへと撤退して、次の最高支配者を選ぶことにしたのだ。最終的に、指導者たちは大西洋に向けた征服を継続しようとはしなかった。モンゴル帝国はステップ地帯の西端で実質的に終わったのである。[78]その代わりに、彼らは再び東へと向かい、中国全土を征服して、元王朝として君臨した。[79]初代皇帝のクビライ・カアンは上都《じょうと》から支配した——コールリッジは有名な詩のなかでこれをザナドゥ〔桃源郷の代名詞となっている〕と綴った——が、その後、北京に遷都した。[80](10)

十三世紀の終わりには、モンゴル帝国は太平洋から黒海まで、アジア全土に広がっていた。この途方もない拡大のさなかに、モンゴル人は即時降伏を拒んだ都市に残虐行為を働いたことで悪名を馳せた。[82]彼らは住民を皆殺しにし——男も女も子供も、家畜までも——あとには人けのない通りと山と積まれた頭骨だけが残された。こうした意図的かつ陰惨な残虐行為は、行く手にある次の都市を抵抗せずに降伏させるために目論まれたものだった。彼らの残忍ぶりに関する恐ろしい知らせは、モンゴル軍が前進するより早く先へ伝わったのだ。しかし、モンゴル人は一般に考えられているように、ただ残忍な戦士たちの恐ろしい軍団であったわけではない。抵抗勢力が鎮圧されると、占拠された町や都市はしばしばモンゴル人の入念な監督のもとで再建された。[83]モンゴルの汗《カン》国の王たちは、支配下のさまざまな民族にたいして驚くほど寛容でもあり、文化的・宗教的な自由を認めていた。[84]衝撃と畏怖感を与えた当初の軍事行動のあと、モンゴル軍は人心も掌握することができたのだ。

そのうえ、征服による当初の猛威と暴力行為が収束すると、アジアが統一されたことで大陸一帯で交易が栄える時代を生みだした。これは「パクス・ロマーナ」、つまりその一〇〇〇年前のローマ帝国時代に地中海周辺が安定し繁栄した時代をもじって、「パクス・モンゴリカ」〔モンゴルの平和〕として知られる。一二六〇年から一世紀ほどにわたって、モンゴルの汗国はアジア一帯で交易商人たちの通行の安全を確保していたのであり、彼らの行政の手腕と税を低く抑える抜け目なさが相まって、通商を後押しすることになった。[85] 戦利品を略奪するか、農業文明社会から貢物《みつぎもの》を搾《しぼ》り取ることを目的としていた初期の遊牧民侵略者の、押し入って奪い取る戦術とは対照的に、汗国の王たちは攻撃よりも交易からはるかに多くの利益が得られることをよく理解していた。シルクロードを利用した通商はこの時代に繁栄し、隊商は中央アジアの昔からの砂漠のルートを進むだけでなく、さらに北のモンゴルの首都カラコルムへと向かい、ステップの草原を越えるようになった。[86] モンゴル人はこれまでにない形で、東西を結びつけることを成し遂げたのだ。

その結果、香辛料などの贅沢品がヨーロッパに大量にもたらされた。[87] 西洋に高炉が到来したのはパクス・モンゴリカの時代であり、モンゴル人は中国の火薬もヨーロッパに伝え、[88] それ以来、戦争の本質は永久に変わった。しかし、アジアの統一と大陸の往来が容易になったことには、歴史においては予期しない別の深刻な結果ももたらした。ユーラシアを横断する情報の動脈伝いに流れる血流に、はるかに破壊的なものも侵入したのだ。疫病である。

黒死病はステップからもたらされ、十四世紀なかばにこの結びついた世界一帯を襲った。一三四五年には中国に到達したこの腺ペストは、一三四七年にはコンスタンチノープルにまで達した。腺ペストはそこから商船に乗ってジェノヴァとヴェネツィアへ渡り、[89]翌年夏には北ヨーロッパに広がっていた。すでに不作つづきで——疫病の到来は小氷河期の最初の急激な寒冷化の始まりと時を同じくしていた[90]——栄養不良で弱っていた人びとは、この疫病でたちまち倒れた。わずか五年間に、黒死病は少なくともヨーロッパと中国の人口の三分の一を死に追いやり、[91]中東と北アフリカも荒廃させた。ヨーロッパだけでも二五〇〇万人前後が死亡したのだ。[92]

疫病はモンゴルの汗国にも同じくらい打撃を与えたが、彼らの権力支配は内部抗争によってすでに弱体化していた。中国では、一三六八年に元王朝が明によって打倒され、ユーラシアでは広大なモンゴル帝国は再び多くの国家に分裂し、政治的あるいは経済的な統一は失われた。ステップはまた遊牧民がひしめき合うモザイクとなり、東西のハイウェイは崩れた。しかし、西ヨーロッパでは、黒死病の余波はいくらか有益な結果をもたらした。人口の急減は、多くの地主が借地農《テナント》〔日本の小作のように零細規模とは限らない〕を失ったことを意味し、したがって地代は下げざるをえず、農民は土地に縛られない流動的な労働力となった。労働者の不足は職人と農業労働者がより高い賃金を要求できることも意味した。これによって封建制度下の農奴制は緩和され、人口の多い商業都市ですでにギルドが羽振りを利かせていた西ヨーロッパでは社会的流動性が上がった。[(11)]黒死病はステップからもたらされ、モンゴル人が維持してきた通商の基盤伝いに広がった。この疫病による混乱は封建制度の土台を揺るがし、より流動的で異なった社会の始まりを生みだすのに一役買ったのだ。[93]

そしてモンゴルの超大国による征服は、ヨーロッパ史においてはほかにも多岐にわたる結果をもたらした。西へと押し寄せる過程で、彼らは中央アジアの大イスラーム帝国、ホラズム・シャー朝を破壊し、サマルカンド、メルヴ、ブハラにあった彼らの貨物集散地で大量虐殺を繰り返したほか、アッバース朝の首都バグダードも荒廃させたのだ。だが、重要なことに、モンゴル軍はヨーロッパの奥地まで進軍することなく急に動きを止めたのである。ヴェネツィアとジェノヴァの港町は西洋の重要な商業中心地でありつづけ、中世後期からルネサンス期にかけて富と権力を増した。ユーラシアに古くからあったイスラームの中心地は破壊されたが、ヨーロッパは見逃されたことによって、この地域の力関係が傾き、おかげでヨーロッパは進歩し、イスラームの世界よりも早く発達し始める機会が与えられたのだ[94]。もっとも、一四五三年にコンスタンチノープルがオスマン朝によって陥落した際には、東ローマ帝国はすでに一世紀以上にわたって形骸化が進んでおり、ムスリムの支配者は地中海東部全体を支配し、東洋からヨーロッパへの交易路に立ちはだかっていた[95]。それゆえにヨーロッパの船乗りは、次章で述べるように、大航海時代に新たな航路を求めて西回りで、中国やインドの富を追い求めるようになったのだ。

一つの時代の終わり

何千年ものあいだ、ステップは遊牧民の故郷の広大な荒野でありつづけた。これらの草原は騎馬戦士の大軍を支え、ユーラシアの周辺部にある農業文明社会を襲撃して打ちのめすことができた。しかし、十六世紀なかばからは、まずはヨーロッパのルネサンス国家が、つづいてロシアと中国が、耕作地とステップの世界の力関係を決定的に変え始めた。決定打となった発展は、軍事革命として知られる相関する一連の進歩だった。農業国家は火薬をマスケット銃やカノン砲で効果的に利用する方法を学び、軍事教練によって協調行動を取らせ、戦場で破壊的な射撃能力を発揮できるようにし、遠隔地でも自国軍に物資が調達できるよう兵站《へいたん》任務を確立し、より大所帯の常備軍を維持するために経済を変貌させた[96]。こうした改革は軍事力を中央集権化し、支配者による軍事支配を確たるものにし、数々の封土を一つの大きな国家に統一し、僕らの近代国家の始まりを記した。[97]

ステップの社会はこの軍事的進歩に対抗することができなかった。ちょうど歴史を通じて農業社会がステップから馬を購入してきたように、彼らは火器を買うことはできたが、統合された農業国家に比べれば経済の発展がはるかに遅れたせいで、その購買力は制限されていた。このことが遊牧民と定住社会の力のバランスを初めて真っ向から崩したのだ。遊牧民の勢力は一七五〇年代に、ジュンガル盆地のモンゴルの部族連盟が清朝に敗北したことによって、その最後の灯火が消えた。ステップからの軍事的な脅威はついに制圧され、ユーラシアの歴史の長い章も終わりに近づいた。[98] ステップから遊牧民族の帝国が出現することはもはやなく、農業文明社会のあいだに存続の危機を引き起こすことはなくなった。

その反対に、今度はステップのはずれにあった農業文明社会が、これらの開けた草原のどんどん奥地にまで入り込み、そこに住み着いて土地を耕作し、それによって彼らの経済はさらに強化されることになった。[99] ロシアと中国はこの中間の地に拡大し、しまいには両国の国境が接し合うまでとなった。[100] ロシアはとりわけ、かつてモンゴル帝国が支配していたステップに領土を拡大することによって、超大国に成長した。家畜のための牧草地を求めてではなく、この広大な地域の豊かな鉱物資源を利用するためであり、またここを生産性の高い農地に変えるためだった。何千年ものあいだに自生していた草によってさらに養分が豊富になった肥沃な黄土を活用したのだ。[101] 拡大するロシア帝国は徐々に、黒海とカスピ海の北にあるポントス・カスピ海ステップを、揺れ動く金色の小麦の広大な農地に変えた。[102] そして、一九三〇年代には、これらの土地は戦略上、とてつもなく重要な場所となっていた。(12)

一九四一年六月にヒトラーがソ連を侵略した主要な動機は、カフカース地域の重要な油田を占拠するだけでなく、ステップを肥沃な農地に変えた北方の地の領有権を手に入れるためでもあった。これらは農業面で多大な将来性をもたらすとともに、ドイツ国民が存続するためにヒトラーが考えた「レーベンスラウム」――「生存圏」――の構想を満たすものでもあった。

バルバロッサ作戦は最終的に頓挫し、ドイツ国防軍はステップの厳しい冬の到来と〔ソ連の〕赤軍だけでなく、その広大な距離にまたがる困難な兵站によっても打ちのめされた。だが、ヒトラーの野望は、過去数百年間にステップがいかに様変わりしていたかも如実に表わす。ユーラシアの定住型の文明社会をおびやかす騎馬遊牧民の縄張りであった荒野から、その同じ農業社会を養ううえでいまや欠かせなくなった豊かな耕作地へ、とである。(13)

ステップからの遊牧民社会がその周辺にある文明社会と繰り返し衝突したユーラシアの歴史の長い時代は、生態系や気候上の違いから生まれたものであり、対照的な地域が騎馬による牧畜、あるいは定住地での農業のいずれかを支えていたのである。北アフリカとアラビア半島の砂漠を越える陸上の交易路と、ユーラシア一帯を結ぶシルクロードもまた、特定の気候帯に支配されていた。地球の大気の大循環パターンの一つである乾燥した下降気流によって生みだされた砂漠の気候帯である。地球の大気循環パターンは、世界各地の卓越風〔恒常風〕の原因にもなっており、ヨーロッパ人はこれらの風を大航海時代に海図に記し、利用することを学んで、海洋交易の壮大なネットワークと強大な海洋帝国を築いた。

第8章　地球の送風機と大航海時代

大航海時代は、ユーラシアの西のはずれであるイベリア半島から始まった。大陸をめぐる物資と知識のやりとりの末端である。のちにポルトガルとスペインとなるこれらの王国は、地中海のジェノヴァやヴェネツィアなどの港町で売買される富を、羨望の目で眺めるほかはなかった。七一一年にジブラルタル海峡を越えてきたウマイヤ朝に侵略されたのち、イベリアの大半は中世を通じてイスラーム王朝の支配下に置かれていた。(1) イベリア半島のキリスト教王国はレコンキスタ〔再征服運動〕の時代に反撃にでて、十三世紀なかばにはポルトガルが西海岸沿いに、のちの同王国の全領域を獲得するにいたった。しかし、ポルトガルはより広く豊かでもある隣国カスティーリャに取り囲まれたままであり、目の前には茫洋とした未知の大西洋しかなかった。

ポルトガル人はジブラルタル海峡を渡って彼らにとっての聖戦をつづけ、一四一五年にはモロッコの北端でイスラーム支配下にあったセウタの港町を占領した。ここはサハラを越える隊商路の終着点の一つだった。ポルトガル人が最初に富を味わったのは、つまりムスリム世界をだし抜いて、この黄金と奴隷の交易を自国船で実施すれば得られる利益を手にしたのは、この場所だったのだ。[1] 彼らは西アフリカの沿岸を探検して金鉱の場所を探しだし、まもなく一部の船乗りがアフリカの南端を回れば、インドにも香辛料交易の富の在処にも到達できるのではないかと考えるようになった。[2]

やがて、十五世紀後半にはカスティーリャとアラゴンの両王国が、現代のスペインとなる国に統一された。一四九二年には彼らはイベリア半島のレコンキスタを成し遂げ、グラナダにあった最後のムーア人〔北アフリカのムスリム〕の牙城を占拠し、さらにポルトガルと手を結んで大西洋を渡る新しい海上交易路と領土の探索に乗りだしたのである。(2)

海の回転——船乗りたちの革新的な方法

大西洋には、ヨーロッパとアフリカの海岸から少し離れたところに四つの小さな群島がある。カナリア諸島、アゾレス諸島、マデイラ諸島、カーボヴェルデ諸島である。ローマ人にとって、カナリア諸島は既知の世界の果てを表わすものだったが、(3) その知識は暗黒の時代に失われたようだ。この群島は地図から文字どおり消えたのだ。カナリア諸島は、当時はまだ知られていなかったその他の群島とともに、十四世紀末から十五世紀初めにポルトガルとスペインの船乗りがイベリア半島の先まで冒険にでるようになったときに再発見したか、偶然にでくわしたのだ[4]〔マデイラ諸島、アゾレス諸島もフェニキア人や古代スカンディナヴィア人に知られていた〕。彼らはモロッコの海岸からわずか一〇〇キロ沖のカナリア諸島に、おそらくは北アフリカのベルベル人の子孫である土着の部族がすでに定住しているのを発見したが、さらに遠いアゾレス諸島とカーボヴェルデ諸島は、ポルトガル人が到達したときは無人島だった。

海へ乗りだしたイベリアの船乗りは、まもなくアフリカの沿岸で南西に流れるカナリア海流に遭遇した。およそ三〇度の緯度までくると北東からの卓越風が強くなり、船はカナリア諸島まで運ばれた。好都合な海流と風から生まれたモロッコ沿岸のこのコースは古代からの航路で、フェニキア人がアフリカの北西海岸沿いに、漕ぎ手座も備えたガレー船で交易をする際に利用していた。二〇〇〇年後に外洋に乗りだしたヨーロッパの船乗りにとって問題は、どうやって故郷に戻るかだった。帆船は必死に働く漕ぎ手のチームを必要としないので、より多くの食糧と交易品を積み込むことができたが、逆方向の海流や向かい風にたいして進む際には難儀した。

ポルトガルの船乗りたちが考えだした革新的な方法は、ヴォルタ・ド・マール、すなわち海の回転、もしくは海の戻りとして知られるものだ。モロッコの海岸線から、あるいはカナリア諸島から北東に位置するポルトガルに戻るために、彼らは西へと針路を変えて大西洋の真っ只中へ向かった。これは一見、かなり矛盾しているようだが、カナリア海流ははるか沖合まででると弱まり、船が北緯三〇度付近までくればすぐに、南西からの卓越風〔偏西風〕を受けて故郷までずっとそれに乗って行けたのだ。このように、カナリア諸島からの帰りの航海では、船乗りたちは海流の異なる海域と大気中の風の循環を利用していた。カナリア諸島はたまたま地球上で北東からの貿易風が南西風に変わる海域の近くに位置する。

この航法に関しては後述するが、まずは風と海流の呼び方の紛らわしい奇妙な方法について説明しておくべきだろう。風は吹いてくる方向によって規定されるので、北風は北から南へ吹く。一方、海流はその逆の方法で呼ばれる。つまり、海流が流れる方向によってである。したがって、北向きの海流は南からやってきて北へと船を運ぶ。これは非常に混乱を招きうる呼称だが、それなりに意味はある。陸上にいるときは、風が吹いてくる方向が重要な側面なのだ。重要なのは嵐がどこからやってくるか、あるいは風車をどの方向に向けるべきかなのだ。だが、海流に乗って運ばれる船にとっては、重要なのはど

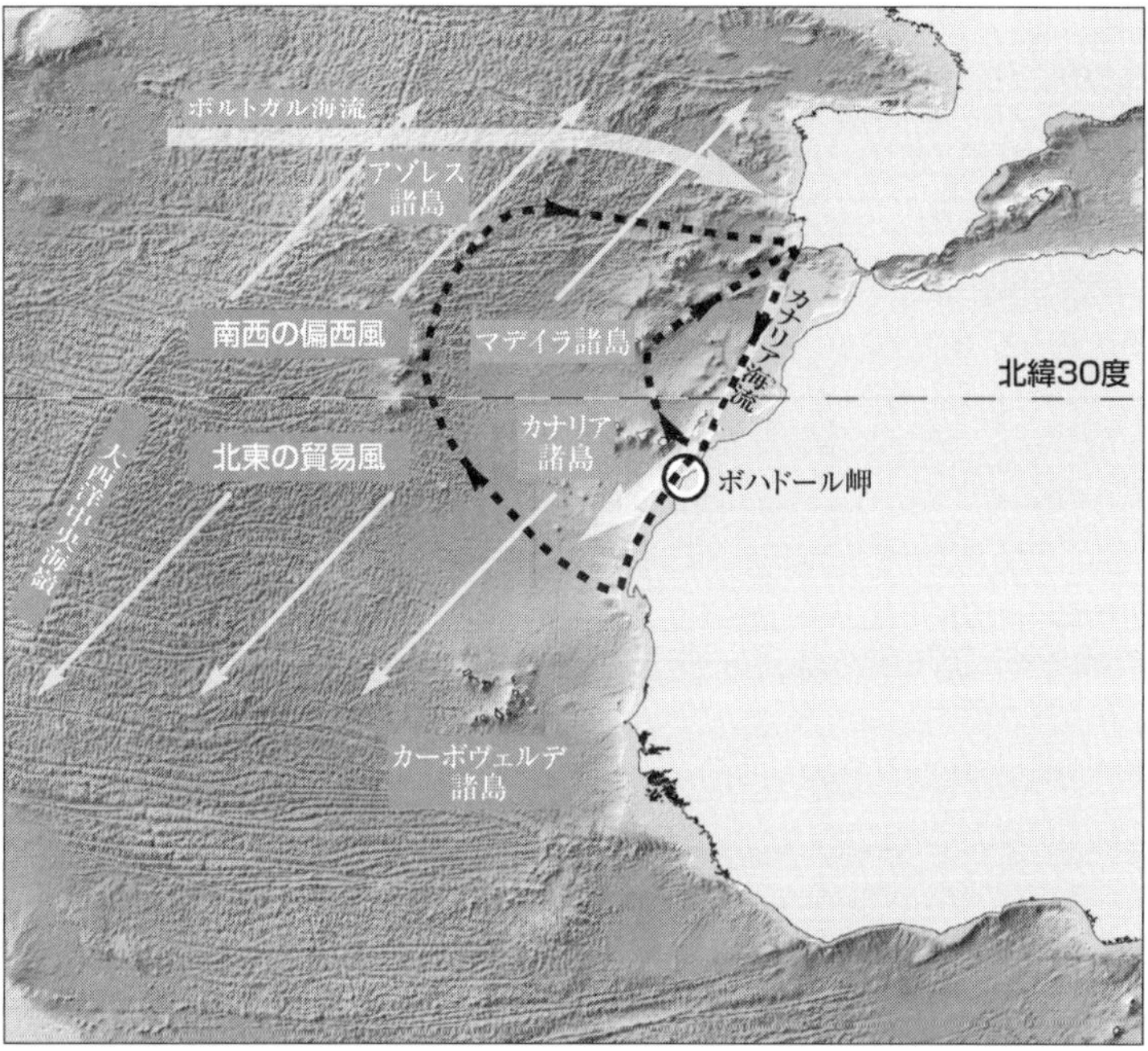

大西洋の群島と、異なる領域間の風と海流を利用したヴォルタ・ド・マールの航路事例

こへそれが運んでくれるかなのである。難破させる可能性のある暗礁や浅瀬に向かっている場合はなおさらだ。

　ヴォルタ・ド・マールの大きく湾曲した針路を取って外洋へと乗りだし、カナリア諸島からイベリア半島の沿岸に戻る場合、船はマデイラに到達する。マデイラのほうが実際にはポルトガルに近い距離に位置するのだが、北東からの卓越風に乗るとヨーロッパの船はジブラルタル海峡からカナリア諸島までまっすぐに運ばれるため、カナリア諸島のほうが最初に発見されたのだ。その後につづいたポルトガルの遠征隊はアフリカの海岸沿いをさらに南下し、中部大西洋へともっと広いヴォルタ・ド・マールの航路を進み、その途中でアゾレス諸島にでくわした。この群島はイベリア半島の端から八〇〇キロほど離れた場所にあり、ここからは別の海流であるポルトガル海流が船を港まで連れ帰ってくれた。最後に、カーボヴェルデ諸島――この島名は「緑の岬」を意味する――が一四五六年にポルトガル人によって発見された。アフリカ大陸の西側に張りだした部分の、サハラ砂漠が中央アフリカの鬱蒼と茂る熱帯雨林に変わる付近の沖合にある群島だ。

大西洋にあるこれらの群島は、イングランド南部のワイト島や地中海のマヨルカ島、あるいはスリランカなどの、大陸棚にありながら海水準が上がったために本土から切り離された島とは異なり、大洋の真っ只中に孤立している。これらの群島は海底から隆起した火山の先端部分なのだ[6]。実際、アゾレス諸島は大西洋中央海嶺の最高峰の火山の頂なのであり、海洋地殻を引き裂いたこの壮大な海嶺は遠くアイスランドまでつづいている[7](4)。

大西洋の島々は、イベリアの探検家にとって重要な海上の中継地点となった。これらの島は大海のなかの飛び石だったのだ。カナリア諸島はとりわけ、多様な食糧と飲料水が入手できる必須の寄港地で、船はここから長い航海にでることができた[8]。アゾレス諸島は帰路に似たような機能を果たした。アフリカの海岸とこれらの諸島のあいだの初期の航海は重要な訓練海域となり、ヨーロッパの船乗りはそれによって未知の海域に向けた大航海に乗りだすための腕と自信を身につけることができたのだ。地球の海洋と大気のあいだの壮大な規模の循環と、海流と風のこうしたパターンをどう利用すればよいのかを彼らが理解し始めたのは、この海域だった。

だが、大西洋の島々は、独自の経済的な価値ももつようになった。こうした島の気候と、豊かな火山性土壌は、サトウキビなどの作物を育てるのに最適だったのだ[9]。マデイラは本来、森が鬱蒼と茂っていた――そこからポルトガル語で「木」を表わす島名がついた[10]――が、森はポルトガルの船乗りによって急速に伐採され、残された土地はブドウとサトウキビの耕作地に変わった。十五世紀の終わりには、マデイラは年間ほぼ一四〇〇トンの砂糖を生産するようになっており[11]、大農園ではアフリカ本土から連れてこられた奴隷が働いていた。したがって、大西洋の島々は大航海時代にきわめて重要な役割を担ったのだが、その「発見」はヨーロッパ人の勢力拡大の最も醜い側面を予兆させた。領土の征服、植民地主義、そして奴隷労働による大農園である。

嵐の岬へ

地図を見れば、西サハラのボハドール岬は西アフリカの凸状の海岸線にある出っ張りに過ぎなく見える。しかし、一時期、当たり障りなく見えるこの砂丘状の岬は、アフリカの沿岸を航行できる最南端の場所として考えられていた。舵取《かじと》りがきわめて困難なこの場所は、アラビア語ではアブ・カタール、「危険の父」として知られていた[12]。

当時の伝統的な航法では、船は海岸から離れることなく進んでいた。海岸線の近くにいれば、食糧や水を定期的に得られるし、それ以上に重要なことに、どこを航行しているのか確かめるための陸標が見つけられた。しかし、ボハドール岬の付近ではモロッコ沿いに吹いていた穏やかな風が東からの強風に変わり、どんな船でも外洋まで押しやりかねない(5)。しかも、この岬では水面下に幅広い砂堆が海岸から三〇キロ以上先まで延びていて、水深はわずか数メートルにまで浅くなる。そのため、座礁する危険を回避するために海岸線の見えないほど離れた船は、そこで強い海流に引きずられ、さらに沖合まで流されてしまう可能性がある[13]。

しかし、一四三四年には、ポルトガルの航海士ジル・エアネスが画期的な新航法を思いつき、そのおかげでボハドール岬を越えることができた。今日、流潮航法と呼ばれるものだ。複雑な風と海流のなかで望む方角へ航行するには、目に見えない海流によって船の針路がそらされることを考慮する必要がある。エアネスがそれをやり遂げることができた唯一の方法は、出航前にカナリア諸島での海流の方角と速度の双方を綿密に計測し、航海の途中でも何度か帆をたぐり込み、投錨《とうびょう》して付近の海流を計測し、針路に必要な訂正を加えることだ。エアネスは当初は自分が航行する必要のある補正の針路を推測したのかもしれないし、おそらくは現代の船乗りがやるように、海図に三角形を描いて計算さえしたかもしれない。自船位置と目的地のあいだに線を引き、海流による偏向の線を書き入れ、これらを合わせた三本目の線、つまり海流を相殺するために進まなければならない実際の針路を示すのである。ボハドール岬はこうして海のパターンを理解しようと努めたポルトガルの航海士たちによって征服されたのだ。そして、それらのパターンを習得し始めるにつれて、彼らはさらに沖合まで乗りだす自信をつけたのである。

　ボハドール岬を越える方法が示されると、その後につづいたポルトガルの探検隊は西アフリカの沿岸をどんどん南下しつづけ、セネガル川のほか、沖合五七〇キロに位置するカーボヴェルデ諸島も発見した。一四六〇年には、ポルトガル人はアフリカの沿岸を三〇〇〇キロは進み、西アフリカの大きく張りだした部分のはずれを回ってギニア湾に入っていた[14]。ここでは、ギニア海流が船を東へと押し流したが、カナリア諸島を出発して以来、南へ向かうあいだずっと安定して吹いていた北東からの卓越風がやんだことに探険家たちは気づいた。今度は、変わりやすい微風しかない無風帯と彼らは闘わねばならなかった。

　一四七四年に、ポルトガルの船長たちはアフリカの海岸線が再び南に向かう地点まで到達し、その後まもなく赤道を越えたところで彼らはポラリス、つまり「北極星」を見失った。これはこぐま座（または小北斗七星）のなかの明るい星で、たまたま北極のちょうど真上に位置しているのだ。自分がいまいる緯度——赤道からどれだけ北に離れたところにいるか——を知りたければ、ただ夜空のポラリスと水平線のあいだの角度を測ればよい。しかし、この星が視界から消えたとき、船乗りたちは未知の海域に入ったばかりでなく、彼らの航法すらもはや利用できない世界の奇妙な新しい領域へ乗り込んでいたのだ。ポラリスを見失うことを表わしたポルトガル語の言葉、デスノルティアード——「北を失う」こと——はすぐに、「迷子になった」あるいは「困惑した」という、より一般的な意味をもつようになった。[15(6)]

しかし、アフリカの沿岸をさらに南下しつづけると、ポルトガルの船乗りたちは反対側の水平線に南十字星を見つけた。南半球で同じ道案内の機能をはたす明るい星座だ。[16]

ポルトガル人たちはこの謎の大陸の南端を探すべく探索をつづけ、それぞれの探検隊は定期的に錨泊し、各地の地理、言語、そしてとりわけ交易できそうな品々に関する情報を収集した。彼らの船は毎回の遠征で海岸伝いに到達した最果ての地に立てるための石柱を持参していた。これらの石柱はポルトガル王室の栄光のための領有権を主張する目的のものだったが、それはまたのちの船乗りたちが越えるべき目に見える標識の役目もはたしていた。[17] 新たな未知の海域へ向かうカラベル船に積まれて、縦にも横にも揺れながら運ばれたこれらの小さな記念碑は、アメリカの宇宙飛行士たちが月に向かうアポロ計画で携えていった国旗の、十五世紀版に相当するものだったのだ。

とはいえ、アフリカの南端を初めて回ることに成功したのは、こうした海岸沿いののんびりした探索とは大きく異なる変化だった。そのためには、抜本的な新しい手法が必要だったのだ。

一四八七年の晩夏に、バルトロメウ・ディアスはリスボンから出発し、カナリア諸島を通過してボハドール岬を越え、そのころには数十年にわたるポルトガルの探検によってよく知られた場所となったアフリカ沿岸の航路をたどった。海にでてから四カ月後に、ディアスは前回の探検隊が到達した最果ての地を記す石柱を通り過ぎた。海岸線をさらにたどりつづけながら、彼は遭遇した湾や岬に聖人の祝日にちなんだ名前をつけた。サンタマルタ湾（十二月八日）、サントメ（十二月二十一日）、サンタヴィトリア（十二月二十三日）といった具合に、地図上に進行状況を示すタイムスタンプを押しているようなものだった。クリスマスの日には、旅人の守護聖人にちなんで、サン・クリストヴァン湾と名づけた[18]〔ディアスの船がサン・クリストヴァン号。この湾はのちにディアス・ポイントと改称〕。

ディアスの艦隊はこの海岸線沿いにずっと、絶えず吹いている南からの逆風と、沿岸を北上する海流の双方に逆らって間切りながら進みつづけた。その後、ディアスは思い切った決断を下した。陸地から離れた方向に針路を変え、慰めと安らぎを与える海岸が水平線上に消えてゆくのを眺めながら大海原に乗りだしたのだ。北アフリカの沿岸からカナリア海流にさからって祖国へ戻る際に必要な同じ技――ヴォルタ・ド・マールの湾曲する航路で外海へ乗りだし西風を受けること――が、南大西洋でも通用することを彼は期待し、それによってアフリカの南端を回り、東洋への航路を探しだせると考えたのだ。

ディアスのひらめきは奏功し、南緯三八度付近まで行くと、待ち望んだ西風が強まり始めた。船はようやくこの風を利用して東へ針路を変え、南大西洋の茫洋とした海原を一カ月近く航行したのち、ついに陸地を見たのだ。汀線《ていせん》をたどりながら、彼らは海岸が北東方向に向いてきたことに気づいた。アフリカの南端を回ることに成功したのであり、この広大な大陸の反対側にやってきたのだ。だが、積み込んだ食糧もなくなりつつあり、ディアスは最終的な到達点を記す石柱を立てて、引き返さざるをえなかった。大陸の末端だと彼が信じた場所を実際に目にしたのは、この復路の途上だった。大西洋とインド洋の合流点における荒れた状況を鑑《かんが》みて、彼はここを「嵐の岬」と名づけた。ディアスが帰国すると、ジョアン二世はその場所を「希望の岬」と命名し直し、将来の探検家の波が途絶えないようにした[19(7)]〔日本ではなぜか喜望峰という訳語が定着〕。

ディアスの航海は歴史の流れを変えただろう。第一に、彼は古代の地理学者のプトレマイオスが間違っていて、アフリカには終わりがあったことを証明したのだ。したがって、ヨーロッパからイスラームの世界を迂回してインド洋の富に海路で近づける可能性はきわめて高くなった。第二に、だが同じくらい重要なことに、彼は南大西洋にも西風の吹く一帯を発見したのであり、それによって船乗りはアフリカ大陸の先端を確実に回ることができるようになった[21]。アフリカの海岸線伝いに進んで、赤道を越えたのちは北上する海流と格闘する代わりに、解決策は大西洋の外洋に乗りだして大きくカーブを描く針路を取ることとなのだ。北大西洋でカナリア諸島から戻るために考案されたヴォルタ・ド・マールの同じ航法が、南大西洋でも通用したのだ。南北両半球の卓越風の吹く一帯は、互いに赤道を挟んで左右対称の鏡像となっている〔こうした地球規模の卓越風は、恒常風とも呼ばれる〕。この事実が、ヨーロッパの航海士たちに地球の海洋と大気の壮大な規模の循環パターンを最初に気づかせるものとなった。そして、彼らはまもなくそのパターンをより深く理解するようになり、利用し始めたのだ。

新世界

ポルトガル人がアフリカの南端を回る航路を発見しつつあったころ、ジェノヴァのある航海士がその反対の方向へ航海するための支援を募ろうとしていた。彼は西へ航行することで東洋へ到達できると信じたのだ。そしてついに、カスティーリャのイサベル女王〔一世〕の後援を受けられることになった。

一四六九年にアラゴンのフェルナンド二世と結婚し、双方の領土を統一してスペインを建国した君主だ。この航海士は後援者からはクリストバル・コロンとして知られていた。英語では、彼はクリストファー・コロンブスと呼ばれる。

今日の通説とは異なり、中世においても教育を受けた人は誰も地球が平らだとは信じていなかった。前三世紀には、アレクサンドリア図書館に勤務していたギリシャの地理学、天文学、数学の専門家のエラトステネスは、世界が球体であることを理解しており、その周長が二五万スタディア、すなわち約四万四〇〇〇キロであると計算していた。実際の値と驚くほど近い〔使われた単位のスタディオンを何キロと解釈するかで差異がある〕。実際、船乗りが航行中の緯度を書き入れるために使った天測航行の技法は、地球が球体であるという原則そのものにもとづくものだ。コロンブスは、ヨーロッパから西へ航行することでインドに到達できると提案した最初の人でもなかった。ローマの地理学者ストラボンは、紀元一世紀に同じことを述べている。さらに、水平線の向こうに何かがある証拠もあった。大西洋の島々からの報告には、西方から漂流物が流れ着いたことが記されていた。見慣れない木材やカヌー、外見がヨーロッパ人でもアフリカ人でもない人間の遺体などだ[22]。

遠征資金を確保するために、コロンブスは出資者候補の人びとに自分の企画する航海が実現可能であることを説得しなければならなかった。だが、そのような旅を成し遂げる前から、どうやってヨーロッパの端から中国やインドまで西回りで旅をする距離を割りだせるだろうか？　解決策は、まず世界の周長を計算し、そこから陸路によるヨーロッパから東洋諸国までの距離を引くことだった。ユーラシアのおよその距離は、シルクロード沿いを旅してきた人びとによって知られていた。問題はその計算から西回りで海を越える距離がおよそ一万九〇〇〇キロ、すなわち順風のもとで支障なく四カ月間ほど航海する距離となることだった。当時は、そのような旅はまるで不可能なものだった。船にそれほど長期間、乗組員が生きられるだけの食糧と飲料水を積むことはともかく不可能であり、新たな物資を補給するためにどこかへ上陸せずに、外洋を航行することはできなかったのだ。

コロンブスはそんなことで思い止まりはせず、自分の強い信念に夢中で妥協しない人が使うような、巧妙な手を使ったのだ。数字をごまかしたのである。コロンブスは当時、考えられていた地球の周長で最も短い計算方法を使い、それとともにユーラシアの広さについては最大の推計値を利用して、西方向への海の距離を大幅に縮めたのだ。彼はフィレンツェの数学者で地図製作者のパオロ・ダル・ポッツォ・トスカネッリの計測値を使ったのだが、トスカネッリは地球の周長をひどく短く見積もっただけでなく、日本〔ジパング〕が中国から二四〇〇キロ東に位置すると信じており、そのため長い航海を分割する機会を与えてくれると考えていた。そこでコロンブスは、カナリア諸島からわずか三九〇〇キロを旅すれば、日本の近海にある島に立ち寄れるだろうと主張した。これならば、わずか一カ月の船旅となる。それどころかコロンブスは、東洋諸国《オリエント》はアゾレス諸島の位置から水平線の向こうのさほど遠くないところにあると主張したのだ。[23] 彼はその途中に未知の大陸がある可能性については、まったく考えていなかった。彼の計算では、西の海にはともかくそのような大陸が存在する余地はないのだった。

だが、ポルトガル人はこの冒険的事業への出資は拒否した。ジョアン二世の顧問たちは、コロンブスの数字は危険なほど低く見積もられており、その提案は無謀だと見なしたのだ。いずれにせよ、バルトロメウ・ディアスが喜望峰を回ることに成功したばかりであり、ポルトガルにはアフリカ回りでインド洋に入る道筋が示されていたのだ。ジェノヴァ人、ヴェネツィア人、イングランド人もやはり、かかわり合いになるのを断った。だが、スペインの宮廷に繰り返し陳情したコロンブスの努力はついに実った。

イサベル女王は、この提案はリスクが高いかもしれないが、莫大な利益をもたらす可能性もあると助言された。そして、ここでコロンブスの運勢に歴史上のまったくの偶然がいくらか作用した。

一四七九年に、カスティーリャ王位継承戦争を終わらせたアルカソヴァス条約によって、カナリア諸島はカスティーリャに渡されたが、ポルトガルはマデイラとアゾレス、カーボヴェルデ諸島を所有しつづけた。この条約は大西洋では明らかにポルトガルに優位なものとなり、カスティーリャの船はこれらの群島へ航行することが禁じられた。それどころか、ポルトガル人にはカナリア諸島の南で発見されたか、今後発見されるであろうどの島にも、排他的な権利が与えられたのだ。カスティーリャが独自に領土や交易の拡大を目指したければ、船長たちは西へ向かわねばならないのだった。そして、たまたまカナリア諸島は大西洋を越えてその方向へ航行する船にとって、理想的な出発点となっていた。

コロンブスの提案がジョアン二世に受け入れられていれば、恐れ知らずの西への航海にアゾレス諸島から乗りださなければならなかっただろう。アゾレス諸島はマデイラとカナリアの両諸島から西に八五〇キロほど離れた場所にあるので、いまではこの群島がヨーロッパの端からアメリカの海岸までの道りの約三分の一の地点に位置することがわかっている。しかし、アゾレス諸島は大西洋のその他の諸島よりもずっと北にあり、この緯度では卓越風〔恒常風〕は東へと吹き、大西洋を渡るには都合が悪い。しかし、カナリア諸島は北東からの貿易風のゾーンにあり、しかもこの風ははるかカリブ海まで吹くのだ。まったくの歴史上の偶然から、イサベル女王の後援――およびアルカソヴァス条約――を得たということは、コロンブスがアメリカ大陸の風上にたまたま位置する群島から大西洋横断を試みていたことを意味した。彼の遠征隊がアゾレス諸島から出発していれば、海の藻屑となっていた可能性が高い[24]。

一四九二年八月三日に、コロンブスの三隻の船はスペイン南西部のパロス・デ・ラ・フロンテーラの港でもやい綱を解き、南西にあるカナリア諸島に向かった。この群島でコロンブスは食糧を補充し、若干の補修をしてから、船首を日の沈む方向へ向けた。大西洋の大海原を東からの貿易風に乗って運ばれながら、彼らは五週間後にバハマ諸島に到達した。(8) コロンブスはその後、さらに南西へ進みつづけ、キューバ島とイスパニョーラ島〔現在、ハイチとドミニカ共和国がある〕の海岸線を探索した。彼はここで小アンティル諸島に住む民族のことを耳にし、スペイン人たちは彼らをカリバ、またはカニバと名づけたため、そこからカリブ、およびカニバル〔人肉食〕という言葉が生まれた。(9)

これらの島々を四カ月にわたって探検したのち、コロンブスは予定どおりに富と名誉を得るべく帰国の準備を整えた。しかし、これまで一度も海路で到達したことのない場所まで、どうやって戻ればよいだろうか？　コロンブスは当初、単純に往路と同じ行程をたどろうとしたが、往路で自分たちを運んでくれた同じ東風が向かい風となる航路では、苦難を強いられることにまもなく気づいた。これでは陸地に到達する前に食糧が尽きかねない。彼は代わりに北へ針路を変え、中緯度まできたところで偏西風のゾーンに入り、アゾレス諸島を越えた先まで吹く風に乗ってヨーロッパまで戻ることができた。したがってコロンブスの遠征は、隣り合う緯度帯で恒常風が逆方向に吹くという、ポルトガルの船乗りたちが得た知識がなければ不可能であったわけであり、この知識はコロンブスが生まれるよりも前から何十年にもわたってポルトガル人がアフリカの海岸の南下を系統的に試みてきた苦労の賜物なのだ。[25] 大西洋を真冬に渡ったために疲労した船員は大嵐にさらされたが、一カ月の航海ののちに、コロンブスの船は無事にアゾレス諸島に到着し、[26] そこから彼らはスペインへ戻った〔嵐のあとポルトガル領のアゾレス諸島に寄港を余儀なくされ、一悶着ののち放免され、その後さらなる嵐で帰路リスボンにも寄港した〕。

コロンブスは西への航海を合計四回行ない、カリブ海に点在する熱帯の島々の位置を明らかにしたが、アメリカ本土に、今日のベネズエラに、実際に足を踏み入れたのは三度目の探検においてだった。それでも、コロンブスは晩年にいたるまでまだ、自分はオリエント〔東洋諸国〕に到達したのだと主張していた。[27]

一五〇〇年代の初めに、ヨーロッパの船乗りによって多数の熱帯の島々が地図に描き込まれたほか、赤道を越えてつづく南アメリカの長い海岸線と大きな河川も記された。これらの大河は、広大な内陸部の水を集めて流れてきたことを示唆するものだ。ほかの探検家たちは、北にも大きな陸塊があることを報告していた。スペインがカナリア諸島の緯度沿いにアジアへの新航路とされるものを発見すると、警戒したイングランドのヘンリー七世はヴェネツィアの航海士ジョヴァンニ・カボート（すなわちジョン・カボット）を、北大西洋を通る別の航路を探す遠征に送りだし、遠征隊はニューファンドランド島に到達した。

コロンブスが東洋諸国に到達していなかったことは明らかになった。だが、正確には何が発見されたのか？　やがて、西にある陸地はおそらくすべて一つの連続した海岸線をなしていたことがヨーロッパ人に理解され始め、一連の新しい島々に遭遇したのではなく、一つの大陸全体に、まったくの新世界にでくわしたことがわかってきたのだ。

地球の送風機

ポルトガル人は一世紀のほとんどを費やして、アフリカの海岸線を少しずつ南下し、ついにその南端とインド洋にいたる入り口を見つけた。一四九二年にアメリカ大陸が発見されてからは、わずか三〇年ほどのあいだに、ヨーロッパの船乗りは世界の海洋のあちこちに乗りだし、最初の地球一周航海をやり遂げた。これは今日の世界経済の誕生の前触れとなる革命的な出来事だった。

こうしたことはいずれも、船乗りが世界各地で見られる安定した風と海流のパターンを理解するようになって初めて可能になった。そのパターンがいまやヨーロッパに莫大な富をもたらす交易路を定めていた。しかし、世界の恒常風は何によって交互に入れ替わる帯状をなし、それが海洋にめぐる大きな海流を動かすようになっているのだろうか?

地球で最も暑いのは赤道上で、この一帯は一年を通じて最も直射日光を受ける。赤道表面の近くにある空気は暖められて上昇するが、上空に行くと冷却し、水分が凝縮して雲となり、それが雨となって降る。はるか上空で冷やされると気団は分割され、空高くにT字路があるかのように南北に分かれる。二方向に伸びてゆくこれらの空気は三〇〇〇キロほど進んでから、南北両半球とも緯度三〇度付近で——赤道から両極までのあいだのほぼ三分の一で——非常に乾燥した状態になって再び地表に下降する。地球を一回りするこれらの二本の帯は、ここで上から押しつぶす空気が高めの気圧を生みだすため、亜熱帯高気圧と呼ばれる。一方、赤道から上昇する暖かい空気は、低気圧の地域をあとに残す。

緯度三〇度の亜熱帯高気圧から、空気は地表を吹く風となって赤道方向へ戻り、この巨大な垂直方向の循環が一巡する。アメリカ大陸へ渡るヨーロッパ人にとって、安定した風が吹くこの一帯は非常に重要であったが、これらの恒常風は、前章で述べた広大な熱帯雨林や、中緯度の砂漠地帯を生みだしたのと同じ大気の循環パターンの一現象なのである。これら二つの巨大な大気の循環パターンは、ちょうど家庭にあるラジエーター〔セントラルヒーティングのパネル型放熱器〕の周囲で生じるような対流であり、ハドレーセルとして知られる。これらは赤道によって分けられた一対の歯車のように働き、それぞれ逆方向に回転する。赤道が暖められることで動くハドレーセルの運動は、巨大な熱機関なのだ。蒸気機関や、車の内燃機関と原理的にはなんら変わりないが、ただし約二〇〇兆ワットほどの定格電力で動くものだ。[28]今日の人類の世界文明が使用する総電力の一〇倍はある。

しかし、地球にはもう一つ、風に影響をおよぼす重要な側面がある。僕らの惑星とその大気は自転しているのだ。地球は固体の球体であるため、これはすなわち赤道上の地表は高緯度の場所にくらべて高速で回っていることになる。また、亜熱帯高気圧から赤道に空気が戻るにつれて、その下方の地表も東の方向へどんどん速く回るのだ。地表と大気のあいだにはわずかな摩擦があり、それが空気を地表面沿いに引きずるが、空気は移動する際に横方向へ充分に速度を上げることはできず、赤道へ吹く風は回転する地表に置き去りにされる。その結果、こうした空気は実質的には、滑らかに西のほうへ湾曲する形でそらされる。これはコリオリ効果と呼ばれ、回転する球体の表面で動くあらゆるものに影響をおよぼす。弾道ミサイルの軌道もその一つだ。あるいは、別の言い方をすれば、赤道海域で揺れる船に乗っていると想像した場合、恒常風は東から吹いているように思われるが、より正確に描写すれば、自分と地表が大気のなかを高速で回っていて、東風はオープンカーを高速で運転する場合に髪を乱す風のようなものなのだ。

北半球で吹く風はいずれもコリオリ効果で、風の進行方向で言えば右へとそらされ、南半球ではそれが左になる。したがって、北緯三〇度と赤道のあいだでは、恒常風は南西方向に曲がって進み、風の専門用語として北東風と呼ばれるのだ。同じことが南半球でも言える。地表を通って赤道へと北上する空気はやはり西へとそらされ、南東の恒常風となる。これらの東風は貿易風と呼ばれ、熱帯地方を安定して吹く風として、船乗りにとっては何よりも重要な風となっていた。(10)

戻ってきた北東と南東の貿易風が赤道付近で互いに出合う一帯は、現代の大気科学者から熱帯収束帯

（ＩＴＣＺ）と呼ばれている。しかし、船乗りにとっては、ここは無風帯として知られている。これは低気圧の地域で、微風が吹くか、まったくの凪《なぎ》の時期があるのを特徴としており、十五世紀後半にアフリカの海岸線を下っていたポルトガルの船乗りたちが、赤道を越えたときに最初に遭遇したものだ。この海域は、風がまた吹くか、海流によって運ばれるのを待つ船にとっては、悲惨なものとなりうる。船乗りは何週間も凪に遭って身動きの取れない状態に陥ることがあり、赤道域の蒸し暑い気候では、積荷を港へもち帰るのが遅れるだけでなく、船に積んだ飲み水がなくなれば、死をも意味しうるのだ。サミュエル・テイラー・コールリッジは『老水夫の歌』のなかで、太平洋の無風帯で足止めを食らった船乗りたちの絶望を思い起こさせる。

くる日もくる日も、くる日もくる日も、
進みもせず、そよとも吹かず、ゆらりともせず、
絵に描かれた海の上の、
絵のなかの船のごとくただ無為に過ごす。

水、水はどこにでもあり、
船板はどれも縮んでしまった。
水、水はどこにでもあり、
それなのに飲める水は一滴もない。

熱帯収束帯の位置は、太陽によって暖められ上昇する空気によって決まるので、季節とともに幾何学上の赤道の線上から南北へ移動する。そして、夏には陸地のほうが海洋よりも温度が速く上がるので、熱帯収束帯は赤道から大陸によってさらに引き離される。そのため、地球の腹回りをやたらに曲がりくねって蛇行するようになるのだ。したがって熱帯収束帯の正確な位置や領域は予測するのが難しく、船乗りが無風帯に入り込む危険は高まることになる。

ハドレーセルの空気が下降する緯度三〇度を越えて、南北双方で六〇度付近になると、地表の空気は赤道よりも低温になるが、まだ大気中に上昇するくらいには暖かく、そこで再び対流〔ポーラーセルと呼ばれる〕が生まれる。そして、ハドレーセルと同様に、この循環の底辺で赤道に向かって再び流れる地表の風は、〔北半球では〕コリオリ効果によって右方向へそらされ、極東風と呼ばれる風の吹く一帯を生みだしている。

地球の大気中にある三つ目で最後の巨大な一対の循環は、南北双方のフェレルセルであり、三〇度から六〇度の中緯度で生じている。しかし、ほかの二種類のセルとは異なり、フェレルのシステムは受け身なのだ。これは独自の暖かい上昇気流によって直接動かされているのではなく、このセルをあいだに挟むハドレーとポーラーの両方のセルが回ることで動いているのだ。これは両側に動力で回る二つの歯車があって、惰性で回転させられるフリーホイールのギアにも似たものだ。フェレルセルで下降する空気が南北三〇度付近でハドレーセルと融合すると、亜熱帯無風帯《ホースラティチュード》として知られる二筋の高気圧の尾根が形成される。この一帯も、変わりやすい微風か凪の状況を特徴とする。そして、赤道上の無風帯と同様に、船乗りはこれを警戒することを学んだ。

フェレルセルは両側にあるハドレーセルとポーラーセルによって動かされているため、反対方向に回

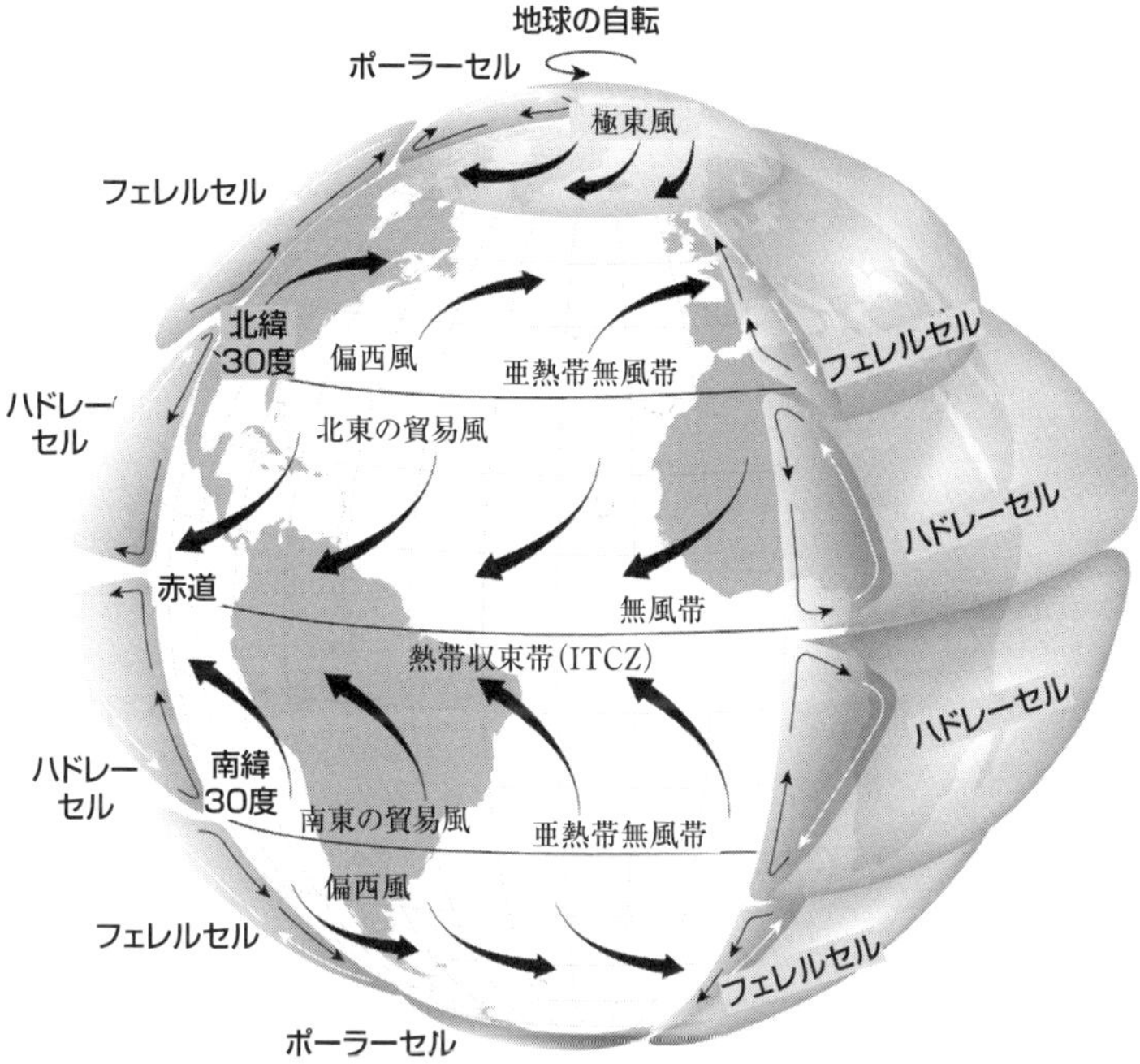

方向が入れ替わる恒常風を生む地球の大気の大循環

る。そして、この事実は、帆船の時代にはとてつもなく重要だった。フェレルセルの地上風は赤道方向ではなく極方向に吹き、そのためコリオリ効果でこの風は貿易風とは東西に逆方向にそらされる。これが偏西風のゾーンなのだ。緯度の異なる二つの風のゾーン――ハドレーセルの貿易風とポーラーセルの極東風――では風は西へと吹くが、東に航行したい場合には、南北双方のフェレルセルの領域内まで移動して、そこで吹く西からの地上風に乗るしかない。これが中央アメリカからヨーロッパへ戻る航路で、帰国するにはこのゾーンまで北上する必要があることに気づいたときに、コロンブスが最初に利用したものだ。

偏西風のゾーンは南半球でも同じくらい重要なものとなった。前述したように、プレートテクトニクスによってたまたま現在のような大陸の配置となったために、北半球は陸塊だらけであり、風の流れを妨げる山脈がある。一方、南半球は風を遮るもののない外洋が多くを占めている。とりわけ南緯四〇度より先は、南アメリカの先端とニュージーランドの二つの島およびタスマニアだけが、遮《さえぎ》るもののない偏西風が地球をぐるりと一周吹きまくる一帯で妨げとなっている。結果的に、南半球の偏西風は北半球のものと比べてはるかに強く吹くことが多く、船乗りはこの海域を吠える四〇度《ロアリングフォーティーズ》と呼ぶようになった。そして、敢えてさらに南まで進み、激しい波風と凍える寒さ、それに氷山の危険を冒せば、船乗りたちはさらに強い狂う五〇度《フュリアスフィフティーズ》や絶叫する六〇度《シュリーキングシクスティーズ》を利用することもできた〔いずれも偏西風の吹く海域〕。

赤道から極地までのあいだで風の吹く方向が交互に入れ替わるこのパターンは、世界の海流も動かしており、これもまた僕らの世界をつなぎ合わせ、巨大な交易網をつくりだすうえで途方もなく重要なものだった。東からの貿易風と偏西風が隣り合わせとなる海域では、表層水が逆方向に吹き流される。このことは、大陸によって海水がただ地球をめぐるのを妨げ、地球の南北に移動する海水もまたコリオリ効果を受けるという事実と相まって、環流と呼ばれる大きく環を描いてめぐる表層流を生みだす。主要な環流は五つあり、南北の大西洋、南北の太平洋、およびインド洋に見られる。これらの環流は北半球では時計回りに、南半球では反時計回りにめぐり、ちょうど恒常風のゾーンごとの風向きのように、赤道を挟んで線対称をなしている。

北アフリカの海岸沿いを流れるカナリア海流は、先に見てきたように、フェニキア人にも、のちのイベリアの船乗りにもよく知られていた。これは北大西洋をめぐる環流の東側の部分なのだ。カリブ海から北ヨーロッパに暖流を運ぶメキシコ湾流は、その西側の部分をなす。メキシコ湾流は一五一三年に、スペインの探検家がフロリダの海岸沿いを航行するなかで、強い追い風を受けているにもかかわらず、後方へ押し流されていることに気づいたときに発見された（水は空気よりもはるかに密度が高いため、穏やかな海流でも帆船には風以上に大きな影響をおよぼしうる）。これが通商にどんな意味合いをもつかはすぐさま理解された。貨物を満載したガレオン船は、海洋のなかにあるこの流れの速い大河に滑り込みさえすれば、たちまち北へと運ばれ、その後は偏西風に乗って帰国すればよいのだ。[29] 南アメリカの東海岸を流れるブラジル海流は、メキシコ湾流と線対称をなす海流で、船を偏西風の吹く南の海域まで運んでくれるため、船乗りたちはそこからこの風に乗ってアフリカ南端を回り、インド洋まで到達していたのだ。(11)

したがって全体としては、南北それぞれの半球を覆う大気は、地球の周囲に巻かれた巨大なチューブのごとく三つの大循環セルに分かれて各々その場で回転し、季節ごとに南北へ若干移動しているのだ。これらのセルは地球の主要な風のゾーン——東からの貿易風、偏西風、極東風——を生みだし、それが今度は海流を循環させている。そのため、地球全体の風のパターンはおおむね三つの単純な事実によって説明がつくのだ。赤道は極地よりも暑く、暖かい空気は上昇し、地球は回るというものだ。

これは地球の周囲に帯状をなす風の一般的なパターンを要約するものだ。しかし、世界には風が独特な状況で吹き、ヨーロッパ人が到来するはるか以前から、活発な海上交易網がそれによって発達していた一つの地域がある。

モンスーンの海へ

「モンスーン」という言葉を聞くと、頭のなかは緑豊かで蒸し暑いインドで、滝のように降る大粒の重たい雨に打たれている光景でいっぱいになるかもしれない。この言葉はアラビア語で「季節」を意味するマウシムを語源とする。[30] モンスーンはもちろん東南アジア一帯の農業の周期を定める乾季と雨季を生みだすうえで不可欠なものだ。しかし、科学的に言えば、モンスーンは南アジア周辺特有の大気の状況の結果なのであり、卓越風の方角が顕著なリズムで反転することなのだ。この海域では風のシステムが、ポルトガル人船乗りが地中海や大西洋でそれまで遭遇してきたものとはまるで異なっていた。

バルトロメウ・ディアスの足跡（あるいは少なくとも船の航跡）をたどって、ポルトガルの別の探検家であるヴァスコ・ダ・ガマが一四九七年の夏にリスボンから出帆し、海路でインドに到達した。彼はそのころにはお馴染みとなった北西アフリカの海岸沿いの航路を進み、カーボヴェルデ諸島で給水し、それからアフリカの出っ張りを回った。しかし、馴染みのあるアフリカの海岸線から離れずにギアナ湾の無風帯に入り込む代わりに、ダ・ガマは針路を南西に変えて大きく口を開けている大西洋に向かい、ディアスのヴォルタ・ド・マールを拡大して陸地から何千キロも離れた海域にまで進んだ。[31] はるか彼方の海上で、一行はブラジル海流に遭遇した。この海流はダ・ガマを着実に南へと運び、やがて一〇年前にディアスが発見した西からの卓越風を捉えられたので、それに乗ってやすやすと東へ戻り、アフリカの南端に到達した。

ダ・ガマと乗組員は三カ月余りを海上で過ごして、大西洋を一万キロほど旅し、この時代に外洋に乗りだした航海としては桁外れに長い船旅を成し遂げた。かたやコロンブスは西へわずか三八日間航行しただけだったが、不安に駆られた乗組員が反乱を起こし始め、引き返すことを要求した。その二日後に偶然にも陸地が見えたのである。

ダ・ガマはその後、喜望峰を回り、アフリカの南東の海岸線を流れる海流に逆らって進んだ。一四九

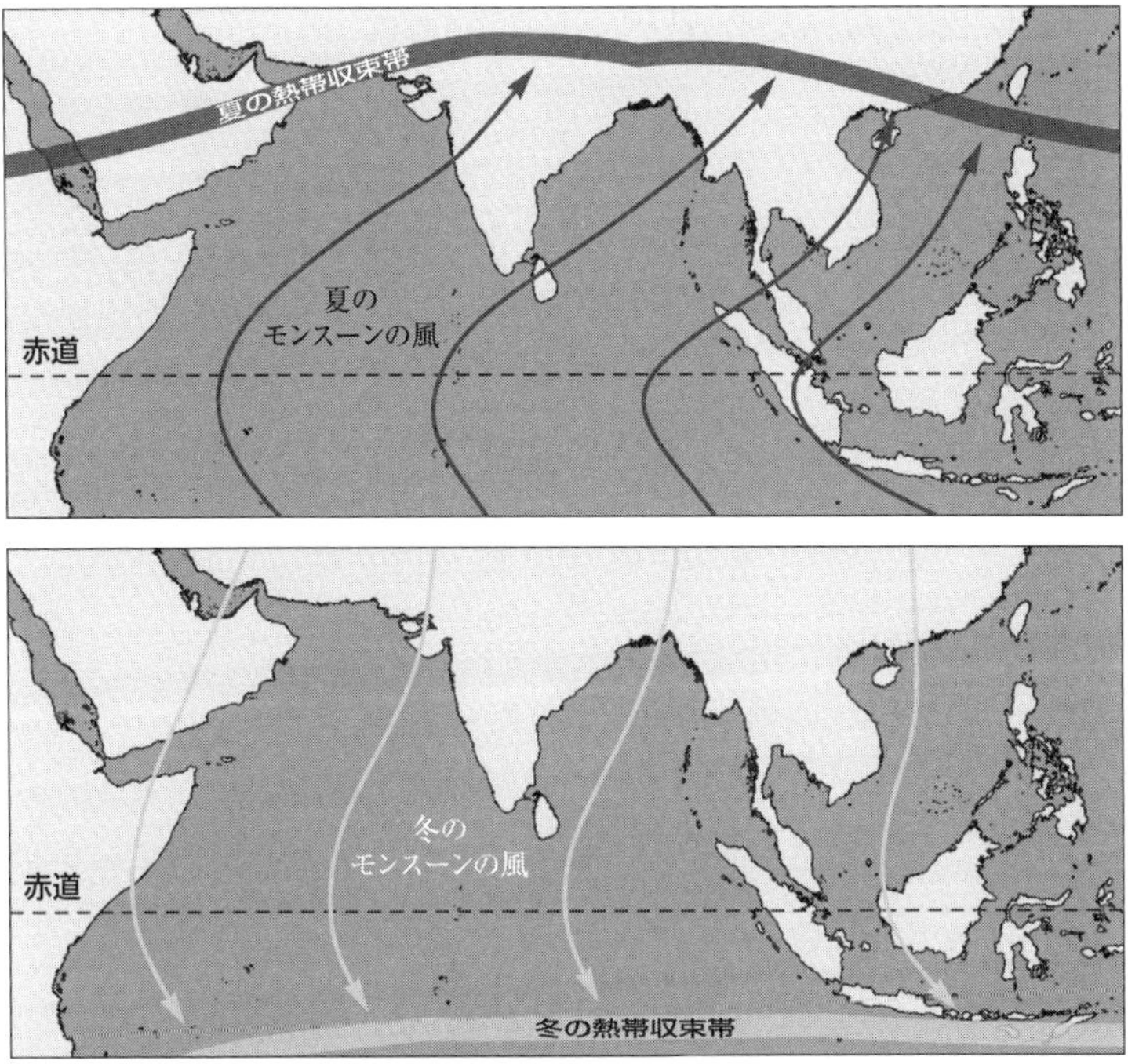

モンスーンの海で、季節ごとに反転する風のパターン

七年十二月十六日に、彼らはディアスが立てた最後の石柱を通過した。翌年三月、モザンビークに到達した彼らは、アラビアの海上交易商人たちの世界へ足を踏み入れた。現代のケニアにあるマリンディの港でインドの商船に初めて遭遇し、ここでダ・ガマはインド洋を航行する知識を備えたグジャラート人の水先案内人を雇い入れることができた。[32] 四月下旬に出航した彼らは安定して吹く風に恵まれながら北東へ向かい——ダ・ガマはまだモンスーンの風の本質と、この船旅の絶妙なタイミングを本当に理解してはいなかった——艦隊はインド洋を斜めに横断する針路を取り、マラバル海岸にあるカリカットを目指した。四月二十九

日に、彼らは水平線上に北極星が見えることに気づいた。再び北半球に入っていたのだ。ヴァスコ・ダ・ガマの船は一四九八年五月二十日に、四〇〇〇キロにおよぶ外洋をわずか二五日間で渡ったのちにカリカットに到着した。彼はついに、ポルトガルの探検者たちの数十年来の夢をかなえ、ヨーロッパから海路でインドまで、そして香料諸島の富までたどり着いたのだ。

ポルトガル人一行はインドの海岸沿いをしばらく探検してから、十月初めに帰国の途についた。だがこのときは、モンスーンの風がリズムを刻むメカニズムに関するダ・ガマの理解は、はなはだ不充分であったことが判明した。この海域の知識を備えた船乗りならば、一年のこの時期に南西方向のアフリカの海岸まで誰一人渡ろうとはしなかっただろう。ダ・ガマの船は逆風に苦戦することになり、一進一退を強いられ、遅々として先へ進まなかった。さらに悪いことに、しばしば凪にも遭い、船に積んだ飲み水は腐り、船員のあいだには壊血病が発生しつつあった[12]。

一行はやがてモガディシュ〔現在のソマリア〕付近の東アフリカの海岸にたどり着いた。悲惨なほど時期を誤った彼らの帰路の旅は一三二日間を要した。二カ月間待ってから航海にでれば、冬のモンスーンの風を受けて航行し、ものの数週間で横断できただろう。最終的に祖国の地を踏んだころには、ポルトガルの探検隊はほぼ丸二年をかけて、四万キロほどを旅していた[34]。勇気と忍耐による彼らの偉業は、乗組員の三分の二を失うという犠牲のもとに達せられた。その多くは壊血病で命を落とした。モンスーンの風のリズムには、耳を貸さなければならない。

それでも、彼らの船はシナモン、クローブ、生姜、ナツメグ、胡椒、ルビーを満載していたが、一方、コロンブスの最初の航海では価値のあるものはほとんどなかった。そのため、今日、最もよく記憶されているのは一四九二年にコロンブスが実施した八カ月間の遠征だが、ダ・ガマの一四九七年の航海は多くの点でそれよりはるかに目覚ましいものがあったのだ。彼はコロンブスが見つけようと試みながら失敗したものを、発見したのだ。東洋の富にいたる海路である。

モンスーンのメトロノーム

モンスーンの風は、海辺への旅でお馴染みの風の変化とまったく同じプロセスによって動かされている。昼間は、陸地のほうがその沿岸の海の表面に比べて速く暖まり、最高気温も高くなる。このため、陸地の上の空気は上昇し、海上の涼しい空気はあとに残された低気圧の一帯に吸い込まれ、海から陸へ一定の風を吹かせる対流が生じる。つまり海風だ。その逆に、陸地は日没後ずっと急速に冷えるので、より暖かい海上から上昇気流が起きたあとに陸地からの空気が引き寄せられ、陸風が吹く。日暮れ時に海岸に座っていると、風向きが変わるのは往々にしてはっきりと感じられる。違いは、モンスーンがはるかに壮大な規模で生じ、日々ではなく季節ごとに変わることだけだ。夏には、大陸の陸塊は周辺にある海の表層水よりも速く暖まり、海洋から湿った空気を引き寄せるモンスーンの風を引き起こす。冬季には、海洋のほうがより多くの熱を維持するので、対流セルは逆転し、モンスーンの風は方向が逆になり、はるか上空からの乾燥した空気が大陸に下降する。

季節ごとのモンスーンの風は、いくつかの大陸の陸塊と周辺の海洋のあいだの気温差によって生じる。西アフリカと南北アメリカ大陸でもやはり弱いモンスーンが見られるが、インドと東南アジアで吹くモンスーンの風は地球上でも格段に強く、これは地形によるものだ。チベット高原は世界で最も高所にある広大な高原で、東西におよそ二五〇〇キロ、南北に一〇〇〇キロにわたって広がり、平均して海抜五〇〇〇メートル以上の高さにそびえる。夏の太陽に照らされてチベット高原の地面が暖められると、はるか上空の大気もやはり暖められる。ここが高地であるために、上昇気流は夏のモンスーンの始まりと終わりに、大きな後押しを得られる。強いモンスーンの風を生じさせるうえでさらに重要な点は、この高原の南端にヒマラヤ山脈があることだ。ここは高い壁の役目をはたしている。北からの乾燥した冷たい空気がインドの上空に吸い寄せられ、海洋からの暖かい湿った空気と混ざるのを遮る障壁であり、大気の循環を抑制するものだ。ヒマラヤ山脈はつまるところ、インドを断熱して、強力なモンスーン効果をもたらす状況を与えているのだ。[35] したがって、南アジアのモンスーンの強風もまたプレートテクトニクスによるもう一つの結果、つまりインドが二五〇〇万年前にユーラシア大陸にぶつかった結果なのだ。

インドは巨大なMの字の中央に打ち込まれた犬釘《スパイク》のごとく、周囲を海洋に囲まれた場所にある。夏の始まりとともにこの亜大陸が暖まると、上昇気流が周辺の海洋からの湿った空気を吸い込み、それ自体も上昇し、冷却して凝縮し雲となり、そこからモンスーンの雨が大量に放出される。先述したように、熱帯収束帯は地球の腹回りで蛇行しており、南北からの貿易風がここで出合う。夏にはインドが熱せられ、チベット高原とヒマラヤ山脈の影響がきわめて大きいため、熱帯収束帯は赤道から三〇〇〇キロ以上北まで引きあげられ、冬になるとはるか南まで揺れ戻る。このように熱帯収束帯はこの地域を移動し、夏には南半球からの貿易風が赤道を越えて吹き、冬になると北からの貿易風がインド洋と東南アジアの島々にまで吹くようになる。

実際、インドの地形は、地球のその他の地域に見られる「通常の」風のパターンをかき乱している。季節〔雨季と乾季〕が変わるたびに、東南アジア全体で、さながら地球の巨大な肺が息を大きく吸っては吐くように、定期的に風向きが反転する。十一世紀から十五世紀まで、ポルトガルの船乗りが到来するよりもはるか以前から、これらの風を利用してインド洋と東南アジアの無数の島々まで航行していた船は、活力と変化に富んだ交易網を生みだし、その航路沿いの港町は賑わっていた。[36]

モンスーンの風の反転は、メトロノームのように規則正しく予測のつくものであり、航海にでる適切な時期さえ見計らえば、順風に乗って行く必要のある場所まで航行し、貨物を積んで船員のための食糧を補給したら、風向きが変わるのをただ待つだけで、故郷まで再び戻れるのだ。したがって、インド洋や東南アジアの島々を航海するのは、大西洋や太平洋を帆走するのとは異なるのだ。後者では、航行のコツは隣り合う大気の循環セル間で、熱帯の貿易風と中緯度の偏西風のいずれかを受けるために、南北に移動することとなる。場所〔航行する緯度〕をずらすことで、必要な風向きを選ぶのである。しかし、モンスーンの海を航行するコツは、季節が変わるのを待ち、往路とほぼ同じ経路を戻ればよい。つまり、時期をずらすことで、望ましい風向きを選ぶのだ。そして、これはヴァスコ・ダ・ガマが一四九八年にインド洋に入ったときには、まるで理解していなかったことだった。

海の帝国

ダ・ガマが帰国した年以降、ポルトガル人は彼の新しい航路を利用して毎年、インドに遠征隊を送り始めた[13]。これらの船乗りはダ・ガマが味わった過酷な帰路の航海から教訓も学び、インド洋や東南アジアの島々を航行する時期はモンスーンの風のリズムが定めているという知識をすぐに習得した。航行上欠かせないこの理解を身につけ、大砲を搭載した大型船と、何百年間も絶え間なく戦争がつづいたヨーロッパで生まれた頑強な要塞建築の経験のあるポルトガル人は、たちまちこの地域で優勢を占めるようになり、香辛料の原産地を探してさらに東へと進出をつづけた。一五一〇年には、彼らはゴアを征服してここをインド洋周辺の活動の主要基地に変え[14]、その翌年にはマラッカを占拠し、この海峡を通る海上交通を支配した。香料諸島の場所が正確にわかると、彼らは一五一二年にはそのモルッカ諸島に遠征隊を送った。ポルトガル人はまた、一五五七年には中国南部の海岸にあるマカオにも交易所を築く許可を得て、一五七〇年には日本の長崎にも設けた〔一六三六年に出島ができるまでは隔離されることなく長崎市内に居住していた〕。

一五二〇年には、インド洋一帯のポルトガルの香辛料交易は、王室の歳入の四〇％近くを占めるようになっていた。ポルトガルは新しいタイプの帝国を築いたのであり、広い領土を獲得して国力と財力を増す代わりに、世界の裏側で四方八方に広がる海上交易網を戦略的に支配することによって、それを成し遂げたのだ。これは海の帝国だったのである[39]。

スペインとポルトガルが先行し、オランダ、イギリス、フランスがそれにつづいた。これらの海上交易大国間の競争は、お互いを戦略的な港や要塞から締めだそうと試み、鍵となる航路を独占するために隘路を支配した。探検と海洋交易を通じて、世界の重力の中心は東から西へと決定的に移動した。ヨーロッパはもはや世界の西の果てではなく、アジア一帯を縦横に走るシルクロードの交易網のはるか彼方の終着点などではなかった。そして地中海――何千年間も都市国家や王国、帝国が覇権を争うのを目撃してきた内海――は一地方に過ぎなくなり、かつての中心的な役割からあまり重要性のない存在へと後退していった。

新世界と、インドや東洋諸国への新航路はヨーロッパ人に、まるで無尽蔵にある領土と資源、富と権力を手に入れる機会を与えたかのようだった。地球の風のパターンと海流の謎を解明するにつれて、ヨーロッパの船乗りたちは世界の海洋の広大な海原を越え、それまで接点のなかった地球上の地域を結びつけ、グローバル化のプロセスを始めたのだ。[40] そのため、大航海時代は世界地図に見知らぬ新しい土地を書き入れる過程であるだけでなく、目に見えない地理を発見する過程でもあったのだ。ヨーロッパの船乗りは、交互に入れ替わる地球の風のゾーンや、連結し合ったベルトコンベヤーの壮大なシステムのように回る海流の利用の仕方を学び、自分たちの行きたい場所へ運んでもらったのだ。

初期の探検用の船は細長い船体であり、見知らぬ沿岸を、とりわけ向かい風のなかでも航行することを考慮して、最大限に操縦性のある艤装〔帆や索具の様式〕となっていた。しかし、三角形の「ラティーン」帆のあるこれらの小型のカラベル船は、熟練の乗組員を大勢雇わなければならず、必要な食糧のほかに荷を積み込む場所がわずかしかなかった。大洋を横断する交易に理想的な設計は、大きな横帆を備えた横幅の広い船だった。このタイプの船ならば操縦ははるかに易しい一方で、乗組員の人数は最小限に抑えられ、補給物資や儲かる貨物は最大限に積み込めるからだ。スペインのガレオン船に代表されるこれらの横帆式の船は、風の推進力は大いに受けるが、順風でしか進めない。向かい風で進むことはほぼ不可能なのだ。[41] これはつまり、大航海時代の初期とは対照的に、海外でヨーロッパの帝国の拠点を築くようになった交易路が、恒常風の風向きによって大きく左右されたことを意味し、そのことは植民地化のパターンと人類のその後の歴史に深い意味合いをもつようになった。なかでも重要となった三大交易路は、マニラ・ガレオン船の航路、ブラウエル航路、および大西洋三角貿易だった。

グローバル化に向けて

ポルトガル人が東南アジアに交易による帝国を築いていたころ、スペイン人はアメリカ大陸で手に入れた土地を探検しており、さらに香料諸島の富も手に入れようと独自に西回りの航路を探し始めていた。

一五一三年には、スペインのある探検家がパナマ地峡を徒歩で横断し、その向こうにある大洋を目にした最初のヨーロッパ人となった。[42]第2章で述べたように、フェルディナンド・マゼラン――ポルトガルの航海士だがスペイン船で航海した――は一五二〇年に南アメリカの南端を、彼の名前を冠する海峡を通って回り、この新しい大洋を「マーレ・パシフィクム」、穏やかな海、と名づけた。[43]マゼランの艦隊は、南太平洋環流のフンボルト海流とともに沿岸を北上し、やがて貿易風に乗って西方のフィリピンに到達し、そこをスペインの領地として主張した。マゼランはマクタン島〔セブ島の対岸の島〕で殺されたが、彼の艦隊は航海をつづけて、一五二一年にモルッカ諸島に到達した。有名な香料諸島そのものであり、当時はナツメグとクローブの世界唯一の産地だった。(15)

スペインが香料諸島まで航海した際の問題は、太平洋を西へ渡る航路は発見していたものの、東のアメリカ大陸へ戻るのに必要な風の吹く海域がわからないことだった。マゼランの遠征隊で唯一、帰還した船は、インド洋を西へと進みつづけ、世界一周を最初に成し遂げることによってそれを達成した。この船の船長が書いたように、「われわれは丸い世界を一周する航路をたどった。つまり西洋を通り抜けることで、東洋から戻ったのだ[45]」。

スペインの船乗りが、太平洋を東に渡ってアメリカ大陸へ到達する帰路の旅を可能にする風の知識を得るまでには、さらに四〇年の歳月を要した。太平洋の風のパターンが、大西洋のパターンとそっくりであることに気づいた船乗りたちは、フィリピンからはるか日本の沖合まで北上をつづけ、偏西風のゾーン(大気のフェレル循環セル)に入ったら、その風に乗って目指す方向へ運ばれていったのだ。[46]この発見により、スペイン人は広大な太平洋を定期的に往復輸送することが可能になった。マニラ・ガレオン航路だ。この航路は今日のメキシコにあるアカプルコの新スペイン〔ヌエバ・エスパーニャ〕の植民地と、フィリピンのマニラのあいだを行き来するもので、二五〇年にわたって——一五六五年から一八一五年にメキシコ独立革命で終わるまで——この太平洋横断航路は歴史上で最も長くつづいた交易航路となった。[47] 太平洋に吹く偏西風に乗って、ガレオン船はカリフォルニアの海岸まで運ばれた。太平洋横断の長い航海のあと、メキシコの沿岸まで南下する航海の最後の区間に出発する前に、彼らはこの地に物資を補給するための寄港地を必要としていた。このことは、カリフォルニア沿岸にスペインが確固たる植民地を築いた理由を説明し、サンフラシスコ、ロサンゼルス、サンディエゴといった主要都市の名前は、今日もなおスペインの影響力を思い起こさせる。

この航路で太平洋を越えて運ばれた主要な貨物は銀だった。一五四〇年代に、スペイン人はメキシコに豊かな銀の鉱脈を見つけたほか、アンデスの高地にあるポトシ「銀山」も発見していた。[48(16)] この銀の大半は南アメリカの沿岸をフンボルト海流に乗ってパナマ地峡まで運ばれ、この狭い地峡をラバの群れを使って越えたのち、スペインに向かう船に積まれていた。[52] 宝船の船団をなして大西洋を渡るスペインのガレオン船は、「義足」のル・クレールやフランシス・ドレイクなどの忘れがたい名前のフランス、オランダ、イギリスの海賊の餌食となった。

アメリカ大陸で採鉱された銀の約五分の一はマニラ・ガレオン船に積まれて太平洋を越えて運ばれ、フィリピンで絹、磁器、香、麝香《じゃこう》、香辛料などの中国からの贅沢品と取引された。[53] 最終的には、マニラ・ガレオン航路でフィリピンに運ばれて中国人と取引されたにせよ、祖国スペインに送られてから、ヨーロッパの帝国を介して東洋へ運ばれたにせよ、南アメリカの銀の三分の一ほどは中国へと流れた。[54]
中国ではこの貴金属に金よりも高い価値がつけられていたのだ。銀の一部はインドと取引されており、そこでは十七世紀初頭にムガル帝国の支配者であるシャー・ジャハーンが亡妻のために華麗な霊廟《れいびょう》、タージ・マハルを建設している。この永遠の愛の象徴もまた、帆船時代とともに始まった初期のグローバル経済の典型例なのだ。スペイン人によって利用された南アメリカの銀が、ヨーロッパの交易商人によって扱われ、最終的にインドで壮大な建築プロジェクトに融資されたのである。[55]

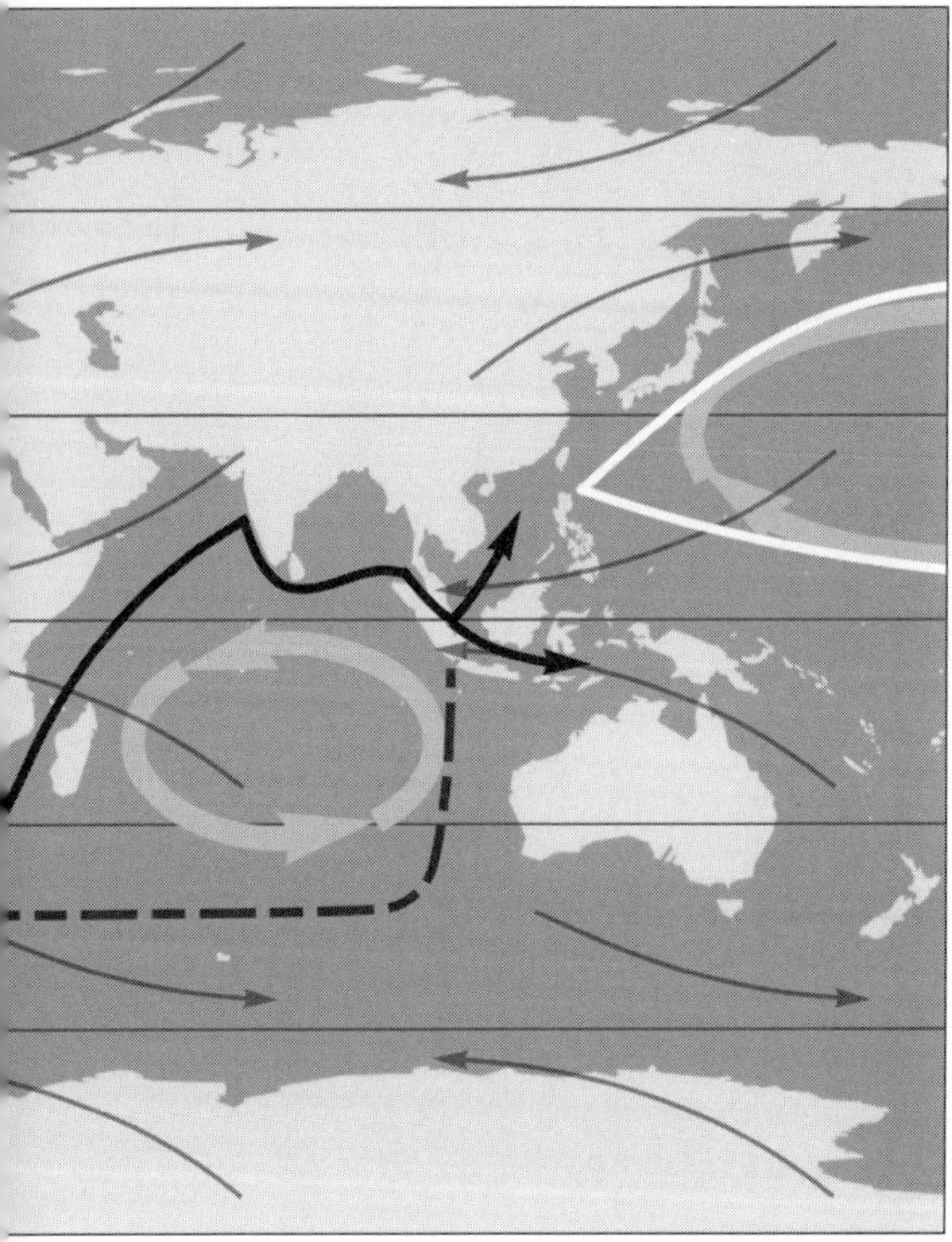

一時期、スペインはアメリカ大陸から流入するこの銀のおかげで途方もなく豊かで強大になった。だが、後述する大西洋三角貿易と同様、ヨーロッパのこの莫大な富は、標高四〇〇〇メートルという肺に負担のかかる場所で、暑さと埃に苦しめられながら、ときには何カ月にもわたって銀山の地中深くで採掘をつづけた労働者たちの甚大な人的犠牲を伴うものだった。ポトシは「人を食う山」として忘れがたく描写されてきた。[56]

十七世紀には、東南アジアの島々にいたるもう一つのきわめて重要な新航路が開かれた。十五世紀末にポルトガル人が発見

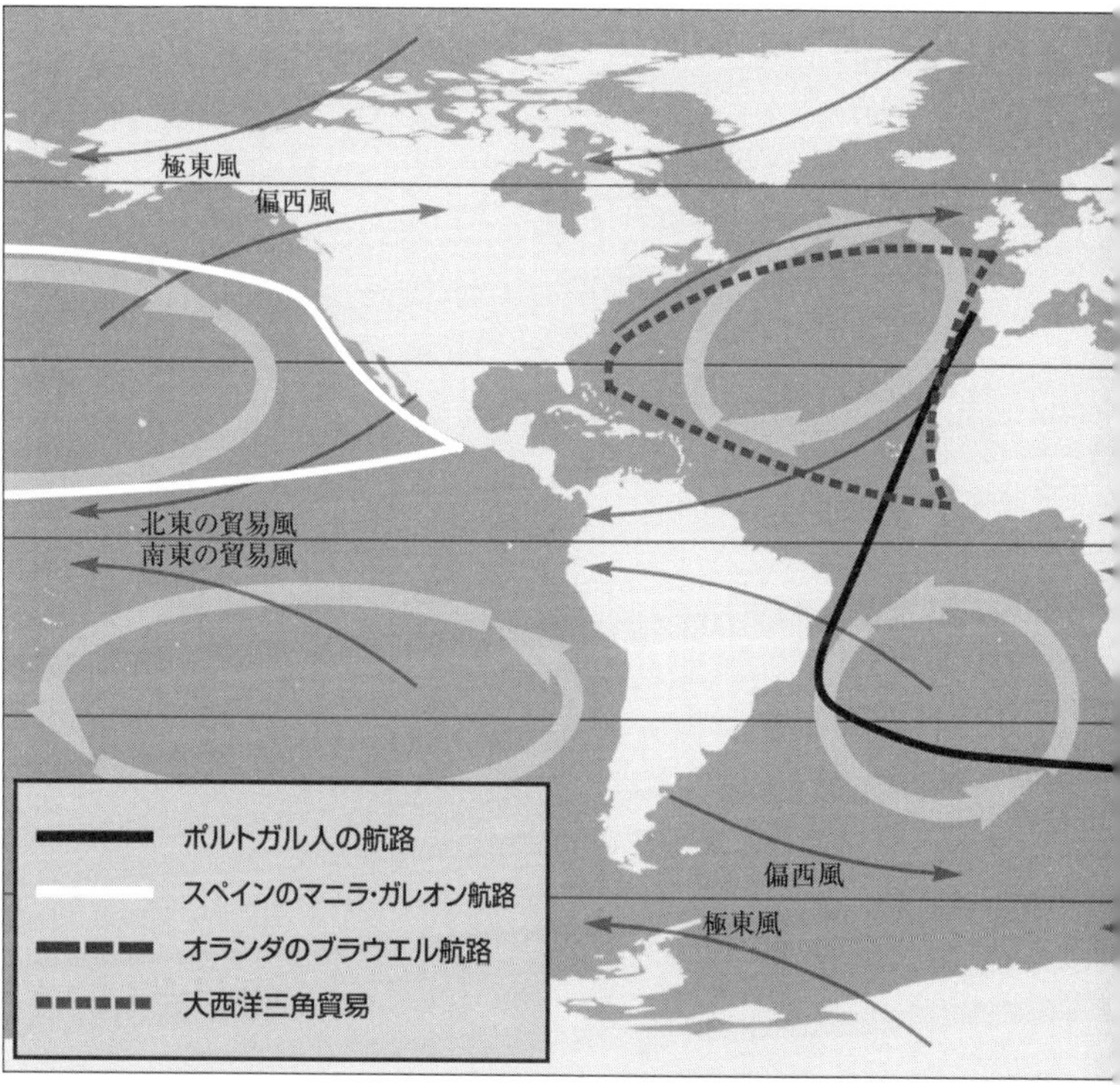

世界を結ぶ。異なる風のゾーンと海流を利用した主要な海上交易路

した航路は、アフリカ南端を回ってこの大陸の東の海岸線沿いに進んでからインド洋を渡り、その後マラッカ海峡へと向かうものだった。この航路では、アフリカの南端を通過する際にほんのわずかに偏西風が吹く緯度にまで入り込んだ。この偏西風ゾーンは、スペイン人がマニラ・ガレオン航路でフィリピンからメキシコまで利用した中緯度の偏西風と線対称に位置するものだ。前述したように、南半球では偏西風は大きな陸塊によって遮られることがないため、はるかに強く吹く。しかし、船乗りたちが吠える四〇度を充分に活用するにはどうすればよいか気づくまでには、さらに一世

紀以上の歳月が過ぎた。

一六一一年に、オランダ東インド会社のヘンドリック・ブラウエル船長が喜望峰を通り過ぎたあと、北東のインド方面に向かう代わりに、針路を南へ向け、偏西風のゾーンへ深く入り込んだ。この風に乗ってたっぷり七〇〇〇キロは東へ航行してから、彼はこの海の高速道路を降りて再び北上し、ジャワ島へ向かった。吠える四〇度を利用するブラウエル航路では、従来の航路の半分の日数しかかからなかった。とりわけインド洋でモンスーンの風が変わるのを待つ必要性がなくなったからだ。香料諸島まではるかに短い航海が可能になっただけでなく、熱帯域から遠く離れたこの南方の涼しい航路では、乗組員は健康を、食糧は新鮮さを保つことができた。

新しい航路が開発されたことで、歴史上、数々の重大な結果がもたらされた。オーストラリアの西海岸を最初に目にしたのは、ブラウエル航路を利用していた船乗りたちだった。インド洋を南に迂回するということは、東南アジアの島々への入り口がマラッカ海峡から、ジャワ島とスマトラ島のあいだのスンダ海峡に変わったことを意味した。オランダ人は一六一九年にバタフィア――今日のジャカルタ――をこの地域の統括拠点として築き、この重要な海峡を支配した。強風の吹くこのゾーンは、南アフリカ南西端にケープタウンが創設された理由でもあった。オランダ人は航海の最後の長い区間に入る前に、船に物資を補給する港を必要としていたからだ。したがって、吠える四〇度の風のゾーンこそ、今日でも南アフリカでアフリカーンス語が話されている原因なのだ(17)。

大航海時代の初期と、ヨーロッパの船による世界規模の海洋交易を動かしたのは香辛料だったが、一七〇〇年には新しい消費財が需要の中心となってきた。もともとアフリカとインドで栽培されていた作物が新世界へ移植され、この時代にはブラジルで大量のコーヒーが生産されていたほか、カリブ海域ではサトウキビが、北アメリカでは綿花が栽培されるようになった。[58] そして、これらの物資をヨーロッパの市場向けに大量生産するのに必要な労働力の需要が、大洋を横断するもう一つの貿易制度につながった。これはおそらく今日の世界を形成するうえで、何にも増して重要な意味をもつものだろう。

大西洋三角貿易は単純に言えば、ヨーロッパ、アフリカ、アメリカ大陸を結びつけて、安い綿、砂糖、コーヒー、タバコを求めるヨーロッパの飽くなき需要を満たすものだった。これら先進国で機械を使い大量生産された布地や武器などの貨物を積んでヨーロッパから出航した船は、西アフリカの沿岸を下り、地元の首長が捕らえた奴隷とこれらの商品を交換した。その後、ヨーロッパの船はこれらの奴隷を大西洋の対岸まで運び、ブラジル、カリブ海地域、北アメリカの植民地で大農園主に売ったのだ。(18) この人間の積荷を売って集めた資本は船長によって大農園で生産される消費財、つまり奴隷労働の産物の購入に充てられた。奴隷船の貨物室は酢とライ〔灰汁。苛性ソーダまたは苛性カリのこと〕で清掃され、原材料を積んでヨーロッパで製品に加工するためにもち帰られ、こうして一巡したのである。[61] 実際に船が通った航路にも、折り返しなどで重複する区間に運ばれる物資にも、さらには海岸線の特定の短い区間でやりとりされた貨物にもばらつきがあったが、[62] これがヨーロッパの本国と植民地のあいだで十六世紀末から十九世紀初めまでつづいた大西洋三角貿易の核心部分だった。

大西洋を越えて輸送される前に、アフリカの奴隷はファクトリー〔貨物集散地のこと〕と呼ばれた海岸沿いの要塞に収容された。内陸部からの捕虜を最も簡単に輸送するために、これらの施設はしばしば河口に設けられた。奴隷の大多数はアフリカ中西部――赤道と南緯一五度付近のあいだの地域――と、ゴールド・コースト〔ガーナ〕、ベニン湾、およびギニア湾のなかのビアフラ湾から連行された。これもやはり総じて大気の循環パターンと海流の仕組みによるものだった。これらの場所からは南東の貿易風に乗って南アメリカに渡り、そこからブラジル海流とともに沿岸を南下し、ブラジルのコーヒー大農園まで行くのは容易だ。あるいは北東の貿易風と北赤道海流に乗ってカリブ海の島々のサトウキビ大農園や、アラバマとカロライナの綿花大農園、ヴァージニアのタバコ大農園に運ぶこともできる。大西洋の奴隷貿易は一八〇七年に禁止されたが、一八六五年にアメリカの南北戦争が終結して奴隷制が廃止されるまで、密輸業者によってつづけられた。このころには一〇〇〇万人を超えるアフリカ人が強引に拘束されてアメリカ大陸へ強制連行され[63]、その多くは輸送途中や大農園での最初の一、二年間の劣悪な環境で死んでいった。彼らのうち約四〇％がブラジルへ、四〇％はカリブ海地域へ、五％がのちにアメリカ合衆国となる地域へ、そして一五％がスペインのアメリカ領へ連れて行かれた[64]。

三角貿易の各段階で海運業者は積荷を売って儲けられたので、経済の永久運動機械のように、この貿易制度はクランクを回すたびに、その支配者には莫大な利益が生みだされた。ヨーロッパ諸国では水車場《ミル》や工場を動かすために水車が使われ始め、のちに蒸気機関が動力になった一方で、奴隷労働によって海外で原材料を生産することが、産業化の経済を動かす機構にとって、同じくらい重要な要素となっていた。奴隷制度廃止運動が勢いを得るまでは、甘くした紅茶の味やラム酒の一杯、背中に感じる清潔なシャツの肌触り、そしてパイプの煙の一服が、人間の苦しみから目をそむけさせ、ヨーロッパ人の良心に蓋《ふた》をしていたのだが、つまり自分たちの生活様式はそうした苦しみのうえに成り立っていたのだ[65](19)。

ヨーロッパの海外植民地となった新天地の広大な領域と、そこから提供される原材料と利益は、産業革命を引き起こす状況を生みだすのに一役買ったが、この変革の原動力として同じくらい重要であったのは、地下の世界から無制限にも思われる量のエネルギーが手に入るようになったことであり、これからそこに目を向けることにしよう。

第9章　エネルギー

定住を始めてからの一万年の歴史の大半において、人類は農業社会を築いてきた。定住生活を送る人びとは近くの農地で育てた作物を食べ、家畜を育てて肉や乳を得るだけでなく、その牽引力も利用した。畜産や農業は、外気から身を守るための衣服をつくる繊維〔や素材〕も与えてくれた。綿、亜麻、絹、皮革、羊毛などだ。

つまるところ、農業は一定の広さの土地から太陽のエネルギーを集め、それを僕らの体が摂取する栄養素に変えたり、社会のための原材料を提供したりする。時代とともに、人類は耕作地の面積を広げるか——森林を伐採して農地に変え、重い犂《すき》など、新たな農耕具や技術を開発して、それまでの耕作限界地を耕すことによって——収益性のよい作物や動物を選択的に育種、飼育し、輪作制度を取り入れるなどして、農業生産高を増やしてきた。時代を経るにつれて、人類はこうしたことにますます熟練し、その結果、人口は爆発的に増えた。

森林の伐採は、食べ物を調理し、家を暖房するのに必要な薪《まき》も提供してきた。木材は人類が自然環境から集めてきた原材料を、土器やレンガ、金属、ガラスのような製品に変えるために必要なエネルギーも与えた。窯《かま》や溶鉱炉、加熱炉、鋳物《いもの》工場などで必要な高温を生みだすには、木材を炭化させて木炭をつくってきた。このように、森からできた木炭に頼ることで、鋼鉄やガラスの生産ですら樹木の生長に縛られていた。世界の人口が増え、燃料や建設材料として使われる材木の需要が増えるにつれて、近隣の自然林がなくなり始め、僕らは萌芽林《コピス》〔薪炭林〕に変えるすべを学んだ。萌芽更新《コピシング》は、セイヨウトネリコ、カバノキ、ナラなどの樹木を根元近くで伐採し、幹からひこばえがでてくるに任せ、再び成木として生長させる森林の維持管理システムだ。萌芽更新は繰り返し行なえるので、土地から木材を連続的に供給することができる[1]。

しかし、ヨーロッパの人口が増えつづけるにつれて、萌芽更新ですら薪と建設用材にたいするとどまることを知らない需要を満たせなくなった。十七世紀なかばから、木材の不足は深刻さを増し、価格は容赦なく上がった。ヨーロッパは「木材ピーク」に達していたのだ〔石油ピークのように、木材の産出量が最大となって下降に入る時期〕。適切な土地はすべて食糧生産にすでに使われており、燃料の生産をこれ以上に増やすことはできなかった。ところがそこで、新たなエネルギー源が開発され始めたのだ。それは家庭の暖炉を燃やしつづけるだけでなく、人力や蓄力をはるかに凌《しの》ぐレベルのエネルギーをもたらしたのだ。

太陽と筋力

人類史のほとんどの時代において、文明を築き、維持するために必要な動力は、人間の労働者の場合にせよ、使役動物の場合にせよ、筋肉によってもたらされていた。筋肉はきちんと利用し、うまく協調させれば、驚異的な偉業を成し遂げられる。ギザのピラミッド、万里の長城、ヨーロッパの中世の大聖堂、これらはいずれも筋力のほかは、コロや傾斜台、巻き上げ機などの単純な機械装置を使うだけで建設された。しかし、筋肉は食糧という燃料を必要とし、そのためには農地や牧草地が必要となる。したがって、人口が急増して、農地がますます不足するにつれて、筋肉は高くつくものとなった。[2]

当時、すでに自然の再生可能なエネルギー源を利用した筋力に代わるエネルギーが存在した。多くの作業は、まずは水車によって、のちに風車によってもたらされた回転力を使うことで可能になった。水車は二五〇〇年ほど前に発明され、紀元一世紀には中国人によって鉄を製錬するための高炉の鞴《ふいご》を動かすために使われていた。[3]最も多額の費用をかけた水車の設備は、西暦一〇〇年からまもない時期にローマ人によって南フランスのバルブガルに建設された。[4]ここの一六基の水車からなる設備は、古代世界で知られるなかでは最も多くの機械力を集結させたもので、[5]総出力は三〇キロワットの動力に等しかった。(2)風車は九世紀にペルシャに最初に登場し、中世ヨーロッパに広がるあいだに洗練されつづけた。北海沿岸の低地諸国はなかでも、第4章で述べたように、海の浅瀬を排水して干拓地とするために風車の採用に熱を入れた。水車と風車は、穀物を粉にひくことから、オリーブを圧搾して採油したり、丸太を製材したり、金属鉱石や石灰岩を粉砕したり、あるいは鉄の棒を整形する圧延機を動かすことまで、さまざまな動力を提供するようになった。

この機械革命は十一世紀から十三世紀にかけて速度を増し、中世ヨーロッパは人間や動物の筋肉を酷使することだけに生産性がもとづかなくなった最初の社会となった。しかしそれでも、水車や風車は川の水位や風力のきまぐれに左右されるため、利用可能なエネルギーの量が生産性に限界を設けつづけた。水車や風車は生産工程における肉体の酷使を軽減したとはいえ、人類は筋力と太陽光によって動かされる世界に暮らしつづけたのだ。

歴史においては、人類は太陽のエネルギーを生態系のなかで流用し、代わりにそれを体のなかや社会に取り込むことを学んだ。作物を実らせ、森を育んだのは太陽光だったのだ。それどころか、大半の人間社会では、文明の生産性は光合成に頼ってきたのであり、自分たちが手にした土地で植物がどれだけ早く食糧や燃料を生産できるかによって制限されてきたのだ。

このシステムは、有機エネルギー経済、体細胞《ソマティック》エネルギー体制、生物学的旧体制などと[6]、さまざまな名称で呼ばれてきたが、いずれも同じ真実を示唆する。十八世紀までは、文明の歴史全体が作物や森林から取り込んだ太陽エネルギーと、人間の労働力と使役動物が提供する筋力によって支えられてきたのであり、その筋力もまた植物から集めた食べ物を燃料としなければならなかったのである。だが、社会の生産性が作物と薪炭林の生長率によって決まる――どれだけ素早く太陽光を取り込めるか――のであれば、基本的にどれだけそれに適した土地が手に入るかによって制限されることになる。そのうえ、自分の食べ物と製造に必要な薪〔の生産〕が同じ土地で競合する。農業帝国が成し遂げられることには、硬い天井があるのだ。

こうした制限を免れる唯一の方法は、太陽光をじかに取り込む必要のないエネルギー源を見つけることだ。そして、これは十八世紀のヨーロッパで、足下にある膨大な貯蔵エネルギーを利用することによって達成されたのだ。地表からさらに多くのエネルギーを抽出しようとする代わりに、僕らは地下に穴を掘り、石炭という形になっている太古の森林からの貯蔵物を取りだした。石炭は要するに可燃性の堆積岩であり、一つの炭層は、歳月をかけて生育した森林の凝縮されたエッセンスなのだ。石炭は、太陽光の化石なのである。わずか一トンの石炭でも、一エーカー〔約四〇〇〇平方メートル〕の薪炭林から得られた一年分の薪にも相当する熱エネルギーを供給できる。近代世界を築いたのは石炭だったのだ。

動力革命

石炭は、産業革命よりずっと以前から使われていた。十三世紀末にシルクロードを通って中国まで旅をしたマルコ・ポーロは、中国人には黒い石を燃料として燃やす奇妙な慣習があると書いていた。[7] ブリテン島でも、二世紀の終わりには、ローマ人がイングランドとウェールズの主要な炭田の多くで採掘し、金属加工や床下暖房に使用していた。[8]

産業革命と呼ばれるプロセスを動かし始めたのは紡織業《テキスタイル》〔紡績と織物製造〕だった。十八世紀後半に、一連の発明によってこの家内制手工業が変貌を遂げ、機械を使って綿や羊毛の繊維を糸に紡ぎ、それらの糸を布地に織れるようになった。アメリカにあるイギリスの植民地とインドから安い綿花が手に入るようになったこと——前章でこれらの国際的な交易網については見てきた——から、当初は水車を動力としていた水車場《ミル》が、急速にその性能を増すなかで、この増加する需要に見合う供給がなされるようになったのだ。しかし、産業革命の進展を本当に後押しした力は、石炭、鉄の生産、蒸気機関のあいだに存在した好循環だった。

産業革命は高炉の燃料としてコークスが導入されたことによって、はずみがつき始めた。地中から掘りだされた石炭は純粋な炭素燃料ではなく、揮発性の有機化合物、硫黄、水分などの不純物を含んでいる。コークス化は、石炭をまず発火および燃焼させずに熱して——木材から木炭をつくるのと似たような方法で——これらの不純物を除去し、より高温で燃える燃料をつくることだ。なかでも、鉄を傷つけ、もろくする硫黄を除去することである。コークスを燃料とした高炉は鉄の生産コストを下げ、建設プロジェクトのための建材や性能を増しつつある工作機械を提供した。

地下に埋蔵された巨大な石炭の層と、そこから生産されたコークスを利用したことによって、イギリスは薪炭林の制約から解放され、社会が必要とする製品をつくるための莫大な量のエネルギーを与えられたのだ。しかし、本当の意味で画期的な進歩を記したのは、蒸気機関が動物の筋力を必要とせずに動力と運動をもたらすようになったことだった。蒸気機関は基本的には変換器《コンバーター》であり、熱エネルギーを運動エネルギーに変換できるものだ。これは熱を運動に変えるのだ。最初の蒸気機関は炭鉱で地下水を汲みだして、さらに深い炭層を掘れるようにするために利用された。炭鉱に設置されたので、最初期の原始的な設計がとてつもなく燃料を食うものであっても問題はなかった。しかし、一連の技術革新と改善がなされた結果、蒸気機関のエネルギー効率はどんどん高まり、馬力も上がった。

蒸気機関は多目的の動力装置になった。工場では「原動機」として使われ、一台の蒸気機関で工房中の工作機械を、頭上を通るベルトとチェーンの装置を経由して動かすことができた。よりコンパクトでエネルギー効率のよい高圧の蒸気機関が輸送用に開発され、軌道を敷くことで相当量の重量を地面に広く分散させた。あるいは、船体の浮力に支えられながら船に搭載された。蒸気はまもなく貨物や乗客を世界各地に運ぶようになった。一九〇〇年には、蒸気機関はイギリスで必要とされる動力の約三分の二を提供し、陸上輸送では全輸送量の九〇％が鉄道で運ばれ、海上でも貨物の八〇％を請け負うようになった。

これは産業化を加速させた三方向のプロセスの本質だった。蒸気はさらに多くの石炭を採掘させ、石炭火力の製錬所や鋳物工場はさらに多くの鉄を生産し、石炭と鉄はどちらもさらに多くの蒸気機関を建設し動かすのに使われ、それが石炭を採掘し、鉄を生産し、ますます早いペースで多くの機械が建設されるようになった。このように、石炭、鉄、蒸気機関は好循環する三角形をなしていたのだ。

この産業化への移行が人類史においてこれほど重要な理由は、それによって従来、文明に課されていたエネルギーの制約から人類が解放されたからだ。石炭は萌芽更新を必要とせずに途方もない量の熱エネルギーを供給し、蒸気機関は動物と人間の筋肉への依存を終わらせた。莫大な埋蔵量の地中の燃料がなければ、文明は本質的に農業国家の枠を超えて進歩を遂げることはなかっただろう。となれば、地球はどのようにしてこのすぐさま使えるエネルギー資源を与え、僕らを待ち受けさせたのだろうか？

化石になった太陽光

石炭が太古の樹木が埋没することによって生成されたことは、むろんご存じだろう。本書のなかで繰り返し見てきたように、最も盛んに広い範囲で石炭が形成された地質年代には、何かしら奇妙な点があった。これらの全般的な状況は、地球上の生命に深い波及効果があった。

植物は四億七〇〇〇万年ほど前に初めて湖に生えている緑の藻から枝分かれして進化し、陸上に群落をつくったが、[10] 植生が充分に発達して最初期の、まだごくわずかな石炭鉱床ができるまでには、長い歳月が必要となった。ほぼ四億年のあいだで、地球の相当な面積が森林で覆われていた時代に、群を抜いて大量かつ広範囲に石炭鉱床が生成されたのは、六〇〇〇万年間つづいておよそ三億年前に終わった石炭紀だった。それどころか、この地質年代にカルボニフェールス〔石炭を含むという意味のラテン語〕がつけられたのは、石炭が生成されたからなのだ。地球の歴史上では、のちにも石炭がつくられた時代があったが、石炭紀はひとえにこの時代の石炭の膨大な埋蔵量と、その炭層の広大な範囲ゆえに群を抜いている。産業革命から人類が使用してきた石炭の約九〇％は、この短い地質年代のものなのだ。

通常、有機物が死ぬと、それがナラの木であれフクロウであれ、腐敗して体内の有機分子中の炭素を放出して大気のなかの二酸化炭素となり、それが再び光合成をする植物によって取り込まれる。そのような大量の炭素が、石炭紀に石炭に変わったからには、何かが腐敗のプロセスを妨げなければならない。どうやらこの時代にはなぜか地球の炭素の再生計画が崩れていたのだ。木々は枯れても腐らなかった。地面には倒れた植生が堆積して泥炭になり、それがどんどん地下の奥深くへ埋もれていって、地球の中心部の高温で熱せられて石炭に変わったのだ。

泥炭が蓄積するうえでの主要な前提条件は、ともかく枯れた草木が除去されるよりも早く植生が生長することであり、より長い時間の尺度で言えば、堆積物が物理的に侵食されるよりも早いことである。地盤が沈下しつつある低湿地の環境で、森が青々と生い茂るような場所、枯れた木が完全に腐る前に酸素のない状態で埋もれるような場所が、このバランスを崩したのだと思われる。

石炭紀には、この世界は非常に異なって見えていた。この太古の昔には、プレートテクトニクスの影響で地球の表面をあちこち動き回っていた大陸の配置は、まるで異なった様相を呈していたのだ。この時代を通じて、主要な陸塊は互いにぶつかり合って一つの塊となり、超大陸パンゲアを形成していった。

当時、現代の北アメリカ東部とヨーロッパ西部および中部は赤道上にあり、森林が鬱蒼と茂る熱帯の低湿地になっていた。こうした沼沢林を埋めつくしていた木々はまだ——第3章で述べたように——胞子で生殖しており、僕らには不安になるほど見慣れない植物に思われただろう。これらは今日の森林で日陰になった下生えにひっそりと生えるトクサ類〔スギナなど〕、ヒカゲノカズラ類、ミズニラ類、シダ類などの大昔の類縁種だった。最終的に生成された石炭の大半は、ヒカゲノカズラ植物門の植物からつくりだされた。[11] 今日のヒカゲノカズラ〔巨大なコケのような植物〕と類縁の樹木だ。直径が一メートルにもなる幹は、枝がほとんどなく非常にまっすぐで、奇妙なほど緑色をしていて、古い葉が落ちた痕が規則正しい窪みのパターンを刻んでいた。これらの樹木の化石は、ほとんどタイヤ痕のように見える。樹高は三〇メートル以上にもなり、樹冠は小さく、剣のような長い葉からなる。

これらの緑豊かな湿地の生態系には、グロテスクな動物も多数生息していた。石炭紀の下生えは、外見が今日のゴキブリと驚くほどよく似た巨大なゴキブリや、カブトガニほどの大きさのクモ（まだクモの巣をかけることはできなかったが）、体長一・五メートルものヤスデで揺れ動いていた。馬ほどの大きさがあるイモリに似た両生類も[12]、手足を大きく広げてこれらの湿地を地響きを立てて動き回っていた。そして、翼開帳が七五センチにもなる捕食性の巨大なトンボは[13]、蒸し暑い大気のなかを飛び回っていた。しかし、もしタイムトラベルをしてこれらの緑豊かな森を歩き回ることができれば、ある音声がまるで聞こえないことにはたと気づくだろう。いったんそう気づくと、不気味な気分になるものだ。鳥の声がまるでしないのだ。太古の時代の空に飛んでいたのは昆虫だけなのだ。鳥が登場するのは、それからまだ二億年はのちのことなのだ。こうした環境にいるだろうと思われる、その他多くの生物もまだ進化していなかった。生ぬるい水溜まりでも蚊はまだ羽音を立てていなかったし、アリも甲虫も、ハエやマルハナバチもまだいなかった[14]。

石炭紀は木々を青々と茂らせるのに理想的な環境条件をもたらしていたが、その後の時代もやはり蒸し暑かったので、それだけでこの時代から豊かな石炭鉱床が残された理由を完全に説明することはできない。木々が繁茂したことよりも、倒木が腐らずに分厚い泥炭層となって蓄積した点を解明する必要がある。石炭紀の赤道付近にあったどんよりした湿地も確かに一役買い、悪臭を放つ沼にある酸素不足の土壌は、腐敗させ分解する微生物の活動を遅らせただろう。だが、湿地は地球の歴史を通じて存在しつづけた。それらは石炭紀だけの特徴ではないのだ。

となると、三億二五〇〇万年前ごろの世界では、何が特殊であった可能性があるのだろうか？　倒木の幹はなぜそれほど腐敗しまいとしたのか？　石炭紀にはなぜ炭素の循環がかくも見事に失敗して大量の石炭を生成する結果となり、それが産業革命に火をつけたのか？

近年、有力になってきた説明の一つは、腐敗の分解プロセスで中心的な役割を演じる石炭紀の真菌に、倒木を生化学的に分解する機能が単に具わっていなかったというものだ。

初期の樹木は高く高く生長するために、幹を支えるより多くの内部強度を必要としていた。植物はすべてセルロースを含んでいる。長鎖をなす糖からなる多糖の分子でそれが植物の細胞壁を強化している。亜麻のジャケット、綿のシャツ、そしていまお読みになっているこの紙のページ（電子書籍端末でページをスワイプしている方は別だが、その場合はその端末が入っていたダンボールを思い浮かべよう）はみな、セルロースでできている。だが、これらの高くそびえる幹にその強度を与えていたのは、リグニンという別の分子による生物学上の発明だった。デヴォン紀前期には小さなコケのような植物だったものが、石炭紀に高木にまでなった理由をそれが説明する。そして重要なことに、リグニンはセルロースよりもはるかに分解しづらいのだ。[15]

今日、森のなかを歩くと、腐植土の多い土と草木の葉が醸しだすうっとりする香りが鼻腔《びくう》に広がり、小道の傍にある倒木は色褪せて、触ってみると軟らかくふわふわしていることに気づくだろう。これは白色腐朽菌《はくしょくふきゅうきん》の仕業で、この菌が木のなかの暗色のリグニンを分解する（なかでも美味な菌にヒラタケやシイタケがある）。しかし、石炭紀には、樹木は新たに生成されたリグニンで木部を強化していたが、菌類はまだそれを分解するのに必要な酵素の道具を開発するだけの時間がなかったと、この学説は説明する。樹木の硬い部分は消化できないものとなり、何百万年ものあいだ、木々は倒れればただ地面に積みあがっていったのだと。

しかし、これは満足のゆく仮説ではあっても、残念ながらより近年の証拠とは食い違う。一つには、石炭紀の湿地で石炭を生成した最も一般的な種類の木には、実際にはリグニンがあまり含まれていなかったことだ。また、北アメリカとヨーロッパでは、石炭紀のすぐあとの地質年代——ペルム紀——には石炭はあまり生成されなかったが、中国の一部の地域ではつくられており、これはリグニンを分解する真菌《しんきん》が出現したと考えられる時期よりもあとなのだ。[16] そうなると、もし森がリグニンでみずからを強化するのと、真菌がそれを消化する能力を発達させるまでの進化上のタイムラグが理由ではないとすれば、木々を石炭に変えることにかけてこれほど成果をあげたのは、石炭紀の何であったのだろうか?

どうやら石炭紀から膨大な石炭鉱床が残された理由は、生物学的なものではなく、地質学的な事情にあったようだ。

赤道付近の熱帯地域は温暖でありつづけたが、石炭紀後期は実際には地球の歴史上でもかなり寒い時期で、ゴンドワナ大陸南部に大きな氷床が形成されていた。したがって、一般に考えられているのとは裏腹に、石炭紀の世界はすべてが蒸し暑い密林ではなかったのだ。このような氷河作用は、当時の大陸の配置によって生じていた。寄り集まった陸塊は、南極から赤道を抜けて北極までほぼずっと広がっていた。このため、温かい熱帯の海洋と、冷たい極地の海洋の水が世界をめぐる循環——第8章で見てきた海流のベルトコンベヤー——が妨げられ、赤道からの熱が極地へ伝わるのが阻害された。南極にゴンドワナ大陸があったという事実も、この地域に氷河氷が厚く堆積するのを助けた。前述したように、氷冠は外洋上ではそれほど広く発達することはできない。

石炭紀に急成長した森林もやはり、こうした氷河作用が引き起こされたことに部分的に関与していた。[17]木々は光合成によって大気から二酸化炭素を吸収してきたので、その木が枯れて有機物質の大半が腐敗せずに泥炭として固定されると、炭素は大気に再び放出されなくなった。その結果、大気中の二酸化炭素の量は大幅に減り、この温室効果ガスの濃度の低さもまた地球の寒冷化に一役買っただろう。そして、死んだ有機物が腐敗するときは大気から酸素を消費してそれを二酸化炭素に変えるので、泥炭の生産が増えれば大気中の酸素濃度を増すことにつながり、おそらくは三五％にも上昇しただろう[18]（今日、地球の大気中にあって生命を育むこの気体の濃度は二〇％である）。こうした高い酸素濃度が、前述した大きな翅をもつトンボ〔メガネウラ〕などの巨大な昆虫を進化させたと考えられている。

そのため、石炭紀中期からは、地球は氷室になりつつあったのだ。地球の気温における変動と、それによって氷床となって固定された水の量（第2章で見たように地球の軌道上の揺らぎによって支配される）が、ちょうど過去二五〇万年間の氷河期のように、海水準の上昇と下降の周期を生みだした。石炭紀の海は、水位が上下するなかで、広大な面積におよぶ低湿地にまで繰り返し前進しては後退していた。その過程で、植物性物質は定期的に海洋性堆積物の層の下に埋もれ、いつの日にか炭層となったのだ。実際、夾炭層《きょうたんそう》で露出した岩石の層を見れば、炭層の上に泥岩などの海洋堆積物、頁岩《けつがん》などのラグーン〔潟〕堆積物、川の三角州からの砂岩などが縦に層をなし、そのあと再び炭層がつづくのがわかるだろう。夾炭層内のこれらの積み重なった層は、入江の湿地が繰り返し氾濫してきたことを物語る地質学上の稿本として読むことができる。

南ウェールズやイングランドのミッドランズ〔中部〕のような場所では、石炭が鉄鉱石と隣り合わせで見つかり、製錬用の燃料と鉱石が同じ場所から採掘できる。まるで地球が二個で一個分の値段という

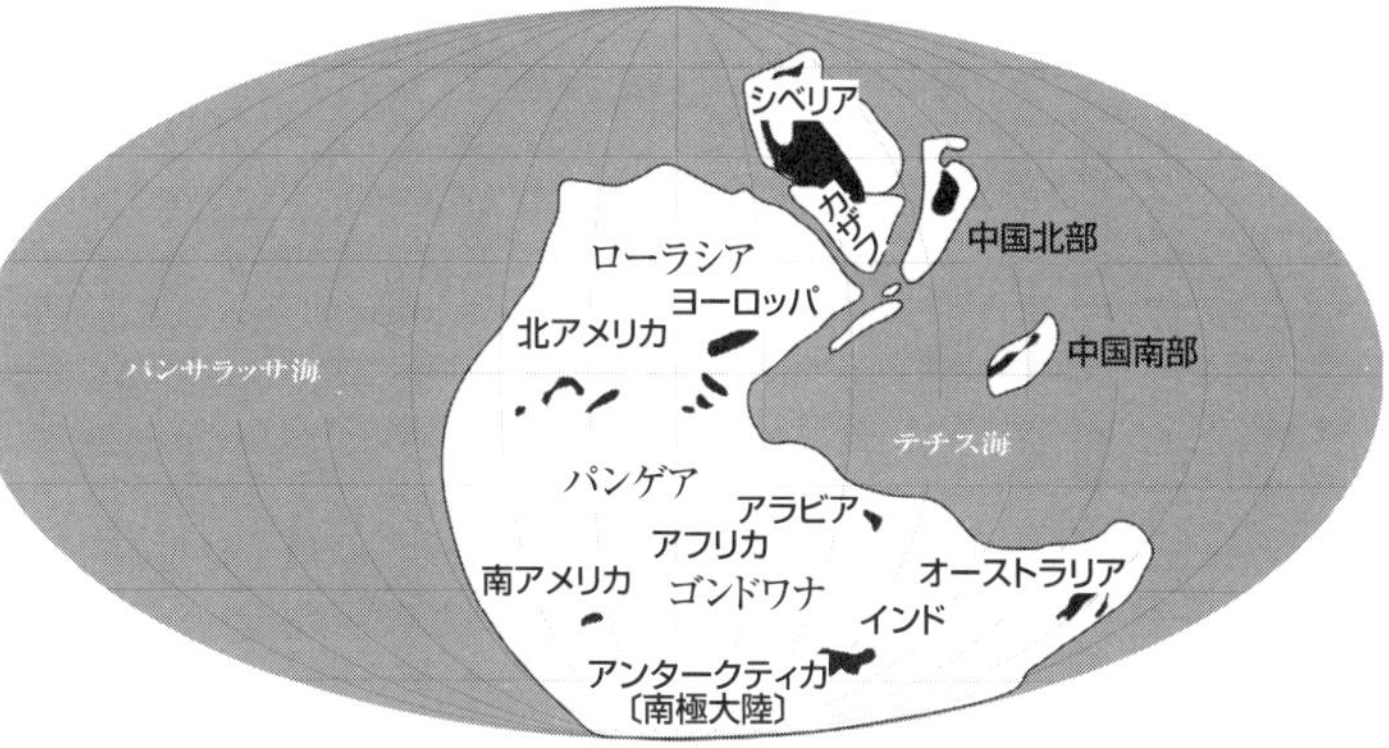

超大陸パンゲアの創成時に石炭を生成した主要な盆地

割引をしているようなものだ。ときには三個で一個分の掘りだし物すらある。夾炭層のすぐ下にあって、しばしば周囲の景観のなかで地表に露出した状態で見つかるのが、石炭紀前期のあいだに生成された石灰岩だ。当時、地球の海水準が高く、低地は氾濫して浅く温かい海になっていた。第6章で述べたように、石灰岩は鉄の製錬では金属を溶かし、不純物の除去を促進する融剤として使われる。そのうえ、それぞれの炭層のすぐ下にある「下盤粘土」層には湿地の樹木の化石化した根がよく保存されており、含水《がんすい》珪酸アルミニウムを豊富に含むことが多い。そのような鉱物によってこの粘土層はきわだって耐熱性があり、一五〇〇℃以上の高温にも耐えることができる。したがって、自然は溶鉱炉や溶融金属を注ぎ入れる坩《る》堝《つぼ》の内側を覆うのに最適な耐火性の建材も与えてくれているのだ。[19] このように、石炭紀を通じて変化した状況は、ときには同じ場所で連続した層をなして産業革命のための原材料を提供してくれていたのだ。

　この低湿地の定期的な氾濫と埋没によって泥炭が保存され、その後につづく堆積物の層の下で圧縮されることで石炭が生成されたのだ。そして、当時の氷室の状況を反映する、氷河期の低い海水準と間氷期の高水位のあいだの揺れは、プレートテクトニクスと世界の大陸の配置がもたらした直接の結果なのである。しかし、石炭紀にはもう一つ、石炭生成を促した地球規模の珍しい特徴があった。陸塊が北極と南極のあいだでただ塊となっていたのではなく、まだ活発に衝突し合っていたのだ。

石炭紀には、北方の大きな大陸であるローラシア(北アメリカとユーラシア北部および西部の一部を含む)が赤道沿いでゴンドワナ(南アメリカ、アフリカ、インド、南極、およびオーストラリア)と衝突して、超大陸パンゲアが構築されてゆく過程が見られた。ゆっくりとぶつかり合うこの事象はヴァリスカン造山運動と呼ばれ、(3)それによって現在はアメリカとカナダの東部海岸線沿いのアパラチア山脈や、モロッコのアトラス山脈を含む太い山脈地帯——大西洋が広がることでこの巨大な山脈が分断される前は、アパラチア山脈からつづいていたと考えられる——がつくりだされたほか、今日のフランスとスペインのあいだのピレネー山脈など、ヨーロッパにある多くの山脈も生まれた。(4)その後、石炭紀後期になると、シベリアが北東からこの寄り集まった大陸に滑り寄り、東ヨーロッパに接合してそのつなぎ目にウラル山脈が誕生した。

先に見てきたように、大陸の衝突は高い山並みを隆起させるだけでなく、下方へと湾曲した地殻が、その山並み沿いに沈み込んで低い盆地をつくりだす。その好例はヒマラヤ山脈の麓沿いにあるガンジス川流域だ。インドプレートとユーラシアプレートの衝突によって形成されたもので、山間部から海へと向かうインダス川とガンジス川がこの盆地を流れる。

そのように下方へ沈む前縁盆地が石炭紀の地殻の衝突でもやはり生じ、周期的に氾濫することで、泥炭を埋没させ、保存させやすい広大な低湿地ができる状況がもたらされたのだ。しかし石炭鉱床がつくられ、かつ堆積の循環がつづくなかで地表に露出して侵食されないためには、盆地もやはり継続して沈み込まなければならない。石炭紀にパンゲアがゆっくりと形成されつづけたことに関して、この点がじつに重要だった。大陸衝突は、石炭が堆積するのとおおむね同じ割合で、盆地を沈み込ませつづけたため、炭層が次々にとてつもなく分厚く蓄積できたのだ。

いくつかの要因がすべて偶然にも同時に、同じ場所で生じたことが、地球の歴史においてこれほど特異な時代をもたらし、人類が依存するようになった大量の石炭の堆積物を生みだしていた。超大陸パンゲアはまだ活発に構築されており、衝突が起きていた境界地帯はたまたま熱帯付近にあり、木々の生長に適した蒸し暑い気候の低湿地となる前縁盆地ができた。これらの湿地は、氷期と間氷期に揺れ動いた珍しい時代に、海面が突然上昇するたびに繰り返し氾濫し、泥炭を埋もれさせ保存した。そして、こうした湿地は沈み込みをつづけたため、地層は単純に再び侵食されることはなかった。プレートテクトニクスのプロセスが、これらすべての背後にある究極的な原動力だったのだ。のちにも、世界各地で石炭が生成された時代はあったが、石炭紀にパンゲアが統合した時代ほど大量につくられることはなかった。[20]

地球規模の要因がこのように同時に重なったことが、究極的には産業革命を焚きつけたのだ。石炭紀の膨大な夾炭層がなければ、人類は三世紀前に技術上の発展が足踏み状態になっていたかもしれない。僕らはまだ水車や風車を使い、馬に引かせた犂で農地を耕していたかもしれないのだ。

石炭をめぐる政治

産業革命がイギリスで始まった理由はいくつもある。木材（つまりは木炭）の不足と価格の上昇は、可能であれば石炭を燃料に代用することを奨励した。イギリスの労働者事情は、人件費の高い職人を機械で代替するほうが有利となり、そのためには多額の初期投資が必要となったものの、生産性も上がり、稼働に必要な労働者数も少なくて済んだ。さらに大英帝国ではアメリカから、のちにはインドから安い綿花がもたらされたので、繊維からずっと手早く織物を生産するための技術革新が促進された。つまり、イギリスでは機械が人間の労働に取って代わったが、このプロセスを動かしたのは海外の農地で汗を流し、綿花のような原材料を生産していた奴隷だったのだ。

しかし同時に、イギリスは地質学的な掘りだし物にも恵まれていた。地面の下の簡単に手の届く場所に良質な石炭紀の石炭があり、掘りだされるのを待っていたのだ。それが文字どおりイギリスの産業化を焚きつけたのである。一八四〇年代には、イギリスの炭田からはじつに大量のエネルギーが供給されていたので、木炭を使ってそれに匹敵させようとすれば、毎年、六万平方キロ以上の林地を燃やすことが必要となっただろう。[21] イギリスの国土の四分の一に相当する面積だ。

産業革命は、集約的な石炭鉱業と鉄鋼の大量生産のための道具、技法、技術が大陸ヨーロッパでも採用されるにつれて、その発祥の地から広まった。大陸側では、イギリスの産業を後押ししたのと同様の石炭紀の石炭鉱床がフランス北部とベルギーからドイツのルール地方まで地下に広がっていた。ここはヨーロッパの産業の中心地となる運命にあった。古代世界の肥沃な三日月地帯と同じくらい、近代史の中心となった石炭の三日月地帯である。[22] 北アメリカでは、石炭への移行はずっと遅くに始まった。東海岸沿いの人口がはるかに少ない植民地は当初、木炭を生産できる広大な森林がすぐそばにあったため、[23] アメリカの産業でもは十九世紀なかばまで木炭から石炭への大規模な移行は始まらなかった。[24] それでも、一八九〇年代には、アメリカは鉄鋼の生産ではイギリスを追い抜いて世界一となった。[25] なかでもピッツバーグは、鉄鉱石、融剤にする石灰岩、アパラチア山脈の豊かな夾炭層がすぐそばにある、恵まれた立地条件にあった。アンドルー・カーネギーをはじめとする、近代の資本主義時代の大富豪たちの財産を築いた、地質上の同時発生である。

今日、イギリスでは、産業革命に燃料を提供した炭鉱はすべて閉山したも同然だ。残された炭層はどんどん採掘しづらい場所となり、海外からは安い石炭が手に入るほか、公害をさほどださない、または再生可能なエネルギー源が開発されたためでもある(5)。露天掘りができる炭鉱は若干残っているが、地中深くの坑内掘りではイギリス最後のノースヨークシャー州ケリングリー炭鉱が二〇一五年に閉山した。[27]それでも驚くべきことに、イギリスにおける三億二〇〇〇万年前の炭田の分布は、いまなおイギリスの政治地図にその足跡を残している。

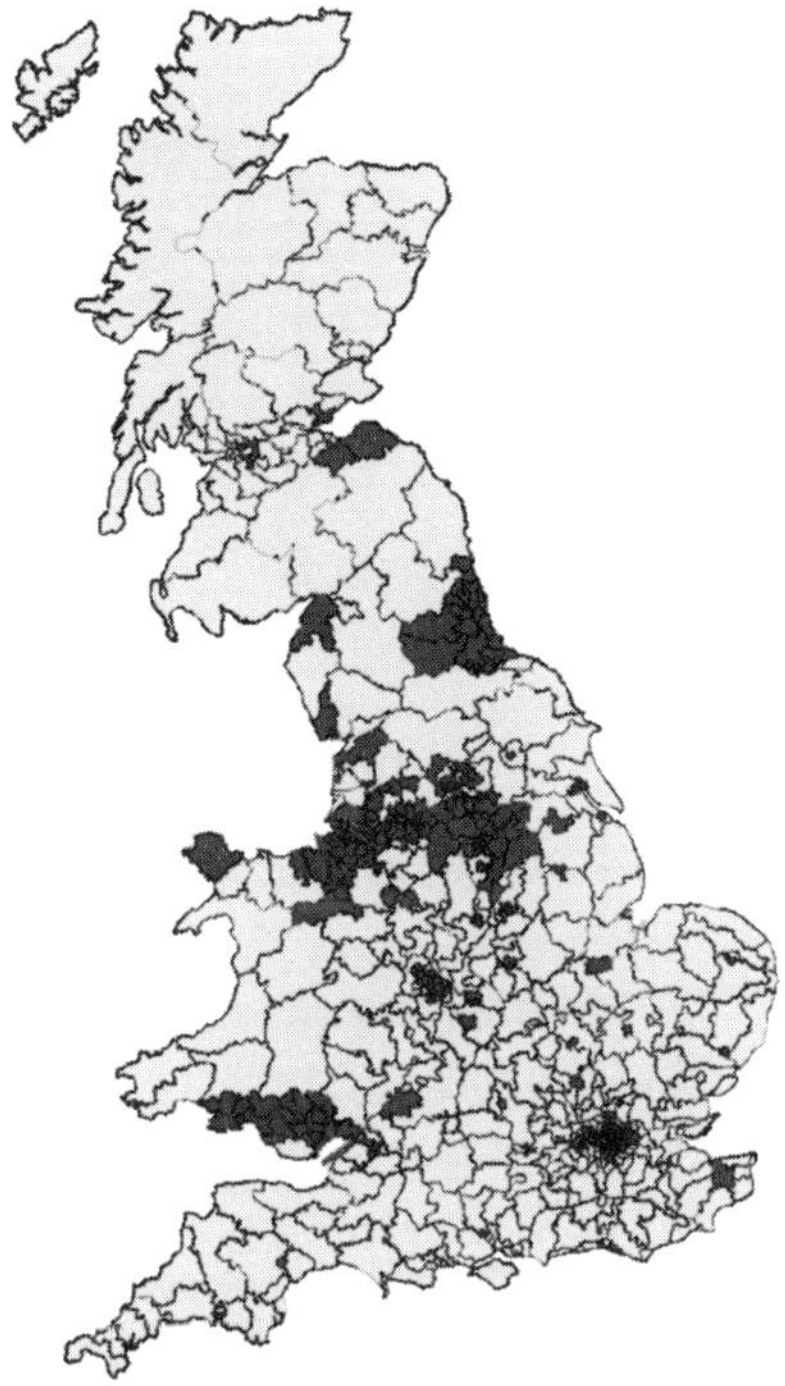

2017年イギリス総選挙で労働党支持の選挙区（暗色部分）を示した地図（上）と、石炭紀の炭田（次ページ）

労働党は一九〇〇年に労働組合運動から創設され、イギリスの炭鉱労働者とはとくに密接なつながりがあった。そして、過去一〇〇年間に大きく変遷は遂げたものの——自由党の陰にあった党から、第二次世界大戦直後の圧勝、そしてトニー・ブレアのニュー・レイバーまで——炭鉱と政治の

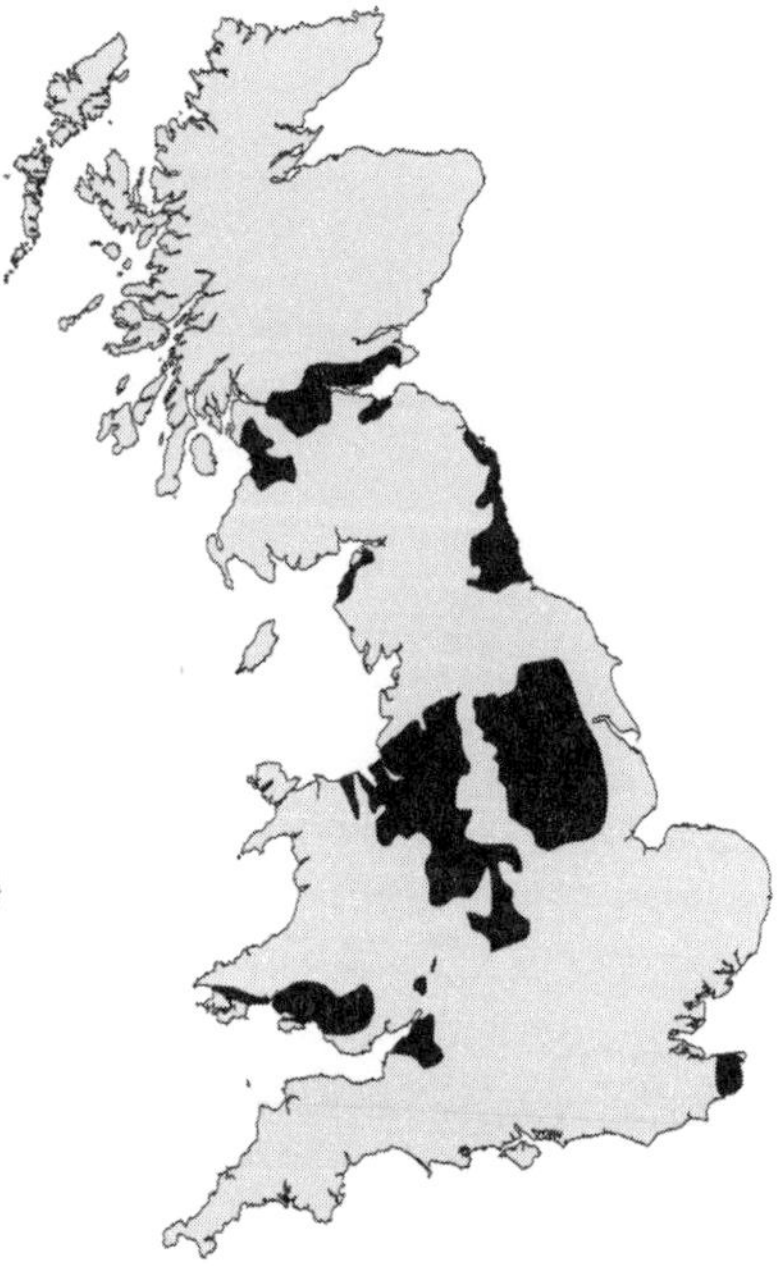

深い結びつきは世代を超えてつづいた。

たとえば、前ページに示した最近の総選挙である二〇一七年の結果を見てみよう。実際の選挙は、この地図が示唆するよりもはるかに接戦であり、ロンドンのように人口密度の高い、多文化の都市は労働党に傾きがちで、かたや人口のまばらな地方の広い選挙区は圧倒的に保守党に投票した。結果は宙ぶらりんの議会《ハング・パーラメント》となり、労働党は議会で二六二議席、保守党は三一八議席を勝ち取り、多数派政権となるには不充分となった。

しかし、イギリス国内の労働票の分布をより詳しく見てみよう。右図はイギリスの炭田の場所を示している。注目に値するのは、政治地図と地質地図に密接な相関関係があることだ。カンバーランド、ノーサンバーランドとダーラム（つまりグレート・ノーザン）、ランカシャー、ヨークシャー、スタッフォードシャー、南北ウェールズ、これらの地方はみな、選挙において労働党支持の大票田となる地域とぴったり重なる。この相関関係は二〇一五年の選挙ではさらに強く見られた。この年、労働党は大敗を喫して、牙城《がじょう》の地域を死守するだけに留まったが、こうしたパターンはそれ以前の時代を通じて明らかに見られた。イギリスの主要な左派の政党の支持層は、ほぼ完全に石炭紀の堆積物がある地域と合致しているのだ。(6) どうやら地下の奥深くにある古い地質は、今日もなお人びとの暮らしに反映されているようだ。

石炭は、おもに発電や、鉄鋼、コンクリートの製造に使われる世界のエネルギー・ミックス〔一次エネルギー源の構成〕における重要な一部でありつづけるが、石炭をめぐる政治は、いまではおおむね別の化石燃料と関連する政治に取って代わられた。今日、石油は世界で何よりも貴重な消費財の一つであり、人類の主要なエネルギー源でもあり、世界文明によって消費される全エネルギーの三分の一を占めている。[28] 石油の生産と輸送をめぐる地政学上の緊張は、過去数十年にわたって国際関係を左右してきた。それが、第4章で見てきたように、石油タンカーが通過しなければならないペルシャ湾と世界各地の航行上の隘路に、欧米諸国が関心をもつ主要な理由となっている。

黒死病

石炭と同様に、人類は石油《ペトロリアム》――文字どおり「石の油」――を何千年間も利用してきた。地表に滲みでてくるアスファルト（ビチューメン、瀝青《れきせい》）は、四〇〇〇年前にバビロンの城壁を建設する際にセメントとして使われ、前六二五年ごろには道路建設材となっていた。[29] 西暦三五〇年には、中国人が油井を掘り、海水を蒸発させて塩を生産するための燃料として燃やしていたし、[30] 十世紀にはペルシャの錬金術師が石油を蒸留して、ランプ用の灯油《ケロシン》をつくっていた。しかし、人類が石油を産業規模で使い始めたのは、十九世紀後半になってからだった。

原油は大きさもまちまちな炭素化合物からなるとてつもなく複雑な混合物で、蒸留することによって異なった成分ごとに分けることができる。これらの成分の初期の利用方法には、蒸気機関などの機械のための潤滑油、街灯用の灯油などが含まれていた。しかし、一八七六年にドイツで近代の内燃機関が開発されたことで、人類の石油消費は本格的に始まった。[31] 原油から精製されたガソリンは、あまりにも揮発性が高くて危険で、用途はほとんどないと以前は考えられていたが、この新しい機械のピストンを動かすにはもってこいの燃料であることが証明されたのだ。今日、僕らは飛行機で雲の上を飛ぶ際にも航空用のケロシン〔ジェット燃料〕を使う。この液体燃料の長鎖の炭化水素化合物は、石炭よりもずっと多くのエネルギーをなかに詰め込んでおり、そのため輸送機関用の素晴らしく密度の高い、もち運び可能な動力の蓄えとなっている。[32] そして、石油は自動車の燃料となるだけでなく、僕らが運転する滑らかな道路を建設するためにも欠かせない。粘性のあるアスファルトは、原油のなかでもいちばん長鎖の炭化水素の分子からできている。[33]

石油はエネルギー収支比〔投資効率〕（ＥＲＯＩ）の指標で高い値を占めるため、非常に魅力がある。つまり、抽出し精製するのに少ないエネルギー量を投じるだけで、そこから大量のエネルギーを得られるのだ。[34] 石炭に比べてはるかにもち運びも楽だ。液体の原油はただパイプに勢いよく流し込めば、非常に遠隔地まで輸送できる。今日の世界で石油が最も重要なエネルギー源となったのは、高エネルギー密度と輸送の容易さ、比較的豊富にあることという、この絶妙な取り合わせゆえだった。石油は燃料としてきわめて重要であるばかりではない。年間生産量の約一六％はただ燃やされるのではなく、多種多様な有機化学のための原料として使われ、溶剤から接着剤、プラスチック、薬品まであらゆるものを生産する。現代の集約農業も石油がなければ不可能だろう。石油は農薬や除草剤を合成するために使われ、人工的な農場環境を整えることで収穫率を上げ、農地で耕作するトラクターやコンバインなどの収穫機の燃料となり、さらに人工肥料もまた化石エネルギーを使ってつくられている。石油は車に給油するものだが、僕らもまた毎回の食事ごとにそれを飲んでいるのだ。

石炭は、太古の湿地にあった森林を圧縮し熱することで地球がつくりだすが、石油と天然ガスは微小の海洋プランクトンの死骸から生成される。植物が陸塊に群落をつくるようになるはるか以前から、海のなかでは生命が繁殖していた。しかし、僕らの二十一世紀の文明の動力となる石油の大半は、実際には石炭紀の森が繁茂したのちの二億年間に生成された。石油はいまはもう存在しないテチス海で、約一億五五〇〇万年前と一億年前という二度にわたる急激な変化の時代につくられたのだ[35]。ジュラ紀と白亜紀中期である。

今日、世界の海洋の日の当たる表層水には、プランクトンと総称される小さな生き物群からなる微小の生命であふれている。海の生態系の基礎をつくる主要な一次生産者は、珪藻、円石藻、渦鞭毛藻のような光合成をするプランクトンだ。光合成をするこれらの単細胞生物は太陽光のエネルギーを吸収して二酸化炭素を取り込んで固定し、糖や必要となるその他の有機分子をつくることで成長する。そして、陸上の植物と同じように、これらのプランクトンも副産物として酸素を吐きだす。アマゾンの雨林は地球の肺としてよく言及されるが、実際には海を漂う無数の植物プランクトンこそ、僕らが呼吸する酸素の大半を生成しているのだ。そして成長にちょうど適した状況になると、水中には驚愕するほどの密度でこれらの単細胞生物が集まる。円石藻の白濁したトルコ色の水の華は、宇宙からも見えるほどだ。

プランクトンの世界には、動物プランクトンもあふれる。有孔虫や放散虫などの微小な草食や肉食の生物だ。これらの微生物は、手の込んだつくりの硬い殻に空いた細孔から小さな触角を伸ばし、運の悪いプランクトンを捕まえて貪り食う。植物プランクトンと動物プランクトンはどちらも今度は魚に食べられ、その魚もさらに大型の魚に食われるか、クジラが大きく一飲みした際に海水から濾《こ》されて食べられるため、これらは海の食物連鎖全体の基礎をなしているのだ。もし、プランクトン細胞が捕食者に捕まることなく自然死した場合には、分解する細菌によって摂取され、炭素やその他の基本的な栄養素は生態系のなかに再生される。一次生産者、捕食者、腐食動物、腐敗微生物からなるこのプランクトンの生態系は、草とガゼル、チーター、猛禽《もうきん》類のいるセレンゲティ〔国立公園〕と同じくらい複雑だが、そのすべてが世界の海洋できらめく表層水のなかの微小生物のあいだで展開している。

プランクトンが死ぬと、海面から海底までの水柱のなかを沈んでゆき、風に吹き飛ばされたり、大陸から川で流されてきたりした鉱物の粒子と一緒になって、ゆっくりと沈殿する。腐敗した有機物と無機の岩屑《がんせつ》が海底へと途切れることなく沈んでゆくこの現象は、マリンスノーと呼ばれる。今日の海洋は、海水が地球全体を循環することから最深部でも充分に酸素がある。そのため、有機物の死骸はたいてい細菌によって消化され、炭素は再循環する。

これが今日の海洋の大部分の場所で起こっていることだ。しかし、海底に有機物の死骸が堆積して、それがやがては原油に変わるためには、表層水でプランクトンが大量に発生していなければならず、同時に海底では酸素が限られていて細菌が炭素を再循環させるのが妨げられ、代わりに海底に有機物に富んだ黒い泥が堆積する必要がある（前述した、石炭層ができるのに必要な状況と似ている）。この炭素でいっぱいの泥はその後、さらなる堆積物の下に埋没して押しつぶされ、硬くなって黒い頁岩になる。これが世界各地の原油と天然ガスを生みだす大元の物質だ。頁岩は、地中に深く深く埋もれるにつれて、地球の内部の熱で油の窓《オイル・ウィンドウ》と呼ばれる地帯――五〇℃から一〇〇℃の温度帯――を通過するまで熱せられる。ゆっくりと熱せられることで、死んだ海洋生物からなる複雑な海洋有機化合物は、原油の長鎖の炭化水素分子に分解される。頁岩が二五〇℃前後の、もっと高温にさらされた場合には、深部の化学

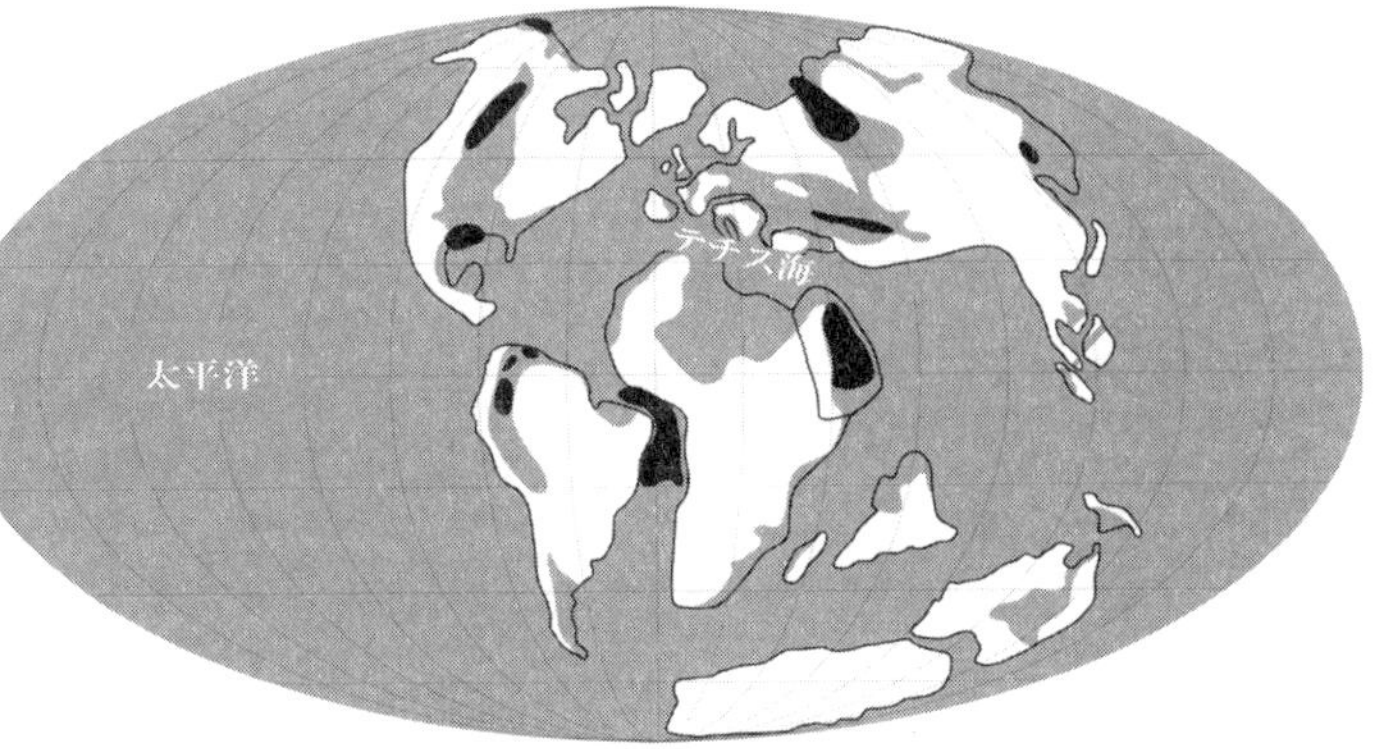

白亜紀の地球の酸素が欠乏した海で石油が生成された地域

によってこの長鎖ですら炭素を含む小さい分子に分解する。その大半はメタンだが、エタン、プロパン、ブタンもある程度は含まれる。つまり、天然ガスだ。「オイル・ウィンドウ」は通常、地中二キロから六キロの深さにあり、上に重なりつづける堆積物によって頁岩がこの深さまで埋没するには、一〇〇〇万年以上の歳月がかかるだろう。

この深さでの途方もない圧力によって、原岩から液体の油が搾りだされ、上に重なる地層を通り抜けて湧きあがる。垂直方向へのその移動を遮るものが何もなく、頁岩そのものは地下に留められていれば、原油は単純に再び海底から滲みでてくる。砂岩は貯留岩の役目を非常によくはたし、個々の粒子間の隙間が地質学上のスポンジのように油を吸いあげるので、たとえばきめ細かい泥岩や不透水性の石灰岩が上に重なって封印された状態になれば、油とガスはなかに閉じ込められ、僕らがドリルで掘削して吸いあげるのを待つばかりとなる。[36]

前述したように、原油がつくられたこのプロセスは今日の海洋ではもはや起こらない。では、一億年前のテチス海で、これほど多くのプランクトンの死骸が堆積して原油に変わることになった特殊な状況とはなんだったのだろうか？

白亜紀には、超大陸パンゲアはすでに分裂し、大陸は再び拡散していた。この時代にはもはや赤道を一つの巨大な陸塊が覆ってはいなかったのだ。その代わりに、テチス海という広大な水路が地球の腹回りをぐるりと一周する形で延び、いくつかに分かれた大陸を南北に分断していた。これはつまり、当時の海流のパターンは大幅に異なり、海流は遮られることなく地球を一周できたことを意味した。赤道上のこの海流は熱帯の陽光を浴び、非常に温かくなった。

実際には、白亜紀中期の世界は焼けつくような温室で、赤道の海の海面水温は二五℃から三〇℃と高かったが、極地ではまだ一〇℃から一五℃と生ぬるかった。氷床は存在せず、カナダだけでなく南極大陸にも森が鬱蒼と茂っていた。氷床によって大量の水が陸地に固定されていないため、海水準も今日よりもずっと高かった。そのうえ、この時代には各地の地殻で活発にリフトが生じており、大陸が引き裂かれるにつれて、南北の大西洋が生まれた。新たな海洋地殻が海底に広がる中心部でつくられる際には、その地殻はまだ温かく浮力があり、海底山脈の長い大きな尾根のなかで膨張する。大洋にあるこの巨大な中央海嶺は大量の水を動かし、海面はさらに上昇した。それどころか、暑い気候と活発な海底の拡大は、地球の歴史の過去一〇億年間のどの時代よりも、白亜紀後期には海水準が高かったことを意味した。おそらく今日の海面にくらべて三〇〇メートルも高かっただろう。[37]

その結果、海洋が大陸の広大な面積を冠水させていた。ヨーロッパはほとんど水面下にあった。西部内陸海路は（第4章でアメリカの南東部の投票パターンを検証した際に見たように）メキシコ湾から北極海まで北アメリカの真ん中を貫いて水面下に沈めた。そして、トランスサハラ海路はテチス海から現在のリビア、チャド、ニジェール、ナイジェリアを通って、アフリカを突き抜けた。広く拡大するリフトと関連した活発な火山活動もまた、海へ大量の栄養素を放出してプランクトンを大発生させる。そのため白亜紀後期は、深海だけでなく、周辺の浅い海からもなる世界となり、その温かい海域はプランクトンが成長するには理想的な状況となった。

しかし、白亜紀の海底では、状況はまた大きく異なっていた。氷冠が存在せず、塩分濃度の高い冷たい水がつくられなくなると、第3章で見てきた熱塩循環は停止した。深海にまで水を循環させる地球のベルトコンベヤーがなくなったのだ。そして、重大なことに、温かい水には酸素はずっと少なくしか溶け込めないうえに、深海まで届いた酸素があっても、腐敗細菌によってすぐさま使われてしまったのである。

こうしたことすべての結果は、白亜紀の海底が酸素の不足した死の海域となり、細菌が有機物をまともに分解できない場所となったことだ。同時に、太陽に照らされた温かい表層水ではプランクトンが大発生し、まさしくマリンスノーの猛吹雪となって海底に堆積した。(7) 沈降する低湿地に石炭紀の石炭の森ができたのと同様に、白亜紀の海底でも炭素循環システムが崩れ、有機物が何千万年ものあいだ蓄積されるままになったのだ。その結果、酸素不足の海底には有機物に富んだ泥が深く溜まり、それが広大な黒い頁岩の堆積物になったのだ。そのため、テチス海で広域に頁岩が堆積した時代は、「黒死病」と呼ばれてきた。[39]

地球の過去には、原油や天然ガスが生成されたもっと古い事例も新しい事例もあったが、なかでも群を抜いてジュラ紀後期から白亜紀中期のあいだに、テチス海の大陸棚周辺で堆積した有機物を大量に含む黒い頁岩がつくられた。今日、石油とガスが最も豊富な地域であるペルシャ湾やシベリア西部、メキシコ湾、北海、ベネズエラの大油田はいずれも、この時代の地質作用が重なり合ってできあがったものだった。[40]

仲介役の排除

石炭は産業革命の動力となり、石油は現代の技術文明を実現させたが、これらの化石燃料を人類が利用してきたことは、いまや〔因果関係が〕充分に立証された地球規模の問題も同時にもたらした。十七世紀初め以来、地球が何千万年もかけてゆっくりと蓄積した地下の太古の炭素を人類は夢中になって掘りだし、その大部分をわずか数世紀間に燃やしてきた。石油ピークの問題や、原油の供給量の減少をめぐる懸念はあるものの、地中にはまだ手に入れられる石炭が豊富にある。現在の消費率であれば、あと数世紀分は間違いなくあるだろう。[41]その意味では、僕らは次のエネルギー危機に直面しているわけではなく、むしろ気候の危機に瀕しているのだ。エネルギーの渇望にたいして人類が過去に講じてきた解決策の結果、生じた危機だ。

化石燃料の燃焼によって放出された二酸化炭素は、大気中の濃度を急速に増してきており、いまでは産業革命前の時期よりもすでに四五％高くなっている。それどころか、人類の文明が放出する温室効果ガスの現在の割合は、少なくとも過去六六〇〇万年の地質史では、前代未聞のものとなっている。おそらく自然界における最も類似の現象は、第3章で検討した暁新世・始新世温暖化極大期（ＰＥＴＭ）だろう。[42]このとき地球の気温は急速に上昇して、世界は今日よりも五℃ないし八℃は暑かった。[43]僕らは現在、地球の気候をその時代に無理やり戻そうと、最善（むしろ最悪の限り）を尽くしている。[44]

大気にそのような温室効果ガスが存在すること自体は問題ではない。むしろ、それによる断熱効果こそ、地球の歴史において地表面が零下にならないように保ってきたのであり、したがって複雑な生命体が暮らすためには不可欠なものだった。[8] しかし、急速に濃度を増す二酸化炭素は、自然界における現在の定着した平衡状態を変えつつあり、僕らの文明の維持の仕方に影響を与えている。二酸化炭素の増加は海をますます酸性化し、サンゴ礁だけでなく、食糧を得るために人類が依存する漁場をもおびやかしている。[45] そのうえ、温暖化する世界の気候は海面も上昇させ、それによって沿岸部の都市もおびやかし、世界の降水パターンの変動は農業に甚大な影響をおよぼしうる。

しかし、二酸化炭素だけが化石燃料から放出される唯一の汚染形態ではない。前述したように、酸素不足の状況は、死んだ有機物の腐敗を防ぎ、それによって炭素が蓄積して石炭、石油、天然ガスになるためには必要となる。この同じ状況は硫化物の生成も促し――だからこそ今日の湿原はよく硫化水素の腐った卵のような独特のにおいがするのだ――これらの物質は化石燃料が燃やされ、空気中の水分と反応して硫酸を生成する際に放出される。したがって、石炭紀に石炭ができた酸素不足の湿地の土壌や、白亜紀の海底の堆積物は将来の酸性雨も固定していたのだ。[46]

化石燃料を燃やすことは、アラジンの魔法のランプに囚われたジーニーを解き放つようなものだ。それによって人類は、ほぼ無制限のエネルギーという十七世紀の願いをかなえられたのだが、その先には意図しなかった結果が待ち受けるという迷惑な悪意を伴うものでもあったのだ。

現在、僕らが直面する難題は、産業革命以来のこの傾向を逆転させ、経済を脱炭素化することだ。この章の初めに述べたように、歴史を通じて、農業の集約化と薪炭林からの収穫は、人類が太陽エネルギーを集める割合を高めてきた。この太陽光は僕らの体のための栄養素に変わるほか、必要な原材料と燃料にもなる。そして人類は水車と風車で自然界からの機械力を利用する方法を学んだ。今日、僕らが直面する炭素危機への解決策の一つはこうした昔からの慣習に戻ることで、ただし技術的には改良を加えることだ。ソーラーファームはじかに発電するし、水力発電ダムや風力タービンは、技術的な先祖型と比べれば並外れて生産的だが、原理としては水車や風車とそっくりだ。

だがおそらく、さらに多くのエネルギーを供給するための人類の不断の努力における次の革命は、核融合を理解することだろう。星の動力源そのものを利用するのだ。第6章では、星の内部の核融合が水素原子を融合させてヘリウムを生みだし、その過程でいかに膨大なエネルギーが放出されるかを見た。世界各地のいくつかの施設では、すでに実験炉の規模を主流の原子力発電所用に拡大すべく、大いに進歩を遂げている。核融合燃料は海水から抽出することができるので、そのような反応炉の運転からは二酸化炭素も半減期の長い放射性廃棄物も排出されない。したがって、核融合は豊富なエネルギーを提供するだけでなく、この場合はクリーンな方法でもあるのだ。この意味では、僕らは一周を遂げることになる。太陽光のエネルギーを穀物畑と伐採した林地から得る最古の農業社会から、小型の太陽を自分たちの核融合反応炉に備えつけて、仲介役を排除するようになったのだ。(9)

終章

人間の世界はいまでは、僕らの町や都市でまばゆく光る電光によって強調され、宇宙からもはっきりと見ることができる。人工の星が連なって輝く銀河だ。次ページの合成写真は人工衛星によるもので、夜間に晴れた日を選んで眼下の景色を撮影し、それをつなぎ合わせることによって、天空からの全知視点で地球を一望できるようにした画像だ。このように、画像そのものはほとんど抽象イメージであり、夜間に全世界を同時に、覆い隠す雲一つない状況で描いたものだ。そして、これは人類の居住地を描く全図でもなく——発展途上国に住む世界の人口の大半はまだ田舎に暮らしている——産業化した都市部のものだ。それでも、これは何千年にもわたって人類が築いてきた世界文明を見事に描き、自分たちが暮らすこの惑星から人間がいかに形づくられてきたかを表わしていると僕は思う。

人類が最も密集している場所は一目瞭然だ。インド北部とパキスタン、中国の平野部と沿岸部——最古の文明の発祥地のうちの二つ——のほか、アメリカ東部に張りめぐらされ、中部の大草原に向かって徐々にまばらになる網目状の都市とハイウェイだ。フランスの一部からドイツ、ベルギー、オランダに

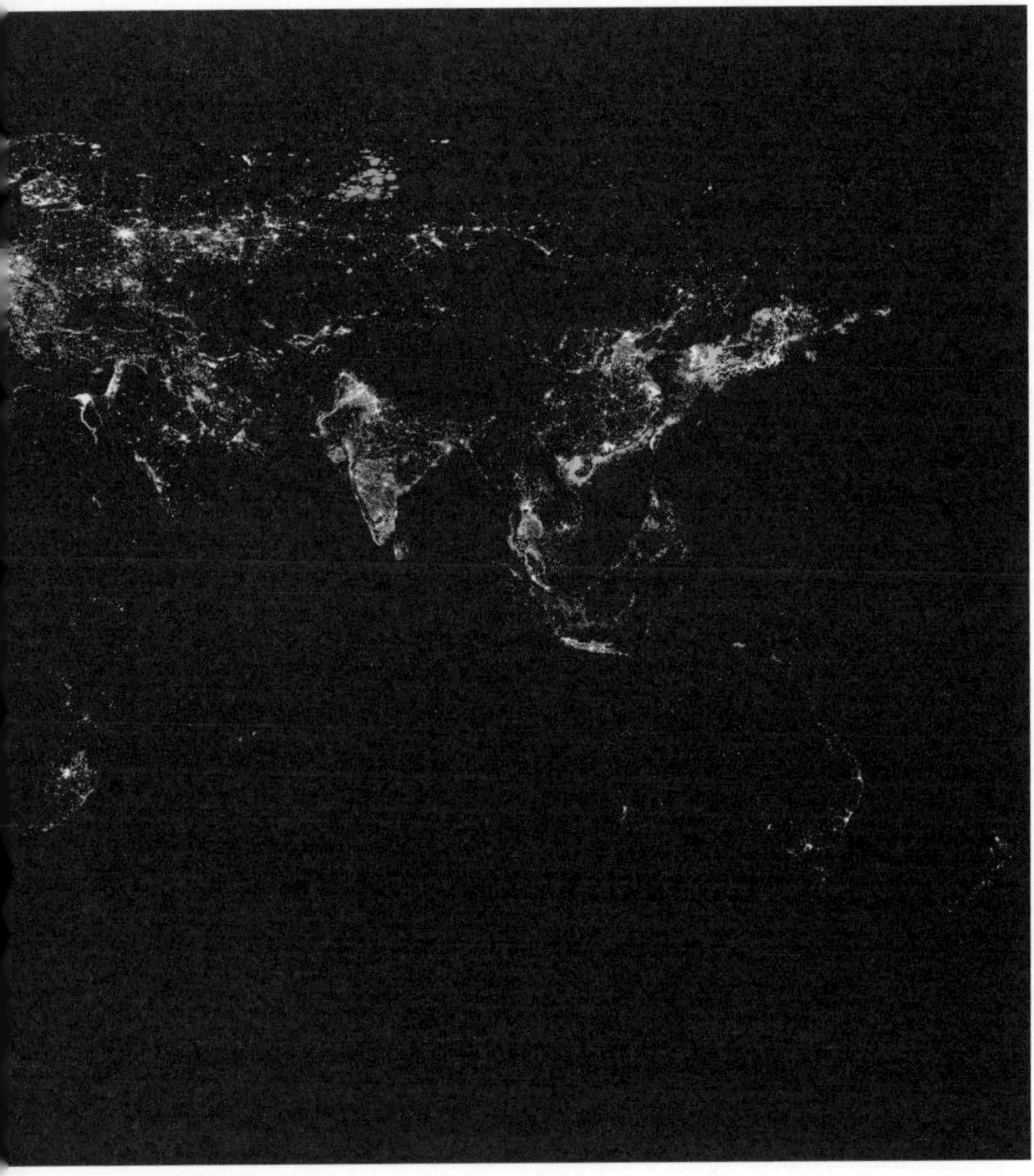

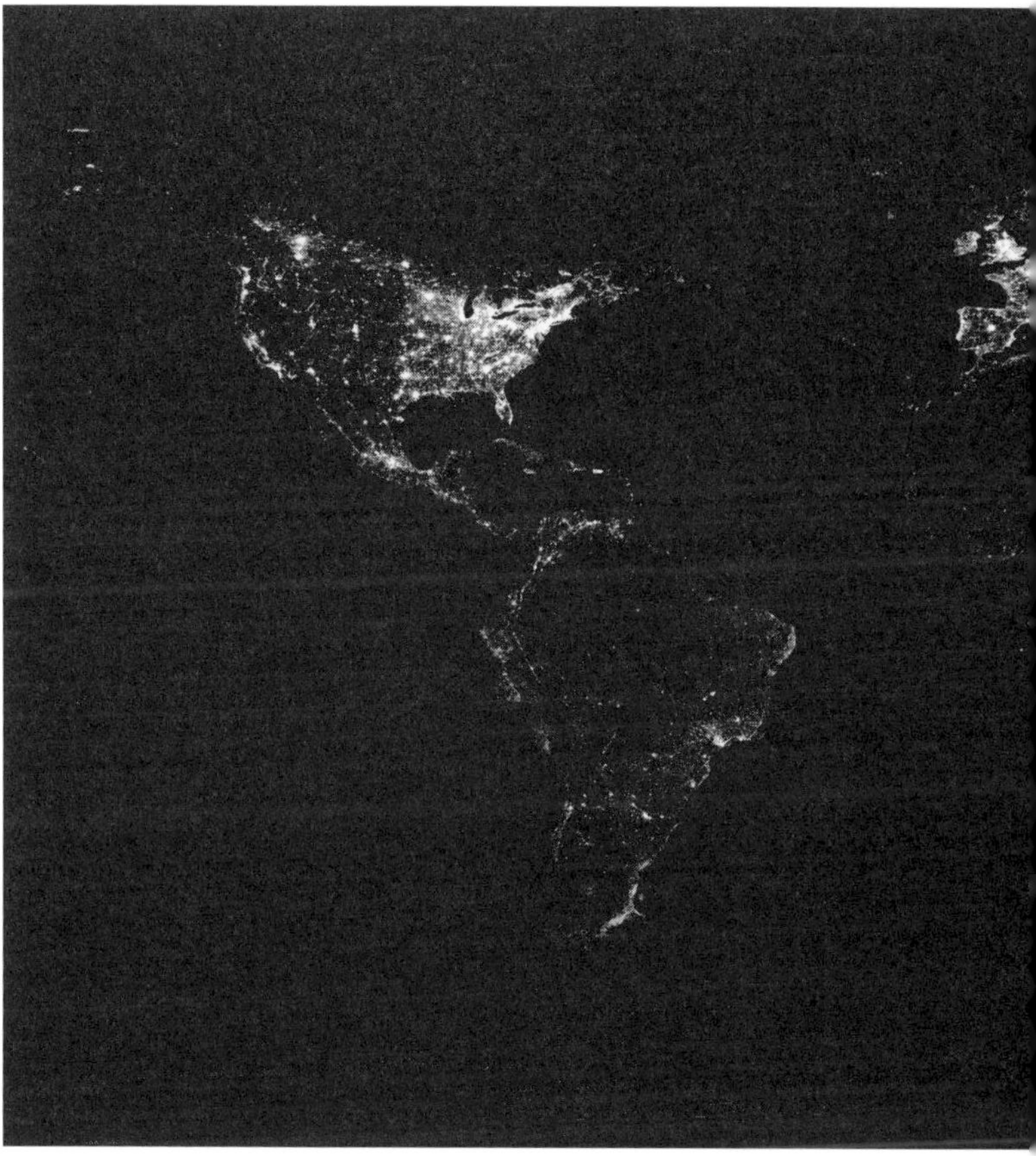

広がる人口の密集した北ヨーロッパ平原は真っ白く輝く。これは地中海の周辺部から北ヨーロッパへと、紀元一千年紀を通じて徐々に、だが決定的に人口分布が推移した最終的な結果だ。鉄の刃を備えた斧と犂の利用が、森林と湿った粘土の土壌を生産性に富む農地に変えたことによって推進されたものだ。地中海の入り組んだ輪郭――かつては広大だった太古のテチス海の名残の水溜まり――は明らかにそれとわかる。なかでも東側の明るい沿岸の一帯は、イスラエル、レバノン、シリアの込み合った都市部を示している。

同じくらい顕著にわかるのは、陸上の暗い地域だ。人が密集して暮らすには向いていない地形と気候帯がある。山岳地帯は、見えないことによって明らかにそれとわかる。イタリア北端のポー川流域の輝く溝には暗いアルプス山脈がのしかかる。インド北部の強い輝きはヒマラヤ山脈のカーブによって唐突に遮られる。砂漠はオーストラリア中心部、アラビア半島南部、アフリカ北部で広い暗闇の一帯となって見える。ナイル川流域にリボンとなって連なるオアシスとその三角州は、それ以外は人が住むには適していない地方のなかで火の川のごとく燃える。インド亜大陸の輝く三角形も、地球をぐるりと包む砂漠の帯のなかで際立つ。ここは、季節的に周囲の海洋からの水分を吸収したモンスーンによって湿気を与えられているからだ。

人類の居住を阻んだのは、世界の極度に乾燥した地域だけではない。降水量が多く、そのために雨林が鬱蒼と茂る地球の赤道地帯も同様だ。アフリカ中部、アマゾン川流域、インドネシアの中心部などである。電光のない空間は、地球の大気の循環であるハドレーセルのうち、上昇気流の起こる多雨の場所と、下降気流の乾燥した一帯の双方を明らかにする。

アジアでは、人間活動を示すまばゆい泡は、チベット高原の極寒の高地と大陸内部の砂漠からなる暗い空洞によって分断されている。そして、大陸の中心部を東西におおむね平行して走るのは、二本の拡散光の筋だ。南寄りの筋がシルクロードの古い道筋で、山間部と砂漠のあいだを縫うように進む。かつてこの道はユーラシアを横断して通商と知識を運び、大陸の末端にある文化同士を結んでいたが、今日でもその痕跡は、古代のオアシスの町と貨物集散地から発展した都市の電気の輝きによって、宇宙からでもまだ見ることができる。北側の帯はステップの草原である生態ゾーンをたどる。かつては見知らぬ荒野であり、そこから遊牧民が大陸周辺部にある農業文明をおびやかしていた。このゾーンの西側はいまでは耕作地となって、風になびく広大な小麦畑に変わり、いずれもこの気候帯沿いに出現した新しい都市の穀倉地帯となっている。シベリア横断鉄道沿線に数珠つなぎになる新都市だ。

人類の光を示すこの地図に、歴史のなかできわめて重要な役割を演じた地球のその他の特徴は見えるはずがないと思われるかもしれない。たとえば、互い違いに吹く恒常風の地球全体のパターンや、大きく渦を巻いて流れる環流などだ。人類はこれらを利用して、大陸間の広大な通商網と海洋帝国を築いたのであり、そこから産業革命の原材料と経済的推進力がもたらされた。しかし、大気や海の流れは目には見えないものの、その影響力はやはりこの画像に現われている。宇宙からは漁船の明かりも見分けることができ、ペルーの大陸棚沿いなど、栄養分に富んだ水が海面に上がってくる湧昇が起こり、プランクトン——およびそれを餌にする魚——があふれる沿岸域には、漁船がホタルのように群れている。そして、ノルウェー、スウェーデン、フィンランドの輝きは、カナダやシベリアの同等の緯度よりもはるか北方まで人が居住していることを明らかにする。これは海を渡って吹いてくる西風とメキシコ湾流によって温暖な気候となっているためだ。これらの風と海流は、カリブ海域から運ばれた陽光によって暖められているのだ。化石エネルギーの地中の鉱脈ですら、北海やペルシャ湾、シベリア北部の油田から放出される天然ガスのフレアスタック〔余剰ガスを焼却する際の炎〕によって可視化されている。

この一枚の画像には、これまで人間が築いてきた物語の頂点が凝縮されている。僕らは自分たちの起源から長い道のりをやってきたのだ。地球は絶え間なく変動する場所であり、その表面にある地物と地球規模のプロセスは人類の物語を通じて決定的な役割をはたしてきた。ヒトは東アフリカ地溝帯の地殻と気候の特殊な状況のなかで出現した。僕らはこの地で、猿人《エイプマン》から宇宙飛行士《スペースマン》にまで発展を遂げるのを可能にした多芸さと知能を、宇宙の周期による環境変動から与えられた。さらにそれ以前にも、五五五〇万年前のＰＥＴＭの急激な温度変化が僕らの種族、つまり霊長類を、偶蹄類と奇蹄類とともに急速に拡散させ、その子孫を僕らが家畜化するようになった。過去数千年間にわたる全般的な寒冷化や乾燥化の傾向など、その他の地球規模の変化はもっと段階的に起こった。そのおかげで草本類の分布が広がり、人類が穀物として栽培化するようになったような変化だ。この地球規模の寒冷化は、気候が目まぐるしく変化した最終氷期に最盛期を迎え、それが大半の景観を形づくり、人類が世界各地にまで広がるのを可能にした。

文明の歴史全体は現在の間氷期のほんの一瞬の出来事なのだ。安定した気候がつづく、つかの間の時代だ。この過去数千年間に、人類は岩石からなる地球の地下層を掘りだし、それを地上に積みあげて建物や記念碑を建造した。僕らは金属が特定の地質作用によって集中している場所で、それらを豊富に含む鉱石を採掘してきた。そして過去数百年間には、地球の過去の奇妙な時代で、太古の森が腐るのを拒んだ時代に生成された石炭を掘り、水中に沈んで、世界の酸素のない海底に沈殿したプランクトンから生成された原油を吸いあげてきた。

人類はいまでは地球の全陸地の三分の一以上を農地に変えた。鉱業や採石業は、世界中の河川を合わせたよりも多くの物質を動かしている。[1]そして、僕らの産業は火山よりも多くの二酸化炭素を吐きだし、地球全体の気候を温暖化させている。僕らは世界を根底から変えてきたのだが、自然よりもこれほど圧倒的に優位に立つようになったのは、つい最近のことだ。地球は人類の物語の土台をつくったのであり、その景観と資源はいまも引きつづき人間の文明を方向づけている。

　地球が僕らをつくったのだ。

ウェブサイト

本書のウェブサイトに掲載したその他の資料、お薦めの文献、動画もご覧ください。

www.originsbook.com

ツイッター　@lewis_dartnell

ツイッター　@OriginsBook

謝辞

大きな執筆プロジェクトでは、まず謝意を表明しなければならない相手はいつでも、その発端から揺るぎなく励ましと導きを与えてくれた人であるはずだ。そんなわけで、僕を素晴らしくよく支えてくれたエージェントのウィル・フランシスに、多大なる感謝を捧げる。同じくロンドンのジャンクロウ&ネズビット社のレベッカ・フォランド、エリス・ヘイズルグローヴとカースティ・ゴードン、ニューヨーク事務所のP・J・マーク、マイケル・スティーガー、イアン・ボナパルトにも大いに感謝している。ザ・ボドリー・ヘッド社のスチュアート・ウィリアムズにももちろん、これほど熱心に本書の出版を受け入れてくれたことにとてつもなく感謝している。そしてなかでもイェルク・ヘンスゲンには、驚くほどの巧みさと配慮をもって、僕の原稿を再び編集してくれたことにお礼を言いたい。オーイン・ダンは作図を手伝ってくれ、豪華なカバーはクリス・ポターがデザインしてくれた。ペンギン・ランダム・ハウスのアリソン・デイヴィーズ、セリ・マクスウエル・ヒュー、およびアナ＝ソフィア・ワッツにも感謝している。

多くの科学者と歴史家にも、本書のリサーチと執筆に際して時間を惜しみなく費やしていただいたことを感謝したい（アルファベット順に）。クリストファー・ビアード、ダヴィーナ・ブリストウ、アラステア・カルハム、スティーヴ・ダッチ、クリス・エルヴィッジ、アハメド・ファシー、マイク・ギル、フィリップ・ジンジャーリッチ、リチャード・ハーディング、ウィル・ホーソーン、ニコラス・クリンガマン、ポール・ロッカード、ジョセフィン・マーティン、マーク・マスリン、オーガスタ・マクマホン、テッド・ニールド、リンカン・ペイン、ニコラス・ロジャー、デイヴ・ロザリー、マーク・セフトン、ジェームズ・シャーウィン＝スミス、ルース・シッダル、グレース・スティード、フィル・スティーヴンソン、ドリク・ストウ、スチュアート・トンプソン、クリスティエン・ヴァン・ランショット、クリストファー・ウェア、ショシャナ・ウィーダー、チャック・ウィリアムズ、スコット・ウィング、およびヤン・ザラシェヴィッチの各氏である。

どの方とも一緒に仕事をさせていただいたのは誠に楽しく、光栄なことだった。

訳者あとがき

ルイス・ダートネルの新作のプロポーザルを読ませていただいたのは、いまから三年半以上前のことだった。前作の『この世界が消えたあとの科学文明のつくりかた』が世界的に大ヒットしてから間もない時期なのに、プレートテクトニクスなど地球の地質学的な歴史をたどり、人類を含む生物がいかに地球環境の産物であるかを語るという、途方もなく壮大なテーマであることを知り、まだ若い著者にしては、いくらなんでも荷が重すぎるのではないかと、老婆心ながら思ったものだ。案の定、最終原稿が送られてきたのは当初の予定を一年以上過ぎた昨秋で、苦労の跡が見える力作となっていた。原題は*ORIGINS: How the Earth Made Us*（起源——人類はいかに地球によってつくられたか）という。

この原題どおり、本書は環境決定論を全面的に肯定するような内容であり、そのことにまずは驚かされた。気候変動に翻弄された人類の歴史を多数書いたブライアン・フェイガンが、自然の猛威を前にすれば文明がいかに脆く、人間がいかに非力かを描きながらも、環境決定論として一蹴されないよう、つねづね気を配っていたのをよく知っていたからだ。地域ごとの自然環境と、それが住民におよぼす影響を論じたこの説は、植民地主義を助長するものとして非難され、戦後はタブー視すらされていたという。二十世紀の終わりから、新環境決定論とも呼ばれるジャレド・ダイアモンドらの動きがあり、気候変動の科学も確立してきたことから、地質学や地理学の重要性が見直されてきた。本書はそこへさらに踏み込んだものだが、所詮、自然には勝てないと考える日本人は多いので、ダートネルの大胆な主張も案外すんなりと受け入れられるのかもしれない。

著者ダートネルの本来の専門は、宇宙生物学という馴染みのない分野で、地球外にいる生命体や宇宙飛行士の健康についての研究というよりは、原子レベルからの生命の起源を追究してきたのだと思われる。地質学や古生物学、大気と水の循環などは、彼の本来の専門に近い分野なのだろう。一方、この壮大な地球の物語を語るうえで外すことのできなかったいくつかの分野では、多少、情報が古かったり、説得力に欠けていたりする点が見受けられた。とりわけ、近年、遺伝学において新しい発見が相次いでいる人類の起源そのものについては、学者間でまだ論争がつづいており、当然ながら、あるいは残念ながら、「意見の一致が見られた見解を紹介した」本書にはそうした情報は盛り込まれていない。

本書では、人類最古の祖先とされる四四〇万年前のアルディピテクス・ラミドゥスから私たちヒトまでのすべてを網羅する名称として、ホミニン（hominin）という用語が使われている。これに相当する訳語は「ヒト族」なのだが、大半の辞書や百科事典の定義はここに人類だけでなく、チンパンジーとボノボを含めている。ホミニンという言葉が近年、アファール猿人のルーシーや、ホモ・エレクトス、ネアンデルタール人、現生人類まで含む便利な言葉として、『ナショナル ジオグラフィック』誌などでも使われていることは確認できたので、苦肉の策として、基本的にカタカナのまま「ホミニン」として使用し、文脈から二〇〇万年前のホモ・ハビリスやホモ・エレクトス以降の話だとわかれば、定義が定まっている「ヒト属」（Homo）として訳し分けたので、ご了承いただきたい。

この地球の壮大な物語のなかで、日本に関して言及していることは少ないが、いくつか非常に興味深い指摘があった。その一つは、世界の文明の多くはプレート同士がぶつかる収束型境界で誕生しており、それだけに地震や火山の被害を受けやすいということだ。四つものプレートがぶつかる真上に暮らし、自然災害とともに生きてきた私たちにとって、一考に値することではないだろうか。

乗ったこともないのに、子供のころから帆船好きの私にとっては、大航海時代に海流と恒常風を知り尽くすことで世界の海を制覇していった話がじつにおもしろかった。戦国時代からスペインのマニラ・ガレオン船が日本の沖合を通って太平洋を横断していたことは、以前にウィリアム・アダムス（三浦按針）の生涯を調べた際に、千葉県御宿沖でのガレオン船の難破や慶長遣欧使節団のことなどを学んだので知っていたが、これが還流と呼ばれる表層水を利用した航路であることは気づかなかった。幕末に咸臨丸が太平洋を横断した際にたどったのもこの航路だし、いまは太平洋ごみベルトとしても知られる。東日本大震災で流出した大量の漂流物も、この海流に乗ってアメリカ西海岸まで行き着き、一部は高知や沖縄のような場所に戻ってきている。本書には、長崎の出島の第二代オランダ商館長のヘンドリック・ブラウエルが、「吠える四〇度」の偏西風の利用を考えだして従来の行程を半分の日数に短縮したことや、そのための寄港地としてケープタウンやバタヴィア（現ジャカルタ）が築かれた経緯も書かれている。この新航路で重要な役割をはたしたスンダ海峡に、一八八三年の大噴火で知られるクラカタウ島がある。噴火当時、この海峡を航行していたヨーロッパ船が少なくとも三隻はいた理由が、ようやくわかった気がした。クロノメーターもまだ発明されておらず、正確な経度を割りだすことができなかった当時、強い偏西風に乗ってアフリカ南端から無寄港でこの海域までやってきた船にとって、進路を北に変えるタイミングを計るのが難しかったのだという。直進してしまった船はオーストラリアの西岸まで行き、数多く難破したそうなので、実際にはジェームズ・クックより一世紀は前にこの大陸まで到達していたオランダ人がいたことになる。スペイン人やオランダ人に先立って、ポルトガル人が航海を重ねて初めて赤道を越え、やがてアフリカの南端を回ってインドまで到達した経緯は、その四〇〇年後にペリー艦隊が太平洋を越えることなく、まだ地球をぐるりと回る同じルートを通って日本まで遠征してきたことと照らし合わせれば、どれほどの偉業であったかがよくわかる。

それにしても、「世界の海洋はしばしば何もないただの茫洋とした広がりだと考えられている。海は地図上の空白であり、陸塊の輪郭を定めるだけのページ上の隙間なのだ」と、皮肉る著者の言葉は痛烈だ。カーボヴェルデ諸島やスンダ海峡やボスポラス・ダーダネルス海峡の位置を確認しようにも、地図のページの片隅に枠を越えて無理やり収めてあったり、別枠に囲われていたりで、その重要性に気づきようもない。アゾレス諸島にいたっては、私の地図帳ではページの外におよその位置を確認できる記号が記してあるだけだ。太古の昔の海岸線やプレートの境界などは、日々の暮らしのなかでまったく意識されないものだが、本書に出合ったおかげで足下の地層について考え、地表を埋め尽くす建造物に惑わされることなく地形を思い浮かべる視点を教えられた。地球が経てきた何十億年もの歳月は、私の頭のなかでまだよくイメージが湧かないが、これからは意識してみたい。

本書を訳すに当たっては、河出書房新社の揖木敏男さんに、いつもながらきめ細かくサポートしていただいた。揖木さんとはこれまでも関連のテーマの本を数多くこなしてきたつもりだったが、今回も訳語をめぐって訂正を繰り返すことになった。辛抱強く対応してくださり、心から感謝している。

二〇一九年十月

東郷えりか

p. 198-199　Benstein（2009）地図 1、Frankopan（2016）、Silk Road Encyclopedia（www.silkroadencyclopedia.com/Images2/MapSilkRoadRoutesTurkeyChina.jpg）、および Travel China Guide（https://www.travelchinaguide.com/images/map/silkroad/scenery.gif）の情報から、*Mathematica* 11.0 で著者が作図。

p. 206-207　Jiao（2017）と Maximilian Dörrbecker が作成した万里の長城の線（https://commons.wikimedia.org/wiki/File:Map_of_the_Great_Wall_of_China.jpg）にもとづいて *Mathematica* 11.0 で著者が作図。

p. 227　*Mathematica* 11.0 で著者が作図。

p. 243　Lutgens（2000）図 7.5、Wells（2012）図 6.13 にもとづいて著者が考案し、マシュー・ブロートンが作図。

p. 247　Atlas of the World（2014）の情報から *Mathematica* 11.0 で著者が作図。

p. 256-257　Jones（2004）図 3.1、Bernstein 地図 14、Winchester（2011）p. 319、Wells（2012）図 6.14 の情報から *Mathematica* 11.0 で著者が作図。

p. 273　Ulmishek（1999）図版 3、Veevers（2004）、Thomas（2013）図 3.2、および英国地質調査所（British geological Survey）（http://earthwise.bgs.ac.uk/index.php/Regional_structure_of_the_Carboniferous,_Southern_Uplands）の情報から、*Mathematica* 11.0 で著者が作図。

p. 277-278　英国議会からの 2017 年総選挙のデータ（https://researchbriefings.parliament.uk/ResearchBriefing/Summary/CBP-7979）と Northern Mine Research Society の炭田データ（www.nmrs.org.uk/mines-map/coal-mining-in-the-british-isles/）を用い、地図への再投影でアハメド・ファシーの助言を得て、*Mathematica* 11.0 で著者が作図。

p. 283　Ulmishek（1999）図版 5 と Veevers（2004）の情報を用いて、*Mathematica* 11.0 で著者が作図。

p. 290-291　NOAA-NESDIS-National Geophysical Data Center-Earth Observation Group によって作成された地球の画像をデジタル加工して著者が作成。

図版出典

p. 27　Trauth（2007）と Maslin（2014）の情報から *Mathematica* 11.0 を使用して著者が作成。

p. 34-35　Force（2010）の図 1 をもとに、カリフォルニア大学ロサンゼルス校のピーター・バード（http://peterbird.name/oldFTP/PB2002/）からのプレート境界に関するデータを用いて、*Mathematica* 11.0 で著者が作成。

p. 40-41　Woodward（2014）と Planetary Visions（http://www.planetaryvisions.com/Project.php?pid=2226）の情報から *Mathematica* 11.0 で著者が作成。

p. 45　著者が作図。

p. 49　International Commission on Stratigraphy（http://www.stratigraphy.org/index.php/ics-chart-timescale）にある国際年代層序区分表の情報にもとづいて、*Mathematica* 11.0 で著者が作成。

p. 58-59　Metspalu（2004）、Krause（2007）、McNeill（2012b）地図 24.1、Lopez（2015）の情報から *Mathematica* 11.0 で著者が作図。

p. 76-77　Diamond（2003）、Price（2009）、Fuller（2014）、Larson（2014）の情報から *Mathematica* 11.0 で著者が作図。

p. 81　Natural Earth（www.naturalearthdata.com）の河川データを使って *Mathematica* 11.0 で著者が作図。

p. 102　Natural Earth（www.naturalearthdata.com）の河川データを使って *Mathematica* 11.0 で著者が作図。

p. 113, 115　テチス海が縮小し囲い込まれる様子を示した時系列。Stow（2010）に許可をいただき転載。

p. 116-117　Stow（2010）図 29 をもとに、山脈を加えた現在の地中海の状況を *Mathematica* 11.0 で著者が作図。

p. 118-119　*Mathematica* 11.0 で著者が作図。

p. 122-123　*Mathematica* 11.0 で著者が作図。

p. 133　*Mathematica* 11.0 で著者が作図。白亜紀の岩体の露頭分布図は米国地質調査所（https://pubs.er.usgs.gov/publication/70136641）から提供してもらい、地図への再投影ではアハメド・ファシーに助言をいただいた。

p. 145　イギリス地質図にもとづき、英国地質調査所の許可を得て（https://www.bgs.ac.uk/discoveringGeology/geologyOfBritain/makeamap/map.html）*Mathematica* 11.0 で著者が作図。

p. 197　Natural Earth（www.naturalearthdata.com）の河川データを使って *Mathematica* 11.0 で著者が作図。

Zalasiewicz, J., M. Williams, R. Fortey, A. Smith, T. L. Barry, A. L. Coe, P. R. Bown, P. F. Rawson, A. Gale, P. Gibbard, F. J. Gregory, M. W. Hounslow, A. C. Kerr, P. Pearson, R. Knox, J. Powell, C. Waters, J. Marshall, M. Oates and P. Stone (2011). 'Stratigraphy of the Anthropocene', *Philosophical Transactions of the Royal Society A – Mathematical, Physical and Engineering Sciences* 369(1938): 1036–55.

Zeebe, R. E., A. Ridgwell and J. C. Zachos (2016). 'Anthropogenic carbon release rate unprecedented during the past 66 million years', *Nature Geoscience* 9: 325–9.

management-world.com/a/landfill-mining-goldmine-or-minefield
Watson, P. (2012). *The Great Divide: History and Human Nature in the Old World and the New*, Weidenfeld & Nicolson.
Weijers, J. W. H., S. Schouten, A. Sluijs, H. Brinkhuis and J. S. Sinninghe Damsté (2007). 'Warm arctic continents during the Palaeocene–Eocene thermal maximum', *Earth and Planetary Science Letters* 261(1): 230–8.
Wel, S. v. d. (2014). 'Religions explained', http://www.thoughtmash. net/2014/09
Wells, N. C. (2012). *The Atmosphere and Ocean: A Physical Introduction,* 3rd edition, Wiley.
Weng, J. K. and C. Chapple (2010). 'The origin and evolution of lignin biosynthesis', *New Phytologist* 187(2): 273–85.
White, M. and N. Ashton (2003). 'Lower Palaeolithic Core Technology and the Origins of the Levallois Method in North-Western Europe', *Current Anthropology* 44(4): 598–609.
White, S. (2012). 'Climate Change in Global Environmental History', *A Companion to Global Environmental History*, ed. J. R. McNeill and E. S. Mauldin, Blackwell.
Wignall, P. B. (2017). *The Worst of Times: How Life on Earth Survived Eighty Million Years of Extinctions*, Princeton University Press.
Winchester, S. (2011). *Atlantic: A Vast Ocean of a Million Stories*, HarperPress.
Wing, S. L., G. J. Harrington, F. A. Smith, J. I. Bloch, D. M. Boyer and K. H. Freeman (2005). 'Transient floral change and rapid global warming at the Paleocene-Eocene boundary', *Science* 310(5750): 993–6.
Winkless, L. (2017). 'Sweating on the Underground: Why Are London's Tube Tunnels So Hot?', https://www.forbes.com/sites/lauriewinkless/2017/06/22/sweating-on-the-underground-why-are-tube-tunnels-so-hot/
Wong, E. (2010). 'China's Money and Migrants Pour Into Tibet', https://www.nytimes.com/2010/07/25/world/asia/25tibet.html
Woodburne, M. O., G. F. Gunnell and R. K. Stucky (2009). 'Climate directly influences Eocene mammal faunal dynamics in North America', *Proceedings of the National Academy of Sciences of the United States of America,* 106(32): 13399–403.
Woodward, J. (2014). The Ice Age: A Very Short Introduction, Oxford University Press.
Wright, J. D. and M. F. Schaller (2013). 'Evidence for a rapid release of carbon at the Paleocene-Eocene thermal maximum', *Proceedings of the National Academy of Sciences* 110(40): 15908–13.
Wright, R. (2006). *A Short History of Progress,* Canongate.
Yong, E. (2015). 'Why Pumpkins and Squashes Aren't Extinct',
https://www.nationalgeographic.com/science/phenomena/2015/11/16/why-pumpkins-and-squashes-arent-extinct/
Zalasiewicz, J. (2012). *The Planet in a Pebble: A Journey into Earth's Deep History*, Oxford University Press.
Zalasiewicz, J., C. N. Waters and M. Williams (2014). 'Human bioturbation, and the subterranean landscape of the Anthropocene', *Anthropocene* 6: 3–9.

https://www.ft.com/content/af66f51e-6515-11e6-8310-ecf0bddad227
Thomas, L. (2013). *Coal Geology*, 2nd edition, Wiley.
Thompson, P. (2010). *Seeds, Sex and Civilization: How the Hidden Life of Plants Has Shaped Our World*, Thames & Hudson.
Tomczak, M. and J. S. Godfrey (1994). *Regional Oceanography: An Introduction*, Pergamon.
Törnqvist, T. E. and M. P. Hijma (2012). 'Links between early Holocene ice-sheet decay, sea-level rise and abrupt climate change', *Nature Geoscience* 5: 601–606.
Trauth, M. H., M. A. Maslin, A. L. Deino, A. Junginger, M. Lesoloyia, E. O. Odada, D. O. Olago, L. A. Olaka, M. R. Strecker and R. Tiedemann (2010). 'Human evolution in a variable environment: the amplifier lakes of Eastern Africa', *Quaternary Science Reviews* 29(23–24): 2981–8.
Trauth, M. H., M. A. Maslin, A. L. Deino, M. R. Strecker, A. G. N. Bergner and M. Duhnforth (2007). 'High-and low-latitude forcing of Plio-Pleistocene East African climate and human evolution', *Journal of Human Evolution* 53(5): 475–86.
Tucci, S. and J. M. Akey (2016). 'A map of human wanderlust', *Nature* 538: 179–80.
Twining, D. (2009). 'Could China and India go to war over Tibet?', https://foreignpolicy.com/2009/03/10/could-china-and-india-go-to-war-over-tibet/
Ulmishek, G. F. and H. D. Klemme (1990). 'Depositional controls, distribution, and effectiveness of world's petroleum source rocks', *US Geological Survey Bulletin* 1931, US Geological Survey.
Vasiljevic, D. A., S. B. Markovic, T. A. Hose, Z. L. Ding, Z. T. Guo, X. M. Liu, I. Smalley, T. Lukic and M. D. Vujicic (2014). 'Loess-palaeosol sequences in China and Europe: Common values and geoconservation issues', *Catena* 117: 108–18.
Veevers, J. J. (2004). 'Gondwanaland from 650–500 Ma assembly through 320 Ma merger in Pangea to 185–100 Ma breakup: Supercontinental tectonics via stratigraphy and radiometric dating', *Earth-Science Reviews* 68: 1–132.
Verner, M. (2001). *The Pyramids*, Atlantic.
Veron, A., J. P. Goiran, C. Morhange, N. Marriner and J. Y. Empereur (2006). 'Pollutant lead reveals the pre-Hellenistic occupation and ancient growth of Alexandria, Egypt', *Geophysical Research Letters* 33(6): L06409.
Wagland, S. and D. M. Gomes. (2016). 'It's time for businesses to get their hands dirty and embrace landfill mining', https://www.businessgreen.com/bg/opinion/2454124/its-time-for-businesses-to-get-their-hands-dirty-and-embrace-landfill-mining
Wagner, M. and F.-W. Wellmer (2009). 'A Hierarchy of Natural Resources with Respect to Sustainable Development – a Basis for a Natural Resources Efficiency Indicator', *Mining, Society, and a Sustainable World*, ed. J. Richards, Springer.
Walker, J. (2006). 'What Gives Gold that Mellow Glow?', https://www.fourmilab.ch/documents/golden_glow/
Waltham, T. (2005).'The rich hill of Potosi', *Geology Today* 21(5): 187–90.
Warren, K. and A. Read. (2014). 'Landfill Mining: Goldmine or Minefield?,' https://waste-

washingtonpost.com/wp-dyn/content/article/2010/06/13/AR2010061303331.html

Smith, A. H. V. (1997). 'Provenance of Coals from Roman Sites in England and Wales', *Britannia* 28: 297–324.

Smith, B. D. and R. A. Yarnell (2009). 'Initial formation of an indigenous crop complex in eastern North America at 3800 B.P.', *Proceedings of the National Academy of Sciences* 106(16): 6561–6.

Socratous, M. A., V. Kassianidou and G. D. Pasquale (2011). 'Ancient slag heaps in Cyprus: The contribution of charcoal analysis to the study of the ancient copper industry', *Archaeometallurgy in Europe III,* ed. A. Hauptmann and D. Modarressi-Tehrani. Deutsches Bergbau-Museum Bochum.

Sorkhabi, R. (2016). 'Rich Petroleum Source Rocks', *GEO ExPro* 6(6).

Speight, J. G. (2015). *Asphalt Materials Science and Technology*, Butterworth-Heinemann.

Stager, C. (2012). *Our Future Earth*, Gerald Duckworth & Co.

Stager, C. (2014). *Your Atomic Self: The Invisible Elements That Connect You to Everything Else in the Universe*, Thomas Dunne.

Stahl, P. W. (2008). 'Animal Domestication in South America', *The Handbook of South American Archaeology*, ed. H. Silverman and W. H. Isbell, Springer: 121–30.

Stampfli, G. M., C. Hochard, C. Vérard, C. Wilhem and J. vonRaumer (2013). 'The formation of Pangea', *Tectonophysics* 593: 1–19.

Stavridis, J. (2018). *Sea Power: The History and Geopolitics of the World's Oceans*, Penguin.

Sterelny, K. (2011). 'From hominins to humans: how sapiens became behaviourally modern', *Philosophical Transactions of the Royal Society B* – Biological Sciences 366(1566): 809–22.

Stern, R. J. (2010). 'United States cost of military force projection in the Persian Gulf, 1976–2007', *Energy Policy* 38(6): 2816–25.

Stewart, K. M. (1994). 'Early hominid utilisation of fish resources and implications for seasonality and behaviour', *Journal of Human Evolution* 27: 229–45.

Stewart, W. M., D. W. Dibb, A. E. Johnston and T. J. Smyth (2005). 'The contribution of commercial fertilizer nutrients to food production', *Agronomy Journal* 97(1): 1–6.

Stoneley, R. (1990). 'The Middle East Basin: a summary overview', *Classic Petroleum Provinces, Geological Society Special Publication No. 50*, ed. J. Brooks, Geological Society of London: 293–8.

Stow, D. (2010). *Vanished Ocean: How Tethys Reshaped the World*, Oxford University Press.

Summerhayes, C. P. (2015). *Earth's Climate Evolution*, Wiley Blackwell.

Sweeney, E. J. (2007). *The Pyramid Age*, Algora.

Tarasov, L. and W. R. Peltier (2005). 'Arctic freshwater forcing of the Younger Dryas cold reversal', *Nature* 435: 662.

Teller, J. T., D. W. Leverington and J. D. Mann (2002). 'Freshwater outbursts to the oceans from glacial Lake Agassiz and their role in climate change during the last deglaciation', *Quaternary Science Reviews* 21(8): 879–87.

Terazono, E. (2016). 'Russia set to be biggest wheat exporter for first time', *Financial Times*,

Ruddiman, W. F., E. C. Ellis, J. O. Kaplan and D. Q. Fuller (2015). 'Defining the epoch we live in." *Science* 348(6230): 38–9.

Sadykov, V. A., L. A. Isupova, I. A. Zolotarskii, L. N. Bobrova, A. S. Noskov, V. N. Parmon, E. A. Brushtein, T. V. Telyatnikova, V. I. Chernyshev and V. V. Lunin (2000). 'Oxide catalysts for ammonia oxidation in nitric acid production: properties and perspectives', *Applied Catalysis A: General* 204(1): 59–87.

Sagan, C. (1973). *The Cosmic Connection: An Extraterrestrial Perspective*, Doubleday.

Sage, R. F. (1995). 'Was low atmospheric CO_2 during the Pleistocene a limiting factor for the origin of agriculture?', *Global Change Biology* 1(2): 93–106.

Sahrhage, D. and J. Lundbeck (2012). *A History of Fishing*, Springer.

Sakellariou, D. and N. Galanidou (2016). 'Pleistocene submerged landscapes and Palaeolithic archaeology in the tectonically active Aegean region', *Geology and Archaeology: Suberged Landscapes of the Continental Shelf. Geological Society Special Publication* No. 411, ed. J. Harff, G. Bailey and F. Lüth, Geological Society.

Sauberlich, H. E. (1997). 'A History of Scurvy and *Vitamin C*', *Vitamin C in Health and Disease*, ed. L. Packer, Taylor & Francis.

Schmidt, M. (2017). 'Human Geography of Post-Socialist Mountain Regions: An Introduction', *Journal of Alpine Research* 105(1).

Schobert, H. H. (2014). *Energy and Society: An Introduction*, 2nd edition, CRC Press.

Schrijver, K. and I. Schrijver (2015). *Living with the Stars: How the Human Body is Connected to the Life Cycles of the Earth*, the Planets, and the Stars, Oxford University Press.

Schuberth, C. J. (1968). *The Geology of New York City and Environs*, Natural History Press for the American Museum of Natural History.

Schwarz-Schampera, U. (2014). 'Indium', *Critical Metals Handbook*, ed. G. Gunn, AGU/Wiley: 204–29.

Scott, A. C. and I. J. Glasspool (2006). 'The diversification of Paleozoic fire systems and fluctuations in atmospheric oxygen concentration', *Proceedings of the National Academy of Sciences* 103(29): 10861–5.

Shakun, J. D., P. U. Clark, F. He, S. A. Marcott, A. C. Mix, Z. Y. Liu, B. Otto-Bliesner, A.

Schmittner and E. Bard (2012). 'Global warming preceded by increasing carbon dioxide concentrations during the last deglaciation', *Nature* 484(7392): 49–54.

Sheridan, A. (2002). 'ANTIQUITY and the Old World', *Antiquity* 76(294): 1085–8.

Shubin, N. (2014). *The Universe Within*, Penguin.

Shuckburgh, E. and P. Austin (2008). *Survival: The Survival of the Human Race*, Cambridge University Press.

Siddall, R. (2015). 'An Urban Geologist's Guide to the Fossils of the Portland Stone, Urban Geology in London No. 30',

https://www.ucl.ac.uk/~ucfbrxs/Homepage/walks/PortlandFossils.pdf

Sinha, U. K. (2010). 'Tibet's watershed challenge', Washington Post, 14 June, http://www.

Ramachandran, S. and N. A. Rosenberg (2011). 'A Test of the Influence of Continental Axes of Orientation on Patterns of Human Gene Flow', *American Journal of Physical Anthropology* 146(4): 515–29.

Ramalho, R., G. Helffrich, D. N. Schmidt and D. Vance (2010). 'Tracers of uplift and subsidence in the Cape Verde archipelago', *Journal of the Geological Society* 167(3): 519–38.

Rasmussen, S. C. (2012). *How Glass Changed the World: The History and Chemistry of Glass from Antiquity to the 13th Century*, Springer.

Raudzens, G. (2003). *Technology, Disease, and Colonial Conquests, Sixteenth to Eighteenth Centuries: Essays Reappraising the Guns and Germs Theories*, Brill.

Reader, J. (2005). *Cities,* Vintage.

Reilinger, R. and S. McClusky (2011). 'Nubia-Arabia-Eurasia plate motions and the dynamics of Mediterranean and Middle East tectonics', *Geophysical Journal International* 186(3): 971–9.

Richerson, P. J., R. Boyd and R. L. Bettinger (2001). 'Was Agriculture Impossible during the Pleistocene but Mandatory during the Holocene? A Climate Change Hypothesis', *American Antiquity* 66(3): 387–411.

Rick, T. C. and J. M. Erlandson (2008). *Human Impacts on Ancient Marine Ecosystems: A Global Perspective*, University of California Press.

Ridley, J. (2013). *Ore Deposit Geology*, Cambridge University Press.

Roberts, B. W., C. P. Thornton and V. C. Pigott (2009). 'Development of metallurgy in Eurasia', *Antiquity* 83(322): 1012–22.

Roberts, M. (1967). *Essays in Swedish History*, London: Weidenfeld & Nicolson.

Rodger, N. A. M. (2012). 'Atlantic Seafaring', *The Oxford Handbook of the Atlantic World: 1450–1850*, ed. C. Nicholas and M. Philip, Oxford University Press.

Roebroeks, W., M. J. Sier, T. K. Nielsen, D. De Loecker, J. M. Pares, C. E. S. Arps and H. J. Mucher (2012). 'Use of red ochre by early Neandertals', *Proceedings of the National Academy of Sciences of the United States of America* 109(6): 1889–94.

Rogers, C. (2018). *The Military Revolution Debate: Readings on the Military Transformation of Early Modern Europe,* Routledge.

Rohrig, B. (2015). 'Smartphones: Smart Chemistry',

https://www.acs.org/content/acs/en/education/resources/highschool/chemmatters/past-issues/archive-2014-2015/smartphones.html

Rose, J. I., V. I. Usik, A. E. Marks, Y. H. Hilbert, C. S. Galletti, A. Parton, J. M. Geiling, V. Cerny, M. W. Morley and R. G. Roberts (2011). 'The Nubian Complex of Dhofar, Oman: An African Middle Stone Age Industry in Southern Arabia', *PloS One* 6(11).

Rosenbaum, G., G. S. Lister and C. Duboz (2002). 'Reconstruction of the tectonic evolution of the western Mediterranean since the Oligocene', *Journal of the Virtual Explorer* 8: 107–30.

Rothery, D. (2010). *Geology: The Key Ideas*, Teach Yourself.

Ruddiman, W. F. (2016). *Plows, Plagues, and Petroleum: How Humans Took Control of Climate*, Princeton University Press.

Oxford University Press.

Oppenheimer, C. (2011). *Eruptions that Shook the World*, Cambridge University Press.

Orlando, L. (2016). 'Back to the roots and routes of dromedary domestication', *Proceedings of the National Academy of Sciences of the United States of America* 113(24): 6588–90.

Osborne, R. (2013). *Iron, Steam & Money: The Making of the Industrial Revolution*, Bodley Head.

Paine, L. (2013). *The Sea and Civilization: A Maritime History of the World*, Knopf.

Parker, G. (1976). 'The "Military Revolution," 1560–1660 – a Myth?,' *Journal of Modern History* 48(2): 196–214.

Patterson, N., D. J. Richter, S. Gnerre, E. S. Lander and D. Reich (2006). 'Genetic evidence for complex speciation of humans and chimpanzees', *Nature* 441: 1103–8.

Petit, J. R., J. Jouzel, D. Raynaud, N. I. Barkov, J. M. Barnola, I. Basile, M. Bender, J. Chappellaz, M. Davis, G. Delaygue, M. Delmotte, V. M. Kotlyakov, M. Legrand, V. Y. Lipenkov, C. Lorius, L. Pepin, C. Ritz, E. Saltzman and M. Stievenard (1999). 'Climate and atmospheric history of the past 420,000 years from the Vostok ice core, Antarctica', *Nature* 399(6735): 429–36.

Phillips, W. R. (1988). 'Ancient Civilizations and Geology of the Eastern Mediterranean', *Excavations at Seila, Egypt*, ed. C. W. Griggs, Brigham Young University: 1–18.

Piantadosi, C. A. (2003). *The Biology of Human Survival: Life and Death in Extreme Environments*, Oxford University Press.

Pim, J., C. Peirce, A. B. Watts, I. Grevemeyer and A. Krabbenhoeft (2008). 'Crustal structure and origin of the Cape Verde Rise', *Earth and Planetary Science Letters* 272(1–2): 422–8.

Pollard, J. (2017). 'The Uffington White Horse geoglyph as sun-horse', *Antiquity* 91(356): 406–20.

Potts, R. (2013). 'Hominin evolution in settings of strong environmental variability', *Quaternary Science Reviews* 73: 1–13.

Potts, R. and J. T. Faith (2015). 'Alternating high and low climate variability: The context of natural selection and speciation in Plio- Pleistocene hominin evolution', *Journal of Human Evolution* 87: 5–20.

Price, T. D. (2009). 'Ancient farming in eastern North America', *Proceedings of the National Academy of Sciences of the United States of America* 106(16): 6427–8.

Pye, K. (1995). 'The nature, origin and accumulation of loess', *Quaternary Science Reviews* 14(7–8): 653–67.

Pye, M. (2015). *The Edge of the World: How the North Sea Made Us Who We Are*, Penguin.

Qiu, J. (2014). 'Double threat for Tibet', *Nature* 512: 240–1.

Rackham, O. (2009). 'Ancient Forestry Practices', *The Role of Food, Agriculture, Forestry and Fisheries in Human Nutrition*, Volume II, ed. V. R. Squires, EOLSS Publishers: 29–47.

Raj, N. G. (2013). 'The Tibetan plateau and the Indian monsoon', https://www.thehindu.com/sci-tech/science/the-tibetan-plateau-and-the-indian-monsoon/article4651084.ece

Rajagopalan, B. and P. Molnar (2013). 'Signatures of Tibetan Plateau heating on Indian summer monsoon rainfall variability', *Journal of Geophysical Research-Atmospheres* 118(3): 1170–8.

Millward, J. A. (2013). *The Silk Road: A Very Short Introduction*, Oxford University Press.
Mokyr, J. (1992). *The Lever of Riches: Technological Creativity and Economic Progress,* Oxford University Press.
Monbiot, G. (2014). *Feral: Rewilding the Land, Sea and Human Life*, Penguin.
Moorjani, P., C. E. G. Amorim, P. F. Arndt and M. Przeworski (2016). 'Variation in the molecular clock of primates', *Proceedings of the National Academy of Sciences* 113(38): 10607–12.
Morris, I. (2011). *Why the West Rules – for Now: The Patterns of History and What They Reveal about the Future*, Profile Books. (『人類５万年 文明の興亡：なぜ西洋が世界を支配しているのか』イアン・モリス著、北川知子訳、筑摩書房)
Morton, O. (2016). *The Planet Remade: How Geoengineering Could Change the World*, Granta.
Moylan, J. (2017). 'First coal-free day in Britain since 1880s', https://www.bbc.com/news/uk-39675418
Murton, J. B., M. D. Bateman, S. R. Dallimore, J. T. Teller and Z. R. Yang (2010). 'Identification of Younger Dryas outburst flood path from Lake Agassiz to the Arctic Ocean', *Nature* 464(7289): 740–3.
Myers, J. S. (1997). 'Geology of granite', *Journal of the Royal Society of Western Australia* 80: 87–100.
Needham, J. (1965). *Science and Civilisation in China. Volume 4: Physics and Physical Technology. Part II: Mechanical Engineering*, Cambridge University Press. (『中国の科学と文明』第４巻、ジョゼフ・ニーダム著、芝原茂ほか訳、思索社)
Neimark, J. (2012). 'How We Won the Hominid Wars, and All the Others Died Out, *Discover*, http://discovermagazine.com/2011/evolution/23-how-we-won-the-hominid-wars
Nelsen, M. P., W. A. DiMichele, S. E. Peters and C. K. Boyce (2016). 'Delayed fungal evolution did not cause the Paleozoic peak in coal production', *Proceedings of the National Academy of Sciences* 113(9): 2442–7.
Nicoll, K. (2013). *Geoarchaeological Perspectives on Holocene Climate Change as a Civilizing Factor in the Egyptian Sahara*, Climates, Landscapes, and Civilizations (Geophysical Monograph Series 198), American Geophysical Union.
Nield, T. (2014). *Underlands: A Journey through Britain's Lost Landscape*, Granta.
Novacek, M. (2008). *Terra: Our 100 Million Year Old Ecosystem and the Threats That Now Put It at Risk*, Farrar, Straus and Giroux.
O'Dea, A., H. A. Lessios, A. G. Coates, R. I. Eytan, S. A. Restrepo- Moreno, A. L. Cione, L. S. Collins, A. de Queiroz, D. W. Farris, R. D. Norris, R. F. Stallard, M. O. Woodburne, O. Aguilera, M.-P. Aubry, W. A. Berggren, A. F. Budd, M. A. Cozzuol, S. E. Coppard, H. Duque-Caro, S. Finnegan, G. M. Gasparini, E. L. Grossman, K. G. Johnson, L. D. Keigwin, N. Knowlton, E. G. Leigh, J. S. Leonard- Pingel, P. B. Marko, N. D. Pyenson, P. G. Rachello-Dolmen, E. Soibelzon, L. Soibelzon, J. A. Todd, G. J. Vermeij and J. B. C. Jackson (2016). 'Formation of the Isthmus of Panama', *Science Advances* 2(8): e1600883.
Oleson, J. P. (2009). *The Oxford Handbook of Engineering and Technology in the Classical World*,

Mayewski, P. A., E. E. Rohling, J. C. Stager, W. Karlen, K. A. Maasch, L. D. Meeker, E. A. Meyerson, F. Gasse, S. van Kreveld, K. Holmgren, J. Lee-Thorp, G. Rosqvist, F. Rack, M. Staubwasser, R. R. Schneider and E. J. Steig (2004). 'Holocene climate variability', *Quaternary Research* 62(3): 243–55.

McBrearty, S. and A. S. Brooks (2000). 'The revolution that wasn't: a new interpretation of the origin of modern human behavior', *Journal of Human Evolution* 39(5): 453–563.

McCormick, M., U. Buntgen, M. A. Cane, E. R. Cook, K. Harper, P. Huybers, T. Litt, S. W. Manning, P. A. Mayewski, A. F. M. More, K. Nicolussi and W. Tegel (2012). 'Climate Change during and after the Roman Empire: Reconstructing the Past from Scientific and Historical Evidence', *Journal of Interdisciplinary History* 43(2): 169–220.

McDermott, R. (1998). *Risk-Taking in International Politics: Prospect Theory in American Foreign Policy*, University of Michigan Press.

McDougall, E. A. (1983). 'The Sahara Reconsidered: Pastoralism, Politics and Salt from the Ninth through the Twelfth Centuries', *African Economic History* 12: 263–86.

McDougall, E. A. (1990). 'Salts of the Western Sahara: Myths, Mysteries, and Historical Significance', *International Journal of African Historical Studies* 23(2): 231–57.

McInerney, F. A. and S. L. Wing (2011). 'The Paleocene-Eocene Thermal Maximum: A Perturbation of Carbon Cycle, Climate, and Biosphere with Implications for the Future', *Annual Review of Earth and Planetary Sciences*, 39: 489–516.

McKie, R. (2013). 'Why did the Neanderthals die out?' *Observer*, https://www.theguardian.com/science/2013/jun/02/why-did-neanderthals-die-out

McNeill, J. R. (2001). 'The World According to Jared Diamond', *The History Teacher* 34(2): 165–74.

McNeill, J. R. (2012a). 'Global Environmental History: The First 150,000 Years', *A Companion to Global Environmental History*, ed. J. R. McNeill and E. S. Mauldin, Blackwell Publishing: 3–17.

McNeill, J. R. (2012b). 'Biological Exchange in Global Environmental History', *A Companion to Global Environmental History*, ed. J. R. McNeill, Blackwell Publishing: 433–51.

McNeill, J. R. and W. H. McNeill (2004). *The Human Web: A Bird's-Eye View of World History*, W. W. Norton & Co.（『世界史：人類の結びつきと相互作用の歴史』ウィリアム・H・マクニール、ジョン・R・マクニール著、福岡洋一訳、楽工社）

McNeill, W. H. (1963). *The Rise of the West: A History of the Human Community*, University of Chicago Press.

Mendez, A. (2011). 'Distribution of landmasses of the Paleo-Earth', http://phl.upr.edu/library/notes/distributionoflandmassesofthepaleo-earth

Metspalu, M., T. Kivisild, E. Metspalu, J. Parik, G. Hudjashov, K. Kaldma, P. Serk, M. Karmin, D. M. Behar, M. T. P. Gilbert, P. Endicott, S. Mastana, S. S. Papiha, K. Skorecki, A. Torroni and R. Villems (2004). 'Most of the extant mtDNA boundaries in South and Southwest Asia were likely shaped during the initial settlement of Eurasia by anatomically modern humans', *BMC Genetics* 5: 26.

Lenton, T. and A. Watson (2013). *Revolutions that Made the Earth*, Oxford University Press.

Leveau, P. (1996). 'The Barbegal water mill in its environment: archaeology and the economic and social history of antiquity', *Journal of Roman Archaeology* 9: 137–53.

Lewis, L. (2008). 'There's gold in Japan's landfills', *Sunday Times*. https://www.thetimes.co.uk/article/theres-gold-in-japans-landfills-gfv0lwdzh6n.

Lewis, S. L. and M. A. Maslin (2015). 'Defining the Anthropocene', *Nature* 519: 171.

Liddy, H. M., S. J. Feakins and J. E. Tierney (2016). 'Cooling and drying in northeast Africa across the Pliocene', *Earth and Planetary Science Letters* 449: 430–8.

Lieberman, D. (2014). *The Story of the Human Body: Evolution, Health and Disease*, Penguin.（『人体六〇〇万年史：科学が明かす進化・健康・疾病』ダニエル・E・リーバーマン著、塩原通緒訳、早川書房）

Lim, L. (2004). 'China's drive to transform Tibet', http://news.bbc.co.uk/2/hi/asia-pacific/3625588.stm

Londo, J. P., Y. C. Chiang, K. H. Hung, T. Y. Chiang and B. A. Schaal (2006). 'Phylogeography of Asian wild rice, Oryza rufipogon, reveals multiple independent domestications of cultivated rice, Oryza sativa', *Proceedings of the National Academy of Sciences of the United States of America* 103(25): 9578–83.

López, S., L. van Dorp and G. Hellenthal (2015). 'Human Dispersal Out of Africa: A Lasting Debate', *Evolutionary Bioinformatics Online* 11(Suppl 2): 57–68.

Lutgens, F. K. and E. J. Tarbuck (2000). *The Atmosphere: An Introduction to Meteorology*, 8th edition, Prentice Hall.

Lyons, T. W., C. T. Reinhard and N. J. Planavsky (2014). 'The rise of oxygen in Earth's early ocean and atmosphere', *Nature* 506: 307–15.

Macalister, T. (2015). 'Kellingley colliery closure:"shabby end" for a once mighty industry', *Guardian*, https://www.theguardian.com/environment/2015/dec/18/kellingley-colliery-shabby-end-for-an-industry

Mann, P., L. Gahagan and M. B. Gordon (2003). 'Tectonic setting of the world's giant oil and gas fields', *Giant Oil and Gas Fields of the Decade 1990–1999*, ed. M. T. Halbouty, AAPG Memoir 78: 15–105.

Marr, A. (2013). *A History of the World*, Pan.

Marshall, T. (2016). *Prisoners of Geography: Ten Maps That Tell You Everything You Need to Know About Global Politics*, Elliott & Thompson.

Maslin, M. (2013). 'How a changing landscape and climate shaped early humans', https://theconversation.com/how-a-changing-landscape-and-climate-shaped-early-humans-19862

Maslin, M. A., C. M. Brierley, A. M. Milner, S. Shultz, M. H. Trauth and K. E. Wilson (2014). 'East African climate pulses and early human evolution', *Quaternary Science Reviews* 101: 1–17.

Maslin, M. A. and B. Christensen (2007). 'Tectonics, orbital forcing, global climate change, and human evolution in Africa: introduction to the African paleoclimate special volume', *Journal of Human Evolution* 53(5): 443–64.

of Geophysical Research: Solid Earth 99(B10): 20063–78.

Kinnaird, J. A. (2005). 'The Bushveld Large Igneous Province', http://www.largeigneousprovinces.org/sites/default/files/BushveldLIP.pdf

Klein, C. (2005). 'Some Precambrian banded iron-formations (BIFs) from around the world: Their age, geologic setting, mineralogy, metamorphism, geochemistry, and origin', *American Mineralogist* 90(10): 1473–99.

Kleine, T. (2011). 'Earth's patchy late veneer', *Nature* 477(7363): 168–9.

Kneller, B. C. and M. Aftalion (1987). 'The isotopic and structural age of the Aberdeen Granite', *Journal of the Geological Society* 144(5): 717–21.

Koestler-Grack, R. A. (2010). *Mount Rushmore*, ABDO Publishing Co.

Kolarik, Z. and E. V. Renard (2005). 'Potential Applications of Fission Platinoids in Industry', *Platinum Metals Review* 49(2): 79–90.

Kourmpetli, S. and S. Drea (2014). 'The fruit, the whole fruit, and everything about the fruit', *Journal of Experimental Botany* 65(16): 4491–503.

Krause, J., L. Orlando, D. Serre, B. Viola, K. Prüfer, M. P. Richards, J. J. Hublin, C. Hänni, A. P. Derevianko and S. Pääbo (2007). 'Neanderthals in central Asia and Siberia', *Nature* 449: 902–904.

Krijgsman, W., F. J. Hilgen, I. Raffi, F. J. Sierro and D. S. Wilson (1999). 'Chronology, causes and progression of the Messinian salinity crisis', *Nature* 400: 652–5.

Krivolutskaya, N., B. Gongalsky, A. Dolgal, N. Svirskaya and T. Vekshina (2016). 'Siberian Traps in the Norilsk Area: A Corrected Scheme of Magmatism Evolution', *IOP Conference Series: Earth and Environmental Science* 44: 042008.

Kroeker, K. J., R. L. Kordas, R. N. Crim and G. G. Singh (2010). 'Meta-analysis reveals negative yet variable effects of ocean acidification on marine organisms', *Ecology Letters* 13(11): 1419–34.

Kukula, M. (2016). *The Intimate Universe: How the stars are closer than you think*, Quercus.

Laitin, D. D., J. Moortgat and A. L. Robinson (2012). 'Geographic axes and the persistence of cultural diversity', *Proceedings of the National Academy of Sciences of the United States of America* 109(26): 10263–8.

Larson, G., D. R. Piperno, R. G. Allaby, M. D. Purugganan, L. Andersson, M. Arroyo-Kalin, L. Barton, C. C. Vigueira, T. Denham, K. Dobney, A. N. Doust, P. Gepts, M. T. P. Gilbert, K. J. Gremillion, L. Lucas, L. Lukens, F. B. Marshall, K. M. Olsen, J. C. Pires, P. J. Richerson, R. R. de Casas, O. I. Sanjur, M. G. Thomas and D. Q. Fuller (2014). 'Current perspectives and the future of domestication studies', *Proceedings of the National Academy of Sciences of the United States of America* 111(17): 6139–46.

Larson, R. L. (1991). 'Geological Consequences of Superplumes', *Geology* 19(10): 963–6.

Leidwanger, J., C. Knappett, P. Arnaud, P. Arthur, E. Blake, C. Broodbank, T. Brughmans, T. Evans, S. Graham, E. S. Greene, B. Kowalzig, B. Mills, R. Rivers, T. F. Tartaron and R. V. d. Noort (2014). 'A manifesto for the study of ancient Mediterranean maritime networks', *Antiquity* 88(342).

Handbook, ed. G. Gunn, AGU/Wiley: 20–40.
Jackson, J. (2006). 'Fatal attraction: living with earthquakes, the growth of villages into megacities, and earthquake vulnerability in the modern world', *Philosophical Transactions of the Royal Society A – Mathematical Physical and Engineering Sciences* 364(1845): 1911–25.
Jacobs, J. (2018). 'Europe's half a million landfill sites potentially worth a fortune', *Financial Times*, https://www.ft.com/content/0bf645dc-d8f1-11e7-9504-59efdb70e12f
Janzen, D. H. and P. S. Martin (1982). 'Neotropical Anachronisms – the Fruits the Gomphotheres Ate', Science 215(4528): 19–27.
Ji, R., P. Cui, F. Ding, J. Geng, H. Gao, H. Zhang, J. Yu, S. Hu and H. Meng (2009). 'Monophyletic origin of domestic bactrian camel (Camelus bactrianus) and its evolutionary relationship with the extant wild camel (Camelus bactrianus ferus)', *Animal Genetics* 40(4): 377–82.
Jiao, C., G. Yu, N. He, A. Ma, J. Ge and Z. Hu (2017). 'Spatial pattern of grassland aboveground biomass and its environmental controls in the Eurasian steppe', *Journal of Geographical Sciences* 27(1): 3–22.
Jones, M., R. Jones and M. Woods (2004). *An Introduction to Political Geography: Space*, Place and Politics, Routledge.
Jung, G., M. Prange and M. Schulz (2016). 'Influence of topography on tropical African vegetation coverage', *Climate Dynamics* 46(7): 2535–49.
Kaplan, R. D. (2017). *The Revenge Of Geography*, Random House.（『地政学の逆襲：「影のCIA」が予測する覇権の世界地図』ロバート・D・カプラン著、櫻井祐子訳、朝日新聞出版）
Karol, K. G., R. M. McCourt, M. T. Cimino and C. F. Delwiche (2001). 'The closest living relatives of land plants', *Science* 294(5550): 2351–3.
Kasen, D., B. Metzger, J. Barnes, E. Quataert and E. Ramirez-Ruiz (2017). 'Origin of the heavy elements in binary neutron-star mergers from a gravitational-wave event', *Nature* 551(7678): 80–4.
Kassianidou, V. (2013). 'Mining landscapes of prehistoric Cyprus', *Metalla* 20(2): 5–57.
Keegan, J. (1993). *A History Of Warfare*, Pimlico.（『戦略の歴史』ジョン・キーガン著、遠藤利國訳、中央公論新社）
Kenrick, P. and P. R. Crane (1997). 'The origin and early evolution of plants on land', *Nature* 389(6646): 33–9.
Kilian, B., W. Martin and F. Salamini (2010). 'Genetic Diversity, Evolution and Domestication of Wheat and Barley in the Fertile Crescent', *Evolution in Action: Case Studies in Adaptive Radiation, Speciation and the Origin of Biodiversity*, ed. M. Glaubrecht, Springer: 137–66.
Kimber, C. T. (2000). 'Origin of domesticated Sorghum and its early diffusion to India and China', *Sorghum: Origin, History, Technology, and Production*, ed. C. W. Smith, Wiley.
King, G. and G. Bailey (2006). 'Tectonics and human evolution', *Antiquity* 80(308): 265–86.
King, G., G. Bailey and D. Sturdy (1994). 'Active tectonics and human survival strategies', *Journal*

Gupta, S., J. S. Collier, A. Palmer-Felgate and G. Potter (2007). 'Catastrophic flooding origin of shelf valley systems in the English Channel', *Nature* 448(7151): 342–6.

Haase, D., J. Fink, G. Haase, R. Ruske, M. Pecsi, H. Richter, M. Altermann and K. D. Jager (2007). 'Loess in Europe – its spatial distribution based on a European Loess Map, scale 1:2,500,000', *Quaternary Science Reviews* 26(9–10): 1301–12.

Hagelüken, C. (2014). 'Recycling of (critical) metals', *Critical Metals Handbook*, ed. G. Gunn, AGU/Wiley: 41–69.

Hamilton, T. L., D. A. Bryant and J. L. Macalady (2016). 'The role of biology in planetary evolution: cyanobacterial primary production in low-oxygen Proterozoic oceans', *Environmental Microbiology* 18(2): 325–40.

Hanson, T. (2016). *The Triumph of Seeds: How Grains, Nuts, Kernels, Pulses, and Pips Conquered the Plant Kingdom and Shaped Human History*, Basic Books.（『種子：人類の歴史をつくった植物の華麗な戦略』ソーア・ハンソン著、黒沢令子訳、白揚社）

Headrick, D. R. (2010). *Power over Peoples: Technology, Environments, and Western Imperialism, 1400 to the Present*, Princeton University Press.

Helly, J. J. and L. A. Levin (2004). 'Global distribution of naturally occurring marine hypoxia on continental margins', *Deep Sea Research Part I: Oceanographic Research Papers* 51(9): 1159–68.

Henrich, J. (2004). 'Demography and Cultural Evolution: How Adaptive Cultural Processes can Produce Maladaptive Losses: The Tasmanian Case', *American Antiquity* 69(2): 197–214.

Hillstrom, K. and L. C. Hillstrom (2005). *Industrial Revolution in America: Iron and Steel*, ABC-CLIO.

Hodell, D. A., J. H. Curtis and M. Brenner (1995). 'Possible role of climate in the collapse of Classic Maya civilization', *Nature* 375: 391–4.

Hoffecker, J. F. (2005). 'Innovation and technological knowledge in the upper paleolithic of northern Eurasia', *Evolutionary Anthropology* 14(5): 186–98.

Hoffman, P. T. (2017). *Why Did Europe Conquer the World?*, Princeton University Press.

Holen, S. R., T. A. Deméré, D. C. Fisher, R. Fullagar, J. B. Paces, G. T. Jefferson, J. M. Beeton, R. A. Cerutti, A. N. Rountrey, L. Vescera and K. A. Holen (2017). 'A 130,000-year-old archaeological site in southern California, USA', *Nature* 544: 479–83.

Hu, Y. W., H. Shang, H. W. Tong, O. Nehlich, W. Liu, C. H. Zhao, J. C. Yu, C. S. Wang, E. Trinkaus and M. P. Richards (2009). 'Stable isotope dietary analysis of the Tianyuan 1 early modern human', *Proceedings of the National Academy of Sciences of the United States of America* 106(27): 10971–4.

Huang, J. and M. B. McElroy (2014). 'Contributions of the Hadley and Ferrel Circulations to the Energetics of the Atmosphere over the Past 32 Years', *Journal of Climate* 27(7): 2656–66.

Hughey, J. R., P. Paschou, P. Drineas, D. Mastropaolo, D. M. Lotakis, P. A. Navas, M. Michalodimitrakis, J. A. Stamatoyannopoulos and G. Stamatoyannopoulos (2013). 'A European population in Minoan Bronze Age Crete', *Nature Communications* 4.

Humphreys, D. (2014). 'The mining industry and the supply of critical minerals', *Critical Metals*

Garzanti, E., A. I. Al-Juboury, Y. Zoleikhaei, P. Vermeesch, J. Jotheri, D. B. Akkoca, A. K. Obaid, M. B. Allen, S. Ando, M. Limonta, M. Padoan, A. Resentini, M. Rittner and G. Vezzoli (2016). 'The Euphrates–Tigris–Karun river system: Provenance, recycling and dispersal of quartz-poor foreland-basin sediments in arid climate', *Earth-Science Reviews* 162: 107–28.

Gatti, E. and C. Oppenheimer (2012). *Utilization of Distal Tephra Records for Understanding Climatic and Environmental Consequences of the Youngest Toba Tuff.* Climates, Landscapes, and Civilizations (Geophysical Monograph Series 198), American Geophysical Union.

Gehler, A., P. D. Gingerich and A. Pack (2016). 'Temperature and atmospheric CO_2 concentration estimates through the PETM using triple oxygen isotope analysis of mammalian bioapatite', *Proceedings of the National Academy of Sciences of the United States of America* 113(28): 7739–44.

Gibbard, P. (2007). 'Europe cut adrift', *Nature* 448: 259.

Gibbons, A. (1998). 'Ancient island tools suggest Homo erectus was a seafarer', *Science* 279(5357): 1635–7.

Gingerich, P. D. (2006). 'Environment and evolution through the Paleocene-Eocene thermal maximum', *Trends in Ecology & Evolution* 21(5): 246–53.

Giosan, L., P. D. Clift, M. G. Macklin, D. Q. Fuller, S. Constantinescu, J. A. Durcan, T. Stevens, G. A. T. Duller, A. R. Tabrez, K. Gangal, R. Adhikari, A. Alizai, F. Filip, S. VanLaningham and J. P. M. Syvitski (2012). 'Fluvial landscapes of the Harappan civilization', *Proceedings of the National Academy of Sciences of the United States of America* 109(26): E1688–94.

Goody, J. (2012). *Metals, Culture and Capitalism: An Essay on the Origins of the Modern World*, Cambridge University Press.

Graedel, T. E., G. Gunn and L. T. Espinoza (2014). 'Metal resources, use and criticality', *Critical Metals Handbook*, ed. G. Gunn, AGU/ Wiley: 1–19.

Greene, K. (2000). 'Technological innovation and economic progress in the ancient world: M. I. Finley re-considered', *Economic History Review* 53(1): 29–59.

Gregory, K. J. (2010). *The Earth's Land Surface: Landforms and Processes in Geomorphology*, SAGE Publications.

Grosman, L., N. D. Munro and A. Belfer-Cohen (2008). 'A 12,000-year-old Shaman burial from the southern Levant (Israel)', *Proceedings of the National Academy of Sciences of the United States of America* 105(46): 17665–9.

Guimaraes, P. R., M. Galetti and P. Jordano (2008). 'Seed Dispersal Anachronisms: Rethinking the Fruits Extinct Megafauna Ate', *PLoS One* 3(3).

Guinotte, J. M. and V. J. Fabry (2008). 'Ocean Acidification and Its Potential Effects on Marine Ecosystems', *Annals of the New York Academy of Sciences* 1134(1): 320–42.

Gunn, G. (2014). 'Platinum-group metals', *Critical Metals Handbook*, ed. G. Gunn, AGU/Wiley: 284–311.

Gupta, S., J. S. Collier, D. Garcia-Moreno, F. Oggioni, A. Trentesaux, K. Vanneste, M. De Batist, T. Camelbeeck, G. Potter, B. Van Vliet- Lanoe and J. C. R. Arthur (2017). 'Two-stage opening of the Dover Strait and the origin of island Britain', *Nature Communications* 8: 1–12.

Press.（『微生物が地球をつくった：生命40億年史の主人公』ポール・G・フォーコウスキー著、松浦俊輔訳、青土社）
Fer, I., B. Tietjen, F. Jeltsch and M. H. Trauth (2017). 'Modelling vegetation change during Late Cenozoic uplift of the East African plateaus', *Palaeogeography Palaeoclimatology Palaeoecology* 467: 120–30.
Fernandez-Armesto, F. (2002). *Civilizations: Culture, Ambition, and the Transformation of Nature*, Free Press.
Feurdean, A., S. A. Bhagwat, K. J. Willis, H. J. B. Birks, H. Lischke and T. Hickler (2013). 'Tree Migration-Rates: Narrowing the Gap between Inferred Post-Glacial Rates and Projected Rates', *PLoS One* 8(8): e71797.
Fish, S. (2010). *The Manila-Acapulco Galleons: The Treasure Ships of the Pacific*, AuthorHouse.
Fokkens, H. and A. Harding (2013). *The Oxford Handbook of the European Bronze Age*, Oxford University Press.
Force, E. R. (2008). 'Tectonic environments of ancient civilizations in the eastern hemisphere', *Geoarchaeology* 23(5): 644–53.
Force, E. R. (2015). *Impact of Tectonic Activity on Ancient Civilizations: Recurrent Shakeups, Tenacity, Resilience, and Change*, Lexington Books.
Force, E. R. and B. G. McFadgen (2010). 'Tectonic environments of ancient civilizations: Opportunities for archaeoseismological and anthropological studies', *Ancient Earthquakes*, ed. M. Sintubin, I. S. Stewart, T. M. Niemi and E. Altunel, Geological Society of America.
Force, E. R. and B. G. McFadgen (2012). *Influences of Active Tectonism on Human Development: A Review and Neolithic Example*, Climates, Landscapes, and Civilizations (Geophysical Monograph Series 198), American Geophysical Union.
Fortey, R. (2005). The Earth: An Intimate History, Harper Perennial.
Fortey, R. (2010). *The Hidden Landscape: A Journey into the Geological Past*, Bodley Head.
Frankopan, P. (2016). *The Silk Roads: A New History of the World*, Bloomsbury.
Franks, J. W. (1960). 'Interglacial Deposits at Trafalgar Square, London', *New Phytologist* 59(2): 145–52.
Friedman, G. (2017). 'There are 2 choke points that threaten oil trade between the Persian Gulf and East Asia', https://www.businessinsider.com/maps-oil-trade-choke-points-person-gulf-and-east-asia-2017-4
Fromkin, D. (2000). *Way of the World*, Vintage.
Fuller, D. Q., T. Denham, M. Arroyo-Kalin, L. Lucas, C. J. Stevens, L. Qin, R. G. Allaby and M. D. Purugganan (2014). 'Convergent evolution and parallelism in plant domestication revealed by an expanding archaeological record', *Proceedings of the National Academy of Sciences of the United States of America* 111(17): 6147–52.
Garcia-Castellanos, D., F. Estrada, I. Jiménez-Munt, C. Gorini, M. Fernàndez, J. Vergés and R. De Vicente (2009). 'Catastrophic flood of the Mediterranean after the Messinian salinity crisis', *Nature* 462: 778.

dive/2015/03/27/mapping-world-oil-transport/
Cowie, J. (2012). *Climate Change: Biological and Human Aspects*, Cambridge University Press.
Crowley, R. (2016). *Conquerors: How Portugal Forged the First Global Empire*, Faber & Faber.
Crutzen, P. J. and E. F. Stoermer (2000). 'The "Anthropocene"', *International Geosphere–Biosphere Programme (IGBP) Newsletter* 41: 17–18.
Cunningham, C. G., R. E. Zartman, E. H. McKee, R. O. Rye, C. W. Naeser, O. Sanjines, G. E. Ericksen and F. Tavera (1996). 'The age and thermal history of Cerro Rico de Potosi, Bolivia', *Mineralium Deposita* 31(5): 374–85.
Curry, A. (2013). 'Archaeology: The milk revolution', *Nature* 500: 20–2.
Dalvi, S. (2015). *Fundamentals of Oil & Gas Industry for Beginners*, Notion Press.
Dartnell, L. (2015). *The Knowledge: How to Rebuild Our World after an Apocalypse*, Vintage.（『この世界が消えたあとの科学文明のつくりかた』ルイス・ダートネル著、東郷えりか訳、河出書房新社）
De Ryck, I., A. Adriaens and F. Adams (2005). 'An overview of Mesopotamian bronze metallurgy during the 3rd millennium bc', *Journal of Cultural Heritage* 6(3): 261–8.
Diamond, J. (1998). *Guns, Germs and Steel: A Short History of Everybody for the Last 13,000 Years*, Vintage.（『銃・病原菌・鉄』ジャレド・ダイアモンド著、倉骨彰訳、草思社）
Diamond, J. (2011). *Collapse: How Societies Choose to Fail or Survive*, Penguin.（『文明崩壊：滅亡と存続の命運を分けるもの』ジャレド・ダイアモンド著、楡井浩一訳、草思社）
Diamond, J. and P. Bellwood (2003). 'Farmers and their languages: The first expansions', *Science* 300(5619): 597–603.
Douglas, I. and N. Lawson (2000). 'The human dimensions of geomorphological work in Britain', *Journal of Industrial Ecology* 4(2): 9–33.
Dutch, S. (2002). https://stevedutch.net/Research/Elec2000/GeolElec2000.htm
Dutch, S. (2006). 'What If? The Ice Ages Had Been A Little Less Icy? ', *Geological Society of America meeting abstracts, Philadelphia, PA* 38(7): 73–5.
East, W. G. (1967). *The Geography behind History*, W.W. Norton & Co.（『地理学の本質：歴史の地理的背景』W.G. イースト著、小原敬士訳、古今書院）
Eriksson, A., L. Betti, A. D. Friend, S. J. Lycett, J. S. Singarayer, N. von Cramon-Taubadel, P. J. Valdes, F. Balloux and A. Manica (2012). 'Late Pleistocene climate change and the global expansion of anatomically modern humans', *Proceedings of the National Academy of Sciences* 109(40): 16089.
Erisman, J. W., M. A. Sutton, J. Galloway, Z. Klimont and W. Winiwarter (2008). 'How a century of ammonia synthesis changed the world', *Nature Geoscience* 1(10): 636–9.
Ermini, L., C. D. Sarkissian, E. Willerslev and L. Orlando (2015). 'Major transitions in human evolution revisited: A tribute to ancient DNA', *Journal of Human Evolution* 79: 4–20.
Fagan, B. (2001). *The Little Ice Age: How Climate Made History 1300–1850*, Basic Books.（『歴史を変えた気候変動』ブライアン・フェイガン著、東郷えりかほか訳、河出書房新社）
Falkowski, P. G. (2015). *Life's Engines: How Microbes Made Earth Habitable*, Princeton University

Brooks, N. (2006). 'Cultural responses to aridity in the Middle Holocene and increased social complexity', *Quaternary International* 151: 29–49.

Brooks, N., I. Chiapello, S. D. Lernia, N. Drake, M. Legrand, C. Moulin and J. Prospero (2005). 'The climate-environment-society nexus in the Sahara from prehistoric times to the present day', *Journal of North African Studies* 10(3–4): 253–92.

Brotton, J. (2013). *A History of the World in Twelve Maps*, Penguin. (『世界地図が語る 12 の歴史物語』ジェリー・ブロトン著、西澤正明訳、バジリコ)

Browne, J. (2014). *Seven Elements that Have Changed the World: Iron, Carbon, Gold, Silver, Uranium, Titanium, Silicon*, Weidenfeld & Nicolson.

Bryan, D. (2015). *Cosmos, Chaos and the Kosher Mentality*, Bloomsbury Publishing.

Candela, P. A. (2005). 'Ores in the Earth's crust', *The Crust*, ed. R. L. Rudnick, Elsevier.

Cane, M. A. and P. Molnar (2001). 'Closing of the Indonesian seaway as a precursor to east African aridification around 3–4 million years ago', *Nature* 411: 157–62.

Cann, J. and K. Gillis (2004). 'Hydrothermal insights from the Troodos ophiolite, Cyprus', *Hydrogeology of the Oceanic Lithosphere*, ed. E. E. Davis and H. Elderfield, Cambridge University Press: 274–310.

Cannat, M., A. Briais, C. Deplus, J. Escartin, J. Georgen, J. Lin, S. Mercouriev, C. Meyzen, M. Muller, G. Pouliquen, A. Rabain and P. da Silva (1999). 'Mid-Atlantic Ridge-Azores hotspot interactions: along-axis migration of a hotspot-derived event of enhanced magmatism 10 to 3 Ma ago', *Earth and Planetary Science Letters* 173(3): 257–69.

Carotenuto, F., N. Tsikaridze, L. Rook, D. Lordkipanidze, L. Longo, S. Condemi and P. Raia (2016). 'Venturing out safely: The biogeography of Homo erectus dispersal out of Africa', *Journal of Human Evolution* 95: 1–12.

Castree, N., D. Demeritt, D. Liverman and B. Rhoads (2009). *A Companion to Environmental Geography*, Wiley-Blackwell.

Chamberlin, J. E. (2013). *Island: How Islands Transform the World*, Elliott & Thompson.

Chen, Z. Q. and M. J. Benton (2012). 'The timing and pattern of biotic recovery following the end-Permian mass extinction', *Nature Geoscience* 5(6): 375–83.

Chorowicz, J. (2005). 'The East African rift system', *Journal of African Earth Sciences* 43(1): 379–410.

Clapper, J. R. (2013). *Worldwide Threat Assessment of the US Intelligence Community*, Office of the Director of National Intelligence, Washington, DC.

Clift, P. D., K. V. Hodges, D. Heslop, R. Hannigan, H. Van Long and G. Calves (2008). 'Correlation of Himalayan exhumation rates and Asian monsoon intensity', *Nature Geoscience* 1(12): 875–80.

Constantinou, G. (1982). 'Geological features and ancient exploitation of the cupriferous sulphide orebodies of Cyprus', *Early Metallurgy in Cyprus, 4000–500 bc*, ed. J. D. Muhly, R. Maddin and V. Karageorghis, Pierides Foundation, Nicosia: 13–23.

Corones, M. (2015). 'Mapping world oil transport', http://blogs.reuters.com/data-

Locker, C. Amundsen, I. B. Enghoff, S. Hamilton-Dyer, D. Heinrich, A. K. Hufthammer, A. K. G. Jones, L. Jonsson, D. Makowiecki, P. Pope, T. C. O'Connell, T. de Roo and M. Richards (2011). 'Interpreting the expansion of sea fishing in medieval Europe using stable isotope analysis of archaeological cod bones', *Journal of Archaeological Science* 38(7): 1516–24.

Barry, R. G. and E. A. Hall-McKim (2014). *Essentials of the Earth's Climate System*, Cambridge University Press.

Belfer-Cohen, A. (1991). 'The Natufian in the Levant', Annual Review of *Anthropology* 20: 167–86.

Belli, P., R. Bernabei, F. Cappella, R. Cerulli, C. J. Dai, F. A. Danevich, A. d'Angelo, A. Incicchitti, V. V. Kobychev, S. S. Nagorny, S. Nisi, F. Nozzoli, D. Prosperi, V. I. Tretyak and S. S. Yurchenko (2007). 'Search for α decay of natural Europium', *Nuclear Physics* A 789(1): 15–29.

Berna, F., P. Goldberg, L. K. Horwitz, J. Brink, S. Holt, M. Bamford and M. Chazan (2012). 'Microstratigraphic evidence of in situ fire in the Acheulean strata of Wonderwerk Cave, Northern Cape province, South Africa', *Proceedings of the National Academy of Sciences of the United States of America* 109(20): E1215–20.

Bernstein, W. L. (2009). *A Splendid Exchange: How Trade Shaped the World*, Atlantic Books.

Bithas, K. and P. Kalimeris (2016). 'A Brief History of Energy Use in Human Societies', *Revisiting the Energy-Development Link: Evidence from the 20th Century for Knowledge-based and Developing Economies*, ed. K. Bithas and P. Kalimeris, Springer International Publishing: 5–10.

Blij, H. d. (2011). *The Power of Place: Geography, Destiny, and Globalization's Rough Landscape*, Oxford University Press.

Boos, W. R. and Z. Kuang (2010). 'Dominant control of the South Asian monsoon by orographic insulation versus plateau heating', *Nature* 463: 218–23.

Bowden, R., T. S. MacFie, S. Myers, G. Hellenthal, E. Nerrienet, R. E. Bontrop, C. Freeman, P. Donnelly and N. I. Mundy (2012). 'Genomic Tools for Evolution and Conservation in the Chimpanzee: Pan troglodytes ellioti Is a Genetically Distinct Population', *PLoS Genetics* 8(3): 1–10.

Bowen, G. J., W. C. Clyde, P. L. Koch, S. Ting, J. Alroy, T. Tsubamoto, Y. Wang and Y. Wang (2002). 'Mammalian Dispersal at the Paleocene/Eocene Boundary', *Science* 295(5562): 2062–5.

BP (2017). BP Statistical Review of World Energy, June 2017.

Bradley, B. J. (2008). 'Reconstructing phylogenies and phenotypes: a molecular view of human evolution', *Journal of Anatomy* 212(4): 337–53.

Bramble, D. M. and D. E. Lieberman (2004). 'Endurance running and the evolution of Homo', *Nature* 432(7015): 345–52.

Braudel, F. (1995). *A History of Civilizations*, Penguin.

Brison, D. N. (2005). *Caves in the Odyssey*, 14th International Congress of Speleology. Kalamos, Hellas, Hellenic Speleological Society.

Brooke, J. L. (2014). *Climate Change and the Course of Global History*, Cambridge University Press.

参考文献

Abi-Rached, L., M. J. Jobin, S. Kulkarni, A. McWhinnie, K. Dalva, L. Gragert, F. Babrzadeh, B. Gharizadeh, M. Luo and F. A. Plummer (2011). 'The shaping of modern human immune systems by multiregional admixture with archaic humans', *Science*: 1209202.

Adams, S. P. (2008). 'Warming the Poor and Growing Consumers: Fuel Philanthropy in the Early Republic's Urban North', *Journal American History* (1): 69–94.

Allen, R. C. (1997). 'Agriculture and the origins of the state in ancient Egypt', *Explorations in Economic History* (2): 135–54.

Allen, R. C. (2009). *The British Industrial Revolution in Global Perspective*, Cambridge University Press.（『世界史のなかの産業革命：資源・人的資本・グローバル経済』R・C・アレン著、眞嶋史叙ほか訳、名古屋大学出版会）

Alvarez, W. (2018). *A Most Improbable Journey: A Big History of Our Planet and Ourselves*, W. W. Norton & Co.（『ありえない138億年史：宇宙誕生と私たちを結ぶビッグヒストリー』ウォルター・アルバレス著、山田美明訳、光文社）

Andersen, T. B., P. S. Jensen and C. V. Skovsgaard (2016). 'The heavy plow and the agricultural revolution in Medieval Europe', *Journal of Development Economics* 118: 133–49.

Angelakis, A. N., Y. M. Savvakis and G. Charalampakis (2006). *Minoan Aqueducts: A Pioneering Technology*, International Water Association 1st International Symposium on Water and Wastewater Technologies in Ancient Civilizations, Iraklio, Greece.

Anthony, D. W. (2010). *The Horse, the Wheel, and Language: How Bronze-Age Riders from the Eurasian Steppes Shaped the Modern World*, Princeton University Press.（『馬・車輪・言語：文明はどこで誕生したのか』デイヴィッド・W・アンソニー著、東郷えりか訳、筑摩書房）

Arnason, U., A. Gullberg and A. Janke (1998). 'Molecular timing of primate divergences as estimated by two nonprimate calibration points', *Journal of Molecular Evolution* 47(6): 718–27.

Bailey, G. N., S. C. Reynolds and G. C. P. King (2011). 'Landscapes of human evolution: models and methods of tectonic geomorphology and the reconstruction of hominin landscapes', *Journal of Human Evolution* 60(3): 257–80.

Balter, M. (2010). 'The Tangled Roots of Agriculture', *Science* 327(5964): 404–406.

Bar-Yosef, O. (1998). 'The Natufian culture in the Levant, threshold to the origins of agriculture', *Evolutionary Anthropology* 6(5): 159–77.

Barr, J., T. Tassier and R. Trendafilov (2011). 'Depth to Bedrock and the Formation of the Manhattan Skyline, 1890–1915', *Journal of Economic History* 71(4): 1060–77.

Barrett, J. H., D. Orton, C. Johnstone, J. Harland, W. Van Neer, A. Ervynck, C. Roberts, A.

(2016), p. 336. / 39. Brotton (2013), p. 189. / 40. Paine (2013), p. 376. / 41. Rodger (2012). / 42. Brotton (2013), p. 191. / 43. 同前、p. 196。 / 44. 同前、p. 211。 / 45. 同前、p. 198。 / 46. Bernstein (2009), pp. 247–8. / 47. Fish (2010), p. 360; Headrick (2010), p. 40. / 48. McNeill (2004), p. 202; Bernstein (2009), p. 249; Paine (2013), p. 407; Frankopan (2016), p. 335. / 49. Cunningham (1996); Waltham (2005). / 50. Cunningham (1996). / 51. Frankopan (2016), p. 335. / 52. Braudel (1995), p. 444. / 53. Bernstein (2009), p. 247; Paine (2013), p. 404; Frankopan (2016), p. 335. / 54. McNeill (2004), p. 202; Morris (2011), Kindle 位置 No. 439。 / 55. Frankopan (2016), p. 341. / 56. Braudel (1995), p. 444; Waltham (2005). / 57. Bernstein (2009), p. 259. / 58. 同前、p. 297。 / 59. McNeill (2004), p. 169; Paine (2013), p. 410. / 60. Marr (2013), p. 441. / 61. Jones (2004), p. 41. / 62. Bernstein (2009), p. 341; Morris (2011), Kindle 位置 No. 7290。 / 63. Bernstein (2009), p. 338. / 64. McNeill (2004), p. 169. / 65. Marr (2013), p. 442.

第9章

1. Rackham (2009); Monbiot (2014) pp. 91–2. / 2. Morris (2011), Kindle 位置 No. 7721。 / 3. Needham (1965), p. 370. / 4. Leveau (1996); Morris (2011), Kindle 位置 No. 4617。 / 5. Greene (2000). / 6. Bithas (2016). / 7. Marr (2013), p. 272. / 8. Smith (1997). / 9. Bithas (2016). / 10. Kenrick (1997); Karol (2001). / 11. Nelsen (2016). / 12. Hanson (2016), p. 56. / 13. Lenton (2013), p. 307. / 14. Hanson (2016), p. 56. / 15. Weng (2010). / 16. Nelsen (2016). / 17. 同前。 / 18. Lenton (2013), p. 307. / 19. Fortey (2010), p. 168. / 20. Thomas (2013), p. 53; Shubin (2014), p. 82; Wignall (2017), p. 171. / 21. Morris (2011), Kindle 位置 No. 470。 / 22. McNeill (2004), p.231. / 23. Adams (2008); Schobert (2014), p. 64. / 24. Allen (2009), p. 235. / 25. Hillstrom (2005), p. 16. / 26. Moylan (2017). / 27. Macalister (2015). / 28. BP (2017). / 29. Speight (2015), p. 64. / 30. Dalvi (2015), p. 5. / 31. Bithas (2016), p. 8. / 32. Castree (2009), p. 273. / 33. Browne (2014), Kindle 位置 No. 4203。 / 34. Castree (2009), p. 273. / 35. Ulmishek (1990); Larson (1991). / 36. Zalasiewicz (2012), p. 165. / 37. Stow (2010), p. 131. / 38. Helly (2004). / 39. Stow (2010), p. 102. / 40. Stoneley (1990); Ulmishek (1990); Larson (1991); Mann (2003); Sorkhabi (2016). / 41. Lenton (2013), p. 54. / 42. Wright (2013); Zeebe (2016). / 43. McInerney (2011). / 44. Gingerich (2006); McInerney (2011); Stager (2012), Kindle 位置 No. 1178; Wing (2013). / 45. Guinotte (2008); (Kroeker, 2010). / 46. Fortey (2010), p. 164. / 47. Stager (2012), Kindle 位置 No. 489。

終章

1. Douglas (2000); Zalasiewicz (2011); Zalasiewicz (2014).

Millward (2013), p. 41; Marr (2013), p. 262. / 60. Frankopan (2016), p. 75. / 61. McCormick (2012), p. 190; Brooke (2014), p. 347. / 62. McCormick (2012), p. 190. / 63. Keegan (1993), pp. 184, 186; Fromkin (2000), p. 97. / 64. Keegan (1993), p. 187. / 65. Frankopan (2016), p. 76. / 66. 同前。/ 67. 同前、p. 77。/ 68. Marr (2013), p. 264. / 69. Millward (2013), p. 237. / 70. 同前。/ 71. 同前、p. 47; Frankopan (2016), p. 237. / 72. Frankopan (2016), p. 237. / 73. Millward (2013), p. 47. / 74. Frankopan (2016), p. 242. / 75. 同前、p. 244。/ 76. Marr (2013), p. 264. / 77. Frankopan (2016), p. 244. / 78. East (1967), p. 177. / 79. Frankopan (2016), p. 249. / 80. Marr (2013), p. 264; Frankopan (2016), p. 249. / 81. Keegan (1993), p. 201; Marr (2013), p. 264. / 82. Millward (2013), p. 48; Frankopan (2016), p. 240. / 83. Frankopan (2016), p. 241. / 84. 同前、p. 261。/ 85. Bernstein (2009), pp. 113, 146; Watson (2012), p. 461; Millward (2013), p. 48. / 86. McNeill (2004), p. 124; Millward (2013), p. 48. / 87. Watson (2012), p. 462. / 88. Fernandez-Armesto (2002), p. 131. / 89. Frankopan (2016), p. 274. / 90. Fagan (2001), Kindle 位置 No. 598、949; McNeill (2004), p. 120. / 91. Marr (2013), p. 278. / 92. Frankopan (2016), p. 278. / 93. Marr (2013), p. 279. / 94. Morris (2011), p. 390; Marr (2013), p. 265. / 95. Bernstein (2009), p. 160. / 96. Roberts (1967); Parker (1976); Rogers (2018); Morris (2011), Kindle 位置 No. 7186。/ 97. McNeill (2004), p. 194. / 98. 同前、p. 195。/ 99. Morris (2011), Kindle 位置 No. 7186。/ 100. Millward (2013), Kindle 位置 No. 1780。/ 101. Vasiljevic (2014). / 102. Frankopan (2016), pp. 524, 718. / 103. Price (2009); Smith (2009). / 104. Watson (2012), p. 237. / 105. Terazono (2016).

第 8 章

1. Fromkin (2000), p. 114; Crowley (2016), Kindle 位置 No. 91–112。/ 2. 同前、Kindle 位置 No. 190、243; Paine (2013), p. 389. / 3. Rosenbaum (2002); Alvarez (2008), p. 73. / 4. Paine (2013), p. 377. / 5. Tomczak (1994), p. 422. / 6. Pim (2008); Ramalho (2010); The Geology of the Canary Islands, https://www.islandsinocean.com/view/the_geology_of_canary_islands / 7. Cannat (1999). / 8. Frankopan (2016), p. 300. / 9. 同前、p. 298。/ 10. Morris (2011), Kindle 位置 No. 6535。/ 11. Paine (2013), p. 385; Frankopan (2016), p. 298. / 12. Chamberlin (2013), p. 85; Paine (2013), p. 385. / 13. Winchester (2011), pp. 108–9. / 14. Paine (2013), p. 389. / 15. Chamberlin (2013), p. 72. / 16. Raudzens (2003), p. 216; Paine (2013), p. 386. / 17. Fromkin (2000), p. 116. / 18. Crowley (2016), Kindle 位置 No. 411。/ 19. 同前、Kindle 位置 No. 454。/ 20. 同前、Kindle 位置 No. 248。/ 21. 同前、Kindle 位置 No. 473。/ 22. Paine (2013), p. 391. / 23. Bernstein (2009), p. 201; Marr (2013), p. 306; Paine (2013), p. 392. / 24. Paine (2013), pp. 64, 388; Bernstein (2009), p. 204. / 25. Chamberlin (2013), p. 85; Crowley (2016), Kindle 位置 No. 264。/ 26. Paine (2013), p. 396. / 27. Rodger (2012). / 28. Huang (2014). / 29. Winchester (2011), p. 116. / 30. *Oxford English Dictionary*, 2nd ed. (1989), Oxford University Press. / 31. Bernstein (2009), p. 209; Crowley (2016), Kindle 位置 No. 732。/ 32. Bernstein (2009), p. 214; Frankopan (2016), p. 321. / 33. Sauberlich (1997). / 34. Crowley (2016), Kindle 位置 No. 1296。/ 35. Clift (2008); Boos (2010); Raj (2013); Rajagopalan (2013). / 36. Crowley (2016), Kindle 位置 No. 844、852。/ 37. 同前、Kindle 位置 No. 1374。/ 38. Crowley

Oppenheimer (2011), p. 279. / 24. 同前、p. 233。/ 25. Oppenheimer (2011), p. 278. / 26. 同前、pp. 278, 293。 / 27. 同前、p. 292。 / 28. Winchester (2011), pp. 62–8. / 29. Stow (2010), p. 203. / 30. Roebroeks (2012). / 31. Osborne (2013), Needham (1965), p. 370. / 32. Mokyr (1992), p. 210. / 33. Oleson (2009), p. 170. / 34. McNeill (2004), pp. 101–102. / 35. Andersen (2016). / 36. Hillstrom (2005), p. 11. / 37. Kasen (2017). / 38. Sagan (1973), p. 190; Shubin (2014), p. 33; Schrijver (2015), p. 129; Kukula (2016), Kindle 位置 No. 236。 / 39. Kleine (2011). / 40. Walker (2006). / 41. Ridley (2013), p. 297. / 42. Klein (2005); Shubin (2014), p. 81. / 43. Lenton (2013), p. 243. / 44. Hamilton (2016). / 45. Lenton (2013), p. 183. / 46. Lyons (2014). / 47. Lenton (2013), pp. 29–33; Lyons (2014); Falkowski (2015), p. 88. / 48. Lenton (2013), p. 30. / 49. Scott (2006). / 50. Hagelüken (2014). / 51. Rohrig (2015). / 52. Graedel (2014). / 53. Schwarz-Schampera (2014). / 54. Graedel (2014). / 55. Belli (2007). / 56. Gunn (2014). / 57. 同前。 / 58. Sadykov (2000). / 59. Stewart (2005); Erisman (2008). / 60. Krivolutskaya (2016). / 61. Gunn (2014). / 62. 同前。 / 63. Humphreys (2014). / 64. Gunn (2014). / 65. Kinnaird (2005); Ridley (2013), p. 61. / 66. American Chemical Society: Endangered Elements, https://www.acs.org/content/acs/en/greenchemistry/research-innovation/endangered-elements.html / 67. Graedel (2014); Humphreys (2014). / 68. Clapper (2013), p. 11. / 69. Jacobs (2018). / 70. Lewis (2008); Warren (2014); Wagland (2016). / 71. Kolarik (2005).

第 7 章

1. McNeill (2014), p. 65. / 2. Kaplan (2017), p. 212. / 3. Marshall (2016), p. 31. / 4. Kaplan (2017), p. 212. / 5. Pye (1995); Vasiljevic (2014). / 6. Wright (2006), p. 104. / 7. Haase (2007); Vasiljević (2014). / 8. Fromkin (2000), p. 41. / 9. Braudel (1995), p. 352; Wel (2014). / 10. East (1967), p. 166; Marr (2013), p. 139. / 11. Millward (2013), p. 78. / 12. 同前、p. 81。 / 13. East (1967), p. 168; Bernstein (2009), p. 9. / 14. Bernstein (2009), p. 9. / 15. 同前。 / 16. Millward (2013), p. 80. / 17. Watson (2012), p. 462. / 18. East (1967), p. 175. / 19. Ji (2009). / 20. Orlando (2016); Marr (2013), p. 253. / 21. Piantadosi (2003), p. 82. / 22. 同前、p. 81。 / 23. McNeill (2004), p. 95. / 24. Bernstein (2009), p. 74. / 25. McNeill (2004), p. 98. / 26. McDougall (1983); McDougall (1990); Marr (2013), p. 254. / 27. Frankopan (2016), p. 30. / 28. Braudel (1995), p. 63. / 29. East (1967), p. 175. / 30. Bernstein (2009), p. 139. / 31. Millward (2013), p. 22. / 32. Barry (2014), p. 146. / 33. Millward (2013), p. 23. / 34. Marr (2013), p. 337. / 35. Millward (2013), p. 24. / 36. Marr (2013), p. 337. / 37. Millward (2013), p. 60. / 38. Anthony (2010), Kindle 位置 No. 3521。 / 39. Millward (2013), p. 95. / 40. Anthony (2010), p. 101. / 41. Anthony (2010), Kindle 位置 No. 6495; Millward (2013), p. 95. / 42. Keegan (1993), p. 240. / 43. Watson (2012), p. 288. / 44. Schmidt (2017). / 45. Fortey (2005), p. 471. / 46. Bernstein (2009), p. 113. / 47. Millward (2013), Kindle 位置 No. 350。 / 48. McNeill (2004), pp. 100–101. / 49. Fernandez-Armesto (2002), p. 115. / 50. Keegan (1993), p. 190; Kaplan (2017), Kindle 位置 No. 1196。 / 51. Keegan (1993), pp. 180, 206. / 52. Marshall (2016), p. 33. / 53. East (1967), p. 66. / 54. 同前、p. 68。 / 55. Keegan (1993), p. 183. / 56. 同前、pp. 184, 186; McNeill (2004), p. 100. / 57. Keegan (1993), p. 212. / 58. Frankopan (2016), p. 289. / 59.

36. Bernstein (2009), p. 142; Paine (2013), p. 280. / 37. Bernstein (2009), p. 142; Paine (2013), p. 280. / 38. Paine (2013), p. 281; Frankopan (2016), p. 271. / 39. Bernstein (2009), p. 134. / 40. Paine (2013), p. 169. / 41. Bernstein (2009), p. 134; Crowley (2016), Kindle 位置 No. 3865。/ 42. Crowley (2016), Kindle 位置 No. 3865。/ 43. Bernstein (2009), p. 141. / 44. McNeill (1963), p. 194; Marr (2013), p. 94. / 45. McNeill (1963), p. 198; Marr (2013), p. 95; Kaplan (2017), Kindle 位置 No. 865。/ 46. Reader (2005), p. 53. / 47. Bernstein (2009), p. 57. / 48. Fromkin (2000), p. 70. / 49. Bernstein (2009), p. 454. / 50. World Oil Transit Chokepoints, https://www.eia.gov/beta/international/regions-topics.cfm?RegionTopicID=WOTC / 51. 同前。/ 52. http://news.bbc.co.uk/onthisday/hi/dates/stories/november/29/newsid_3247000/3247805.stm; McDermott (1998), pp. 136, 142. / 53. Corones (2015). / 54. Friedman (2017). / 55. World Oil Transit Chokepoints / 56. Stern (2010). / 57. Marshall (2016), p. 143. / 58. Friedman (2017). / 59. 投票パターンと古代の海の関係に関する議論は最初に Dutch (2002) で論じられた。/ 60. US election 2016: Trump victory in maps, http://www.bbc.co.uk/news/election-us-2016-37889032

第5章

1.Morris (2011), Kindle 位置 No. 997。/ 2. 大ピラミッドの建設の詳細は Verner (2001), 第3章にある。; Sweeney (2007), p. 16. / 3. Stow (2010), p. 166. / 4. 同前。/ 5. Fortey (2010), p. 284. / 6. Bernstein (2009), p. 39. / 7. Phillips (1988). / 8. 同前。/ 9. The Getty Centre: Architecture, http://www.getty.edu/visit/center/architecture.html / 10. Siddall (2015). / 11. Nield (2014), p. 47. / 12. Brison (2005); Sakellariou (2016), p. 168. / 13. Stow (2010), p. 135. / 14. Pollard (2017). / 15. Sheridan (2002). / 16. Stow (2010), p. 133; Stampfli (2013). / 17. Rasmussen (2012), p. 45. / 18. Chen (2012). / 19. Wignall (2017), p. 64. / 20. 同前、p. 9。/ 21. 同前、p. 161。/ 22. 同前。/ 23. 同前、p. 169。/ 24. Myers (1997); Fortey (2005), p. 304. / 25. Fortey (2005), p. 297. / 26. Koestler-Grack (2010), p. 39. / 27. Nield (2014), p. 140. / 28. 同前。/ 29. Kneller (1987). / 30. Zalasiewicz (2012), p. 42. / 31. Fortey (2010), p. 171. / 32. Fortey (2005), p. 309. / 33. Gregory (2010), p. 22. / 34. Fortey (2010), p. 248. / 35. 同前、p. 97。/ 36. Schuberth (1968), p. 81; Barr (2011). / 37. Fortey (2005), p. 243; Barr (2011). / 38. Winkless (2017).

第6章

1. De Ryck (2005); Roberts (2009). / 2. Bernstein (2009), p. 37. / 3. Goody (2012), p. 9. / 4. Bernstein (2009), p. 37. / 5. Fokkens (2013), p. 420. / 6. Fortey (2005), p. 294. / 7. Bernstein (2009), p. 38. / 8. Kassianidou (2013). / 9. Candela (2005), p. 423. / 10. Fortey (2005), p. 188. / 11. 同前。/ 12. Republic of Cyprus: Geological Survey Department, http://www.moa.gov.cy/moa/gsd/gsd.nsf/dmltroodos_en/dmltroodos_en〔2019年7月現在アクセス不能〕/ 13. Cann (2004). / 14. Stow (2010), p. 200. / 15. Kassianidou (2013). / 16. 同前。/ 17. Constantinou (1982); Socratous (2011); Kassianidou (2013). / 18. Wagner (2009), p. 98. / 19. Hughey (2013). / 20. Marr (2013), p. 70. / 21. 同前。/ 22. Angelakis (2006); Oppenheimer (2011), p. 279. / 23.

(2005), p. 25. / 39. Stager (2012), Kindle 位置 No. 3153。 / 40. Brooks (2005). / 41. Brooks (2006); de Blij (2011), p. 142; Nicoll (2013). / 42. Allen (1997); Morris (2011), Kindle 位置 No. 2945; White (2012); Nicoll (2013). / 43. Brooks (2006); White (2012). / 44. Marr (2013), p. 64. / 45. Wright (2006), p. 102; Marshall (2016), p. 108. / 46. Marshall (2016), p. 108. / 47. McNeill (2004), p. 53. / 48. 同前、 p. 43。 / 49. Ermini (2015). / 50. McNeill (2004), p. 29. / 51. Larson (2014). / 52. 同前。 / 53. Anthony (2010), p. 102. / 54. McNeill (2004), p. 31. / 55. Curry (2013). / 56. McNeill (2004), p. 31. / 57. 同前。 / 58. Anthony (2010), Kindle 位置 No. 2568。 / 59. Watson (2012), p. 139. / 60. International Energy Agency, https://www.iea.org/topics/coal / 61. Thompson (2010), p. 70; Hanson (2016), p. 67. / 62. Novacek (2008), p. 153. / 63. Stow (2010), p. 146. / 64. Kourmpetli (2014). / 65. Kellogg (2001); Novacek (2008), p. 226. / 66. Hanson (2016), p. 75. / 67. Lenton (2013), p. 340. / 68. Bryan (2015), p. 136. / 69. Quran 2: 173. Sahih International translation, quran.com / 70. Gingerich (2006). / 71. Wing (2005); McInerney (2011). / 72. Nield (2014), p. 211. / 73. Weijers (2007). / 74. McInerney (2011). / 75. Woodburne (2009). / 76. Gingerich (2006). / 77. Gingerich (2006); McInerney (2011); Gehler (2016). / 78. McInerney (2011). / 79. Bowen (2002); Gingerich (2006); McInerney (2011). / 80. Diamond (1998), p. 140; Morris (2011), Kindle 位置 No. 1979。 / 81. Diamond (1998), Ch. 10; 以下も参照。 McNeill (2001); Ramachandran (2011); Laitin (2012). / 82. Bernstein (2009), p. 70. / 83. Diamond (1998), pp. 159–162. / 84. Stahl (2008). / 85. Bernstein (2009), p. 19. / 86. Diamond (1998). / 87. Twinning (2009); Marshall (2016), p. 38. / 88. https://www.worldwildlife.org/stories/the-earth-has-a-third-pole-and-millions-of-people-use-its-water; Sinha (2010); Qiu (2014). / 89. Stow (2010), p. 188; Qiu (2014). / 90. https://www.worldwildlife.org/stories/the-earth-has-a-third-pole-and-millions-of-people-use-its-water; Sinha (2010). / 91. Kaplan (2017), p. 225. / 92. Sinha (2010). / 93. 同前。 / 94. Lim (2004); Wong (2010).

第 4 章

1. Stewart (1994); Hoffecker (2005); Hu (2009). / 2. Rick (2008), p. 230; Barrett (2011); Sahrhage (2012), Ch. 2. / 3. Fagan (2001), Kindle 位置 No. 879; Pye (2015), p. 177. / 4. Fagan (2001), Kindle 位置 No. 215–60, 820, 910; Hoffman (2017), p. 115. / 5. Pye (2015), p. 259. / 6. Bernstein (2009), p. 272. / 7. Marr (2013), p. 356. / 8. Bernstein (2009), p. 273. / 9. Allen (2009), p. 138. / 10. Henrich (2004). / 11. Leidwanger (2014). / 12. Force (2015), p. 143. / 13. Fernandez-Armesto (2002), p. 361. / 14. Véron (2006). / 15. Brotton (2013), p. 17. / 16. Maslin (2007); Garcia-Castellanos (2009); Stow (2010), Kindle 位置 No. 470。 / 17. Woodward (2014), p. 121. / 18. Stow (2010), Kindle 位置 No. 472; Krijgsman (1999). / 19. Maslin (2007). / 20. Garcia-Castellanos (2009). / 21. Paine (2013), p. 3; Bernstein (2009), p. 44. / 22. Stavridis (2018), p. 23. / 23. East (1967), p. 170. / 24. Bernstein (2009), p. 18. / 25. East (1967), p. 170; Bernstein (2009), p. 50. / 26. Bernstein (2009), p. 18. / 27. Bernstein (2009), p. 94; Braudel (1995), p. 55. / 28. Bernstein (2009), p. 145. / 29. Oppenheimer (2011), 第 8 章 ; Gatti (2012). / 30. Paine (2013), p. 168. / 31. Crowley (2016), Kindle 位置 No. 852。 / 32. Frankopan (2016), p. 329. / 33. Paine (2013), p. 281. / 34. Hanson (2016), p. 131. / 35. Bernstein (2009), p. 52. /

Ruddiman (2016), p. 42. / 24. Woodward (2014), p. 121. / 25. Woodward (2014), p. 121; Maslin (2007). / 26. Mendez (2011). / 27. Woodward (2014), p. 121; O'Dea (2016). / 28. Maslin (2007); Woodward (2014), p. 121; Ruddiman (2016), p. 19. / 29. Summerhayes (2015), p. 369. / 30. Oppenheimer (2011), p. 176. / 31. Bowden (2012). / 32. Ermini (2015); Lopez (2015); Tucci (2016). / 33. Eriksson (2012); Lenton (2013), p. 367. / 34. Oppenheimer (2011), p. 178; King (2006). / 35. Morris (2011), Kindle 位置 No. 1274; Lieberman (2014), p. 130. / 36. Ermini (2015). / 37. Abi-Rached (2011). / 38. Ermini (2015). / 39. Carotenuto (2016). / 40. Eriksson (2012). / 41. Lenton (2013), p. 367. / 42. Oppenheimer (2011), p. 179. / 43. Eriksson (2012). / 44. 同前。 / 45. Paine (2013), p. 14. / 46. McNeill (2012). / 47. Woodward (2014), p. 29. / 48. 同前。 / 49. Morris (2011), Kindle 位置 No. 1444。 / 50. Holen (2017). / 51. Rose (2011). / 52. Bradley (2008). / 53. McNeill (2012). / 54. Ermini (2015). / 55. McNeill (2012). / 56. US Geological Survey publications, 'Past Glaciations and "Little Ice Ages"', https://pubs.usgs.gov/pp/p1386i/chile-arg/wet/past.html / 57. Novacek (2008), p. 267. / 58. Discussion on the consequences for American history of a less icy Ice Age appeared in Dutch (2006); Alvarez (2018), p. 68. / 59. Stager (2012), Kindle 位置 No. 305; Summerhayes (2015), p. 264. / 60. Woodward (2014), p. 29. / 61. Ruddiman (2016), p. 44. / 62. Gibbard (2007). / 63. Gibbard (2007); Gupta (2007); Gupta (2017). ヨーロッパ史に最終氷期がもたらした影響に関する議論は Dutch (2006) による。 / 64. Frankopan (2016), p. 387. / 65. Kaplan (2017), Kindle 位置 No. 643。 / 66. Marshall (2016), p. 91; Kaplan (2017), Kindle 位置 No. 65。 / 67. Frankopan (2016), p. 386.

第3章

1. Shakun (2012). / 2. Murton (2010). / 3. Törnqvist (2012); Summerhayes (2015), p. 255. / 4. McNeill (2012). / 5. Belfer-Cohen (1991); Bar-Yosef (1998); Grosman (2008). / 6. Teller (2002); Tarasov (2005); Woodward (2014), p. 130. / 7. Belfer-Cohen (1991); Bar-Yosef (1998); J. R. McNeill (2004), p. 23; Grosman (2008); Balter (2010); Shubin (2014), p. 177. / 8. McBrearty (2000); Sterelny (2011). / 9. Ruddiman (2016), p. 63. / 10. McNeill (2012); Lenton (2013), p. 369. / 11. White (2012); Balter (2010). / 12. Morton (2016), p. 226. / 13. Richerson (2001). / 14. Hodell (1995); Mayewski (2004). 一般的な論考は以下を参照。Diamond (2011); Cowie (2012); Brooke (2014). / 15. McNeill (2012) / 16. Petit (1999); Wright (2006), p. 50. / 17. Sage (1995); Richerson (2001); Morton (2016), p. 229. / 18. Kilian (2010). / 19. Lenton (2013), p. 369. / 20. Ruddiman (2016), p. 71. / 21. McNeill (2004), p. 33. / 22. Ruddiman (2016), p. 70. / 23. McNeill (2004), p. 32. / 24. Londo (2006); Ruddiman (2016), p. 70. / 25. Kimber (2000). / 26. Larson (2014). / 27. 同前。 / 28. 同前。作物の栽培化が始まった場所と時代に関する一般的なことは以下を参照。Diamond (2003); Fuller (2014); Larson (2014). / 29. Janzen (1982); Guimaraes (2008); Yong (2015). / 30. Larson (2014). / 31. Thompson (2010), p. 27; McNeill (2012). / 32. Lieberman (2014), p. 188; Marr (2013), Kindle 位置 No. 563。 / 33. Marr (2013), Kindle 位置 No. 563。 / 34. Lenton (2013), p. 368. / 35. Brooks (2006); Morris (2011), Kindle 位置 No. 2867。 / 36. Reader (2005), p. 27. / 37. McNeill (2004), p. 43. / 38. Reader

引用文献

本文内でカッコなしの数字で示されたもの。

序 章

1. 人体内の元素がどのように地球からもたらされたかに関するずっと詳細にわたる説明は、Stager (2014) と Schrijver (2015) を参照のこと。/ 2. Crutzen (2000); Ruddiman (2015); Lewis (2015). / 3. Dartnell (2015).

第 1 章

1. Arnason (1998); Patterson (2006); Moorjani (2016). / 2. Rothery (2010), p. 53. / 3. Cane (2001). / 4. King (2006). / 5. Stow (2010), Kindle 位置 No.740。/ 6. Maslin (2014). / 7. 同前。/ 8. Jung (2016). / 9. Maslin (2013); Shubin (2014), p. 179; Fer (2017). / 10. Cane (2001). / 11. Lieberman (2014), p. 68. / 12. Chorowicz (2005). / 13. King (1994). / 14. King (2006); Bailey (2011). / 15. Maslin (2014). / 16. 同前。/ 17. Berna (2012). / 18. Gibbons (1998). / 19. Ermini (2015). / 20. Bramble (2004). / 21. Bradley (2008). / 22. Maslin (2014). / 23. White (2003). / 24. Potts (2013). / 25. Maslin (2007). / 26. Maslin (2007); Trauth (2010). / 27. Maslin (2007). / 28. Maslin (2007); Trauth (2010). / 29. Trauth (2010). / 30. Maslin (2014); Potts (2015). / 31. Trauth (2007); Maslin (2007). / 32. Maslin (2007). / 33. Potts (2015). / 34. Maslin (2014). / 35. 同前。/ 36. Neimark (2012). / 37. 同前 ; McKie (2013). / 38. Jung (2016). / 39. Giosan (2012). / 40. Reilinger (2011). / 41. Garzanti (2016). / 42. US Geological Survey publications, 'Plate tectonics and people', https://pubs.usgs.gov/gip/dynamic/tectonics.html. / 43. Shuckburgh (2008), p. 133. / 44. 古代文明とプレート境界との関連についてのこの箇所は以下より。Force (2008); Force (2010); Force (2012); Force (2015), 第 15 章。/ 45. Jackson (2006). / 46. http://worldpopulationreview.com/world-cities/tehran-population / 47. Jackson (2006); Shuckburgh (2008), p. 133.

第 2 章

1. Kukula (2016), Kindle 位置 No. 4136; Ruddiman (2016), 第 4 章。/ 2. Woodward (2014), p. 28. / 3. 同前、p. 111。/ 4. Stager (2012), Kindle 位置 No. 305。/ 5. 同前。/ 6. Summerhayes (2015), p. 264. / 7. 同前。/ 8. Ruddiman (2016), p. 45. / 9. Feurdean (2013); Liddy (2016). / 10. Summerhayes (2015), p. 255. / 11. Franks (1960). / 12. Woodward (2014), p. 102. / 13. 同前、p. 112。/ 14. 同前。/ 15. 同前、p. 116。/ 16. Maslin (2014). / 17. Ruddiman (2016), p. 42. / 18. Lenton (2013), p. 353; Woodward (2014), p. 111. / 19. Nield (2014), p. 213; Woodward (2014), p. 35. / 20. 同前。/ 21. Stow (2010), p. 131. / 22. Summerhayes (2015), p. 368; Stager (2012), Kindle 位置 No. 1178。/ 23. Woodward (2014), p. 121; Lieberman (2014), p. 68;

何 km もの厚さで氷床が覆い、とてつもなく寒く乾燥した気候によって農業が広範囲で不可能になる時代に戻りはしない、ということだろう[47]。

パの海洋国もいわゆるミドル・パッセージ〔中間航路、奴隷貿易における大西洋横断の最も過酷な行程を指す。三角貿易のこの区間を呼ぶという説明もある〕の人身売買に関与した[60]。

(19) 僕らは今日も同じくらい責任ある消費者ではない。頭の片隅では、発展途上国の多くの工場労働者が耐え忍ばされている劣悪な状況を知りながら、最新のタッチスクリーンの電子機器や安いTシャツを嬉々として買っているのだ。

第9章

(1) 北ヨーロッパの樹木の多く——ハンノキ、セイヨウトネリコ、ブナ、ナラ、セイヨウカジカエデ、ヤナギなど——は切られた幹からひこばえが生える。そしてこの自然の再生力がこれらを萌芽更新に適した樹木にしている。しかし、この能力そのものは、餌を探すゾウなどの大型動物が与える損傷への進化上の対応として発達したのかもしれない。本文p.43で述べた、温暖な間氷期に高緯度の地域にも進出していたような巨大な動物だ[1]。

(2) 当時としてはこの設備はとてつもなく驚異的なものだったが、今日、人類が利用することを覚えたエネルギーの途方もない量に比べたら、これでもまるで些細なものだ。この水車場全体でも、自家用車1台のエンジンの出力に満たないのだ。

(3) オロジェニー〔orogeny、造山運動〕は、プレートテクトニクスの沈み込みや衝突から山脈が形成されることを指す地質用語だが、形容詞形は残念ながら〔性的満足を与える、という意味のerogeneousと似た〕orogeneousではなく、orogenicである。

(4) コーンウォールの花崗岩の貫入も造山運動によるものだ。前述したように、ここは青銅を生産するための錫や磁器をつくるためのカオリン粘土を産出するようになった。

(5) 2017年4月21日に、イギリスは1880年代以来初めて、丸一日石炭を使わずに発電する体験をした[26]。

(6) 労働党と炭田の相関関係は、別の主要な左派政党であるスコットランド国民党が台頭しているスコットランドではさほど明確ではない。

(7) 同様の無酸素の海底の状況は、黒海の海底やペルー沖合の湧昇域など、今日もいくつかの海域で見られる[38]が、白亜紀にはこれが地球全体に広がっていた。

(8) 第6章では大酸化事変がいかに、人類が昔から採鉱しつづけた鉄鉱石を生成したかを見るとともに、この事変が大気から温室効果ガスであるメタンを奪い去り、それがスノーボールアースを生みきっかけになったかを見た。

(9) 大気中の二酸化炭素レベルは、自然には産業革命前の状況までには何万年ものあいだ戻らないだろう。ミランコヴィッチ・サイクルの重なり合うリズムが、いまからおよそ5万年後には地球の気候を氷河期に押し戻すはずだが、人類がすでに大気中に〔二酸化炭素を〕急激に送りだしてきたので、この予定される次の氷河期はほぼ間違いなく見送られることを意味する。したがって、人類の視点からすれば、現在の地球温暖化がもたらした希望の兆しがあるとすれば、僕らの文明が長期的にはより暑い世界の極端な気候により適応できるようになることだ。そして、北半球をする重要な酵素を失ってしまったのだ。壊血病は長らく、長期の航海にでる船乗りの主要な死因となっていたが、18 世紀末になって柑橘類がこの疾病を予防することが突き止められた[33]。

(13) ダ・ガマのインド航路をたどるようになった最初の艦隊は、往路に南大西洋で非常に大きな弧を描くヴォルタ・ド・マールの航路を進んだため、ブラジルを発見した[37]。

(14) スリランカの人びとは最初にポルトガル人に遭遇し、ヨーロッパの異質な食べ物と飲み物を見たとき、「彼らは白い石のようなものを食べ、血を飲む」と報告した。彼らはパンとワインをそこで初めて見たのだ[38]。

(15) この時代の 2 大海洋国は 1494 年に条約を結び、世界をポルトガル支配下の東側とスペイン支配下の西側に分割した。トルデシリャス線として知られるこの分割線は、カーボヴェルデ諸島の西 370 リーグ（2000km 強）の大西洋の海上を南北に貫いている。これは大海原の真っ只中を通る地図上の線に過ぎなかった。まったくの地図製作上の抽象的概念だ。ポルトガルの船乗りがインドへ向かう途上で〔大西洋側から〕南アメリカの海岸を発見したとき、彼らはそこが自分たちの割り当て区分にあると見なし、そう主張した。そのためブラジルではポルトガル語を話し、ラテン・アメリカのその他の国々はスペイン語になったのだ。1520 年代に起こった問題は、地球の裏側で生じたものだった。トルデシリャス線が両極を通過して、太平洋を越えて――大西洋の分割線の 180 度裏側まで――一周したら、モルッカ諸島はスペイン領となるのか、ポルトガル領なのか？　結局、フランスとの長引く戦争のための資金を調達するために早急に現金を必要としたスペインが、モルッカ諸島の領有権をポルトガルに売却することで、この論争の決着はついた[44]。

(16) ポトシは、セロ・リコ（スペイン語で「豊山」）とも呼ばれ、1300 万年ほど前にできた火山が侵食されて芯部だけが残っている[49]。火山活動によって地下で熱水作用が引き起こされ、そこから銀のほか錫と亜鉛も地中深くにある岩石から浸出し、この山の中心部の隅々にきわめて豊かな太い鉱脈となって再び堆積した[50]。ここは史上最大の銀山であり、100 年以上にわたって世界中の銀の半分以上を産出していた[51]。

(17) 帆船時代のほとんどを通じて悩まされた主要な問題の一つは、外洋での自船位置を正確に特定することの困難さだった。天文学から緯度は容易に判明した――水平線と特定の星のあいだの角度を測れば済む――が、正確な時計が発明されるまでは、正確な経度を割りだすことはほぼ不可能だった。吠える 40 度を東に突き進む船は、いつ北東に旋回してインドネシアまでの旅をつづけるべきなのか、その適切なタイミングを知らなければならなかった。あまりにも長く待ち過ぎれば、オーストラリアに入り込むことになる。サンゴ礁に囲まれたこの大陸の西の海岸線には、旋回に失敗した船の残骸があちこちにある[57]。

(18) ポルトガル人は 1400 年代後半にアフリカの奴隷を輸入して、マデイラとカーボヴェルデ諸島のサトウキビ大農園で働かせていたが、1530 年代からは大西洋を越えたブラジルの植民地まで輸送するようになった[59]。まもなく、その他のヨーロッ

(5) 大半の気流は目に見えないが、この場合、風はサハラ砂漠から巻きあげた砂塵を大量に含み、宇宙からもはっきりと見える。砂塵を含んだ空気が大西洋を越えるには1週間ほどかかり、やがて砂の粒子はアマゾンの雨林の豊かな土壌に積もり、土地を肥沃にする。

(6) 英語で方角を見失ったことを表わすこれに相当する言葉は、「ディスオリエンティッド」、すなわち日が昇る東の方角を見失ったというフランス語起源の語になる。

(7) ジョアン2世は強敵であるカスティーリャのイサベル女王(のちに彼女がスペインを統一した)からおそらく歴史上最大の称賛を得た。女王はポルトガル国王を、「エル・オンブレ」[20]〔英語ではザ・マン、男の代表、男のなかの男の意〕としか呼ばなかった。ブルース・スプリングスティーンのあだ名、「ザ・ボス」よりも、はるかに上を行く呼称だ。

(8) このように、プレートテクトニクスによって1億年以上の歳月をかけて開けた大西洋を、コロンブスはわずか1カ月余りで渡ったのだ。

(9) 彼は西インド諸島の地元民からハンモックについても学び、それがヨーロッパの船員の船上での寝泊まりの仕方を数百年にわたって変えることになった。

(10) 驚くべきことに、貿易風という名称〔英語では trade wind〕は貿易という意味の「トレード」に由来するのではない。この名称は実際には、16世紀の別の用法が語源となっている。「トレードに吹く風」は一定方向に吹くことを意味する。したがってトレードウィンドは一定の風なのであり、〔その特性ゆえに〕世界を理解するうえで探検にも貿易にも非常に有益なものとなったのである。

(11) これらの回転する広大な環流における流体動力学の働きは、環流の中心に海面を漂う物質を引き寄せる。サルガッソ海は北大西洋環流の中央に位置し——大洋(ocean)の真っ只中にありながら唯一、海(sea)と分類される海域——南北に1000km、東西に3000kmにわたって海藻が鬱蒼と茂り、水の透明度がきわめて高く青い海域をなす。物を囲い込むこの同じプロセスが近年は大量のプラスチックの漂流物を集中させており、北大西洋ごみベルト〔Garbage Patch、ごみ海域〕と呼ばれている。同様の汚染物質の集中は太平洋ごみベルト〔Trash Vortex〕にも見られる。

(12) 船乗りが壊血病に決まって悩まされるようになったのは、ポルトガル人によるこの最初の長期航海からだった。当時、壊血病は知られていなかったわけではない。飢饉の折にもかかったし、栄養のバランスの悪い食事をする軍隊でも発生した。しかし、何カ月もつづけて航海にでる船乗りが、この時代にはごく頻繁に、必然的とも言える頻度で罹患した。今日では、壊血病がビタミン欠乏症によって起こることがわかっている。ビタミンC、すなわちアスコルビン酸は体が結合組織のためのコラーゲンを生成するうえで不可欠な成分なのだ。ビタミンCが不足した食事を一カ月ほどつづけると、症状はどんどん悪化し、歯茎からの出血や骨の痛み、傷の治癒の遅れ、歯が抜けるなどさまざまな病状になり、しまいには痙攣して死にいたる。奇妙なことに、ヒトは壊血病に罹る数少ない動物の一種なのだ(モルモットもその一つ)。進化の過程でその他の霊長類から分岐したどこかの時点で、僕らの遺伝暗号のなかの一文字に突然変異が生じ、それが自分の肝細胞でアスコルビン酸を生成

屈指の高い生産性を誇る穀倉地帯となった。

(13) 2016年に、ロシアは世界最大の小麦の輸出国となった。その大半は黒海の北にあるステップ地域からもたらされ、中東と北アフリカに供給されていた[105]。

第8章

(1) ジブラルタルの現代の名称は、この侵略を指揮したムスリムの将軍にちなむアラビア語、ジャバル・ターリク、すなわちタリク山に由来する。古代世界では、ジブラルタルはヘーラクレースの2本の柱の1本——もう1本は北アフリカの海岸にあるアビラ山——をなしており、これは既知の世界の果て〔と未知の世界〕の始まりを表わしていた。ヨーロッパ人が大西洋に乗りだすとともに、ジブラルタル海峡は海運上できわめて重要な隘路となり、地中海への出入りを管理することになった。

(2) スペインがポルトガルよりも大幅に遅れて大航海時代に乗りだした理由もやはり、プレートテクトニクスに由来する。前述したように、地中海は地殻的に複雑な地域であり、アフリカが北上してユーラシアにぶつかることでテチス海が囲い込まれたことによって形成され、この衝突地帯には海洋地殻の細かい断片が乱雑に挟まっている。こうした断片の一つがアルボラン微小大陸で、過去2000万年間に西へと移動してスペインの南東端に食い込み、シエラネバダ山脈を押しあげた[3]。防衛するのが容易なこの険しい地形で、イスラーム支配の最後の砦、すなわちグラナダ王国は、キリスト教徒のレコンキスタでイベリア半島のほかの地域が奪回されたのちも、250年にわたってもち堪えた。イベリア半島の西側でより平坦な土地を占領したポルトガル王国は、13世紀なかばにはその領地を確保し、海洋探検にエネルギーを投資することができたが、スペインは15世紀の終わりまで自国の、より困難な再征服に没頭しつづけた。

(3) カナリア諸島の名称は、「犬の島」を意味するラテン語〔犬はラテン語でカニス〕に由来するが、この言葉は実際にはかつてこの群島の浜辺に群れていた大型のアザラシを指していたかもしれない。鳥のカナリアはこの群島が原産地であったことから、名づけられた。

(4) 孤立した火山諸島は歴史上で重要な役割を担ってきた。こうした島々は大海原に点在する島として戦略的な価値を提供してきたのだ。南大西洋のセントヘレナ島もやはり、大西洋中央海嶺から生まれた火山島で、世界でも有数の絶海の孤島となっている。ここはインドと中国から戻ってくる東インド会社の船舶にとって欠かせない寄港地となり、イギリスはこの島に、ワーテルローの戦いで最終的に敗北したナポレオンを幽閉した。近代史においては、太平洋の真ん中にあるハワイ諸島の火山列はアメリカにとって戦略上大きな重要性をもち、ここに飛行場と海軍基地を建設した。1941年12月にオアフ島の礁湖の一角にあるパールハーバー〔真珠湾と訳されるが、当時の日本では真珠港と呼ばれた〕に停泊していた船を日本が攻撃し、この事件からアメリカは第2次世界大戦に参戦した。半年後、長く連なる北西ハワイ諸島の一つであるミッドウェイ島からアメリカ軍が実行した爆撃は日本の艦隊に大打撃を与え、太平洋における戦況を変える決定打となった。

ペースシャトル以前は、そのカプセルは北大西洋か太平洋に落下して、宇宙飛行士は船で救出されていた。

(8) 馬の飼育と車輪を使った輸送という重要な組み合わせの一つは、前2000年ごろにスポーク付きで軽量かつ高速で走れる二輪戦車が開発されたことだった[41]。よく訓練された馬のチームに牽引させ、投槍または弓で武装した兵士が乗り込んだものが、青銅器時代の電撃戦戦車だった。二輪戦車は戦争に革命を起こし、後世の火薬の発明と同じくらい、都市国家や帝国間の紛争に変換をもたらした。しかし、トロイア戦争から5世紀ほどのちの前800年前後に、ホメーロスが『イーリアス』を書いたころには、この青銅器時代の軍事技術はとうに時代遅れになっていた。槍で武装した歩兵の密集陣形や複合弓をもって高速で移動する騎馬兵に取って代わられたのだ[42]。二輪戦車は威信と権力の象徴としてのみ存続した。ペルシャ、インド、ギリシャ・ローマ、古代スカンディナヴィアの神話では、神々はみな二輪戦車に乗る。今日でも、多くの都市にはカルーゼル凱旋門やブランデンブルク門のように、四頭立て戦車付きの記念碑がある。

(9) ウラル山脈は世界で最も古くから残っている山脈の一つで、2億5000年から3億年ほど前にシベリアプレートがパンゲアの東側につながった際に形成され、この超大陸がつくられた最終段階を記すものとなった。第6章で論じた、キプロス島の山頂にすくいあげられ、手つかずの状態で保存されたオフィオライトのように、ウラル山脈にも消滅して久しい海洋からの地殻の断片が含まれており、そのため豊かな銅鉱山が遺産として残されている[45]。

(10) 13世紀から14世紀にかけてさまざまな機会に、モンゴル軍はインドの北西部も侵略したが、チンギス・カンの子孫がインド亜大陸にムガル帝国を創始したのは、1526年になってからだった[81]。

(11) 一方、東ヨーロッパでは地主の権力は強く、生き残った農民をより厳格な農奴制に縛りつけることができた。

(12) この章では、ユーラシアの背骨沿いに広がるステップに焦点を絞ってきたが、同じ生態域は北アメリカにも存在する。プレーリーはアメリカ合衆国の中心部で幅広い帯をなして〔やや南北に〕広がり、大陸内部とロッキー山脈の雨陰の乾燥した地域を占める。すでに見てきたように、ユーラシアと比べると、北アメリカは生物学的な遺産という面では貧乏くじを引いた。馬はその生誕地では絶滅していたし、ステップの遊牧民の暮らしを支えた牛も羊もいなかった。プレーリーにいる主要な哺乳類はアメリカバイソンで、土着のアメリカの民族によって狩猟されていたが、家畜化されることはなかった。カボチャなどの植物は、〔食用の〕種子ができるヒマワリなどとともに、約4000年前に栽培化されたが[103]、プレーリー地帯は農業に利用されたことのない地球上の広大な地域となっていた[104]。ヨーロッパ人による征服後、旧世界からの家畜と栽培作物を携えた入植者がやってくると、こうした事態はすべて変わった。西部の乾燥したプレーリーは牛の放牧をするにはもってこいの場所であることがわかったほか、過去2世紀のあいだに、鋼鉄の先端部を備えた犂や高度な灌漑技術、人工肥料と農薬の助けを借りて、プレーリー東部は地球上で

西大分裂で、キリスト教会は2つの主要な分派に分かれた。教皇の率いるローマカトリック教会と、コンスタンチノープルの総主教が長となる東方正教会である。次に起きた大分裂は、16世紀にカトリック教会からプロテスタント教会が分離したもので、ドイツに始まった宗教改革の結果だった（ドイツはローマ帝国の外に置かれつづけた領域）。ヨーロッパのこの3分割は主として、2本の主要な分断線に沿って分かれていた。1本目は、カトリック教会と東方正教会のあいだで、ドナウ川がハンガリーの平原を抜けて南へと流れる川筋をたどっていた。東西のローマ帝国の勢力範囲による昔の境界で、それぞれの首都であるローマとコンスタンチノープルからおおむね等距離にあった。2本目は、ライン川沿いの、恒常的にあったローマ帝国の境界地帯と、ラテン文明とゲルマン民族のあいだの境界をたどるものだ。プロテスタントを信奉する領域は昔のローマの国境の先に位置している。キリスト教の3つの教派は、昔の帝国の境界地帯を大まかな筆運びでたどっているのであり、境界地帯そのものもそこにある景観の自然の境界によって定められているのだ[9]。

(3) 絹はこのように対照的なルートで到来したので、ローマ人は2つの別々の場所からもたらされているのだと信じていた。陸路で運ばれてくるのはセレス人の国〔セリカ〕からで、海を越えて西洋までやってくるのはシナエとされていた[15]。ローマ人は生糸がどう生産されているのかについても不確かで、森にある葉を梳いてつくられているのだと信じていた。おそらくカイコガが桑の葉を餌とすることに由来する誤解だろう[16]。後漢もまたインドから手に入れていた綿が自然界の何から採取できるのかを誤解し、「水羊なるものから梳いた毛[17]」であると信じており、実際にはオクラやカカオと近縁の植物の種を包んでいるふわふわの繊維であることは知らなかった。

(4) 550年ごろを境に、東西のこの交易路沿いでは絹はさほど重要ではなくなった。蚕種がコンスタンチノープルへ密輸され、新たな絹の産業が興り、それまでの中国の市場独占が崩されたためだった[29]。

(5) これは南北アメリカ大陸でもっと孤立状態にあった諸文明には手の届かないものだった。15世紀の終わりにユーラシアとアメリカの民族とのあいだで再び接触が始まると——ベーリング陸橋が最終氷期の終わりに分断されて以来、初めての出来事——ユーラシアの文明は科学の知識と技術能力という点でははるかに進んでいた。数千年にわたって陸海双方の通商路に促進され、共有されてきた遺産が、より早い進歩を遂げた主要な理由の一つだった。

(6) この当時、北半球の広範囲で小氷河期と呼ばれる寒冷な時代があり、そのため体を温める毛皮が大いに求められた。今日でもこの寒冷な時代の痕跡が、判事や市長の着る毛皮の縁取りのある礼装や、大学の式服などに残されている。いずれもこの時代にデザインされたものだ[36]。

(7) 今日、ほとんど人が住まないカザフステップは、ロシアがバイコヌール宇宙基地からロケットを打ち上げるのに好都合な場所となっている。帰還する宇宙飛行士を乗せたカプセルはパラシュートで降下し、この草の海原の何もない平原に降り立つ。それにたいしNASAは、大西洋に向かって東の方向へ宇宙船を打ち上げており、ス

(8) しかし、イリジウムは小惑星には1000倍は多く含まれる。こうした天体は鉄の中心部や珪素に富んだマントルや地殻に分化する過程を経るには小さ過ぎるからだ。したがって、世界各地の薄い粘土層で、白亜紀と古第三紀の地質時代の境目を記すイリジウムを高濃度で含む場所は、6600万年前に地球に小惑星か彗星が衝突したことを示す最も強力な証拠なのだ。「恐竜殺し」の大量絶滅が起きた時代だ。

(9) プラチナ〔白金〕という名称は、「小さな銀」を意味するスペイン語からくる。白金は、コロンブス以前の南アメリカの先住民によって古くから装身具として使われてきた——この金属はエクアドルとコロンビアの川底の砂から見つかる——のち、スペインの軍事司令官がヨーロッパへ最初にもち帰った[56]。

(10) 金属ではないが、ヘリウムもきわめて存続が危ういものとして注視されている。ヘリウムはパーティ用の風船に使われるだけでなく、病院のMRIスキャナーや、世界各地の科学研究所で使われる超電導磁石を冷やすために超低温の液状で使用されている。ヘリウムは実際には宇宙で2番目に豊富な元素なのだが、非常に軽い気体であるため、その原子は地球の大気からすぐに宇宙へ逃げだしてしまう（一方、木星や土星などの巨大ガス惑星の強力な引力は、それぞれの大気中に相当量のヘリウムを保持している）。地球上のヘリウムは地中の奥深くで生成される。ウランのような放射性元素が崩壊するとき、アルファ粒子と呼ばれる放射線の一種を放出するが、これは単にヘリウムの原子核なのだ。このヘリウムは天然ガスと同様の地質条件によって地中に閉じ込められる（第9章で述べるように、天然ガスはそれ自体が石油と同じプロセスで生成される）。そのため、大半のヘリウムは商業的には天然ガスの生産時に抽出される。このように、ヘリウムガスは地中の奥底から採掘されるだけでなく、子供の誕生パーティで飾られる浮く風船は、かつては高速で動いていた放射性粒子だった原子で満たされているのだ。

(11) 別のとりわけ興味深い提案が、自然に形成され岩石からの白金族金属の供給を補うために示されてきた。軽希土類元素——リチウム、ロジウム、パラジウム——は原子炉の原子分裂からの副産物として、かなりの量が生成されるので、使用済み燃料棒から経済的に抽出することが可能かもしれない。これは現実の錬金術——一つの元素を別の元素に変えること——となるが、賢者の石を発見することによってではなく、歴史上の錬金術師たちの理解を超えた手段を利用することになる。核分裂で原子を変質させる反応である[71]。

第7章

(1) 黄土は地表の10%を覆うに過ぎないが、世界でも屈指の生産性の高い農地を生みだしている。黄土が厚く堆積した中国の高原とともに、幅広い黄土の地帯は中央アジアのステップ地域にもあり、さらに北ヨーロッパ一帯にもこれらの肥沃な土壌はそこかしこに存在する[7]。

(2) ローマ帝国があったこの領域は歴史を通じて長いあいだ影響力を残し、その痕跡は現代ヨーロッパのキリスト教の3つの教派——カトリック教会、プロテスタント教会、東方正教会——の地理的範囲となっていまだに明確にわかる。1054年の東

第6章

(1) 第4章で見てきたように、地中海北部の大半はアフリカプレートがユーラシアプレートの下に沈み込んでいるために、火山地帯となっている。しかし、噴火という危険はありながら、火山活動は好機ももたらす。火山性の土壌は豊かで農業に適した肥沃な土地であるだけでなく、ローマ人は火山灰の特性を利用して、「ポッツォラーナ」のセメントが製造できることを発見した。このセメントは港湾施設（海中に注入しても固化する）から送水路まで、さらにはパンテオンの大きなドーム屋根まであらゆるものの建造に使われた。ローマのセメントとコンクリートの耐久性と機械的強度は、現代の構造工学技術者たちにいまも称賛されている。

(2) 噴火そのものを文字で記した記録は見つかっていない。もっとも、ミノアの線文字Aは解読されていないため、ここに目撃記録が含まれている可能性はある[24]。

(3) 人類が昔から金に認めてきた価値は、それが地殻内で希少であるからだけではない。金は不活性で、天然金属としてそのままの状態にあり――鉱石内でほかの原子と結合しておらず――その鉱脈は岩肌で光って見える。あるいは、侵食によって削りだされた薄片が川床に再沈殿するようになる。これはまた金が変色しないことも意味する。その輝きが失せることはないのだ。金の装身具は肌からの湿気と反応しないし、金貨は腐食することがない。これらは安定した富の蓄えとなる。その他の金属は色味のない簡素な銀色の輝きをもつのにたいし、金はその特徴的な色ゆえにも特別だ。その崇高な不活性性と色は実際にはアインシュタインの相対性の効果なのだ。金の原子の最外部の電子は光速に近いかなりの速度で動いているため、相対性理論によって質量を増し、原子核へと引き寄せられている。このことはそれが化学反応を起こす可能性を減らすとともに、青い光を吸収する原因にもなり、そのため赤と緑を反射して暖かい金色を放っているのだ[40]。

(4) 縞状鉄鉱床が小規模ながら2度目に急速に形成されたのは18億年ほど前のことで、アメリカのミネソタ州からスペリオル湖沿いにカナダのオンタリオ州にかけて延びるガンフリント層およびローヴ層を生みだした[43]。

(5) もっとのちに動物が進化したとき、動物はその体内に無酸素の隠れ家を新たに提供した。牛のような反芻動物の無酸素状態の腸は、原初の地球の小さな孤立地帯を再現したのであり、嫌気性の微生物はそこで繁殖して、大昔からの代謝を行なってメタンを生成しており、牛はそれを体の両端から放出する。

(6) 酸素が空気中に蓄積し始める以前、大気にはオゾン層もなかった。オゾン層はそれ自体が大気の高層にある酸素から生成されるものだからだ。そのため、太陽からの有害な紫外線放射が地表まで降り注いでいた。この高エネルギーの光は大気中の化学反応も引き起こして、小さな炭化水素の飛沫を作り、初期の地球をスモッグのような光合成のもやで包んだだろう。しかし、空気中に蓄積した酸素がこの黄色っぽいもやと反応して拭い去り、空は青くなったのだ。

(7) 化石記録のなかに山火事の指標となる木炭の痕跡が最初に見つかるのは、4億2000万年前以降であり、このとき大気の酸素濃度は初めて13%以上になった[49]。

(6) この意味は英語にもまだ残っている。トラップドア〔跳ねあげ戸〕はもともと階段に通じる扉のことだった。

(7) 白亜紀最後の大量絶滅——恐竜だけでなく、海洋生物の4分の3の死を招いたもの——はインドのデカン・トラップの噴火と同時に起きた。これは6600万年前にインド亜大陸が北へ移動して、やがてユーラシアと衝突することになった時代に起き、その途中で上昇するマントル・プルームの上を通り、地表に噴出することになった。生命にとって最後の一打となったのは、同時期にメキシコ湾に突入してきた直径10kmの小惑星か彗星の衝突だった。

(8) 実際には、クレオパトラは、ギザの大ピラミッドが建設された古代よりも、アイフォンやパリのルーヴル美術館にあるガラスのピラミッドを生みだした現代の世界に近い時代に生きていた。

(9) これが世界の砂浜や砂漠にあるほぼすべての砂がつくられたプロセスだ[30]。石英は今日ガラスをつくる際に使用する基本的な素材でもあり、これを精製してマイクロチップやソーラーパネル用にきわめて純度の高いシリコンウェハーも製造される。石英は初期の地球には存在しなかった。これは何億年もの歳月のあいだにプレートテクトニクスの作用で生みだされたのだ。前述したように、収束型境界で地殻が溶けると、巨大なマグマ溜まりができる。この巨大な鍋でマグマが冷える過程で、最初の鉱物が生じると、残っているマグマはシリカの含有率がどんどん高くなり、それが花崗岩となって固まる。地球の奥深くにあった原初のマントルの組成ではシリカは46%だが、このマグマの分化プロセスによって生成された花崗岩はシリカの含有量が約72%と豊富になり、石英の結晶（純粋なシリカ）ができるだけの濃度となる。このように、地球のプレートテクトニクスは化学処理工場のごとく歳月をかけてシリカを精製すべく働いていて、人類が科学技術で利用できるようにしているのだ。ちなみに、その他の星の軌道上にあって発見されつつある地球のような惑星にプレートテクトニクスがないとすれば、たとえそこに温かい海があっても、砂浜は存在しないことを意味する。

(10) 現在、コーンウォールの古いカオリン採石場の一つでエデン・プロジェクトが実施されている。生態系をテーマにしたこの観光地は壁面が膨らませたプラスチックでできたジオデシック・ドーム〔三角形をつなぎ合わせた球体。ここのドームは蜂の巣状〕の集合体として建設された。これらは熱帯と地中海の生物群系を再現した革新的な温室で、クレーターのような窪地に寄せ集まった様子は、火星につくられたSF小説の入植地のようにも見える。

(11) サマーセットで石炭鉱床と運河のための発掘調査をした際に、測量技師のウィリアム・スミスが地下で同じ層序が見られ、それらの地層はそこに含まれる化石で見分けがつくことを発見した。彼はイギリス全土を旅して、自然の断崖や採石場、運河、産業革命による鉄道の切土などで露出した地層を調査し、それが1815年に地表近くにあるさまざまな岩石の層を示すイギリスの地質図となった[33]。

も、それによる戦略的な焦点も、マラッカ海峡からジャワ島とスマトラ島のあいだのスンダ海峡へ移行した。

(15) 島国の日本も1630年代から2世紀以上にわたって同様の孤立主義を取りつづけた。江戸時代には鎖国政策によって多くの外国人が入国を禁じられ、日本人が海外へでかけることも、外航船の建造もご法度であった。外部の世界とのつながりは、長崎湾の小さな島でオランダ人が運営を許可された1カ所の交易所を介してのみ保たれた。1853年にアメリカ海軍の蒸気船が日本の首都にやってきたとき、政府は国を世界に開かざるをえなくなった〔江戸時代を通じて中国との交易はつづき、朝鮮と琉球とは外交関係もあった。ペリー艦隊は正確には一部だけが蒸気船で、久里浜や横浜、下田などに上陸し、江戸には入っていない〕。

第5章

(1) 青銅のような金属や、のちに使われるようになった鉄や鋼鉄は、当初、非常に不足していたため、より簡単に手に入るその他の構造資材をつなぎ合わせるためにのみ使われていた。木材の梁を組み合わせるための硬い釘などである。産業革命以降、鉄と鋼鉄が安く手に入るようになり、部品を大量生産する機械技術が発達するようになって初めて、金属はそれ自体が主要な構造部品となった。たとえば、鉄筋コンクリート内の鉄筋や、橋や現代の高層ビルを支えるガーダー〔桁〕などである。

(2) アメリカ合衆国第3代大統領のトマス・ジェファソンは独立宣言の草案に携わったが、新しい国家の建築物の設計にもかかわった。たとえば、ヴァージニア州会議事堂は前1世紀のローマの神殿であるニームのメゾン・カレを手本としている（この議事堂もまた、アメリカ全土のほかの州会議事堂の設計に影響をおよぼした）。また、ドーム付きの円形の建物があるヴァージニア大学図書館の設計は、ローマのパンテオンを真似たものだ。新古典主義がおそらくどこよりも顕著に見られるのは、1790年にポトマック川の土手に新しい首都として建設された都市、ワシントンDCだろう。アメリカ合衆国国会議事堂、ハーバート・C・フーヴァー・ビル（商務省本省）、財務省ビル、ワシントンDC市裁判所はいずれも、この新古典主義の堂々たる建物の例だ。さらに、ホワイトハウスはダブリンのレンスターハウス——のちにアイルランド議会の議事堂となる——を拠点としたアイルランドの建築家によって設計されたもので、レンスターハウス自体も古代の建築様式を真似ていた。

(3)「クリスタル」ガラスという名称は誤称のようなものだ。ガラスの非結晶質の原子構造は、多くの面で厳密に定型パターンを繰り返すクリスタル〔水晶、結晶〕の構造とは対照的だからだ。

(4) 同様に、6500万年前の白亜紀の終わりの大量絶滅は中生代を終わらせ、「新しい生命」の時代（新生代）を迎え入れた。これは第3章で見たような、哺乳類と花を咲かせる被子植物に支配された僕らの世界をつくりだした。

(5) それにたいして、過去1000年間で最大の噴火、すなわち1815年のタンボラ火山の噴火は、たかだか10km³という16万分の1の量の噴火物を放出したに過ぎない[20]。

り異なり、後者はいずれも中南米が原産のトウガラシ属の植物の実である。これら新世界の植物は15世紀まで、世界のその他の地域には知られていなかった。ヨーロッパ人によるアメリカ大陸の発見後に、栽培化された植物や家畜が運ばれたコロンブス交換と呼ばれる現象である。

(8) 重要となったあまり、17世紀末の第2次英蘭戦争後に、オランダ側はバンダ諸島最小の香辛料の島であるルン島と引き換えに、マンハッタンの領有権をイギリスに譲渡することに合意した。ルン島は全長がわずか3.5kmだが、この島を取得したことでオランダは東インド諸島でナツメグの交易を独占することができた。マンハッタンはナツメグと交換されたのだ。そして、ニューアムステルダムはニューヨークと改名された。

(9) 当時ヨーロッパはすでに多くのハーブや香辛料を手に入れていた。スペインではアラブの商人がもたらしたサフランがすでに栽培されていたし、地中海東部に自生するコリアンダーとクミンのほか、ヨーロッパに自生する芳香植物であるローズマリー、タイム、オレガノ、マジョラム、月桂樹などがあった。だが、東洋からの珍味である胡椒、ナツメグ、メース、クローブはずっと希少で、それゆえ西洋の市場では貴重となった[43]。

(10) この地形はギリシャの戦争の本質も左右した。狭い渓谷と急峻な山や丘からなる起伏に富んだ土地では、〔中央・西〕アジアの平原では一般的であった二輪戦車戦を繰り広げることはできない。ここは騎兵陣形にも不向きだった。ギリシャの都市国家はその代わりに槍と盾で武装した装甲歩兵の軍隊を開発し、前7世紀にはファランクス〔密集陣形〕で戦えるように訓練されていた。これらの装甲歩兵軍は、職業軍人ではなく市民——農民、職人、商人——で構成され、それぞれ自分の青銅製の武器と鎧をもち寄った。したがって、ギリシャの戦闘は二輪戦車に乗るか騎馬のエリート階級によって指図されるかするものではなく、ともに力を合わせた一般市民によるもので、それぞれファランクスで右隣の人の盾が〔自分の露出した側を〕守ってくれることを当てにするものだった。ギリシャ文化における自由人のあいだの連帯感は、アテネを筆頭に、いくつかの都市国家内で民主主義を早期に発達させるうえで寄与した（女性、奴隷、および土地所有者でない者は政治プロセスからまだ除外されていたが[45]）。

(11) エトナ山はヨーロッパで最も標高が高い活火山で、世界で最も火山活動が活発な山の一つでもあり、アフリカプレートがユーラシアプレートの下に沈み込むにつれてマグマが生成され、定期的に噴火している。

(12) ダーダネルスは地中海と黒海のあいだの重要な海上の隘路であるだけでなく、ヨーロッパから小アジアへ入る戦略的な「渡河点」でもあった。アレクサンドロス大王は前334年にここを越えて東へ向かい、ペルシャを征服した[48]。

(13) 方位がわかる磁気コンパスが発明される以前は、外海の航行は夜間に星が見えない季節にはあまりにも危険だった。

(14) 1611年にオランダが南アフリカから東インド諸島まで早くたどり着ける新しい航路——ブラウエル航路については第8章で論じる——を確立すると、主要な航路は、同位体として知られる質量の異なるいくつかの変異形が存在する。軽い炭素は主要な生化学反応で優先的に取り込まれるので、生きている生物の体内にある分子、もしくは生物が放出する二酸化炭素やメタンには、軽い炭素がより多く含まれる。PETMの時代に海底に堆積した石灰岩のなかの炭素同位体を分析したところ（当時の大気を測定する一つの方法)、科学者は軽い炭素の比率が大きく上がっていたことを発見した。これはすなわち、大気中に勢いよく投入され、この気温の急上昇の原因となった二酸化炭素またはメタンが、もともと生物に由来していたに違いないことを意味する。

第4章

(1) 実際、人間に関する限り、地球の海は、水の砂漠のように不毛なところだ。サミュエル・テイラー・コールリッジは『老水夫の歌』でこう書いた。「水、水はどこにでもあり、それなのに飲める水は一滴もない」。海水の塩分濃度は、飲めば死を招くものであり、そのため船乗りたちはちょうど砂漠を越える隊商のように、淡水を溜めて運ばなければならない。

(2) フェニキアはまさしくその自然環境から生まれた文明だった。前1500年ごろに今日のシリア、レバノン、イスラエルの海岸線をなす、狭いながら肥沃な一帯に出現したこの文明には、地中海東部の海岸の天然の港と、造船用のスギ材を切りだせる森の双方があった[13]。フェニキア人は海に目を向け、優れた船乗りと交易商として1000年ほど栄え、広域にまたがる交易網を築き、カルタゴをはじめ、地中海の周囲に多くの植民地を築いた。彼らはアルファベットも発明し、英語の「バイブル」〔聖書〕という言葉は、突き詰めると古代フェニキアの都市ビブロスに由来する。ここは筆記用のパピルスを輸出していた。

(3) 地球の裏側は遮るもののない広大な海、パンサラッサが広がり、今日の太平洋よりもさらに広い海となっていた。

(4) カルタゴの港町はこの高くなった部分に位置し、シチリア島とイタリアの「つま先」も同じ障壁の嶺をなしている。

(5) アデンは19世紀なかばからはイギリスにとって戦略上で主要な価値をもっていた。この港町はスエズ運河とインドの西岸にあるムンバイ、東アフリカのザンジバルからおおむね等距離にあり、当時はそのいずれもイギリスの支配下にあった。蒸気船の最盛期には、アデンは石炭とボイラー水を積み込むための重要な寄港地だった。1898年にアメリカがハワイを併合したのは、まったく同じ理由からであり、ハワイは太平洋のアメリカ海軍の軍事行動のための石炭補給所の役割をはたした[22]。

(6) 紅海の北端で大陸の地殻がさらに分裂したために、細長いスエズ湾とアカバ湾が形成され、後者の分裂はさらに拡大してガリラヤ湖〔イスラエルのティベリアス湖、イエス・キリストの布教の地として知られる〕、ヨルダン川流域、および死海を生みだした。死海の岸は海抜マイナス400mに位置し、地表で最も低い場所となっている。

(7) インドの黒胡椒の実は、植物学的にはパプリカやピーマン、トウガラシとはかなずに頓挫した可能性はある。文明の勃興が出だしで失敗したケースだ。とりわけ、氷河期の海岸平野の集落は、海水準が再び上がったのち水面下に沈んだだろう[15]。

(3) 人間によって偶然にも救われていなければ、栽培化されたいくつかの植物は絶滅していたことに気づくと興味をそそられる。カボチャ、ヒョウタン、ズッキーニなどは、いずれもひどく苦く、硬い皮に包まれている。これらの植物は当然ながらマンモスやマストドンのような大型動物に頼って、外皮を破り、なかの種を散布してもらっていた。そのため、こうした大型動物が死に絶えたとき、これらの植物自身も限られた余生を惰性で生きることになった。だが、1万年ほど前、新種の動物、すなわちヒトと象徴的な協力関係を結んだ際にこれらの種は絶滅の淵から連れ戻された。人間はこれらの植物を栽培化し、畑や大農園の人工的に保たれた新しい生息環境を与え、何世代ものあいだ品種改良をすることで、より大きな外皮の軟らかい、口当たりのよいものに変えたのだ。アボカドとカカオも完新世になって絶滅した大型哺乳類に依存して種子を散布してもらっていたと考えられるので、亡霊となっていた植物を取り入れ、代わりに種子散布者となった人間によって救われたのだ[29]。

(4) シュメールの都市は肥沃な沖積土から食糧を得ていたが、第5章で述べるように、その都市も足下にある川の泥土でおもに建設されていた。

(5) 生物をそれぞれに分類するために考案された階層体系では、偶蹄目と奇蹄目、霊長目はそれぞれ別々の「目」として知られる。いずれも哺乳類綱（および究極的には動物界）に分類され、各目内に、たとえば牛（*Bos taurus*）のような個々の種がいる〔APPは偶蹄目 *artiodactyl*、奇蹄目 *perissodactyl*、霊長目 *primate* の頭字より〕。

(6) 偶蹄類はずっと草食であったわけではない。2500万年前に北アメリカに生息していた、カバとクジラの類縁種であるアルケオテリウムは、牙のある牛ほどの大きさの捕食動物で、サイを襲うこともあったかもしれない。

(7) 偶蹄類と奇蹄類の区別は、進化生物学の細々とした難解な事柄だけでなく、宗教にも深く根づいたものだ。トーラー〔ユダヤ教のモーセ五書。キリスト教旧約聖書やイスラーム教クルアーン（コーラン）にも類似の記述が含まれる〕はユダヤ人に、割れた蹄をもち、かつ反芻する哺乳類のみ食べることを認める。したがって、進化という面から言えば、偶蹄類で反芻する種のみがカシェル〔コーシャ〕つまり食用に適すると考えられている。ユダヤ教聖書「申命記」14章6–8節はとりわけラクダについて触れており、ラクダは解剖学的には足指が偶数本で反芻もするが、不浄として禁じられている（ラクダは足裏の皮膚が硬くなって蹄が隠れている）[68]。一方、イスラームの教義は、それぞれの哺乳類を食用とすることにさほど制限を加えていない。クルアーンはユダヤ教と異なり、ただ豚の肉だけをとくに除外しており、ラクダは総じてハラール〔イスラーム法において合法〕と考えられている[69]。

(8) 哺乳類のこれら新しい「目」は、5550万年前のこの時代に最初に出現したが、これらの目のうちで今日、僕らがよく知る種はずっとのちになるまで進化しなかったことを明確にするのは重要だ。たとえば野生の牛の祖先は200万年ほど前に出現した。

(9) このことは海底にある岩石に含まれる炭素の計測から判明している。炭素原子に

第2章

(1) 現在、北半球の夏は実際には楕円軌道で地球が太陽から最も離れているときにめぐってくる。

(2) 2008年にサラ・ペイリン〔当時の共和党副大統領候補〕の発言で有名になったように、ロシアは実際にアラスカから見える。偶然にもロシアは西側の島であるビッグダイオミード島を所有し、アメリカはリトルダイオミード島を領土とする。国際日付変更線が両島のあいだを通るため、互いにわずか数キロしか離れていない両島は、まる一日離れた時間帯に区分けされている。

(3) 地球の隅々まで人類の拡散をたどろうと試みる際に必要となる探偵作業には、時期や利用した正確な経路に関して多くの不確定要素があり、遺伝学や考古学、あるいは化石による証拠間で食い違いが生じることがよくある。ここでは意見の一致が見られた見解を紹介したが、中国、オーストラリア、北アメリカへの人類の到来時期はもっと早いとする主張もある。たとえば、論議を呼んだ最近のある研究は、13万年前の前回の氷期のさなかにカリフォルニアまで到達した未確認のヒト属の種がいたと主張する[50]。だがむしろ、6万年前ごろに現生人類がアフリカから脱出し、今日の世界各地にいるすべての人びとを生みだしたのは、初めての試みではなかったというほうがありえそうだ。イスラエルの洞窟にあった化石人骨や、アラビア半島で見つかった石器などは[51]、10万年ほど前のかつての移住者であることを示唆するが、これらの移住の波は行き詰まり、世界のその他の地域まで広がることはなかったようだ[52]。さながら、人類がアフリカから発した初期の火花からは、火がつかなかったかのようだ。

(4) ネアンデルタール人は、現生人類が自分たちの生息域に出現したことによって明らかに多大な影響を被った唯一の種だったわけではない。ヒトが地理的に新しい領域へ拡散したことは、世界各地の地域ごとの生態系に重大な影響をおよぼし、とりわけ大型動物相(メガファウナ)として知られる大型動物が被害を受けた。おおよそ1万2000年前ごろには、ユーラシアの大型動物の3分の1が、北アメリカでは3分の2が絶滅していった。考えうる最も大きな原因は、高度な技能を備えたヒトの狩猟者の到来であり、彼らはこれら大型草食動物がそれまで遭遇したことのなかった相手だった。大型動物が全体的に残った唯一の大陸はアフリカだった。ここでは何百万年ものあいだ大型動物相は、ホミニンがゆっくりと狩りの能力を向上させたあいだ彼らに適応していたのである[54]〔大型動物の絶滅は、日本列島の場合も含め、最終氷期以降の森林の拡大など、環境の変化がより大きいとする説もある〕。

第3章

(1) 実際には、前1万1000年ごろのこの出来事は、アガシー湖の水が何度か放出されたうちの1回に過ぎなかった。融解水は何度も溜まっては、自然のダムをまた決壊させていたのであり、そのたびに世界の海面は急激に上昇することになった[3]。

(2) 実際、これ以前にも定住し農耕を試みた事例があり、考古学的な痕跡は何も残さ

原注

序章

(1) 偶然にも、東アフリカ地溝帯（大地溝帯）は人類への進化の揺籃の地であり、初期の人類を育んだ場所であるだけでなく、僕自身が子供時代を過ごした地域でもあった。ナイロビの学校に通い、休日には大地溝帯のサバンナや湖、火山で家族と過ごしていたのだ。人類の起源を理解することに子供のころから関心をもちつづけているのは、こうした経験による。

第1章

(1) 第3章で霊長類を集団として出現させることになった惑星間の事象については再び触れることにする。
(2) ビートルズの歌「ルーシー・イン・ザ・スカイ・ウィズ・ダイアモンズ」にちなんでつけられた。この全身骨格が1974年に発見されたあと、発掘キャンプでこの曲が大音量で流されていた。
(3) 生物について論じる際に属名を略する〔頭字だけにする〕のが慣習となっている。そのため、アファール猿人 *Australopithecus afarensis* は *A. afarensis* となる。たとえば、恐竜の *Tyrannosaurus rex* は一般には単純に *T. rex* としてよく知られる。
(4) 石器時代の道具は、珪岩、チャート、黒曜石、フリントなどの石材からつくられていた。これらの岩石はシリカ、つまり二酸化珪素を主成分としている。シリカは種としてのヒトの歴史を通じて、石器からガラスまで、さらに現代のコンピューターのマイクロチップに使われる高純度のシリコンウェハーまで、変革技術のための基礎材料を提供してきた。この意味では、東アフリカ地溝帯は200万年以上にわたって（駄洒落を言わせてもらえれば）石器製造の最先端技術の中心地だったのであり〔英語ではカッティング・エッジ・テクノロジー、刃先の技術とも読める〕、ここは元祖シリコンバレーだったのである。
(5) 初期の文明がプレート境界上に興隆したこのパターンに見られる二つの主要な例外は、エジプトと中国の文明だった。しかし、エジプト文明はナイル川の定期的な氾濫によって、エチオピアとルワンダの地溝帯を囲む山脈にある水源から削られた肥沃な堆積物に支えられていた。中国文明は北部の黄河の平野に始まり、やがて南部の長江の流域へと広がった。どちらの川も、インドとユーラシアの大陸衝突によって突きあげられたチベット高原から流れている。したがって、プレート境界沿いには位置していないものの、エジプトと中国の文明はどちらもやはり地質構造上の特性のおかげで農業——および富——が得られたのである。

東郷えりか（とうごう・えりか）
上智大学外国語学部フランス語学科卒業。訳書にL・ダートネル『この世界が消えたあとの科学文明のつくりかた』、B・フェイガン『古代文明と気候大変動』、『海を渡った人類の遥かな歴史』、『人類と家畜の世界史』（以上、小社）、D・アンソニー『馬・車輪・言語——文明はどこで誕生したのか』（筑摩書房）など多数。

世界《せかい》の起源《きげん》——人類《じんるい》を決定《けってい》づけた地球《ちきゅう》の歴史《れきし》

2019年11月20日　初版印刷
2019年11月30日　初版発行

著　者　ルイス・ダートネル
訳　者　東郷えりか
装幀者　岩瀬聡
発行者　小野寺優
発行所　株式会社河出書房新社
〒151-0051　東京都渋谷区千駄ヶ谷2-32-2
電話（03）3404-1201［営業］（03）3404-8611［編集］
http://www.kawade.co.jp/
組版　株式会社キャップス
印刷　三松堂株式会社
製本　大口製本印刷株式会社

Printed in Japan
ISBN978-4-309-25402-9

河出文庫

この世界が消えたあとの科学文明のつくりかた

L・ダートネル著
東郷えりか訳

どうすればゼロから文明を再建できるのか？　穀物の栽培や紡績、製鉄、発電、電気通信など、生活を取り巻く科学技術を知り、「科学とは何か？」を考える、世界一五カ国で刊行のベストセラー！

21 Lessons 21世紀の人類のための21の思考

Y・N・ハラリ著
柴田裕之訳

私たちはどこにいるのか。そして、どう生きるべきか――。『サピエンス全史』『ホモ・デウス』で全世界に衝撃をあたえた新たなる知の巨人による、人類の「現在」を考えるための21の問い。

サピエンス全史 上 文明の構造と人類の幸福

Y・N・ハラリ著
柴田裕之訳

国家、貨幣、企業……虚構が他人との協力を可能にし、文明をもたらした！　ではその文明は人類を幸福にしたのだろうか？　現代世界を鋭くえぐる、五〇カ国以上で刊行の世界的ベストセラー！

サピエンス全史 下 文明の構造と人類の幸福

Y・N・ハラリ著
柴田裕之訳

近代世界は帝国主義・科学技術・資本主義のフィードバック・ループによって、爆発的に進歩した！　ホモ・サピエンスの過去、現在、未来を俯瞰するかつてないスケールの大著、ついに邦訳！

昆虫は最強の生物である
4億年の進化がもたらした驚異の生存戦略

S・リチャード・ショー著
藤原多伽夫訳

なぜ昆虫は地球上でもっとも繁栄しているのか？　擬態や変態、社会性など、驚くべき形態や生態をもつ理由とは？　脊椎動物中心の生命史では見えてこなかった、かつてない進化の物語！

雨の自然誌

C・バーネット著
東郷えりか訳

雨という身近な自然現象を、惑星・地球科学から、考古学や歴史・文化・文学にいたるまで、きわめて幅広く、細部と深淵を解き明かす画期的な名著。環境問題を背景に、現代の問題も探る。

河出文庫
古代文明と気候大変動
人類の運命を変えた二万年史

B・フェイガン著
東郷えりか訳

人類の歴史はめまぐるしく変動する気候への適応の歴史だ。二万年におよぶ世界各地の古代文明はどう生まれ、どのように滅びたのか。気候学の最新成果を駆使して描く壮大な文明の興亡史。

河出文庫
海を渡った人類の遥かな歴史
古代海洋民の航海

B・フェイガン著
東郷えりか訳

かつて誰も書いたことのない画期的な野心作！　世界中の名もなき古代の海洋民たちは、いかに航海したのか？　祖先たちはなぜ舟をつくり、なぜ海に乗りだしたのかを解き明かす人類の物語。